MATLAB®&Simulink® 工程师系列丛书

MATLAB 面向对象编程
——从入门到设计模式
（第 2 版）

徐 潇 李 远 编著

U0314098

北京航空航天大学出版社

内 容 简 介

本书分为 4 部分：第 1 部分是面向对象编程初级篇，主要介绍 MATLAB 面向对象编程的基础知识和语法；第 2 部分是面向对象编程中级篇，主要介绍面向对象编程的中高级概念，方便读者在编程中遇到问题时查询；第 3 部分是设计模式篇，把面向对象的编程方法应用到实际问题中，并从实际问题中抽象出一般的解决方法，即设计模式；第 4 部分是框架篇，主要介绍构建在面向对象和设计模式基础之上的 MATLAB 测试框架，包括单元测试框架和性能测试框架。

本书既可作为高等院校 MATLAB 课程的辅助读物，也可作为从事科学计算、程序设计等工作的科研人员的参考用书。

图书在版编目（CIP）数据

MATLAB 面向对象编程：从入门到设计模式 / 徐潇，李远编著. -- 2 版. -- 北京：北京航空航天大学出版社，2017.4

ISBN 978-7-5124-2402-9

I. ①M… II. ①徐… ②李… III. ①Matlab 软件—程序设计 IV. ①TP317

中国版本图书馆 CIP 数据核字 (2017) 第 086192 号

MATLAB 面向对象编程——从入门到设计模式（第 2 版）

徐 潇 李 远 编著

责任编辑 孙兴芳

*

北京航空航天大学出版社出版发行

北京市海淀区学院路 37 号（邮编 100191） http://www.buaapress.com.cn

发行部电话：(010)82317024 传真：(010)82328026

读者信箱：goodtextbook@126.com 邮购电话：(010)82316936

北京九州迅驰传媒文化有限公司印装 各地书店经销

*

开本：787×1 092 1/16 印张：30.75 字数：787 千字

2017 年 10 月第 2 版 2023 年 3 月第 2 次印刷 印数：4 001～4 800 册

ISBN 978-7-5124-2402-9 定价：69.00 元

MATLAB 中文论坛独立创始人 math：该书的第一位受益者（代序）

2009 年年末，我应中国科学院南京土壤研究所（简称土壤所）的邀请，与他们的科研人员一起开发"土壤红外光谱信息系统"。这个系统非常复杂，它涉及中国海量土壤光谱数据的快速存储和读取，数据处理算法的开发、调试和验证，以及客户端多界面（GUI）的开发。其中，数据存取使用的是 MATLAB 数据库工具箱和 MySQL 数据库；数据处理算法（包括数据的滤波处理、降维、数据的匹配、预测等）使用的是 MATLAB 统计学工具箱、优化工具箱和神经网络工具箱；客户端的界面非常多，如数据库的可视化操作、算法参数的在线调试以及数据处理结果的展示等，所有的界面都是使用 MATLAB GUIDE 完成的。从把系统的要求整理出来，到系统第一个版本的完成，我用了将近 1 个月的时间。由于是密集型开发，在这段时间内我对整个系统的流程、架构非常熟悉，因此开发起来也不是特别困难。该系统在 2010 年获得了中国软件的著作权（编号：2010R11L027920）。

2013 年，土壤所再次邀请我。他们想对这个系统进行升级，并做成网络版——只要用户连接网络并使用 MATLAB 就能使用这个系统，同时给该系统增加多种算法。为此，土壤所成立了专门的研究小组来开发和维护此系统。我在思考如何指导该研究小组升级系统时，遇到一个比较棘手的问题：如果对原系统进行升级，则需要改动的地方特别多。因为数据的读/写、算法的运用以及界面展示这三者之间是高度耦合的，很多函数的实现都是在 MATLAB GUIDE 的回调函数里完成的。对于一个复杂的系统来说，一处小小的改动，通常需要测试整个系统架构和算法的稳定性，而且这也不利于系统更新。那么，科研人员有了新的数据匹配的算法，如何通过改变最少的代码来实现该算法，同时又能保证系统的完整性和可靠性呢？

有一天我跟徐潇一起吃午饭，跟他分享了我遇到的问题。徐潇告诉我，软件设计中，解决这个问题的标准方法是使用面向对象编程和 MVC（Model-View-Controller，模型–视图–控制器）模式。虽然看起来这有点浪费以前的代码，但对于系统的长远稳定性和易维护性来说，这是大型系统的不二选择。而且他正在写一本关于 MATLAB 面向对象编程的书，他说，如果我感兴趣，他可以单独用一章来介绍如何基于 MATLAB 面向对象编程实现 MVC。我说好，你写好我第一个使用。两个星期后，徐潇发给我一个 PDF 文件，以非常通俗的例子诠释了如何实现 MVC 的过程，就是大家现在所看到的该书第 7 章——面向对象的 GUI 编程：分离用户界面和模型。我在使用的过程中充分地感受到了 MATLAB 面向对象编程的强大。我大概花了 10 个小时的时间，就把 2009 年的系统架构改成了 MVC 的架构。2013 年

8 月，我把新的架构展示给了土壤所负责系统开发和维护的研究小组。虽然该研究小组成员对 MATLAB 语言并不是很了解，但是这并不妨碍他们开发系统，因为我们已经把算法的模型（Model）、界面视图（View）以及如何实现用户输入的获取（如键盘、鼠标事件）这三者完全分开，放在了不同的类（Class）中。研究小组在一个星期之内就掌握了系统的架构，并且能独立地对系统进行开发和维护。

以上是我的亲身经历。我已把此文发表在我的个人博客里，读者有任何疑问都欢迎来我的博客里留言。该文网址：http://www.ilovematlab.cn/blog-2-73.html。

MATLAB 中文论坛网址：www.ilovematlab.cn。

math

博士、教授、MATLAB 中文论坛独立创始人

2014 年 7 月

前　言

本书第 1 版的编写从 2011 年 4 月开始，2015 年出版之后作者就开始准备第 2 版的新内容，并于 2016 年 11 月完稿。本书从理工科研究人员和学生的角度出发，分 4 部分介绍 MATLAB 面向对象编程。

编写本书的难点是，不仅需要介绍面向对象编程的思想和技巧，而且要让非计算机专业的读者领会为什么需要面向对象编程，它对我们的科研工作将有什么样的帮助，并且怎样把面向对象的思想应用到科研程序中。

本书的特点是：技术实用，重点突出，代码简单易读，内容讲解图文并茂。

一本技术书籍，纯粹的文字叙述是必要的，因为文字叙述是最精确的；一本介绍编程的书，如果尽量提供例子代码，则能够帮助读者更深刻地理解文字概念；"一张图可胜过千言万语"，简洁明了的图表可以直观形象地表达文意。因此，本书不仅尽量使用最通俗的语言和最形象的图表阐述道理，以最典型且简洁易读的代码作为例程，全面讲解 MATLAB 面向对象编程从入门到设计模式，而且尽量让内容的编排更具可读性，以便带给读者更佳的阅读体验。除此之外，本书还加入了大量的面向对象编程的统一建模图（Unified Modeling Language），与所提供的代码相互对应，以反映代码中类、对象、属性、方法之间的关系。

为了平衡各专业的需求，书中所列举的例子大多是"通例"，而不是具体到某个专业领域的专题。但是作者也十分清楚，一本好书是要能够"深入骨髓"地解决读者所遇到的最具体的专业问题，最好有对应的范例供参考。所以，在此也希望读者能够将"面向对象编程"的专业问题的程序以及产生的问题发布在 MATLAB 中文论坛本书的版块（http://www.ilovematlab.cn/forum-219-1.html）上。日积月累，论坛上一定会有更多的 MATLAB 面向对象编程范例可以参考，也会有更多的科研新人受益其中。

本书第 1 版出版以后，读者在 MATLAB 论坛中提了很多问题，根据这些问题我们修订了书中的部分内容，把大家都有疑问的地方解释得更详细一些。另外，本书还针对部分读者工作中的中大型工程计算问题提供了设计上的建议和指导。我们的经验是，只要读者愿意积极的思考，保持好奇心，善于探索，再辅以本书设计思想的指导，完全可以使用 MATLAB 完成工业级别的工程应用。这也是本书第 4 部分——框架篇的由来。

由于作者水平有限，书中存在的错误和疏漏之处恳请广大读者和同行批评指正。本书勘误网址：http://www.ilovematlab.cn/thread-310165-1-1.html。

本书所有内容仅代表个人观点，与 MathWorks 无关。

作　者

2016 年 11 月

致　　谢

　　感谢我博士期间的导师 Dr. N. A. W. Holzwarth，她允许我用 MATLAB 完成一部分的电子结构计算程序的设计，促成我用面向对象的思想去解决科学计算的问题，这是本书的起源。感谢 Dr. Robert J. Plemmons 和 Dr. Paul Pauca，他们的课程让我对 MATLAB 和软件工程有了更深的认识。感谢 Dr. Jennifer Black 耐心地审阅我的初稿并提出宝贵的意见。感谢我的爸爸妈妈，本书中很多与食物有关的例子，其灵感都出自于他们给我做的美味佳肴。感谢我的妻子刘虔羽女士对我的支持和对本书第 2 版修订内容的建议，她是我生活和努力工作的动力。

作　者

2016 年 11 月

导　　读

　　本书面向的读者既包括理工科研究人员和学生，又包括希望使用 MATLAB 构建高速、高效、高级系统平台的用户。这些读者也许心中牢记着那句有名的工程谚语"如果程序没有坏，就不要动它"。也许有人会有这样的疑问：学习面向对象编程真的有必要吗？学习面向对象编程浪费时间吗？下面就来解答这些疑问。

　　问：目前图书市场中有关 MATLAB 的书籍已经很多了，为什么还要写这本 MATLAB 面向对象编程的书？

　　答：有别于目前图书市场中其他的 MATLAB 语言编程和专业工具箱 MATLAB 编程的书籍，本书是第一本中文版 MATLAB 面向对象编程的书籍。我们更注重的是利用 MATLAB 提供的面向对象编程的语言来介绍 MATLAB 的编程思想，从而帮助读者提高对于 MATLAB 编程的运用深度。

　　问：我是理工科学生，MATLAB 对我来说很简单，为什么我还要学习 MATLAB 面向对象编程？

　　答：虽然 MATLAB 提供给用户的语法很简单，使用户上手快，但这并不代表我们解决科研问题的方法是简单的。除了常用功能之外，MATLAB 还有很多强大的功能有待我们学习和运用，从而解决更复杂的问题。本书主要面向的读者群中包括理工类专业的学生、学者，我们希望通过介绍 MATLAB 面向对象编程来帮助他们更好地解决科研中的问题。或许你曾有这种感觉：在科研和学习中，所写的程序一旦达到一定的规模，维护起来就会很困难，调试会越来越慢。由于科研项目不断地有新的要求，所以程序需要不断地修改和扩展，函数多达上百个，一旦有修改，则牵一发而动全身，有时一个小的扩展甚至都需要做伤筋动骨的修改。MATLAB 面向对象编程和设计就是专门帮你解决这种问题的。本书的重点不是介绍某个函数或者技巧，而是介绍怎样从整体上去设计程序，小到一个家庭作业、一两个星期的项目，大到硕士或者博士的毕业设计、多人合作的项目。面向对象的思想会把你从繁重的程序维护中解脱出来，让你集中注意力解决好真正需要解决的问题。我们不是为了学习面向对象编程而学习面向对象编程，作为科研人员，我们都以高效务实为目标，如果一种技术能够让我们仅投入少量的时间去学习，并且学会之后能让我们的科研工作如虎添翼，让我们有更多的时间去做其他事情，那么何乐而不为呢？

　　问：面向对象编程难道不是只有计算机专业的人才用的吗？

　　答：因为面向对象编程可以更好地解决软件设计问题，所以面向对象编程语言是计算机专业背景科研人员的一个自然选择。但是，面向对象的方法并不是软件行业所独有的，任何学术背景的研究人员都可以使用面向对象编程，去解决各自行业的学术问题。目前主流的面向对象编程语言（如 C++和 Java）学习周期比较长，烦琐的语法将面向对象的方法和设计思想隐藏了起来，使大多数非计算机专业背景的研究人员没有时间和精力先熟练掌握 C++和 Java 语言，然后再学习面向对象的编程思想，进而用到实际的科研工作中来。其实，在工程科学计算中，MATLAB 才是主流的语言。MATLAB 从 R2008a 之后开始提供新的面向对象的编程方法，给用户提供了一种能够避开烦琐的语法，直接接触到核心的面向对象编程和设计模式的思想。所以，使用 MATLAB 语言时，即使不具备计算机的专业知识也能学会面向对象编程和设计模式，而本书将成为你通往它们的一座桥梁。

问：学习 MATLAB 面向对象编程需要有什么样的基础？

答：本书的第 1 部分就是要让具有初级 MATLAB 语言基础的读者能够迅速且一步到位地把面向对象的思想渗透到自己的编程习惯中去。其实，只要懂得什么是变量，什么是函数，就完全能够开始学习 MATLAB OOP 了。对于那些熟悉 MATLAB 语言和各种工具箱（Toolbox）的读者，本书的第 2 部分和第 3 部分能够使其更深入地了解 MATLAB 的体系，提高其对程序的总体设计能力，做到事半功倍。

问：学习面向对象编程是否要花很多时间？我还有研究课题要做，没有那么多时间怎么办？

答：本书作者都具有理工科背景，十分懂得如何用最少的时间学习最多的知识，也深知怎样有效地引导初学者成为精通者。我们期望的是让读者用最短的时间入门面向对象编程，以最低的成本学会面向对象编程的中级基础，并且能顺利地进入编程思想的学习当中，越过面向对象编程语法上的障碍，真正地使用面向对象的编程方法。我们还尽可能地让书中内容的编排便于查找，读者可以跳跃性地阅读自己所需要的内容。当工作变得复杂，需要查看更多的 MATLAB 面向对象编程语言特性时，读者也能快速找到。

问：面向对象编程难学吗？我要学多久才能把它用到实际的编程中？

答：学习的难易与否主要看基于什么样的编程语言，目前主流的面向对象的编程语言，如 C++和 Java，语法和编译细节都很烦琐，使面向对象的思想被隐藏起来。然而，MATLAB 面向对象的编程语言为我们提供了前所未有的机会，使我们能够迅速地越过这些障碍，真正学到编程的思想。众所周知，学习一门程序设计语言不但需要学习它的语法，还需要不断地实践。本书将引导读者将这种编程思想融入自己的程序编写中，哪怕是一个简单的曲线拟合、图像生成和优化。另外，把已有的程序转化成面向对象的程序也不是一件麻烦的事情。我们在附录中将通过一个综合实例介绍如何把一个中型规模的 MATLAB 面向过程的程序转换成面向对象的风格。总而言之，自己的科研课题就是实践编程思想的最好平台，好的编程思想可以让科研工作事半功倍。MATLAB 作为一种高级的工程科学计算语言，提供了在以往只有 CS 专业背景的人才能够具有的实现编程思想的机会。

问：采用面向对象的方法会不会降低我的编程速度？

答：良好的设计才是快速开发的根本。没有良好的设计，或许在一段时间之内，使用面向过程的方法编程进展很快，但是糟糕的设计会很快让速度慢下来。因为面向过程编程需要花大量的时间来调试程序，而无法添加新的功能，最初的程序被打上一个又一个补丁，使新的特性需要更多的代码来实现，最终修改的时间会越来越长。而面向对象的编程方法有助于提高程序设计的质量，从而加快开发速度。

问：MATLAB 的面向对象编程与 C++和 Java 的面向对象编程有什么不同吗？

答：MATLAB 是一款商业软件，提供面向对象编程的支持，这与 C++和 Java 有本质的不同；C++和 Java 给用户提供"基石"，首先需要用户花大力气去学习其语法，然后学习用这些"基石"的组合来解决复杂的问题，这需要深厚的基础知识和大量的时间，而大部分科研工作者没有这样的时间和精力去专门学习一门语言来帮助他们解决问题。MATLAB 提供了这样一种渠道：把这些基石进行复杂的组合，然后当作语言的特殊功能提供给用户。用户只需要对这些特殊功能稍加了解，就可以很快地掌握，并能在有限的时间内以最高的效率完成任务。本书还会简单地解释这些特殊的功能从何而来，大概是怎样实现的，目的是帮助读者更好地理解和使用这些功能。

问：面向对象编程与书中的设计模式是一回事吗？

答：面向对象编程是相对于面向过程的一种编程方式，是一种系统化编程的思路，教用户一开始就去系统化地设计程序。设计模式是建立在面向对象基础之上的针对一些常见的复杂问题的核心解决方法[①]。问题再复杂也都可以被分解成小的部分加以抽象，然后使用设计模式来高效地解决。有时解决问题的方法甚至可以是多种设计模式的结合。如果你能把这些方法应用在自己的科研工作编程中，那么你的科研工作必将如虎添翼。

问：设计模式与框架有什么区别？

答：设计模式教给我们的是编程的指导思想，没有现成的代码可以直接套用，模式每次的使用都要通过重新编程来实现；而框架，是包装好的可以即时使用的代码，可以直接反复地使用。设计模式处理的是软件程序设计中的局部行为，而框架处理的是更大的系统。模式是组成框架的基石，框架的设计和实现包含多种模式。理解设计模式不是使用框架的前提，甚至不用理解面向对象，也可以享受框架给我们的工程计算带来的便利。

问：MATLAB 面向对象编程不是有一本英文的用户手册吗？你们的这本书与这本英文用户手册相比，有什么优点？

答：本书部分参考了英文 MATLAB 面向对象编程用户手册中的内容，并且在此之上做了大量的改进，使其更适合理工科用户学习和阅读。具体说来：第一，这本英文用户手册有600 多页，读起来不是一件容易的事情；第二，英文用户手册只介绍了 MATLAB 基本的面向对象技术，没有介绍设计模式，而设计模式才是真正利用 OOP 的试金石；第三，因为 OOP和设计模式已经是很成熟的技术，我们在介绍编程思想时，还参考了大量 C++和 Java 面向对象编程和设计模式的书籍。我们相信这本中文的 MATLAB 面向对象编程将比英文用户手册更加适合中文读者，而且学习和阅读的成本很低，我们的目的就是让读者花很少的时间和精力去学习并掌握 MATLAB 面向对象编程。

问：本书为什么不提供代码？

答：提供现成的代码会影响学习的体验，运行别人的代码通过得快，遗忘得也快。要想真正学会 MATLAB 面向对象编程，就必须亲自把代码敲进去，当然经常会敲错，运行时就会碰到问题，这时要主动去阅读出错信息，思考为什么会出错，这样会提高得很快。如果真的找不到问题出在哪里，欢迎到论坛上搜索和提问。这本书不是那种多快好省、给你 20 个

[①] Each pattern describes a problem which occurs over and over again in our environment, then describes the core of the solution to that problem, in such a way that you can use this solution a million times over, without ever doing it the same way twice – Christopher Alexander(1977).

例子总有一个能派得上用场的书。本书是关于编程思想的，要主动去思考才会有收获。

  再次强调学习 MATLAB 面向对象编程的诀窍是：无论学习何种编程语言，最重要的都是实践。如果你能把本书中所有的例子都亲自敲进去并运行一遍，那么你就一定能学会 MATLAB 面向对象编程和设计模式。

作 者

2013 年 3 月

目　　录

第 1 部分　面向对象编程初级篇

第 2 部分　面向对象编程中级篇

第 3 部分　设计模式篇

第 4 部分 框架篇

附　录

第 1 部分

面向对象编程初级篇

第 1 章　面向过程编程和面向对象编程

1.1　什么是面向过程编程

面向过程编程 (Procedural Programming) 是一种以过程为核心的编程方法。使用该方法解决问题的关键是，先把问题的过程按照步骤分解出来，然后用函数 (Function) 的形式把这些步骤加以实现，并且依次调用它们。只要不是面向对象编程，一般来说都是面向过程的风格。面向过程编程方法的优点是简单快捷，缺点是面对复杂的程序难以修改和维护，下面举例说明。

假设用 MATLAB 来模拟一个面馆的经营：写一段程序来模拟顾客点菜和面馆做面条的过程（读者也可以把面条想象成数据，做面条好比是用函数对数据做一系列的处理）。先从简单的情况开始，假设做面条可以分解成如下步骤：和面、拉面、煮面、烧汤等。利用面向过程的方法做一碗汤面的 MATLAB 代码如下：

```
                              Script
1 dough        = prepareDough() ;              % 把面粉和成面团
2 noodle       = prepareNoodle(dough) ;        % 把面团擀成面条
3 boildedNoodle = boilNoodle(noodle) ;          % 把面条煮熟
4 soup         = prepareSoup() ;               % 准备面汤
5 noodlesoup   = mix(boildedNoodle,soup) ;     % 把面条倒入汤中
```

上述一系列函数的调用对应做面条的各个步骤，解释如下：

□ 第 1 行调用准备面团函数 prepareDough() 的返回值是面团 (dough) 变量。

□ 第 2 行把刚得到的面团作为拉面函数 prepareNoodle() 的输入，而拉面函数的输出是擀好的面条 (noodle)。

□ 第 3 行把面条 (noodle) 提供给煮面函数 boilNoodle()，得到煮熟的面条。

□ 第 4 行调用做汤函数 prepareSoup() 返回做好的汤。

□ 第 5 行调用 mix() 函数，负责把煮好的面条和汤混在一起。

把这个做面条的过程抽象出来如图 1.1 所示，"面向过程编程"以函数为中心，函数操纵数据，通过数据在多个过程直接传递共享来完成过程的模拟，函数和数据是分开的。这也是典型的工程科学计算中的模式，即从原始数据开始 (如信号、图像、矩阵)，然后用 MATLAB 函数对它们做处理和分析，函数调用结束得到计算结果。

图 1.1　面向过程编程以函数为中心，数据在函数中传递，数据和函数是分开的

MATLAB 提供了简单的语言和广泛的算法支持，用户可以用脚本、GUI 调用函数解决

工程科学计算中的各种复杂问题。但是，随着科研问题越来越复杂，程序不可避免地也会变得越来越复杂，修改起来也变得越来越困难。在后面，读者将会看到，面向过程的编程方式随着频繁的程序修改和扩展，越来越捉襟见肘。

1.2　什么是面向对象编程

与面向过程编程以函数为中心相比，面向对象编程 (Object Oriented Programming, OOP) 把任务分解成一个个相互独立的对象 (Object)，通过各对象之间的组合和通信来模拟实际问题。

1.2.1　什么是对象

OOP 中的对象指的是真实世界中具体的东西，比如一只狗，一辆汽车，一个坐标轴，坐标轴上的一个点、一条线等，即生活中一切有形或者无形，可以具体标识的事物，并且 OOP 中的对象以及真实世界中的事物，都有如下特点：

- □ 具体的事物都有自己的各种属性，比如狗的名字，坐标轴上线段的长短、位置等。在 OOP 中，把它们定义成对象的属性（Property）。
- □ 具体的事物还具有相关的行为 (无论是主动的还是被动)，比如狗叫，汽车被驾驶，坐标轴上线的颜色被改变等。在 OOP 中，把这种行为定义成对象的方法 (Method)[①]。

1.2.2　什么是类

简单来说，类（Class）就是对各个具体、相似对象共性的抽象。比如，可以把人的共性抽象出来用一个类来形容，如图 1.2 所示。

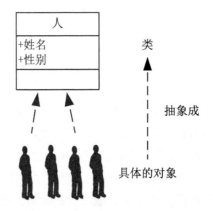

图 1.2　类是一种抽象：把个体的共性抽象出来

从这个角度来说，先有对象，再有类，类是对象共性的一种总结。

从另一个角度来说，也可以先有类，再有对象。构建新的具体对象，必须基于"模板"，这个"模板"就是类。比如，汽车设计师设计汽车蓝图，蓝图就是类，规定汽车的高度、外观等，工厂工人根据蓝图造出来的一辆辆具体的汽车就是对象，如图 1.3 所示。

---

① 本书中，成员函数和成员方法这两个词通用。

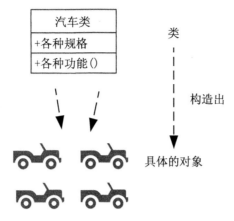

图 1.3　类是一种规范：个体根据规范被制造出来

总的来说，类用来规定一些相似的对象所具有的属性，以及它们的职责和行为，并且把它们封装；更重要的是，类提供了将数据和函数结合起来的方式，数据变成了类的属性，而函数变成了类的方法。

在 MATLAB 中，类和对象的概念无处不在，只不过大多数情况下，我们习惯了通过面向过程的方式使用它们。比如，用 figure 命令画一个图形窗口：

```Script
>> f = figure ;
```

其中，figure 就是一个类的名称，而返回的 f 就是 figure 对象。

又比如，我们使用数据采集工具箱：

```Script
s = daq.createSession('ni') ;
```

其中，createSession 方法返回的就是一个 session 对象，该对象介于 MATLAB 和数据采集卡之间，用来传输数据和对采集卡进行控制。

再比如，使用 MATLAB 定时器：

```Script
>> t = timer ;
```

其中，timer 就是一个类，而调用 timer 命令返回的 t 就是一个 timer 对象。

下面举一个抽象的例子：如何从具体的对象中抽象出共性并使其成为一个类。现在把二维坐标中的点都作为对象，为了创建二维点的类，首先要概括这些点的共同的、抽象的特征，比如每个点 (Point) 都有 x，y 坐标。除了特征，还要抽象出和这个点相关的行为，比如对这个点的坐标做归一化的操作 (Normalize)。通常用图 1.4(a) 来表示一个类，该图中有 3 个格子：

　　□ 第一个格子指出了类的名字。

　　□ 第二个格子指出了类所包含的属性：x 和 y 坐标，也可以叫作成员变量。

　　□ 第三个格子指出了类所支持的行为 normalize()，也叫作成员方法。

用图 1.4(b) 来表示各个对象，即具体的点，各个对象之间是独立的。

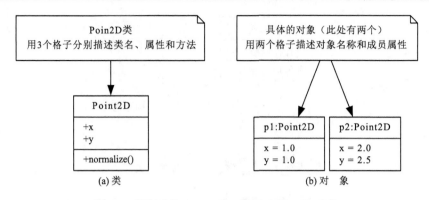

图 1.4 类和对象：Point2D 类和 Point2D 对象

类的概念可以被广泛地应用到工程科学计算程序中。比如，可以把数据以及与数据相关的算法封装在类中，可以把要控制的硬件驱动封装在类中，可以用类来架构复杂计算的流程，还可以用类来组织 MATLAB GUI 程序等。

1.2.3   什么是统一建模语言

如图 1.4 和图 1.5 所示的这种表示类和对象的图叫作 UML（Unified Modeling Language，统一建模语言）类图，它是一种对程序的图形表达方式。本书的编写特点是：一开始介绍简单的基础知识，并且辅助 UML，让读者学会从 UML 中看出代码是怎么编写的，这样可以节省大量的篇幅而把重点集中在文字解说上，所以看懂 UML 是实践本书内容的基础。

在 UML 类图中，长方形表示类，长方形中分 3 个区域，从上到下分别是类名、成员属性和成员方法，属性和方法前面的加号 (+) 表示它们是公有的[①]。另外，图 1.4(b) 中的两个长方形用来表示具体的对象，在 UML 类图的对象表示方法中，规定只写对象的名称和对象的属性，不写成员方法。

给定一个对象，可以使用函数 properties 来查询对象所具有的属性，使用 methods 来查询类所支持的方法。比如，下面检查 timer 类的对象 t 所具有的属性和支持的方法：

```
──────────────────────── Script ────────────────────────
>> t = timer ;          % 定义 t 为 timer 类的一个对象
>> properties(t)        % 查看这个对象 t 的属性
Properties for class timer:
    ud
    jobject
>>
>>
>> methods(t)
Methods for class timer:
ctranspose     end          horzcat      isvalid      set          stop         timercb
delete         eq           inspect      length       size         subsasgn     timerfind
disp           fieldnames   isempty      ne           start        subsref      timerfindall
display        get          isequal      openvar      startat      timer        vertcat
```

----

① "公有" 的概念在 2.9 节中解释。

如果把 MATLAB timer 类用 UML 类图表示出来，则效果如图 1.6 所示。

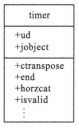

图 1.5 UML 中类的表示方法   图 1.6 MATLAB 的 timer 类图

1. 如何把面条抽象成 Class

下面介绍如何定义一个 MATLAB 类。以面馆的面条为例，先要抽象出面条的特点，比如种类（type）（有宽和细），状态（state）（熟和不熟），这些特点都是通过类的属性来表示的；然后抽象出与面条相关的操作，通过方法来表示，比如煮面条 boil()。

下面给出一个面条类在 MATLAB 中简单的定义，具体语法可以参见 2.1 节。

```
———————————————————————— Noodle.m ————————————
classdef Noodle < handle
    properties
        type                    % 面条的种类
        state                   % 面条的状态
    end
    methods
        function boil(obj)      % 煮为成员方法
            obj.state = 'done' ;
        end
    end
end
```

目前，可以暂时忽略面向对象编程的语法，只需要知道：

□ 上述定义中 Noodle 是类的名称；type 和 state 是类的 property，也可以叫作成员变量。

□ MATLAB 要求每个类的定义保存为一个同名的文件，比如这段代码要保存为名字叫作 Noodle.m 的文件。

完成面条类的定义之后，下一步就是要使用这个"模板"建立面条的实体对象 (Object)。在 MATLAB 中，建立实体对象的方式是：调用类的构造函数 (Constructor)。在这里，暂时只需要知道构造函数是一种特殊的函数：

□ 构造函数和类同名，比如类名叫作 Noodle，那么该类的构造函数也叫作 Noodle。

□ 构造函数的返回值是构造出来的新的对象。

在脚本或者命令行环境中，调用构造函数产生对象的语句如下：

```
———————————————————————— Script ————————————
noodle = Noodle();      % 调用构造函数创建面条 obj
```

现在要煮面条，就调用和面条对象相关的操作 boil()：

```
———————————— Script ————————————
noodle.boil() ;          % 调用成员方法 boil, noodle 内部状态改变，面条被煮好了
```

注意：调用 boil 方法之后，并没有返回任何新的面条对象，面条被煮熟反映在面条对象内部状态的改变上。然后，还可以定义一个 Soup 类（这里从略），用来创建汤的实体对象，利用 Soup 类的 mix 成员方法，把煮好的面条放到汤中去，得到汤面。MATLAB 程序看上去是这样的：

```
———————————— Script ————————————
soup = Soup() ;          % 创建汤的 obj
soup.mix(noodle)         % 面条对象作为汤对象成员方法的输入
```

2. 文件类

再举一个对象和类的例子。我们知道，任何工程科学计算中都少不了数据的输入和输出，其实这些数据文件也可以抽象成一个类。如果概括各种数据文件的基本特征，也就是文件类（FileClass）的属性，那么至少应该有文件名、文件格式、文件路径、文件句柄，当然最重要的还有数据内容。对文件的基本操作，或者说文件类的基本操作方法应该至少包括打开、阅读、写、关闭，用 UML 类图表示如图 1.7 所示。

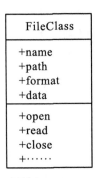

图 1.7 文件类 UML 类图

该文件类在 MATLAB 中可以这样定义（具体内容之后再填充）：

```
———————————— FileClass ————————————
classdef FileClass < handle
    properties                              % 类的属性
            name
            path
            format
            data
        fID
    end
    methods
        function obj = FileClass(name,path)      % 构造函数用来初始化文件类
            obj.name = name;
            obj.path =  path ;
```

```matlab
        obj.open();
        obj.read();
    end
    function open(obj)                          % open 成员方法负责打开文件
       fullpath=strcat(obj.path,filesep,obj.name) ;
       obj.fID = fopen(fullpath);
    end
    function read(obj)                          % read 成员方法
       obj.data = textscan(obj.fID,'%s %s  %s');    % 假定数据文件中有两列数据
    end
    function delete(obj)
         fclose(obj.fID);
         disp('file closed');
      end
   end
end
```

相较于面向过程的编程方式,面向对象的编程方式把数据 (文件) 和对数据的操作 (打开、读取、关闭) 封装于一个类中。于是在命令行下,一个面向过程的数据读取就变成了对文件对象 fileobj 的操作。在脚本中,可以声明文件类对象如下:

```matlab
———————————————————— Script ————————————————————
>> fileobj = FileClass(filename,path);
```

上述定义中,open 和 read 函数会在类的构造函数中被调用,所以声明出文件对象之后,fileobj 中就自动地含有文件中的数据了。上述的定义中,所有的属性和操作都是 public 的,所以可以直接访问文件的数据属性,就像操作结构体一样:

```matlab
———————————————————— Script ————————————————————
 a  = fileobj.data ;    % 访问成员属性 data,并赋值给外部变量 a
```

关闭文件的操作放在一个叫作 delete 的函数中,其作用是当不再需要 fileobj 对象时,可以调用该函数,关闭文件句柄。

1.3　面向过程编程有哪些局限性

本节继续讨论面馆的例子。如果要解决的问题很简单,比如只是做一碗清汤面,则面向过程和面向对象两种编程方式的优劣并不明显。但是,当要解决的问题逐渐变得复杂时,就会看到面向过程这种编程方式所暴露出来的问题将逐渐增多。

1.　封装面条制作过程

现在需要继续完善面馆的运营。首先,老板把面馆分成前台和厨房。顾客只关心点菜吃面,不需要知晓面条的制作过程,所以只需要给前台提供一个函数,叫作 Order(),模拟服务员为顾客点菜,并且通知厨房做菜的过程,该函数的返回值是做好的汤面(noodlesoup):

—————————————————————————— 点菜函数：Order.m ——————————————

```
function noodlesoup = Order()
    dough         = prepareDough() ;                        % 把面粉和成面团
    noodle        = prepareNoodle(dough) ;                  % 把面团擀成面条
    boildedNoodle = boilNoodle(noodle) ;                   % 把面条煮熟
    soup          = prepareSoup() ;                         % 准备面汤
    noodlesoup    = mix(boildedNoodle,soup) ;              % 把面条倒入汤中
end
```

2. 面馆开张了，目前只提供一种清汤面

面馆开张了，前台的 MATLAB 脚本可以写成：

—————————————————————————————————— Script ——————————————————————————————

```
clear classes;                          % 清除工作空间中旧的类的定义
noodlesoup = Order();
```

如果面馆老板仅满足于开一个小店面，只提供一种面条，那么上述的程序足够了。但是，现实情况要比这个复杂得多，因此必须一步一步地考虑更多的情况。

3. 顾客点了挂面和刀削面

现在来了两个顾客，一个要吃刀削面，一个要吃挂面。我们给刀削面起个名字叫作 chunk，给挂面起个名字叫作 regular，老板于是修改 Order() 函数，增加一个参数，以反映顾客点了什么面：

—————————————————————————————————— Script ——————————————————————————————

```
clear classes;                          % 清除工作空间中旧的类的定义
noodlesoup1 = Order('chunk');           % 第一个顾客点刀削面
noodlesoup2 = Order('regular');         % 第二个顾客点挂面
```

不同的面条，做法当然也不同，于是用 switch 语句来处理不同的情况。这里假设做刀削面和清汤面用的面团 dough 都是一样的，但是拉面和刀削面的制作方式是不一样的，于是再增加两个新的方法：

□ prepareChunkNoodle 方法，返回的是削出来的面块。

□ prepareRegularNoodle 方法，返回的是挂面。

因为煮不同的面条所用的时间也不一样：刀削面厚，要多煮一会儿，所以还需要给 boil-Noodle 增加一个新的参数，指定煮的时间长短：

—————————————————————————— 新点菜函数：Order.m ——————————————

```
function product = inStoreOrder(type)
    dough = prepareDough() ;                                % 把面粉和成面团
    switch type                                             % 刀削面和挂面做不同准备
        case 'chunk'
            noodle = prepareChunkNoodle(dough) ;           % 削面
            boilednoodle = boilNoodle(noodle,'longer') ;   % 煮的时间长一点
        case 'regular'
            noodle = prepareRegularNoodle(dough) ;         % 拉面
```

```
            boilednoodle = boilNoodle(noodle,'regular') ;   % 煮的时间短一点
    end
    soup = prepareSoup() ;                               % 准备面汤
    product = mixSoupAndNoodle(boilednoodle,soup) ;      % 把面条倒入汤中
end
```

相应地，煮面的函数 boilNoodle 也需要修改，加入 switch 语句以处理煮面条时间的不同：

—————————————— 煮面函数：boilNoodle.m ——————————————
```
function product = boilNoodle(doughnoodle,type)
    switch type
        case 'longer'      % 煮的时间长些
        case 'regular'     % 煮正常的时间
        end
end
```

4. 把炒面加到菜单上

老板忙得满头大汗，两碗面条终于做好了，这时又来了一个顾客，他点的既不是挂面，也不是刀削面，而是炒面，于是点菜函数 Order() 又要修改了。给 switch 再加一个选项，还要添加一个炒面的函数 fryNoodle()。还要注意：炒面要先煮个半熟再下锅炒，还不用配汤。图 1.8 所示为做不同面条的流程。

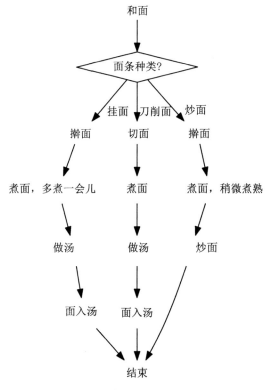

图 1.8　面向过程的做面条流程

根据图 1.8 所示的流程修改程序代码，简单地在 switch 语句中再添加一个炒面的情况，如下：

────────── 新的点菜函数：Order.m ──────────

```
function product = Order(type)
    dough = prepareDough() ;                              % 和面
    switch type
      case 'chunk'  % 刀削面
          noodle = prepareChunkNoodle(dough) ;            % 切面
          boilednoodle = boilNoodle(noodle,'longer') ;    % 多煮一会儿
          soup = prepareSoup() ;                          % 做汤
          product = mixSoupAndNoodle(boilednoodle,soup) ; % 把面条放入汤中
      case 'regular' % 挂面
          noodle = prepareRegularNoodle(dough) ;          % 擀面
          boilednoodle = boilNoodle(noodle,'regular') ;   % 煮的时间短一些
          soup = prepareSoup() ;                          % 做汤
          product = mixSoupAndNoodle(boilednoodle,soup) ; % 把面条放入汤中
      case 'fry'     % 炒面
          noodle = prepareRegularNoodle(dough) ;          % 擀面
          boilednoodle = boilNoodle(noodle,'short') ;     % 煮个半熟
          product = fryNoodle(boilednoodle);              % 下锅炒
    end
end
```

现在看上去这个 Order() 函数做的事情似乎太多了，而这只是要修改的函数之一，老板还需要：

□ 修改煮面函数 boilNoodle，添加一个把面煮得半熟的情况，用来做炒面。

□ 还要添加新的炒面函数 fryNoodle()。

不一会儿，又来了一个顾客，他点的是麻辣牛肉拉面。老板顿时忙不过来了。目前的程序离实际情况还差很远，面对如下更多可能出现的情况，程序又该如何修改和扩展？

□ 面条的品种有很多，比如宽面、龙须面、拉面……

□ 面条的主料数不胜数：比如牛肉面、大排面、炸酱面……

□ 面条还要加各种佐料：比如油、盐、酱、醋、辣油、香菜……

再考虑更复杂的情况：

□ 如果同时有很多顾客，那么面馆还需要服务员按顺序记下每个顾客所点的品种，再去告诉厨房的师傅。

□ 如果一个顾客点了菜，菜还没开始做，这时顾客改变了主意，要修改点菜的内容，那么程序该如何应付这种情况？

□ 该如何给菜单上的各种各样的面条定价，如果顾客要牛肉面再多加一份牛肉，那么该如何计算价格？

□ 再假设面馆的生意很好，在全国各地都有连锁店，但是各地的风味和菜单都不同，那么又该如何修改程序让各地的连锁店都能自主经营？

如果使用面向过程的方式，则每增加一个品种就都要修改 Order() 函数，另外还要添加其他新的函数，更复杂的情况会使程序迅速膨胀起来，各个函数之间重复的部分越来越多，虽然可以使用复制和粘贴。如果编写的是一个永远不需要修改的程序，或者只需要剪剪贴贴还好。但是，更实际的情况是还没修改完毕，新的需求又来了，不得不再找到所有要修改的地方，并且把每个地方都要修改得一致。现在已经可以看出面向过程的困难：开一个面馆的因素很多，很难一开始就能把所有的可能性考虑到，把所有的因果关系分析清楚，更本质的因素是面馆的需求（Requirement）不是设计初期就固定的。在实际过程中，面馆可以是不断扩张的。于是不得不在增加新函数和修改旧函数之间顾此失彼，犯错误的概率变得越来越高。

从这里可以认识到面向过程的方式并不是解决这类复杂问题的最优方法。简而言之，如何让程序容易维护和扩张，并且新添加的代码不影响已经写好的程序，就是面向对象编程所能够帮助解决的问题。顺便指出，把已有程序修改成面向对象的风格，并不意味着要重写所有的代码。大多数情况下，如果已经有了面向过程的程序，就可以用面向对象的思想去包装这些已有的程序，并且在此基础上继续维护和扩张已有的程序。

1.4 面向对象编程有哪些优点

1. OOP 把大问题分解成小的对象

面向对象的编程方法把一个复杂的大问题，比如经营一个面馆，分解成各个小问题 (模块)。读者可能会问，面向过程的方法也是把大问题化解成小问题，那么两者到底有什么不同呢？可以这样理解，面向过程的小问题的单位是函数，数据在函数之间交互；而面向对象的小问题的单位是模块，模块不但拥有数据还拥有方法，模块和模块之间通过组合和交互来解决问题，这样更贴近真实世界。比如经营一个面馆，用面向对象的方法大致可以分解成顾客模块、服务员模块、面条模块、主料模块、佐料模块等，如图 1.9 所示。

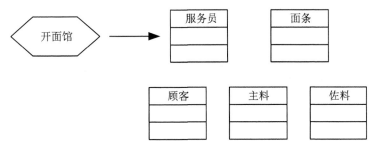

图 1.9 模块化的面馆

2. OOP 通过组合和信息传递完成任务

OOP 通过各个对象之间的组合和信息的传递完成任务。比如服务员接受顾客的点菜单，面条 + 主料 + 佐料构成菜肴，然后由服务员端给顾客。顾客只需要和服务员交流，不需要知道厨房中是怎么生产面条的，主料和佐料是怎样加入汤中去的。对象之间不仅可以相互交流，而且可以组合形成新的对象。比如面条、主料和佐料对象组合在一起就可以变成一碗汤面，如图 1.10 所示。

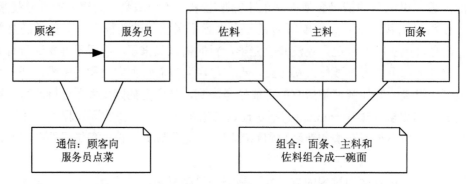

图 1.10　面馆中的对象通过通信和组合运营面馆

3.　OOP 通过继承达到代码的复用

如果两个类的定义之间有明显的共同之处，那么面向对象可以通过继承来达到代码复用，相同的代码就不用写两次，并且修改时也只要修改一个地方即可。比如面馆的顾客来自五湖四海，有的喜欢吃宽边的挂面，有的喜欢吃窄边的挂面，无论宽边还是窄边，都是挂面，因此可以把挂面的基本特征抽象出来，定义成一个挂面基类，宽边和窄边模块可以复用这个挂面基类，它们就不需要再重复定义挂面的这些普遍特征了，如图 1.11 所示。

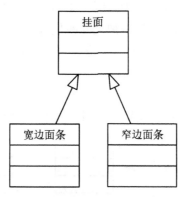

图 1.11　面馆中的模块通过继承达到代码的重复使用

4.　OOP 修改或者添加模块不会影响到其他模块

面向对象的编程方式对修改封闭，对扩展开放[①]。也就是说，一个好的面向对象的设计，添加新的模块和类不会影响已经写好的程序。比如，老板决定增加菜单上的品种，修改主料类不会影响到面条和佐料类，如图 1.12 所示。再比如，老板招聘了一个厨师，则程序里要增加一个厨师模块，用来控制面条的制作过程；过了几天，老板又招聘了一个店堂经理，则程序里要增加一个店堂经理模块，用来统筹面馆的运营。不断增加这些新模块不会影响已有的模块，如图 1.13 所示。

---

① Software entities should be open for extension, but closed for modification. Bertrand Meyer (1988). Object-Oriented Software Construction.

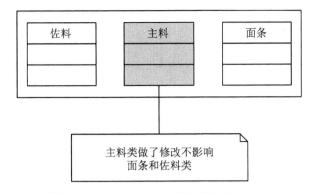

图 1.12 一个模块的修改不会影响其他模块

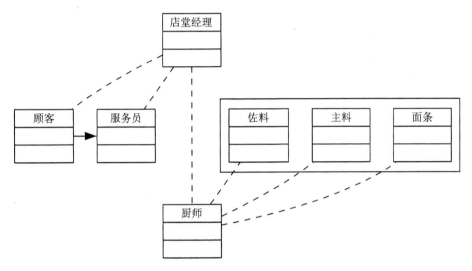

图 1.13 给面馆添加新的模块是简单的

第 2 章 MATLAB 面向对象编程入门

2.1 如何定义一个类

如前所述，MATLAB 中类和对象的概念无处不在，MATLAB 中的任何变量都属于一个类，就连最基本的数据类型 double，char 都不例外。在命令行下，可以通过简单的命令 whos 来检查变量所属的类：

```
———————————————————————— Command Line ————————————————————————
>> a = 7 ;
>> b = 'some string' ;
>> c = rand(4,4);
>> whos
  Name        Size            Bytes  Class     Attributes

  a           1x1                 8  double
  b           1x11               22  char
  c           4x4               128  double
```

从结果来看，a 变量属于 double 类；c 变量是矩阵，也属于 double 类；b 是字符串，属于 char 类。

R2008a 以后的 MATLAB 开始向用户提供新的面向对象的编程方法[①]，用户可以在 MATLAB 中定义自己的类。这里我们先给出最简单的定义类的语法：

```
———————————————————————— ClassName.m ————————————————————————
classdef  Point2D  < handle
    properties  % 属性 block 开始
        %......
    end         % 属性 block 结束

    methods     % 方法 block 开始
        %......
    end         % 方法 block 结束
end
```

说明：

□ 任何 MATLAB Class 的定义都是以关键词 classdef 开始，以 end 结束。

□ classdef 后面紧跟类的名字，在这里是 Point2D。

□ 类名后面有一个 < handle，将在第 3 章中具体解释。现在先规定，所有类的定义后面都要加上 < handle，并且本书中的绝大多数类都是这样定义的。

---

① "新"指的是支持用 classdef 来定义 MATLAB 类的方法，旧版本 MATLAB 支持其他定义类的方法，但是没有公开的文档记录。

□ 一个类定义中包含属性 block 和方法 block。

下面是 Point2D 二维点类的定义，用来演示定义属性和方法的语法。

```
                          ── Point2D.m ──
classdef Point2D < handle
    properties
        x
        y
    end
    methods
        function obj = Point2D(x0,y0)      % Point2D 类的构造函数
            obj.x = x0;
            obj.y = y0;
        end
        function  normalize(obj)           % Point2D 坐标的归一化方法
            r = sqrt(obj.x^2 + obj.y^2);
            obj.x = obj.x/r;
            obj.y = obj.y/r;
        end
    end
end
```

□ 因为这个类用来表示二维坐标轴上的点，所以 property block 中首先定义了该类的
  两个成员属性，分别是 x 和 y 的坐标。

□ method block 中定义了两个方法：第一个是 Constructor (构造方法)，负责产生并
  且返回该 Point2D 的对象，这是由用户显式定义的类的构造函数；第二个方法是
  normalize，负责把 x 和 y 的长度归一化。

上述成员方法 normalize 中的第一个参数是 obj，用来把对象当作参数传入 normalize
方法中，从接受参数的方法上来说，类的成员方法和普通的函数没有太大的不同。

问题：**学习本书时该使用哪个版本的 MATLAB？**

回答：用 classdef 的方式来定义类是 MATLAB R2008a 之后才支持的功能，如果读者使
用的是早于 R2008a 的版本，请至少升级 MATLAB 到 R2008a 版本。虽然 R2008a 中包括
本书介绍的大部分面向对象的功能，但是还是建议读者尽量升级到最新的 MATLAB 版本。
MathWorks 每半年都会发布一个新的 MATLAB 版本，几乎每个版本都会根据用户的反馈
和新的需求，在保证兼容的前提下，引入更多新的面向对象的功能，更重要的是，新版本面
向对象的性能总是不断地在加速和提高。

2.2　如何创建一个对象

method block 中有一个和 class 同名的方法，叫作 Constructor（构造函数，或者构造方
法）。Constructor 是一个特殊的方法，它负责创建类的对象，通常它还可以用来初始化对象
的属性，即给属性赋初值。

创建对象的方式是直接调用类的 Constructor。比如下面的 Script 创建出了两个对象 p1 和 p2，并且初始化了对象 p1 和 p2 的属性。

—————————————————————————— Script ——————————————————————————
```
p1 = Point2D(1.0,1.0) ;
p2 = Point2D(2.0,2.5) ;
```
——

乍看上去这和一般的函数调用相似，但这里的区别是：Point2D 不是一般的函数，而是一个类的 Constructor，并且返回值是一个对象。图 2.1 所示是 Point2D 类及其两个对象 p1 和 p2 的 UML 图，其中右上有折角的方框在 UML 中代表注释。

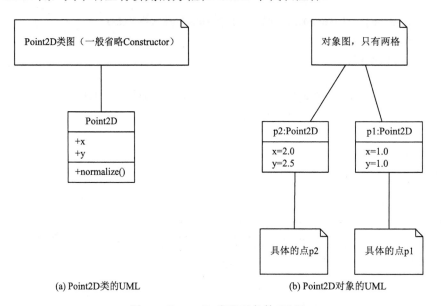

(a) Point2D类的UML   (b) Point2D对象的UML

图 2.1　Point2D 类和对象的 UML

MATLAB 是弱类型检查语言，用上述方法定义的属性对类型没有限制，所以属性可以是 double 标量，也可以是 double 矩阵，甚至可以是 GUI 对象。比如下面定义一个如图 2.2 所示的简单的视图类 View，其作用是在 Figure 窗口中画一个文本编辑框，其草图如图 2.3 所示。

            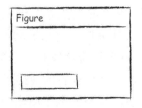

图 2.2　视图类 View   图 2.3　简单视图草图

该 View 类可以这样设计，类中的一个属性是 Figure 对象，另一个属性是 uicontrol 的文本编辑框，在构造函数中，文本编辑框的 Parent 设置成 Figure 对象：

```
———————————— View.m ————————————
classdef View < handle
    properties
        hFig
        hEdit
    end
    methods
        function obj = View()
            % 两个属性都是对象
            obj.hFig  = figure();
            obj.hEdit = uicontrol('style','edit','parent',obj.hFig);
        end
    end
end
```

在命令行中如果输入：

```
———————————— Command Line ————————————
>> obj= View() ;
```

则 View 类的对象将被声明出来，该对象将把 Figure 对象和 uicontrol 对象作为其属性，一个带文本编辑框的界面会被显示出来。

2.3　类的属性

2.3.1　如何访问对象的属性

面向对象编程中，使用 Dot 运算符（也叫作成员选择运算符）来访问对象的属性（Property）。

```
———————— Script ————————          ———————— Command Line ————————
p1 = Point2D(1.0,1.0) ;
p1.x                               ans =
                                          1.0


p1.x = 10 ;                        ans =
p1.x                                     10
```

这种普通属性的访问和赋值的使用方法与结构体类似。在工程科学计算中，还可以声明一些具有特殊性质的属性，这就是下面几小节要介绍的内容。

2.3.2　什么是属性的默认值

在 MATLAB 类的 property block 定义中，可以为属性直接赋予一个值。通过这种方法提供的值叫作属性的默认值（Default Value）：

```
———————————— Point2D.m ————————————
classdef Point2D < handle
    properties     % 提供属性 x 和 y 的默认值
```

```
        x = 0.0 ;
        y = 0.0 ;
    end
end
```

属性的默认值的设置还支持 MATLAB 表达式（Expression），MATLAB 会在构造对象时自动计算这个表达式，并且给成员变量赋对应的值，比如：

———— Point2D.m ————
```
classdef Point2D < handle
    properties
        x = cos(pi/12) ;
        y = sin(pi/12) ;
    end
end
```

注意：如果使用表达式，则该表达式仅在类定义被 MATLAB 装载时执行一次。如果赋给属性的默认值是一个表达式，那么这个表达式计算的结果最好是固定的。比如在如下的 Record 类中，如果把 clock 当作默认值赋给属性 timeStamp，就很可能达不到想要的效果，因为 timeStamp 在类 Record 被装载时就设置好了，并且不再更新，而类的本意则是要记录对象被创建的时间。类定义的装载时刻如图 2.4 所示。在 3.2.5 小节中还会看到，如果属性的默认值是一个声明对象的表达式，并且该对象是 Handle 类，则会带来一些特殊的效果。

———— Record ————
```
classdef Record < handle
    properties
            timeStamp = date
    end
end
```

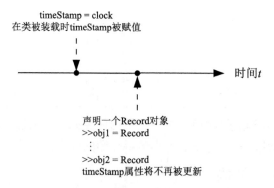

图 2.4 类定义的装载时刻在声明对象之前

除了可以在 property block 中给属性赋默认值外，还可以在 Constructor 中对成员变量做初始化，详见 2.5.2 小节。

在定义类的 property 时，还可以给这些 property 指定一些特定的特性 (Attribute)，让它们具有特殊的性质。下面介绍几种常用的特性。

2.3.3　什么是常量属性

常量 (Constant) 属性，就是在对象生存周期中值保持不变的属性。无论是在类内部还是在外部对该属性进行修改都将报错。定义 Constant property 需要使用 Constant 关键词。例如下面的代码，第 3 行的 Constant 值必须要在类的定义体内指定：

```matlab
classdef A < handle
    properties(Constant)
        R = pi/180
    end
end
```

如果不显式 (Explicitly) 地赋予被声明成常量属性的一个特定的值，那么默认的 Constant 值是 empty double 。Constant property 的另一个用处是存储/封装一些常用的常量，以便在程序中可以不用创建一个对象就能直接使用类中的常量。比如，查询类 A 中常量成员 R：

```
──────── Command Line ────────
>> A.R    % 这里 A 是类名而不是对象名
```

Constant 特性通常用来修饰那些工程计算中规定的常量、硬件指标。比如想用 MATLAB 来控制某个数据采集的硬件，并且该硬件厂商已经提供了 C 语言的 API，那么可以使用 MATLAB 的类来包装这个硬件的驱动，提供给其他 MATLAB 用户使用，而其中一些硬件指标可以定义成 Constant 属性，用户可以通过该 MATLAB 类对象控制实际的数据采集硬件。具体代码如下：

```matlab
classdef DataAcqusitionHardware < handle
    properties (Constant)
        ......
        Input_BufSize =  int32(6252);      % 0x186C
        Input_OnbrdBufSize =  int32(8970); % 0x230A
        ......
        % 常量用来代表硬件指标
    end
......
end
```

其中，第 4 行的属性描述数据采集卡上每个通道中输入缓冲能够放置的样本数量，第 5 行的属性描述采集卡上每个输入缓存的大小。把它们设置成常量的目的是，表示在计算工作中（和硬件通信中）不允许修改。

2.3.4　什么是非独立属性

现实中对象存在这样的属性：其值依赖于其他属性，一旦其他属性改变，该属性也将进行相应地变化，在概念上也可以理解成数学中的因变量。比如二维坐标中的点 $p(x,y)$ 到原

点的距离 r 可以表示成

$$r = \sqrt{x^2 + y^2}$$

因为该 r 值依赖于 x 和 y，所以其是非独立的。给 r 赋值，最简单的方法是在构造函数中设定其初始值，比如：

```
───────────── Point2D.m ─────────────
classdef Point2D < handle
    properties
        x
        y
        r
    end
    methods
        function obj = Point2D(x0,y0)
            obj.x = x0;
            obj.y = y0;
            obj.r = sqrt(obj.x^2 + obj.y^2);     % 在构造函数中赋值
        end
    end
end
```

但是这种做法的问题是：如果对象的 x 或者 y 值改变了，则该属性 r 就必须被重新计算，所以还要提供一个更新 r 值的方法。但是这样做是不方便的，因为每次检测到 x 和 y 值的改变就都要调用一次该更新方法。解决方法是，在 MATLAB 类中，可以把这种 r 声明成 Dependent (非独立) 属性。

Dependent 属性的特点是：对象内部没有给该属性分配物理的存储空间，每次该属性被访问时，其值都将被动态地计算出来。而计算该属性的方法由一个 get 方法提供，语法如下：

```
───────────── Point2D.m ─────────────
1  classdef Point2D < handle
2      properties
3          x
4          y
5      end
6      properties(Dependent)
7          r
8      end
9      methods
10         function obj = Point2D(x0,y0)
11             obj.x = x0;
12             obj.y = y0;
13         end
14         function r = get.r(obj)              % Dependent 属性的计算公式要放在 get 方法中
15             r = sqrt(obj.x^2 + obj.y^2);
```

```
16          disp('get.r called') ;
17        end
18    end
19 end
```

说明：

□ 第 7 行，成员变量 r 被放在了一个新的属性 block 中，使用了关键词 Dependent。

□ 第 14 行，get 方法提供了动态计算出 obj.r 的公式，get 方法的使用将在 2.8 节详细讨论。

□ Dependent 属性在每次被查询时都进行即时地计算，其在对象的内部不占用实际的存储空间；当使用 save 命令时，Dependent 属性不会被保存到 MAT 文件中去。

简而言之，可以随时访问对象 r 的最新值，比如：

```
————————————— Command Line —————————————
>> p1 = Point2D(1.0,1.0);
>> p1.r
get.r called
ans =
    1.4142
>> p1.x = 2.0;     % 此处修改 p1.x 的值
>> p1.r            % 检查 p1.r 的值
get.r called       % get.r 方法确实被调用, 在该方法中更新 r 值
ans =
    2.2361         % 发现 r 也自动做出了相应地改动
```

当在命令行中输入 p1.r 时，MATLAB 解释器 (Interpreter) 将会检查 classdef 中 r 的定义，发现其是 Dependent 属性，且 classdef 中提供了计算方法，于是解释器在内部调用了成员方法 get.r 即时计算 r 的值。方法 get.r 被调用，这可以从命令行中的 get.r called 输出语句看出。

读者也许会问，既然需要一个能够随时更新的 r 值，为什么不设计一个普通方法，比方叫作 calcR，来取代 get.r 方法，每次调用这个方法都可以得到最新的 r 值，比如：

```
————————————— CalcR.m —————————————
function r = calcR(obj)
  r = sqrt(obj.x^2 + obj.y^2);
end
```

原因是这样的，把 r 声明成 Dependent 属性还有一个好处，就是支持 Dot 和向量化操作。如果 r 是一个矢量或者矩阵，那么在类的外部可以对 r 直接进行矢量操作。比如：

```
>> obj.r(1:2)
```

如果 r 是一个结构体，那么在类的外部可以使用 Dot 继续访问 r 内部的其他 fields：

```
>> obj.r.otherfields
```

而普通方法 calcR 则无法提供这样的便利。

下面再举一个 Dependent 属性的例子。接着前面 GUI 的例子，如果要在视图类代码中添加一个属性用来记录 GUI 在文本编辑框中的输入，那么该属性就可以设计成 Dependent 属性，因为它的值依赖于 uicontrol 的文本编辑控件中 string 的值。图 2.5 所示为 View 类中的 text 属性。

 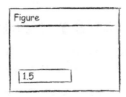

图 2.5　View 类中的 text 属性是一个典型的 Dependent 属性

类的定义如下：

```
——————————— View.m ———————————
classdef View < handle
    properties
        hFig
        hEdit
    end
    properties(Dependent)
        text
    end
    methods
        function obj = View()
            obj.hFig = figure();
            obj.hEdit =  uicontrol('style','edit','parent',obj.hFig);
        end
        function str = get.text(obj)
            str = get(obj.hEdit,'String');
        end
    end
end
```

这样每次对视图对象中的 text 属性进行查询时，该属性就会自动去查询文本编辑框中的用户输入了：

```
——————————— Command Line ———————————
>> obj = View();
>> obj.text
```

问题： 什么是 MATLAB 的解释器 (Interpreter)？

回答：MATLAB 解释器将 MATLAB 命令行、脚本和函数中的 MATLAB 代码翻译成内部指令，并且执行。MATLAB 作为一种解释型语言有很多好处，从用户的角度来看，从写代码到执行代码的转换是立即完成的[①]，用户不需要掌握任何与编译相关的细节，并且源代码总是存在，所以一旦出现错误，MATLAB 解释器就能很容易地指出错误的位置。它具有良好的交互性，适用于快速的程序开发。

2.3.5　什么是隐藏属性

隐藏 (Hidden) 的效果是在命令行中查看对象的信息时，该属性不会被显示出来。例如：

```
————————————————— Command Line —————————————————
>> obj = A()
obj =
  A with no properties.
  Methods
```

在类定义中可以使用关键词 Hidden 把成员属性定义成隐藏，例如：

```
————————————————————— A.m —————————————————————
classdef A < handle
    properties(Hidden)
        var
    end
end
```

MATLAB 中 Hidden 属性的默认值是 False，所以，如果不显式地把属性声明成 Hidden，该属性就是非隐藏的，并且 properties(Hidden) 和 properties(Hidden=true) 的声明效果是一样的，我们推荐使用第一种方式，因为这样代码更加简洁。

如果用户知道该属性的名字，那么仍然可以正常地访问该属性，如下：

```
————————————————— Command Line —————————————————
>> obj.var = 10
obj =
  A handle with no properties.
  Methods, Events, Superclasses
```

用户也可以通过这种方式隐藏成员方法，比如：

```
————————————————————— A.m —————————————————————
classdef A < handle
    methods(Hidden)
        function internalFunc(obj)
            disp('I am a hidden function');
        end
    end
end
```

———————————————————

[①] 实际从 M 代码到指令的执行经过了多层的优化，包括即时的编译，但这些细节对用户都是透明的。

Hidden 关键词的用处是隐藏类的内部细节。如果用户定义的类中有很多属性和方法，那么可以使用 Hidden 关键词指定那些不期望显示的属性和方法，如果在命令行中输入对象，则只显示最重要的内容。如果用户自己构造一个 MATLAB 类，并且提供给别的 MATLAB 用户使用，则可以考虑使用 Hidden 关键词隐藏类内部的细节[①]。

2.4　类的方法

2.4.1　如何定义类的方法

类的方法 (Method) 一般用来查询（Query）对象的状态，或向对象发出一个命令 (Command)，比如操作对象中的数据。在 MATLAB 面向对象编程中，类方法的定义要放在 method block 中，和一般函数定义类似，方法的定义以关键词 function 开始，以关键词 end 结束：

```
......
methods
    function [returnValue] = functionName(arguments)
        ......
    end
end
......
```

使用 Point2D 类的例子，除了构造函数外，再添加一个 normalize 方法，用来归一化成员属性 x 和 y：

```
──────── Point2D.m ────────
classdef Point2D < handle
    properties
        x
        y
    end
    methods
        function obj = Point2D(x0,y0)          % Point2D 的构造函数
            obj.x = x0;
            obj.y = y0;
        end
        function  normalize(obj)               % 归一化成员方法，注意这里没有返回值
            mag    = sqrt(obj.x^2 + obj.y^2);   % 得到该点到原点 (0,0) 的距离
            obj.x = obj.x / mag ;               % 归一化操作成员变量 x
            obj.y = obj.y / mag ;               % 归一化操作成员变量 y
        end
    end
end
```

[①] 即使不是出于保护代码的目的，隐藏类内部的细节也是一个好习惯，提供给外部使用者的应该始终是一个固定的接口，内部的细节可以由类的作者随意地升级修改，从而做到向后兼容。

如果成员方法只有几行，则可以把方法的实现 (Implementation) 放在类定义中；如果成员方法代码的行数比较多，还可以在类定义中仅给出该函数的声明，而把实现放到一个独立的文件中去。比如：

```
────────── Point2D.m ──────────
classdef Point2D < handle
    properties
        x
        y
    end
    methods
        function obj = Point2D(x0,y0)
            obj.x = x0;
            obj.y = y0;
        end
        normalize(obj) ; % 仅提供一个声明
    end
end
```

```
────────── normalize.m ──────────
% 类方法作为一个独立的文件
function normalize(obj)
        mag = sqrt(obj.x^2 + obj.y^2);
        obj.x = obj.x /mag;
        obj.y = obj.y /mag;
end
```

说明：

□ 这种把类方法的实现放在独立 M 文件中的做法，需要创建一个名为 @Point2D 的文件夹，然后把类的定义和方法的实现都放到该文件夹中，然后在 @Point2D 的外部调用该类的构造函数，如图 2.6 所示。具体关于如何组织类的定义、类的方法可以参见第 5 章。

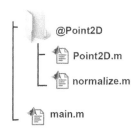

图 2.6　类方法的实现放在独立 M 文件中

□ 并不是所有的方法都可以在类定义中仅提供一个声明，而在另一个独立的方法文件中提供实现细节，比如类的 Constructor 和 Destructor (析构函数)，以及 Static 方法 (9.2 节将会介绍)，都必须在类的定义中实现。

2.4.2　如何调用类的方法

MATLAB 中有两种调用对象成员方法的格式，并且这两种调用格式基本是等价的，如图 2.7 所示。

注意：如果想要使用点调用方式，则 obj 必须作为成员方法的参数之一，并且通常作为第一变量。换句话说，在图 2.7 的例子中，成员方法的定义要有 3 个输入变量 (obj, arg1, arg2)，只是第一个变量 obj 可以前置而已。

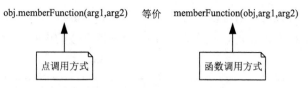

图 2.7 点调用方式和函数调用方式是等价的

另外，在 MATLAB 面向对象编程中，obj 并不是一个 MATLAB 保留的关键词，使用 obj 只是为了说明传递给成员方法的该参数是一个对象，其他常用的表示对象的名字还包括 h，H，self，它们和 obj 一样，仅仅是一个代号，不是关键词。在这里，我们推荐尽量使用 obj 当作对象参数的名称，以便和 C++ 的 this 做出区分。①

1. 使用 OOP 的点 (Dot) 语法调用成员方法

大部分面向对象编程语言都使用"对象 +·+ 函数"的方式，即 obj.memberFunction() 来调用成员方法，例如：

```
——————————————————— Command Line ———————————————————
>> p1 = Point2D(1.0,1.0);        % 声明一个 Point2D 对象 p1
>> p1.normalize();               % 调用成员方法 normalize
>> p1.x
ans =
    0.7071
>> p1.y
ans =
    0.7071
```

上述对象 p1 的 x 和 y 的初值都是 1，执行了归一化操作之后，x 和 y 的值都改变了。从语义上来说，还可以把调用成员方法理解成编程者向对象发出了一条消息或者指令。从这个角度来看，面向对象编程也可以被理解成一句话：向对象发送消息。比如上述的程序，我们向点对象 p1 发出了归一化的指令，如图 2.8 所示。

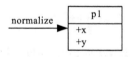

图 2.8 调用成员方法可以被理解成向对象发出指令

2. 使用传统的函数语法调用成员方法

MATLAB 还支持传统的函数调用方法，以保证其兼容性，对象被当作函数的一个参数传入：

```
——————————————————— Command Line ———————————————————
>> p1 = Point2D(1.0,1.0);
>> normalize(p1);                % 对象当作函数的参数
```

———————————————————

① 区分的原因是，C++ 中的 this 参数是隐式 (Implicit) 的，而在 MATLAB 面向对象编程中，该 obj 参数始终需要显式地包含在参数列表中。

2.4.3　点调用和函数调用类方法的区别

虽然两种调用方式基本等价，但仍有如下细微的区别：

□ 使用 p1.normalize() 格式符合面向对象的风格，程序的可读性高，一目了然，这是施加在对象上的一种操作。使用 normalize(obj) 方式满足传统的面向过程的编程习惯，在某些情况下，兼容旧的 MATLAB 代码。

□ 使用 Dot 语法可以清楚地告诉 MATLAB 要调用的是成员方法还是函数。作者建议在 MATLAB 面向对象编程中坚持使用 Dot 语法调用对象的成员方法，如下：

```
obj.memberFunction(arg1,arg2)
```

这种调用方式明确告诉 MATLAB 的分派调度器 (Dispatcher) 要调用的是 obj 所属类的方法。如果是函数式调用，则 Dispatcher 还要做其他的工作才能判断到底要调用哪个方法。

□ 如果使用 Dot 语法，则 MATLAB 的语法检查器 (Code Analyzer) 会及时帮用户检查语法错误；如果使用普通函数调用方法，则 Code Analyzer 没有办法区分用户到底是在调用函数还是在调用成员方法[①]，如果用户恰好重载了 built-in 函数，即使调用的语法正确，mlint 也会给出警告，劝告用户不要重载内置函数。

问题：　什么是 Dispatcher？

回答：Dispatcher 是用来查找方法的调用的，比如帮助决定类似 obj.method() 最后到底调用哪个类的哪个成员方法，对于不同的语境和不同的上下文，obj.method() 可能被分派到不同的类方法上去。比如，可能有多个不同的类定义中都有叫作 method 的成员方法，Dispatcher 至少要先查询该 obj 属于哪一个类。

2.4.4　什么是方法的签名

1.　为什么 obj 要作为方法的一个参数

回顾一下类和对象的 UML 表示方法就可以注意到，在类的图表中有成员方法，而在对象的图中没有成员方法。其中的原因是：成员方法并不属于某一个特殊的对象，成员方法是被所有具体对象所共有的，如图 2.9 所示。

比如 Point2D 成员方法 normalize()，被所有对象所共有：

```
                        —— Point2D.m ——
classdef Point2D < handle
......
    function    normalize(obj)
        mag = sqrt(obj.x^2 + obj.y^2);
        obj.x = obj.x / mag ;
        obj.y = obj.y / mag ;
    end
```

[①] 确定用户到底是在调用函数还是类方法是 Dispatcher 的工作，并且唯有在执行时 Dispatcher 才会参与工作。

```
......
end
```

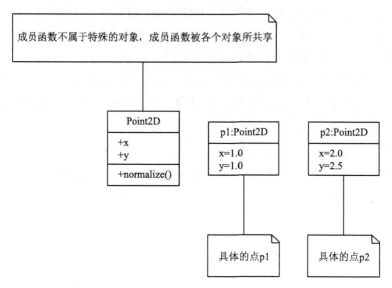

图 2.9　对象的 UML 图中不包括成员方法

一个类可以有多个对象，每个对象都有自己的成员变量 x 和 y，且彼此独立，比如：

——————————————————— Script ———————————————————
```
p1 = Point2D(1.0,1.0);
p2 = Point2D(1.5,1.0);
```

从实现的手段上来说，每个对象所能够调用的成员方法都是相同的，所以没有必要给每个对象都定义一个成员方法，相同类的对象是共享成员方法的。也就是说，p1 和 p2 调用的是类 Point2D 的成员方法，而不是对象 p1 或者 p2 的成员方法。之所以要把 obj 当作参数传给 normalize，就是因为要告诉成员方法 normalize，该归一化哪个对象的 x 和 y。

2.　方法的签名

obj 必须作为方法的一个参数[①]还有一个原因，就是该对象连同方法的名称构成了该方法在 MATLAB 中独一无二的方法的签名 (Signature)，如图 2.10 所示。MATLAB 的 Dispatcher 将利用这个签名去寻找匹配的函数，然后执行之。

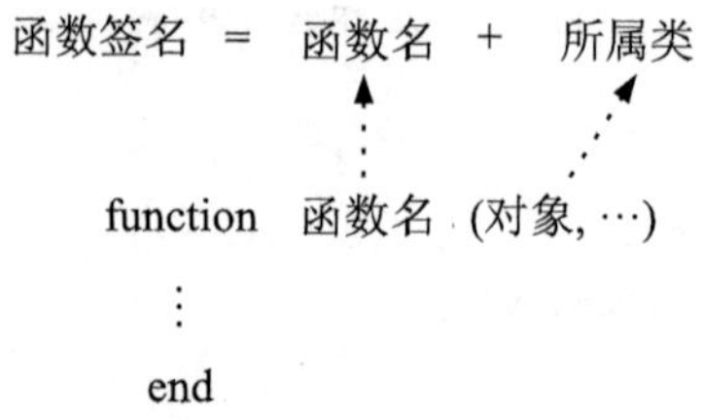

图 2.10　方法的签名由函数的名称和对象的名称组成

——
　① 对象其实并不需要总是作为成员方法的第一个参数，但是从程序的可读性角度来说，最好还是把对象声明为成员方法的第一个参数。

再考虑这样一种情况, 如果有两个对象 p1 和 p2, 分别属于不同的类, 并且每个类中都刚好有一个 normlize 方法, 当不同的对象调用 normalize 方法时, MATALB 该如何找到匹配的 normalize 方法呢? 再具体一点, 我们定义了两个 Class, 一个叫作 Point2D, 一个叫作 Point3D; 再声明一个 Point2D 的对象和一个 Point3D 的对象, 都对它们调用 normalize 方法, 那么 MATLAB 该如何确定与 p1 和 p2 匹配的成员方法呢? 比如:

```
———————————————————— Script ————————————————————
clear classes ;
p1 = Point2D(1.0,1.0)        ;
p2 = Point3D(1.0,1.0,1.0)    ;
normalize(p1)    ;
normalize(p2)    ;
```

```
———————— Point2D.m ————————
classdef Point2D < handle
    properties
        x
        y

    end
    methods
      function obj = Point2D(x0,y0)
        obj.x = x0;
        obj.y = y0;

      end
      % 做归一化的操作
      function   normalize(obj)
          disp('Point2D normalize');
          ......
        end
    end
end
```

```
———————— Point3D.m ————————
classdef Point3D < handle
    properties
        x
        y
        z
    end
    methods
      function obj = Point3D(x0,y0,z0)
            obj.x = x0;
            obj.y = y0;
            obj.z = z0;
        end
      % 做归一化的操作
      function   normalize(obj)
          disp('Point3D normalize');
          ......
        end
      end
end
```

MATLAB 是这样匹配方法的: 在每次调用对象的方法时, MATLAB 的 Dispatcher 都会动态地判断该方法的签名。所谓签名, 就是每个类的方法在 MATLAB 内部的一个独一无二的名称。这种签名通常由调用对象所属于的类的名字和方法的名称共同构成。所以, 从表面上看, 虽然两个属于不同类的对象都调用了 normalize 方法 (函数的名称相同), 但是 MATLAB 还是可以通过判断该函数的第一个实际参数所属的类, 即调用者所属于的类来找到匹配该对象的方法的。

输出的结果是:

```
———————————————————— Command Line ————————————————————
Point2D normalize called
Point3D normalize called
```

问题： 上述脚本中的 clear classes 命令是必需的吗？

回答：是的。作为一个良好的编程习惯，在每个程序的开头使用 clear 清除残存的变量和旧的定义是必要的，特别是在类的定义被修改了之后。我们要清除内存中类的旧的定义，这样才能使新的修改生效。对 clear classes 的具体解释参见 2.10 节。

2.4.5　类、对象、属性和方法之间的关系

OOP 介绍到这里，我们再解释一下类、对象、属性 (property) 和方法 (method) 之间的从属关系。

首先，类是一个抽象的定义，类定义中含有 property 的定义以及 method 的定义。类定义中既然包含这么多信息，类定义当然也是占用内存的[①]，内存中记录了比如 property 的名字、method 的名字等，以及其他和类有关的信息。

对象是一个物理实体，是根据 Class 模板创造出来的。在 MATLAB 中，对象拥有物理内存，也拥有属性，构成对象本身的只有数据，任何成员方法不隶属于任何一个对象，成员方法和对象的关系就是绑定。

成员方法对应的是一种操作，类拥有该操作，而对象可以调用所属类的成员方法，语法是 obj.method(arg) 或者 method(obj,arg)。该操作被该类所有对象共享，所以同类对象具有一致的行为。

2.4.6　如何用 disp 方法定制对象的显示

我们知道，在 MATLAB 命令行中输入一个表达式时，如果表达式后不加 ";" 符号，则 MATLAB 将在命令行中显示这个表达式的值。对于对象的行为也是一样，如果在命令行中输入一个 MATLAB 对象时后面不加 ";" 符号，那么 MATLAB 会调用内置的 disp 函数来显示这个对象的基本信息。内置默认的 disp 函数对 MATLAB 对象的处理方法是：按照属性在类中声明的顺序，把属性名称和值打印出来，例如：

```
——————— MyClass ———————
classdef MyClass < handle

    properties
        prop1 = 'simple';
        prop2 = 'data';
    end

end
```

```
——————— Command Line ———————
>> obj = MyClass()
obj =
    MyClass handle

    Properties:
        prop1: 'simple'
        prop2: 'data'
Methods, Events, Superclasses
```

如果类中包含复杂的数据，而我们又希望能在命令行中获知对象内部的关键信息，那么使用这种按序打印属性值的方式显然是不足的。在这种情况下，可以重载[②]类的 disp 方法来定制对象在命令行上的显示。比如，在 MATLAB 数据采集工具箱中声明一个 Session 对象，那么该对象就可以用来控制 MATLAB 和硬件之间的通信[③]。

[①] 类的定义是如何存放在 MATLAB 内部的呢？请参见第 14 章。

[②] 关于什么是重载请参见第 12 章。

[③] 运行下面的代码需要 National Instruments 的数据采集卡，该例仅用来说明 disp 定制的用途。

```
———————————————————————— Command Line ————————————————————————
>> mydaq = daq.createSession('ni');
```

然后添加两个 analog output 和两个 analog input 通道。

```
———————————————————————— Command Line ————————————————————————
>> mydaq.addAnalogOutputChannel('dev1', 'ao0', 'Voltage');
>> mydaq.addAnalogOutputChannel('dev1', 'ao1', 'Voltage');
>> mydaq.addAnalogInputChannel('Dev1', 'ai0', 'Voltage');
>> mydaq.addAnalogInputChannel('Dev1', 'ai1', 'Voltage');
```

这 4 个通道是该 Session 对象中最重要的内容，如果逐个检查它们，那么在 MATLAB 的命令行中将会得到：

```
———————————————————————— Command Line ————————————————————————
>> mydaq.Channels(1)
ans =
Data acquisition analog output voltage channel 'ao0' on device 'Dev1':
 TerminalConfig: SingleEnded
          Range: 0 to +5.0 Volts
           Name: ''
             ID: 'ao0'
         Device: [1x1 daq.ni.DeviceInfo]
MeasurementType: 'Voltage'
Properties, Methods, Events
>>
>> mydaq.Channels(3)
ans =
Data acquisition analog input voltage channel 'ai0' on device 'Dev1':
       Coupling: DC
 TerminalConfig: Differential
          Range: -20 to +20 Volts
           Name: ''
             ID: 'ai0'
         Device: [1x1 daq.ni.DeviceInfo]
MeasurementType: 'Voltage'
Properties, Methods, Events
```

该种标准 disp 行太多，不够紧凑，所以数据采集工具箱中的该类重载了 disp 函数，使得用户只要在命令行中输入对象名称，就可以用 table[①] 的形式显示上述 4 个通道的基本信息。

```
———————————————————————— Command Line ————————————————————————
>> mydaq
mydaq =
   Number of channels: 4
      index Type Device Channel    MeasurementType        Range        Name
```

---

① table 数据结构的使用请参见附录 C。

```
----- ---- ------ ------- -------------------- ---------------- ----
   1    ao   Dev1   ao0    Voltage (SingleEnd) 0 to +5.0 Volts
   2    ao   Dev1   ao1    Voltage (SingleEnd) 0 to +5.0 Volts
   3    ai   Dev1   ai0    Voltage (Diff)        -20 to +20 Volts
   4    ai   Dev1   ai1    Voltage (Diff)        -20 to +20 Volts
Properties, Methods, Events
```

下面再举一个具体的例子来说明如何定制对象的输出 (display 方法)。比如下面的 My-Stock 类，其中包含了一只股票的符号、名称、收盘价等，如果使用内置的 disp 函数（这个例子省去了从 Yahoo Finance 获取数据的过程），则在命令行上得到的将是一个简单的列表：

```
————————— MyStock —————————        ————————— Command Line —————————
classdef  MyStock < handle          >> f = MyStock('f','5y','d') % 声明并显示对象
    properties                      f =                                        <--
        symbol                          MyStock handle                         <--
        name                            Properties:                            <--
        source                                  symbol: 'F'
        exchange                                  name: 'Ford Motor Company'
        freq                                    source: 'Yahoo Finance'
        last_price                            exchange: 'NYSE'
        last_date                                 freq: 'd'
        last_time                           last_price: 13.6800
    end                                      last_date: '1/25/2013'
    ...... % 其余略                          last_time: '4:03pm'
end                                 Methods, Events, Superclasses              <--
```

同样，这个列表的缺点是：disp 函数默认打印出来的有些信息太基本，对用户来说不重要，比如被箭头标注的行——类的名称、类的 Header、最后一行的链接等；还有一些输出是对象的内部数据，不是什么关键信息，没有必要显示，比如资料的来源 "'Yahoo Finance'"[①]；当然，还有一些重要的信息，比如时间、开盘价、收盘价，它们被分散在各自独立的行上，不够紧凑，我们希望最好能把这些重要信息放在一行，以表格的方式显示。

在 MATLAB 面向对象编程中，可以通过重新定义类的 disp 方法来定制对象在命令行中的输出内容，包含定制 disp 方法的类的对象，在命令行被用户查询时，MATLAB 会优先调用类中的 disp 方法。

下面重载这个 MyStock 类的 disp 方法，基本思路是先按照一定的格式构造要输出的字符串 (可以是包含换行符的多行字符串)，在该 disp 方法中再调用内置的 disp 函数把这个字符串输出到命令行上去。

```
————————————— MyStock.m —————————————
...
  function disp(obj)
      s = sprintf('%-17s (%s:%s)\n',obj.name,obj.exchange,obj.symbol);
      s = [s,sprintf('----------------------------------------------\n')];
```

————————————
① 可以使用 2.3.5 小节提到的方法，把这个属性设置成 Hidden。

```
        s = [s,sprintf('Last Trade:          %6.2f',obj.last_price)];
        s = [s,sprintf('  (%s %s)\n',obj.last_time,obj.last_date)];
        disp(s);
    end
...
```

效果如下（输出的结果变得更加紧凑，该股票的收盘价、时间、日期都显示在一行中）：

```
————————————————— Command Line —————————————————
>> f = MyStock('f','1y','d')
f =
Ford Motor Company (NYSE:F)
----------------------------------------------
Last Trade:         13.68   (4:03pm 1/25/2013)
```

若使对象内容的展示更加美观和整齐，并且恰好想展示的数据是列表结构，则可以考虑使用附录 C 中介绍的 table 数据结构。

2.5　类的构造函数

2.5.1　什么是构造函数

构造函数 (Constructor) 是一种特殊的成员方法：

□ Constructor 和类的名称相同，用来创造类的实例。

□ MATLAB 类的定义中只能有一个 Constructor。

□ Constructor 有且只能有一个返回值，且必须是新创建的对象，这是唯一创建一个新的对象的方式。

下面的程序通过调用 Point2D 的 Constructor，并且提供其要求的参数，即 x 和 y 的初值，来获得一个二维点对象。

```
————————————————— Point2D.m —————————————————
classdef Point2D < handle
    properties
        x
        y
    end
    methods
        function obj = Point2D(x0,y0)      % 返回值必须是一个 obj
            obj.x = x0;
            obj.y = y0;
        end
    end
end
```

```
──────────── Command Line ────────────
>> clear classes;
>> p1 = Point2D(1.0,1.0);
```

2.5.2 如何在构造函数中给属性赋值

在 Constructor 中也可以给对象的属性赋值。即使在 property block 中已经提供了默认值，Constructor 中赋的新值也将取代 property block 中的默认值。

```
──────────── Point2D ────────────
classdef Point2D < handle
    properties
        x = cos(pi/12) ;      % Constructor 被调用之前 x 的默认值
        y = sin(pi/12) ;      % Constructor 被调用之前 y 的默认值
    end
    methods
        function obj = Point2D(x0,y0)
            obj.x = x0;        % 新的 x0,y0 将会取代 property block 中的初值
            obj.y = y0;
        end
    end
end
```

MATLAB 在声明一个对象时，工作的顺序是：先装载类的定义，这时成员变量 x 和 y 的初始值将是 $\cos(\pi/12)$ 和 $\sin(\pi/12)$，然后再调用 Constructor，x 和 y 将在 Constructor 中被重新赋值。

2.5.3 如何让构造函数接受不同数目的参数

在有些编程语言中，同一个函数可以有多种不同的定义及其对应的实现，调用函数时，编译器可以根据提供的参数的种类和个数，找到相匹配的函数，这叫作函数重载。MATLAB 是弱类型检查的解释性语言，不能通过参数数目的不同来决定调用哪个函数，类似的功能只能放到函数体中，通过判断参数的个数 (即 nargin) 来实现，根据 nargin 的不同来选择不同的代码。比如下面的 Point2D 类，Constructor 可以接受两个参数，也可以接受零个参数：

```
──────────── Point2D ────────────
1  classdef Point2D < handle
2      properties
3          x
4          y
5      end
6      methods
7          function obj = Point2D(x0,y0)
8              if  nargin == 0           % 如果没有提供参数
9                  obj.x = cos(pi/12) ;
10                 obj.y = sin(pi/12) ;
```

```
11          elseif nargin == 2          % 如果提供了两个参数
12              obj.x = x0;
13              obj.y = y0;
14          end
15      end
16  end
17 end
```

我们可以不提供任何参数，调用 Constructor，得到一个对象。[①] 这种情况下，对象的属性 x 和 y 被初始化成 cos(pi/12) 和 sin(pi/12)。例如：

```
———————————— Script ————————————
p1 = Point2D()
```

```
———————— Command Line ————————
p1 =
    Point2D handle
    Properties:
      x: 0.965925826289068
      y: 0.258819045102521
    Methods, Events, Superclasses
```

也可以向 Constructor 提供两个初值，得到一个对象，其属性 x 和 y 的值是通过 Constructor 中第 13 行 elseif 的分支赋值的，如下：

```
———————————— Script ————————————
p2 = Point2D(1,1)
```

```
———————— Command Line ————————
p2 =
    Point2D handle
    Properties:
      x: 1
      y: 1
    Methods, Events, Superclasses
```

2.5.4　什么是默认构造函数

默认构造函数（Default Constructor）一般性的定义是：不带任何参数的构造函数。由于 MATLAB 的函数可以设计为接受各种数目的参数，所以在 MATLAB 中默认 Constructor 可以定义成：即使不提供参数也可以产生对象的 Constructor。比如下面代码中的第 5~7 行：

```
———————————— Point2D.m ————————————
1 classdef Point2D < handle
2 ...
3    methods
4        function obj = Point2D(x0,y0)
5            if nargin == 0              % 这个部分其实就是默认 Constructor
6                obj.x = cos(pi/12) ;
7                obj.y = sin(pi/12) ;
8            elseif nargin == 2          % 如果提供了两个参数
9                obj.x = x0;
```

[①] 在 MATLAB 中，如果不提供任何参数，对 Constructor 的调用除了可写成 p1 = Point2D() 外，还可以省略括号写成 p1=Point2D。

```
10              obj.y = y0;
11          else                        % 对于其他提供参数的方式将报错
12              error('wrong input arguments');
13          end
14       end
15    end
16 end
```

上述的 Point2D Constructor 既可以接受两个参数，也可以接受零个参数，并且都能够返回对象，所以也可以把默认 Constructor 理解成 Constructor 内部可以处理 nargin==0 的情况，并且返回新构建的对象的那部分代码。

2.5.5　用户一定要定义构造函数吗

对于这个问题，我们可以做一个简单的实验。下面是一个简单的 Simple 类的定义，其中只定义了一个属性，没有定义任何成员方法。

```
———————————— Simple.m ————————————
classdef Simple<handle
    properties
        x
    end
end
```

即使没有定义 Constructor，还是可以在命令行上使用 obj = Simple()，声明一个对象，如下：

```
———— Script ————                    ———— Command Line ————
>> obj = Simple()  % 调用了 Constructor     obj =          % 返回一个 Simple 对象
                                            Simple handle
                                            Properties:
                                              x: []
                                            Methods, Events, Superclasses
```

没错，在命令行上的 Simple() 命令就是调用了 Simple 类的 Constructor，尽管用户没有显式地定义 Constructor。因为 MATLAB 规定，如果用户没有提供任何形式的 Constructor，MATLAB 会在内部给该类提供一个默认 Constructor。如果一定要把这个内部提供的默认 Constructor 在 MATLAB 中表示出来，那么它看上去将貌似是一个空函数。不过，MATLAB 还是会在后台做一些基本的工作，比如给对象、属性分配内存空间等。

```
———————————— Simple.m ————————————
......
 function obj = Simple()
        % 内部什么内容都没有，但实际上 MATLAB 在后台给对象分配了内存空间并赋默认值
 end
......
```

上述的规定有两个含义：

第一，自动提供的 Constructor 是默认 Constructor，不接受任何参数，如果尝试提供任何参数，MATLAB 将报错——参数过多。

―――――――― Script ――――――――　　　―――――――― Command Line ――――――――
```
>> obj = Simple(1)
```
```
Error using Simple
Too many input arguments.
```

第二，如果用户确实提供了 Consturctor，但是没有提供处理 nargin == 0 分支情况的代码，即该 Constructor 不能接受零个参数的情况，那么该用户定义的 Constructor 会抑制 MATLAB 在后台提供一个接受零个参数的 Constructor。比如：

```
classdef Simple<handle
    properties
        x
        y
    end
    methods
        function obj = Simple(x0)   % 用户提供的 Constructor 接受一个参数
            obj.x = x0;
        end
    end
end
```

这时如果尝试使用 obj = Simple()，那么错误将是可想而知的，一定是参数不够。

―――――――― Script ――――――――　　　―――――――― Command Line ――――――――
```
>> obj = Simple()
```
```
Error using Simple
Not enough input arguments.
```

也就是说，MATLAB 仅在特殊情况下，即用户没有提供 Constructor 时，才会自动地提供这个默认 Constructor。

回到开始的问题上："用户一定要定义 Constructor 吗？"回答是不一定。如果用户不定义，那么 MATLAB 会帮用户提供一个最简单的"什么事情都不做的 Constructor"，如果这能够满足需要，那么用户可以不用定义 Constructor。

2.6　类的继承

2.6.1　什么是继承

继承是一种提供代码的重用方法，它是面向对象编程中最重要的概念之一。这里我们旨在用短小的例子说明其概念和语法，所以这里还是继续使用 Point 类的例子。假设已经有了一个二维点的类的定义，其中有一个 print() 成员方法，把该类中所有的属性都输出到命令行。现在要定义一个三维的点类。当然，最直接的办法是另起炉灶，重新定义一个 Point3D 类，如图 2.11 所示。

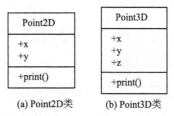

(a) Point2D类   (b) Point3D类

图 2.11 两个独立的类——Point2D 和 Point3D

UML 对应如下代码：

```
———— Point2D.m ————
classdef Point2D < handle
    properties
        x
        y

    end
    methods
        function obj = Point2D(x0,y0)
            obj.x = x0;
            obj.y = y0;

        end
        function print(obj)
            disp(['x =',num2str(obj.x)]);
            disp(['y =',num2str(obj.y)]);

        end
    end
end
```

```
———— Point3D.m ————
classdef Point3D < handle
    properties
        x
        y
        z
    end
    methods
        function obj = Point3D(x0,y0,z0)
            obj.x = x0 ;
            obj.y = y0 ;
            obj.z = z0 ;
        end
        function print(obj)
            disp(['x =',num2str(obj.x)]);
            disp(['y =',num2str(obj.y)]);
            disp(['z =',num2str(obj.z)]);
        end
    end
end
```

从代码角度来说，显然 Point3D 和 Point2D 类有许多相似之处：

☐ 成员变量相似。

☐ 构造函数相似。

☐ print 函数也相似。

从数学角度来说，三维空间中的点投影到二维空间就是一个二维空间中的点，三维空间中的点只是多了一个 z 轴的坐标而已。

从功能角度来说，Point3D 类只是 Point2D 类的一个扩展。三维空间中的点是二维点的一种 (isa 的关系)。

面向对象中的"继承"提供这样一种机制，使得我们能够利用类和类之间"相似"的关系，利用已有的代码，在 Point2D 类的基础上定义出一个 Point3D 类。在 Point3D 类中，只需添加多出来的属性和方法就可以了。

```
─────────── Point3D.m ───────────
% file name :
classdef Point3D < Point2D   % 用< 表示继承
    properties
        z
    end
    methods
        function obj = Point3D(x0,y0,z0)
            obj = obj@Point2D(x0,y0);
            obj.z = z0;
        end
        function print(obj)
            print@Point2D(obj);
            disp(['z =',num2str(obj.z)]);
        end
    end
end
```

在 MATLAB 中，可以这样让 Point3D 继承 Point2D 类：

继承关系也叫作泛化关系，被继承的类叫作父类或者基类 (Parent Class 或 Base Class)；继承的类叫作子类或派生类（Child Class 或者 Derived Class）。[①] UML 图中规定，继承用空心箭头 △ 来表示，如图 2.12 所示，图中 Point3D 类继承自 Point2D 类。上述代码中的 @ 表示调用父类，具体解释参考 2.6.2 小节。

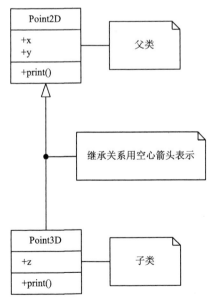

图 2.12　Point2D 作为 Point3D 的父类

---

① Parent-Child 关系不但常用来表示继承关系，还经常常用来表示对象之间的所属关系，读者一定对 Handle Graphics 中的 Parent-Child 关系不陌生。

在上述的例子中，使用小于号"<"表示继承，即

```
classdef Point3D < Point2D
......
```

该行代码告诉 MATLAB 解释器：Point3D 类继承自 Point2D 类。

在 MATLAB 中，可以通过函数 isa 查询一个对象是否属于一个特定的类。比如：

```
───────────── Command Line ─────────────
>> p2 = Point2D(1,1);
>> p3 = Point3D(1,1,1);
>> isa(p2,'Point2D')
ans =
    1
>> isa(p3,'Point2D')
ans =
    1
```

注意：因为三维点是二维点的一种，所以当查询 isa(p3, 'Point2D') 时，返回值也是 true。

继承可以简单地用于对一类事物的总结。比如要编写一个 GUI 程序，该 GUI 包括多个视图，草图如图 2.13 所示。

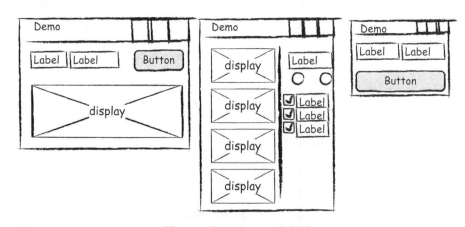

图 2.13　多视图 GUI 的草图

假设 View 的大小内容不同，但它们都有大致相同的外观，比如，不允许 resize，没有 menubar，没有 numbertitle，有相同的窗口名，那么这些共同的特征都可以总结到一个基类中去：

```
───────────── ViewBase.m ─────────────
classdef ViewBase < handle
    properties
        hfig
        viewsize
        ID
```

```
    end
    methods
        function obj = ViewBase(viewsize,ID)
            obj.viewsize = viewsize;
            obj.ID = ID ;
            obj.hfig =  figure('pos',viewsize);
            set(obj.hfig,'resize','off',...      % 不许 resize
                'menubar','none',...             % 没有 menubar
                'numbertitle','off',...          % title 中没有数字
                'name','Demo');                  % 窗口名相同
        end
    end
end
```

然后，各个子类 View 就可以继承这个 ViewBase，从而具有统一的风格。而视图上的控件对象可以作为子类的属性。比如 ViewSmall 类，看上去可以是这样的：

```
—— ViewBase.m ——
classdef ViewSmall < ViewBase
    properties
        ......    % 这里定义该视图上的控件
    end
    methods
        function obj = ViewSmall()
                % ViewSmall 类定制自己窗口的大小
            obj = obj@ViewBase([50,50,250,200],'Small');
        end
    end
end
```

2.6.2　为什么子类构造函数需要先调用父类构造函数

为简单起见，我们先把 Point2D，Point3D 的代码简化如下：

```
—— Super.m ——
classdef Super      % 父类
    properties
        ......
    end
    methods
        function obj = Super()
            ......
            ......
        end
    end
end
```

```
—— Sub.m ——
classdef Sub < Super    % 子类
    properties
        ......
    end
    methods
        function obj = Sub()
            obj = obj@Super(); % 注意这里
            ......
        end
    end
end
```

　　我们注意到这样一行代码：obj = obj@Super()。为什么子类的 Constructor 在做任何工作之前都要先调用父类的 Constructor 呢？这是因为在逻辑上，必须先有父才能有子，子类先继承了父类的属性和方法，然后才在父类的基础上增加了自己的属性和方法。所以在程序中，子类的 Constructor 先调用了父类的 Constructor。有时子类属性的计算会依赖父类的属性，这也是父类 Constructor 要先被调用的原因之一。

　　代码中的@ 符号没有什么特别的含义（只是一个语法上的规定），告诉 MATLAB 解释器，在这里调用父类的 Constructor，返回一个对象。子类调用父类 Constructor 的示意图如图 2.14 所示。

　　从实用的角度来说，子类 Constructor 先调用父类的 Constructor 还可以理解成在父类中先做一些基础的工作。比如，MATLAB 程序需要读入一些 XML 文件或文本文件作为计算的输入，则可以把读 XML 文件和文本文件的工作包装成类。总结两个类的共同点就是，不管要读的文件的类型是什么，成员属性都要有文件名和文件的路径。所以，可以把这部分综合到一个基类 Reader 中去，如图 2.15 所示。具体代码如下：

```matlab
                          ── Reader.m ──
classdef Reader < handle
    properties
        filename
        path
    end
    methods
        function obj = Reader(filename,path)
            obj.filename = filename;
            obj.path = path;
        end
    end
end
```

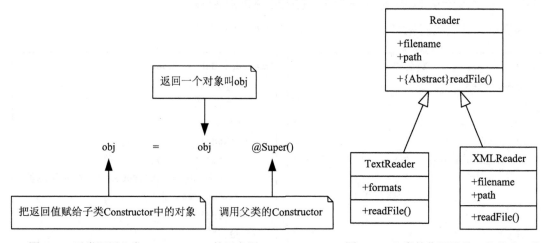

图 2.14　子类调用父类 Constructor 的示意图　　　　图 2.15　父类的作用是做一些基础工作

　　当然，两个子类都有一些属于自己的特殊的属性，比如，假设 TextReader 拥有一个属性叫作 formats，指明文本文件中数据的存放方式；XMLReader 中有一个属性叫作 tag，指明需要读的 XML 文件中的内容。声明一个子类的对象时需要传递给 Constructor 3 个参数：

```
———————————————————— Command Line ————————————————————
tReader = TextReader(name,path,formats);
xReader = XMLReader(name,path,tags);
```

　　在两个子类的 Constructor 的开始就需要完成一些基础工作。这些基础工作就是，先调用父类 Reader 的 Constructor，把 name 和 path 当作参数传递给父类的 Constructor 来初始化这两个属性。

```
———————————————————————— TextReader ————————————————————————
classdef TextReader < Reader
    properties
        formats
    end
    methods
        function obj = TextReader(filename,path,formats)
            obj = obj@Reader(filename,path) ; % 调用父类 Constructor
            obj.formats = formats ;
        end
    end
end
```

```
———————————————————————— XMLReader ————————————————————————
classdef XMLReader < Reader
    properties
        tags
    end
    methods
        function obj = XMLReader(filename,path,tags)
            obj = obj@Reader(filename,path) ; % 调用父类 Constructor
            obj.tags = tags ;
        end
    end
end
```

2.6.3　在子类方法中如何调用父类同名方法

　　子类和父类的成员方法可以有相同的名字，并且在子类的方法内部，可以调用父类的同名方法[①]。比如，在下面 Sub 类的 foo 方法中可以调用 Super 类的 foo 方法。这相当于在功能上，Sub 类的 foo 方法对 Super 类的 foo 方法进行了扩展。

---

① 在子类中除同名方法外的其他地方都不能调用父类的同名方法。

```
──────────────── Super.m ────────────────
classdef Super
    properties
        ......
    end
    methods
        function foo(obj,argu)
            disp('Super foo called')
            ......
            ......
        end
    end
endc
```

```
──────────────── Sub.m ────────────────
classdef Sub < Super
    properties
        ......
    end
    methods
        function foo(obj,argu1,arug2)
            disp(' Sub foo called');
            foo@Super(obj,argu1);
            ......
        end
    end
end
```

图 2.16 所示为在子类方法中调用父类同名方法的语法。@ 符号前面是父类方法的名称，后面是父类的类名。

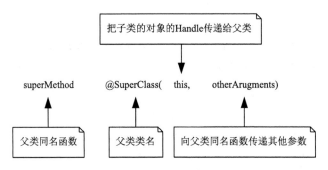

图 2.16　调用父类方法的语法

声明一个子类对象，并且调用 foo 方法，观察输出结果：

```
──────────────── Command Line ────────────────
>> aobj = Sub()
>> aobj.foo()
   Sub foo called
   Super foo called
```

子类的 foo 方法首先被调用，父类的 foo 方法接着被调用。

2.6.4　什么是多态

多态 (Polymorphism) 是建立在继承的基础之上的面向对象编程的精华之一。它指的是，同名的方法被不同的对象调用会产生不同的行为 (形态)。沿用图 2.12 所示的例子，分别声明一个 Point2D 和 Point3D 对象。

```
──────── Command Line ────────
>> obj1 = Point2D()
>> obj1.print()
>>
>> obj2 = Point3D();
```

```
x = 1
y = 1
```

```
>> obj2.print()
```

```
x = 1
y = 1
z = 1
```

这里的两个对象都调用了 print 方法，而输出的结果却不同，此即调用同名方法而对象的行为不同。我们可以把上述过程放到一个函数中去，如果 obj 函数的参数如下：

```
—————————— someFunction.m ——————————
function someFunction(obj)
  if isa(obj,'Point2D')
        obj.print();
  end
end
```

则该函数会对参数的种类加以限制：要求是 Point2D 类，或者是其子类（Point3D），只要满足这个要求，print 就会被执行，但是语句 obj.print() 具体调用哪一个 print 方法将取决于运行时传入参数对象的种类。不同的 obj 对 print 指令做出的反应也不同。

2.7　类之间的基本关系：继承、组合和聚集

面向对象的程序设计关键是对类的设计。设计一个单独的类是容易的，但是随着系统中类的数目的增多，设计的难度也在增加，其难点在于确定父类和子类，以及各个类之间的关系。本节将讨论类之间的几种基本关系：继承、组合和聚集。

2.7.1　如何判断 B 能否继承 A

如果在逻辑上，B 是 A 的"一种"(a kind of, isa)，则允许 B 继承 A 的功能和属性。比如，Man 是 Human 的一种，Boy 是 Man 的一种，那么类 Man 可以从类 Human 中派生，类 Boy 可以从类 Man 中派生。

如下代码说明：A 是基类，B 继承了 A，那么 B 也就继承了 A 的成员变量和成员方法。

```
————————— A.m —————————
classdef A < handle
    properties
        a
    end
    methods
        function method1()
            ..
        end
        function method2()
            ..
        end
    end
end
```

```
————————— B.m —————————
classdef B < A
    properties
        b
    end
    methods
        function method3()
            ......

        end
    end
end
```

B 的对象将拥有属性 a，还可以调用 method1 和 method2。用来测试的脚本如下：

```
———————————————————— Script ————————————————————
clear ; clc ;
b = B();
b.method1();
b.method2();
b.method3();
```

这个简单的程序说明：使用"继承"可以提高程序的复用性。但是，如果只是为了增加程序的复用性而盲目地使用继承，那么就会造成逻辑上的混乱和程序适用性的降低。所以，我们要防止乱用"继承"，应当给"继承"立一些使用规则：

> 如果类A和类B不相关，则不能为了使B的功能更多些而让B继承A的功能和属性。

2.7.2　企鹅和鸟之间是不是继承关系

公有继承和"是一个 (is a)"的等价关系，这个关系听起来简单，但在实际应用中"是一个"的关系不会总是那么显然。比如，有这样一个事实：企鹅是鸟；还有这样一个事实：鸟会飞。如果想在 MATLAB 中表达这两个类直接的关系，我们也许会这样做：

```
———————————— Bird.m ————————————
classdef Bird < handle
    methods
        function fly(obj)      // 鸟会飞
            % ......
        end
    end
end
```

```
———————————— Penguin.m ————————————
classdef Penguin < Bird   // 企鹅是鸟

    ......

end
```

这时问题就出现了，因为这种继承关系意味着企鹅会飞，但我们知道这不是事实。造成这种情况的原因是语言不严密。说鸟会飞，并不是说所有的鸟都会飞。通常，只有那些有飞行能力的鸟才会飞。更精确一点儿，我们都知道，实际上有多种不会飞的鸟，所以也许可以提供下面这样的层次结构作为解决方案 (这只是多种解决方案中的一种)，让企鹅的定义继承自不会飞的鸟类，如图 2.17 所示。

企鹅和鸟这个例子是一个经典的例子，我们在 15.3 节还要回顾这个例子，介绍其他更好的设计。

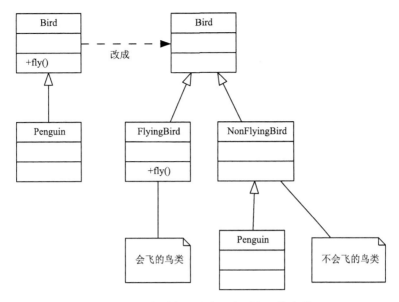

图 2.17　让企鹅类继承自一个不会飞的鸟类

2.7.3　如何把类组合起来

如果在逻辑上 A 是 B 的"一部分"(a part of)，则不要为了让 B 得到 A 的功能而去继承 A，而是要用 A 和其他东西组合出 B。比如，眼 (Eye)、鼻 (Nose)、口 (Mouth)、耳 (Ear)是头 (Head) 的一部分，所以类 Head 应该由类 Eye、Nose、Mouth、Ear 组合而成，而不是派生而成。

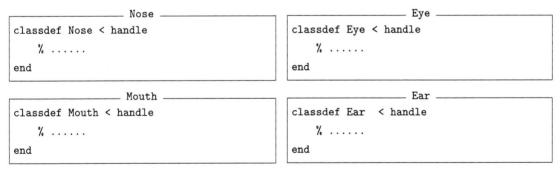

注意：在下面 Head 的定义中，为简单起见，并没有对属性的类型加以限制，否则可以使用 isa 和 set 函数 (见 2.8 节) 限制属性的类型。

```
┌──────────────────────── Head.m ────────────────────────
classdef Head < handle
    properties   % 头由眼、鼻、口、耳组成
        eye       % 成员变量是对象
        nose
        mouth
        ear
    end
```

```
    methods
        function obj  = Head()
            obj.eye   = Eye()     ;
            obj.nose  = Nose()    ;
            obj.mouth = Mouth()   ;
            obj.ear   = Ear()     ;
        end
    end
end
```

相对而言，糟糕的设计方式是，不分青红皂白地就用继承：让 Head 继承 Eye、Nose、Mouth 和 Ear。注意：下面的代码中，符号 & 表示多重继承[①]。

```
—————————— Head.m ——————————
classdef Head <  Eye & Nose & Mouth & Ear
    % ......
end
```

不使用继承的原因是：

☐ Head 和 Eye 之间，以及 Nose，Mouth，Ear 之间没有严格的 isa 关系，不能为让 Head 得到 Eye，Nose，Mouth，Ear 的功能而使用继承。

☐ 组合比继承更适合这种类之间的关系。

在 UML 图上，我们规定用实心菱形箭头表示组合关系，如图 2.18 所示。

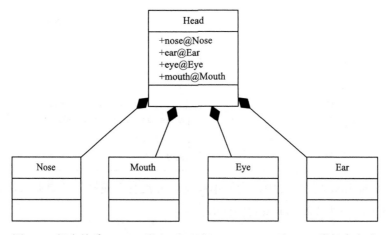

图 2.18 组合关系：Head 类由 Nose、Mouth、Eye 和 Ear 类组合完成

具体到 MATLAB 程序上，组合关系要求 Head 对象一定在内部拥有 Nose，Eye，Mouth，Ear 对象，这是通过 Head 对象的 Constructor 来保证的。代码如下：

```
—————————— Head 类的 Constructor ——————————
function obj  = Head()
            obj.eye   = Eye()     ;
```

———————————————————————————

[①] 多重继承请参见 8.2 节。

```
        obj.nose  = Nose()   ;
        obj.mouth = Mouth()  ;
        obj.ear   = Ear()    ;
end
```

　　这将保证在 Head 对象被创建时，其余 4 个对象也同时被创建。

　　在 2.2 节提到的简单视图类中也是一个组合关系，视图类对象拥有 Figure 对象和 uicontrol 对象，为了保证 Figure 和 uicontrol 是视图类的必要部分，Figure 对象和编辑框对象的声明也放在了视图类的 Constructor 中：

```
——————————— View 类的 Constructor ———————————
function obj = View()
    obj.hFig  = figure();
    obj.hEdit = uicontrol('style','edit','parent',obj.hFig);
end
```

2.7.4　什么是组合聚集关系

1. 组合关系

　　先回顾一下组合 (Composition) 关系：组合是一种强烈依赖的整体和部分关系。比如在 2.7.3 小节的例子中，头一定由眼、鼻、口、耳组成。如图 2.19 所示，鸟不能没有翅膀、头和脚。实心的菱形箭头表示由翅膀、头和脚组合成一只健全的鸟。注意：线段上可以用数字表示数量对应关系。这里，一只鸟对应两只翅膀、两只脚。

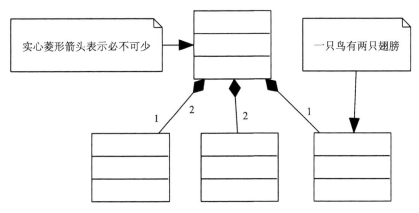

图 2.19　◆ 表示必不可少：鸟 Class 必须要有翅膀、头和脚

2. 聚集关系

　　还有一种类似的关系叫作聚集 (Aggregation)。聚集是一种松散的整体和部分关系。如图 2.20 所示，自行车由架子、轮子和坐垫等部分组成。但是整体和部分并不是强烈的依赖，即使整体不存在了，比如自行车的架子不存在了，部分仍然可以存在。在 UML 中规定，聚集关系用空心菱形箭头符号 ◇ 表示。注意：表示聚集关系的线段上也可以加上数字，表示数量对应关系。这里，线段上的 1 和 2 表示一辆自行车有两个轮子。

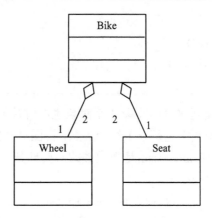

图 2.20 ◇ 表示松散的组合：坐垫、轮子不存在了，自行车还可以存在

聚集反映在程序上就是，Wheel 和 Seat 的对象可以独立创建（而不需要在 Bike 的 Constructor 中被创建）。创建完之后，再装到自行车架上去。

```
———————————————————— Bike.m ————————————————————
classdef Bike < handle
    properties
        frontWheel
        rearWheel
        seat
    end
end
```

例如：

```
———————————————————— Script ————————————————————
frontWheelObj = Wheel();          % 独立存在
rearWheelObj  = wheel();
seatObj  = seat();
......
bikeObj = Bike();
bikeObj.frontWheel = frontWheelObj;   % 聚集关系
bikeObj.rearWheel  = rearWheelObj ;
bikeObj.seat = seatObj;
```

这里省略了 Wheel 类和 Seat 类的定义，注意上段程序中，Wheel 和 Seat 类的对象可以单独被创建。

2.8 Handle 类的 set 和 get 方法

2.8.1 什么是 set 方法

set 方法为对象属性的赋值提供了一个中间层，例如下面的 A 代码部分。

```
──────── A ────────
classdef A < handle
    properties
        a
    end
    methods
      function  set.a(obj,val)
        if val >= 0
          obj.a = val ;
        else
          error('a must be positive');
        end
      end
    end
end
```

```
──────── Command Line ────────
>> obj = A();
>> obj.a = -10    % 试图给 a 赋负值
Error using A/set.a (line 10)
a must be positive
```

该类的定义中提供了一个属性的 set 方法，在 A 的外部，任何对属性 a 的赋值都将经过
这个 set.a 的中间层（由 MATLAB 负责调用）。属性的 set 方法通常用来检测赋值是否符合
要求。比如规定对象的某属性的值来自 GUI 界面上用户的输入，在把用户的输入直接赋给
该属性之前，要检查该输入值（包括数据类型、阈值等）是否符合要求，那么这个检查输入
的工作就可以交给属性的 set 方法。如果想要对函数输入参数做更全面的系统的检查，那么
请使用附录 D 中介绍的 validateattributes 函数或 inputParser 类。在下面的例子中，A 类
定义了一个属性 a 的 set 方法。在 set 方法中规定，属性 a 必须是正值，否则报错。

检查赋值是否符合要求还可以包括检查赋值的类型。沿用图 2.20 所示的例子，假设
wheel 是 Bike 类的一个属性，如果要确保给该属性赋的值是 Wheel 类对象，那么可以把
Bike 的 set 方法设计成如下形式：

```
classdef Bike < handle
    properties
        wheels
    end
    methods
        function set.wheels(obj,val)
            if( isa(val,'Wheels') )  % 检查输入 val 的类型
                obj.wheels = val;
            else
                error('input must be an instance of Wheels')
            end
        end
    end
end
```

set 方法还有一种常见的用法，就是当需要设置该属性的值时，同时做其他一些工作。比

如需要一个 LOG 来记录每次属性被赋的值，这样的工作就可以放到 set 方法中去。如果没有 set 方法，那么就要在每一个给该属性赋值的地方重复写记录的代码，这样的编程方式不利于程序的扩展和修改。

在下列情况下，set 方法不会被调用：

- 在 set 方法内部，对属性的赋值不会再次调用自身的 set 方法。以 A 类为例，如果执行如下代码：

```
———————————————————————————— Command Line ————————————————————————————
>> obj = A;
>> obj.a = 10;
```

则 MATLAB 解释器在遇到 obj.a = 10 时会帮助用户调用 set 函数：

```
......
  function set.a(obj,val)
    ......
    obj.a = val ;
    ......
  end
......
```

而在 set 函数中，obj.a 不会再触发 set 函数的调用，否则将无限循环下去。

- 在复制对象时，不会触发该属性的 set 方法。
- 在 property block 中给属性赋默认值时，不会触发该属性的 set 方法，但这不代表默认值可以无视 set 方法中对数据的有效性验证 (如果有的话)。用户应该自行确保默认值能够通过该 set 方法的验证，做到类定义的一致性。

但是，在对一个对象进行 load 操作时，属性 set 方法会被 MATLAB 调用，如果这时对象的某些属性的值仍然是默认值，则这些默认值会通过 set 方法被验证是否有效合法。读者可以把 set 方法想象成数据合法性的最后一道保障。

因为每个属性被进行 load 操作的顺序和在 MATLAB 中定义的顺序没有必然关系，所以在一个属性的 set 方法中，应该尽量不要访问类中的其他属性，因为这些属性可能还没有被进行 load 操作，这叫作 Order Dependency。如果存在这样的属性，其值的设置依赖于其他属性的值，那么应该把这个属性声明成 Dependent[①]。Dependent 属性不会被保存到 MAT 文件中去，load 操作之后，需要使用该属性时，其值可以被即时计算出来。

2.8.2　什么是 get 方法

和 set 方法类似，get 方法提供对成员属性查询操作的一个中间层。如果定义了一个属性的 get 方法，则代码如下：

---

① 见 2.3.4 小节。

```
———————— A ————————
classdef A < handle
    properties
        b = 10
    end
    methods
        function val =get.b(obj)
            val = obj.b;
            disp('getter called');
        end
    end
end
```

```
———————— Command Line ————————
>> obj = A();
>> obj.b
getter called

ans =

    10
```

在类的外部，对该属性的查询（Query）都将经过这个中间方法。最常用的，给一个属性设置 get 方法的情况是，当这个属性是 Dependent 属性时，具体例子见 2.3.4 小节。这里再举一个 Dependent 属性和 get 方法一起使用的例子，针对规模较大的，需要长时间升级和维护的 MATLAB 程序。下面将演示通过一个 get 方法的中间层，可以让程序变得向后兼容①。假设最初用户给 Record 类的定义为其中一个属性 date 用来记录 Record 对象的时间，则在外部对类的使用为

```
———————— B ————————
classdef Record < handle
    properties
        date
    end
end
```

```
———————— Script ————————
......
obj = B() ;
obj.date = date;
......
......
```

现在假设用户已经构造了大规模的面向对象的程序，而且这个 Record 类用处广泛，现在用户要修改升级 Record 类，比如要把类中 date 的名字改的更有意义一点儿，比如叫作 timeStamp。最先想到的做法是，在所有的程序中搜索由 Record 定义出来的对象，找到之后把 obj.date 改成 obj.timeStamp，但这样做是不可行的（读者可以想想为什么），正确的做法是提供一个访问的中间层：

```
———————— B 的新定义 ————————
classdef Record< handle
    properties(Dependent,Hidden)
        date
    end
    properties
        timeStamp                    % 新属性
    end
    methods
        function set.date(obj,val)
            obj.timeStamp = val;
```

① 随着越来越多的用户互相共享 MATLAB 程序，每当用户已发布的程序需要更新时，向后兼容就显得尤为重要。

```
        end
        function val = get.date(obj)
            val = obj.timeStamp;        % 转而查询新属性
        end
    end
end
```

说明：

□ 程序中的 set 和 get 方法给属性访问 date 提供了一个中间层，使旧程序能够不加修改仍然可以使用新类的定义。set 和 get 方法与 Dependent 属性的组合用法给大型程序升级之后的兼容提供了一个重要的手段。

□ date 被设置成了 Dependent，这样不占内存；date 还被设置成了 Hidden，于是这个属性不会被命令行显示出来，新的类定义的使用者将觉察不到这个旧的属性。

□ 在 set 和 get 方法中对 date 的查询和赋值请求最后都转到了 timeStamp 上。

使用 set 和 get 方法是有时间成本的。在 MATLAB 中，调用成员方法的时间要大于直接访问属性的时间，并且 set 和 get 方法不会被 MATLAB 即时编译 (JIT) 加速。所以，应该仅在需要时定义属性的 set 和 get 方法。另外，还要避免如下没有任何附加价值的 set 和 get 方法。

──── 没有任何附加价值的 set 和 get 方法 ────

```
classdef A < handle
    properties
        var
    end
    methods
        function var = get.var(obj)
            var = obj.var;
        end
        function set.var(obj,var)
            obj.var = var;
        end
    end
end
```

2.9 类的属性和方法的访问权限

2.9.1 什么是 public、protected 和 private 权限

从面向过程到面向对象，最显著的一个区别就是，把数据和函数捆绑在一起形成了类，数据变成了属性，函数 (Function) 变成了类的成员方法 (Method)。就数据而言，并不是所有被捆绑的数据都有必要提供给外部访问，有些数据可能是一些计算过程中的内部变量，外部程序并不需要知道这些细节，所以需要对访问的权限加以控制。就程序设计而言，为了尽量避免一个类中的某个行为干涉同一系统中其他的类，应该让类仅公开必须让外界知道的

内容，而隐藏其他一切不必要的内容，这也叫作封装。MATLAB 提供了关键词"Access =
private,protected,public"来声明哪些属性和方法是可以公开访问的、受保护的，或者是不可
以公开的，也就是私有的。例如：

```
                          ── SomeClass.m ──
classdef SomeClass < handle
    properties( Access = private )      % 类的私有属性
        prop_private
    end
    properties( Access = protected )    % 类的保护属性
        prop_protected
    end
    properties                          % 默认情况下是公有 (public) 的属性
        prop_public
    end

    methods( Access = 某种可访问性)       % 同上
        function result = someFunction(obj)
            ...... % 代码省略
        end
    end
end
```

下面以属性为例，比如定义一个 private 属性：

```
                          ── SomeClass.m ──
......
properties( Access = private )       % 类的私有属性
        prop_private
end
......
```

如果一个属性的特性被设置成 Access = private，这表示只有该类的成员方法可以访问
该数据，而子类和其他外部函数或者脚本都无法访问到该成员变量。这也是类方法 (Method)
和普通函数 (Function) 的重要区别之一：类方法可以访问对象中的私有属性。[①]

```
                          ── SomeClass.m ──
......
 properties (Access = protected)
        prop_protected
 end
......
```

如果一个属性的特性被设置成 Access = protected，则表示只有该类的成员方法，还有
该类的子类可以访问该数据。

① 函数 (Function) 和类方法 (Method) 的另一个重要区别是：类方法的输入参数中通常至少有一个是对象。

如果一个属性的特性采用默认值，即 public，则表示不但在类的定义中，该类的成员方法以及该类的子类的成员方法都可以访问这个成员变量，而且在类之外的函数或者脚本也可以访问这个成员变量。代码如下：

```
──────── SomeClass.m ────────
......
properties
        prop_public
end
......
```

在 UML 中，表示成员属性和方法访问权限的方式是在属性和方法的名称前加一个修饰符号，如图 2.21 所示。

再以成员属性为例，通过示意图说明 3 种属性的被访问权限。

- □ + 表示 public，即该成员属性可以被其他对象、方法、函数访问，如图 2.22 所示。public 应该尽量少用，共有意味着把类的成员变量和成员方法暴露给外部。这和面向对象的封装原则是矛盾的。
- □ # 表示 protected，保护的数据和方法只对其内部方法和 subclass 可见，如图 2.23 所示。
- □ − 表示 private，私有的数据和方法只能被类内部的函数访问，如图 2.24 所示。但 Destructor 是个例外，详见 8.1.5 小节。

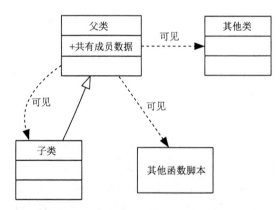

图 2.21 成员属性和方法的访问权限　　　图 2.22 public 属性和方法可以在任何地方被访问

对于属性的访问权限，还可以再细分成赋值 SetAccess 和查询 GetAccess 的权限，比如：

```
......
   properties (SetAccess = private, GetAccess = public)
         var
   end
......
```

说明该类属性可以被外界程序查询值，但不能被外部程序赋值，赋值只能在类的内部进行。

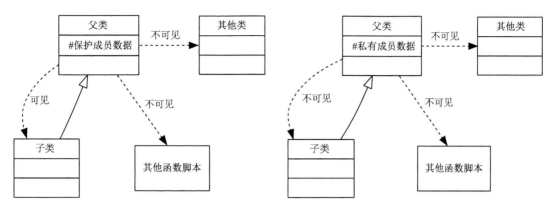

图 2.23　protected 属性和方法只能在子类中被访问　　　图 2.24　private 只能在类的内部被访问

2.9.2　如何设置类的属性和方法的访问权限

下面举例说明如何设置类的属性和方法的访问权限。假设要设计一个银行账户的类,该类的属性包括账户余额(balance)和账号(accountNumber),该类的方法包括取款(withdraw)和存款(deposit)。它们的访问权限可以设置如下:

- □ 账户余额应该设置成 SetAccess = private,因为余额的变化只能通过存款和取款来实现,不能被外部随意赋值来改变,但是余额的值应该是可以被外部用户查询的,所以 GetAccess = public。
- □ 账号通常是保密的,所以它既不能被外部改动,也不能被外部查询,故 Access = private。
- □ 取款和存款两个类方法显然应该设置成 Access = public,因为这是该类提供给外部的两个功能,外部可以通过这两个方法来改变类的内部属性的值,即余额(balance)。

下面就是该类的 MATLAB 简略地实现。注意:在类内部方法中,可以对属性进行任意访问,没有权限之分。在属性的定义中,因为 MATLAB 对所有访问权限的默认值都是 public,所以省略 GetAccess = public。

```
━━━━━━━━━━━━━ BankAccount ━━━━━━━━━━━━━
classdef BankAccount < handle
    properties(SetAccess = private)  % 默认 GetAccess = public
        balance
    end
    properties(Access = private)     % 外部既不能访问也不能修改
        accountNumber
    end
    methods
        function obj = BankAccount(balance,num)
            obj.balance = balance ;
            obj.accountNumber = num ;
        end
        function deposit(obj,val)
            obj.balance = obj.balance + val;
```

```
        end
        function withdraw(obj,val)
            obj.balance = obj.balance - val;
        end
    end
end
```

声明一个该类的对象，在命令行中该对象的显示中只出现了 balance 属性，这是因为 accountNumber 属性是私有的，不为外部所见。

```
—————————————————— Command Line ——————————————————
>> a = BankAccount(500,'5086474439')
a =

  BankAccount with properties:

    balance: 500
```

如果企图在命令行中，即 BankAccount 类的外部访问账号号码，则 MATLAB 会报错，如下：

```
—————————————————— Command Line ——————————————————
>> a.accountNumber
You cannot get the 'accountNumber' property of BankAccount.
```

2.9.3　如何更细粒度地控制访问权限

在实际计算中可能存在这样的需求：一个类的内部数据总的来说是私有的，但要求允许个别的类访问或修改。比如 BankAccount 类的 balance 属性，它的 SetAccess 是私有的，但是希望允许银行的柜员 (BankTeller) 修改 balance 的值，这实际对应了在银行柜台的存取服务；再比如 BankAccount 类的 accountNumber，一般来说银行账号是保密的，但是对于银行的经理 (BankManager) 来说，它应该是可以被访问和修改的，这对应了银行经理的开户和销户操作等。在 MATLAB 中，我们可以通过在 Access 中指定类名来提供这种更细粒度的对类内部属性和方法的访问。

```
—————————————————— BankAccount ——————————————————
classdef BankAccount < handle
    properties(SetAccess = {?BankTeller})
        balance
    end
    properties(Access = {?BankManager})
        accountNumber
    end
    methods
        function obj = BankAccount(balance,num)
            obj.balance = balance ;
            obj.accountNumber = num ;
        end
        function deposit(obj,val)
            obj.balance = obj.balance + val;
```

```
        end
        function withdraw(obj,val)
            obj.balance = obj.balance - val;
        end
    end
end
```

其中，Access={?BankManager} 的含义是：该属性只允许 BankManager 的对象来访问，其对其他任何对象函数都相当于 private。

简单起见，BankTeller 和 BankManager 的定义如下：

```
                 ── BankTeller ──
classdef BankTeller
    methods
        function deposit(obj,acc,val)
            acc.balance = acc.balance + val;
        end
    end
end
```

```
                 ── BankManager ──
classdef BankManager
    methods
        function checkAccountNumber(man,acc)
            disp(acc.accountNumber)
        end
    end
end
```

BankTeller 和 BankManager 拥有 BankAccout 对象私有属性的访问权限，如图 2.25 所示。

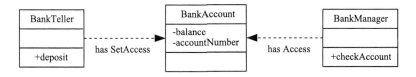

图 2.25　BankTeller 和 BankManager 拥有 BankAccout 对象私有属性的访问权限

银行柜员对象拥有存钱的权限，代码如下：

```
>> t = BankTeller;
>> t.deposit(a,500);
>> a
a =
  BankAccount with properties:
    balance: 1000
```

银行经理对象拥有访问银行账号的权限，代码如下：

```
>> m = BankManager;
>> m.checkAccountNumber(a)
5086474439
```

这种把私有数据的访问和修改的权限提供给个别类的机制类似于 C++ 的 friend 关键词，区别是：friend 把类的所有私有数据和方法都暴露了，而 MATLAB 则允许针对每一个属性和方法来设置 Access，从而可以更细粒度地控制对类内部细节的访问。

2.9.4　MATLAB 对属性访问的控制与 C++和 Java 有什么不同

　　MATLAB 对属性访问的控制与 C++ 和 Java 有些类似，但也有些独特之处。比如 public 属性，在 C++ 和 Java 中，如果把一个成员属性定义成 public，则意味着该属性可以被外部直接访问和赋值，这相当于该属性直接暴露给了外部。而在 MATLAB 中，在外部直接访问与 public 属性之间还可能存在一个 set 和 get 的中间层，如果一个成员属性是 public 的，并且该属性定义了 set 和 get，那么对该属性的赋值则要经过 set 方法，对该属性的访问则要经过 get 方法，所以可以在这两个方法中做一些必要的赋值的检查工作。所以，即使是 public 属性，MATLAB 面向对象语言也提供了检查的措施。

　　再比如 private 属性，在 C++ 和 Java 中，如果把一个成员属性定义成 private，意味着该属性不可以被外部直接访问和赋值，但是习惯上会提供一个 public 的 set 和 get 方法。将 C++ 或者 Java 的这个 set 和 get 方法用 MATLAB 的语言表示出来，如下：

```
———— C++ 或 Java 风格的 set 和 get 方法 ————
classdef A < handle
    properties(Access = private)
        a
    end
    methods
        function seta(obj,v)
            % 这里做一些输入的检查
            obj.a = v;
        end
        function v = geta(obj)
            v = obj.a
        end
    end
end
```

```
———— MATLAB 的 set 和 get 方法 ————
classdef A < handle
    properties
        a
    end
    methods
        function set.a(obj,v)
            % 这里做一些输入的检查
            obj.a = v;
        end
        function v = get.a(obj)
            v = obj.a
        end
    end
end
```

　　上述两者是有区别的，左侧的 seta 和 geta 是普通方法，不同于右侧的 set.a 和 get.a，它们的访问和赋值方式不同：

```
———————— Command Line ————————
>> obj = A();
>> obj.seta(10);   % 显式地调用 seta 方法
>> obj.geta()
ans =
    10
```

```
———————— Command Line ————————
>> obj = A();
>> obj.a = 10;   % 隐式地调用 set.a 方法
>> obj.a
ans =
    10
```

　　使用 set 和 get 方法还便于程序的扩展，假设类最初的设计中没有定义 set 和 get 函数：

```
———————— 类最初的设计 ————————
classdef A < handle
    properties
        a
    end
end
```

```
———————— 类的外部使用 ————————
>> obj = A();
>> obj.a = 10;   % 直接访问属性
>> obj.a
ans =
    10
```

如果在程序后期的开发过程中意识到需要验证属性 a 的输入，则只需要给类的定义加上一个

set.a 方法即可，外部的使用不需要修改，而 C++ 或 Java 风格的 set 和 get 方法则把所有直接访问属性的程序修改成函数调用。

使用 set 和 get 方法还有一个优点：如果 a 是矢量或者矩阵，那么 MATLAB 提供的 get 方法还支持 indexing 的方法，而作为普通方法的 geta 则不支持 indexing 方式的访问。例如：

```
——————————————————————— Command Line ———————————————————————
>> obj = A();
>> obj.a = magic(2);
>> obj.a(1,:)
ans =
     1     3
```

使用 MATLAB 面向对象语言时要意识其与传统面向对象语言的区别，我们建议对属性的访问和赋值要使用 set 和 get 函数，而不要使用类似 C++ 和 Java 风格的 set和 get 方法。

2.10　clear classes 到底清除了什么

在 MATLAB 中，类的定义作为一种"信息"也存在于内存中。[①] 当类被首次使用时，MATLAB 会把该类定义一次性地装载到内存中，之后再声明类的对象时就不需要再次去重新读入类的定义了。正是因为这个原因，在 MATLAB 面向对象编程的过程中，如果定义了一个类，声明了一个对象，那么随后改变了该类的定义，再尝试声明一个对象时，则会出现下面的警告信息：

```
——————————————————————— Command Line ———————————————————————
Warning: The class file for '___' has been changed; but the change cannot be applied
 because objects based on the old class file still exist. If you use those objects,
 you might get unexpected results. You can use the 'clear' command to remove those
 objects. See 'help clear' for information on how to remove those objects.
```

这是 MATLAB 在提示用户，类的定义已经改变，但是工作空间中关于该类的定义还是旧的。不能刷新这个类的定义的根本原因是：工作空间中还有该类的对象（instance）。该对象是用旧的定义声明出来的，如果刷新了，则会造成同一个类的各个对象之间不一致。如果想使用新的类的定义，则要先把工作空间中的和该类有关的、旧的对象先清除掉。这句话的言下之意是，只要有旧的 instance 存在，新的类定义就无法生效。这时通常有以下两种选择。

从 MATLAB R2014b 版本开始，MATLAB 类系统引入了类对象自动更新的功能，即已经声明的对象会根据新的类定义来更新自己，将不会再出现该警告信息，也就不再需要调用 clear classes 了，详见 2.11 节。

1.　使用 clear obj 命令

如果工作空间中还有其他重要的变量存在，用户又不希望全部清除它们，那么可以有选择地清除对象。比如工作空间中有类 A 的对象 obj1 和 obj2，并且我们修改了类 A 的定义，则只需要执行：

---

① 其本身也是一种对象，详见第 14 章。

```
———————————————— Script ————————————————
>> clear obj1 obj2
```

MATLAB 接到这个指令后就会清除与类 A 相关的对象，下次再声明类 A 的对象时就可以使用新的定义了。

2. 使用 clear classes 命令

如果工作空间中的所有变量都不重要，或者如果一次性修改了几个类的定义，用户不想一个一个地清除具体的对象，则还可以使用 clear classes 命令，即

```
———————————————— Script ————————————————
>> clear classes
```

该命令将清除：

- □ 工作空间中的所有变量。
- □ 如果函数所持有的 persistent 变量是一个类的对象，也将被清除[①]。
- □ 所有之前被装载的类的定义。
- □ 类中的 Constant 属性。

2.11　对象根据类定义的改变而自动更新

在 MATLAB R2014b 之前，每次对类的定义做修改时要想新的定义生效，都必须清除工作空间中已有的该类的对象或者 clear classes。这很麻烦，因为有可能旧的对象中包含有用的数据，清除该对象时这些数据就要重新计算；在开发程序初期，对类的修改是经常发生的，通常仅仅是添加了一个方法或者新的属性，就要求清除所有已经存在的对象，这样的代价很大。MATLAB 从 R2014b 起引入了对象 Auto Update 的功能，此时如果类的定义改变了，则会在合适的时候触发已有对象的自我更新，从而不再需要 clear classes 了。

Auto Update 的效果很容易理解，比如，如果 classdef 中新添加了一个属性，那么已有的对象也将自动被添加上这个属性；如果 classdef 中删除了一个属性，那么旧对象的该属性也将被删除；如果 classdef 中新添加了一个方法，那么在旧对象上也可以立即使用这种方法。

Auto Update 并不是随着类的更新即刻发生的，因为这不实际，如果对 classdef 的修改是连续的，则显然没有必要对该类的对象也即刻做一系列连续地更新，只有最后一次更新的类的版本才是有意义的，所以应该用这个版本来更新旧的对象。

MATLAB 规定，出现以下任何一种情况时，新的 classdef 都会触发旧对象的更新：

- □ 使用新的定义去构造新对象时。
- □ 访问类中的 Constant 属性，或者 Static 方法时。
- □ 在命令行中显示旧对象时。
- □ 访问类定义的 meta data 时[②]。

如果新的 classdef 存在错误，或者新的 classdef 和旧的对象存在不可调和的矛盾，则 Auto Update 不会发生，比如：

---

① 除非使用 mlock。

② meta data 请参见第 14 章。

  □ 给子类和父类添加了相同名称的属性、方法或事件。

  □ 把父类改成了 Sealed。

  □ 类被改成了 Abstract。

  □ 给非 enumeratin 类添加 enumeration block。

  □ 把 Handle 类改成 Value 类。

  □ 新的定义包含语法错误。

这时旧的对象也无法被使用，直到类定义的错误被纠正为止。

第 3 章　MATLAB 的句柄类和实体值类

3.1　引子：参数是如何传递到函数空间中去的

　　句柄（Handle）的概念其实一直就存在于 MATLAB 语言中 [1]，只有在 R2008a 版本以后，MATLAB 才开始向用户正式提供面向对象编程的功能，我们才终于有机会对 Handle 类有一个全面地了解。这一节我们从大家所熟悉的函数的参数传递机制出发，通过观察 MATLAB 的内存变化来初步认识 Handle 类。虽然这些知识点有些底层，但这却是正确使用 MATLAB Handle 类的基础。所谓 MATLAB 函数，就是把一些指令集中在一个模块中，而使用函数的过程就是外部程序调用该模块，传递给该函数若干参数，然后函数做计算，并且把结果返回。比如在 MATLAB 中，一个简单的加法函数可以定义如下：

```
――――――――――――――――――― myAdd.m ―――――――――――――――――――
function result = myAdd(a,b)
    result = a + b;
end
```

　　该函数接收两个参数，做加法并把结果返回，在命令行中这样调用该函数：

```
―――――――――――――――――――――――― Command Line ――――――――――――――――――――――――
>> c = myAdd(1,2)
c =
     3
```

　　函数在运行时，MATLAB 会建立函数的工作区，工作区中存放函数内部变量，函数调用完毕，该工作区被销毁。我们多次提到，MATLAB 是弱检查类语言，因此在使用函数时，不检查参数的类型，所以这个 myAdd 函数的参数不但可以是标量，而且还可以是矢量或者矩阵 [2]，比如：

```
――――――――――― Script ―――――――――――        ――――――――― Command Line ―――――――――
a =    eye(2,2)                         a =
b =    rand(2,2)                               1        0
c =    myAdd(a,b)                              0        1
                                        b =
                                            0.3972     0.1277
                                            0.1983     0.7607
                                        c =
                                            1.3972     0.1277
                                            0.1983     1.7607
```

　　我们再把参数的维数变得大一些，比如要做两个 $10\,000 \times 10\,000$ 的随机矩阵的加法 [3]，将其当作 myAdd 的输入参数：

―――

[1] 比如 Handle Graphics 的函数返回的对象就是类似的 Handle 对象。
[2] 这是 MATLAB 的独一无二之处，即函数是支持向量化的。换句话说，这相当于 C++ 和 Java 的模板。
[3] 为了说明问题，特意使用大型的矩阵，读者可以根据自己计算机的物理内存选择大小合适的矩阵。

66

```
————————————— Script —————————————
N = 10000;
a = rand(N,N);
b = rand(N,N);
c = myAdd(a,b);
```

　　MATLAB 默认的数值数据类型是 double，每个 double 在 MATLAB 的工作空间中占 8 字节，所以 a 和 b 矩阵的大小大概每个是 760 MB。这时，我们不由地要问一下，这么大的矩阵到底是怎么传到函数的工作空间中去的呢？如图 3.1 中的问号所示，MATLAB 是不是真的在 myAdd 的函数空间中创建了 a 和 b 的拷贝，然后做相加得到 result，再把 result 复制回来给 c？直觉告诉我们，如果真的把两个 760 MB 的矩阵复制到 myAdd 函数空间中去，那么这个函数做计算时所需的内存空间就是 760 MB × 3。这样做似乎效率不是很高！

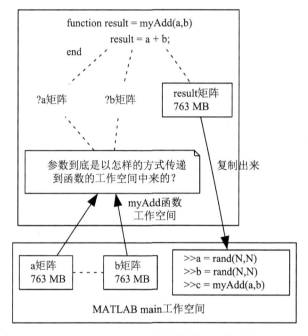

图 3.1　参数 a 和 b 到底是如何传递到函数空间中去的

　　回答这个问题将涉及 MATLAB 的函数参数传递机制。MATLAB 的函数参数传递机制到底是传值（函数空间的内部构造一个全同的拷贝），还是有什么其他更有效的方式？为了搞清楚这个问题，首先利用 memory 函数，这个函数可以帮助监视 MATLAB 内存的使用是如何随着函数调用变化的。

　　在命令行中输入"memory"，MATLAB 将返回如下基本信息：

```
————————————— Command Line —————————————
>> memory
Maximum possible array:          45253 MB (4.745e+010 bytes)  % 机器能构造最大 Array
Memory available for all arrays: 45253 MB (4.745e+010 bytes)
Memory used by MATLAB:             535 MB (5.614e+008 bytes)  % 目前 MATLAB 已用内存
Physical Memory (RAM):           24567 MB (2.576e+010 bytes)  % 用户计算机的物理内存
```

事实上，memory 函数返回的是一个结构体，可以通过其中的一个 field 来提取目前 MATLAB 使用的内存，所以可以利用 memory 函数[①] 来记录 Script 的每一行命令运行结束之后的内存使用情况。下面给出的是：左侧为程序，右侧为 MATLAB 内存的使用情况[②]。

```
───────── Script ─────────
1  clear all ;
2  N = 10000;
3  a = rand(N,N);
4  b = rand(N,N);
5  c = myAdd(a,b);
```

```
────────── Command Line ──────────
Line 2 MATLAB Memory : 622.543MB
Line 3 MATLAB Memory : 1385.4844MB
Line 4 MATLAB Memory : 2148.6641MB
Line 5 MATLAB Memory : 2911.8789MB
```

```
───────── myAdd ─────────
1  function result = myAdd(a,b)
2      result = a + b;
3  end
```

```
────────── Command Line ──────────
Line 2 MATLAB Memory : 2148.6641MB
Line 3 MATLAB Memory : 2911.8789MB
```

可以发现：

□ 执行到 N=10000 时，MATLAB 使用了 622.54 MB 的内存。

□ 声明完矩阵 a=rand(N,N) 后，MATLAB 的内存使用增加了 763 MB，这恰好是 a 矩阵的大小。

□ 声明完矩阵 b=rand(N,N) 后，MATLAB 的内存使用又增加了 763 MB，这恰好是 b 矩阵的大小。

□ 在 myAdd 函数中的第 1 行没有任何语句，MATLAB 没有增加内存。

□ 在 myAdd 函数中，result=a+b 语句执行完后，一个新的 result 矩阵构建了出来，MATLAB 仅增加了 763 MB 内存。这证明 myAdd 函数中并没有做 a 和 b 的拷贝。

一个最重要的观察结果是，尽管 a 和 b 矩阵被当作参数传递给了 myAdd 函数，但是 myAdd 的函数空间所占用的内存并没有显著地增加（763 MB × 2）。该例中，MATLAB 实际的传递方式是这样的：

□ 如果参数的值在函数的内部没有被改变，则函数的工作空间只复制了参数的必要数据，而实际的数据仍然在函数工作空间之外。

□ 这些存在于函数工作空间中的必要数据通常只有一百多个字节，其中提供了访问实际数据的一种渠道（指针），如图 3.2 中的虚线所示。更具体一点，即提供了 a 矩阵和 b 矩阵在 main 工作空间内存中的实际位置。

□ 在函数工作空间中要访问 a 和 b 矩阵的值时，就通过这些必要数据到 MATLAB 主工作空间中去访问，函数调用结束，必要数据也就跟随函数工作空间一起被销毁了。

□ 这种做法也是容易理解的，如果在函数工作空间中的运算没有对参数做任何修改，就完全没有必要把参数全部复制到函数工作空间中去。

[①] 笔者使用 memory 函数写了一个 MemoryTracker 类，在 http://www.ilovematlab.cn/thread-322933-1-1.html 处供参考，MAC 和 Linux 不支持 memory 命令。

[②] 返回结果将因 MATLAB 版本的不同而不同，但是内存的相对增量是一样的。

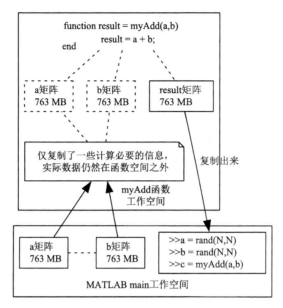

图 3.2　函数不修改参数时，参数中的必要信息被传递到函数中，并不是全部

如果函数体内修改了参数的值，比如下面的 myAdd 函数，则需要把传进来的 a 矩阵中的每个元素先做四舍五入，再做加法：

```
─── myAdd.m ───
function result = myAdd(a,b)
    a = round(a)  ;     % 对 a 先做四舍五入
    result = a + b;
end
```

那么在对 a 矩阵改变的前一刻，MATLAB 会在 myAdd 的函数工作空间中根据传入的必要数据复制出一个局部 (Local) 的拷贝[①]，以保证所有对 a 矩阵的修改都是局部的，即函数体内对 a 的修改不会影响 main 工作空间中的 a 矩阵。这种技术通常叫作 Lazy Copy，就是不到万不得已时，不构造局部 (Local) 拷贝，如图 3.3 所示。

严格地说来，MATLAB 函数的参数传递机制是传值，而 Lazy Copy 可以被看作是在传值基础上的一个优化措施。如果 myAdd 函数的目的还包括修改传来的参数，那么还需要把修改过的 a 当作输出，修改才能生效。

```
─── myAdd.m ───
function [result a ] = myAdd(a,b)
    a       = round(a) ;
    result = a     + b;      % 对 a 先做四舍五入
end
```

如果 a 和 b 的数据体积很小，那么如何传递参数对程序的性能影响没有太大的区别；如果 a 和 b 的数据体积很大，比如是信号或者图像数据，那么做完全拷贝是低效的。MATLAB 面向对象提供了这样的技术，就是不用在函数体内构造局部拷贝也能修改传来参数的值。

───────────────
① 这里的局部不是部分，而是局域的意思，即该拷贝仅存在于函数内部的局部空间，是对其作用域的修饰，而不是对大小的修饰。

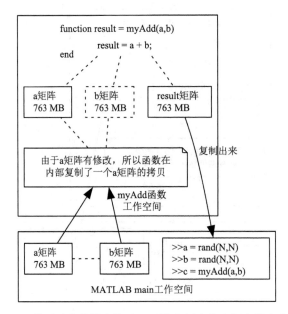

图 3.3   一旦函数要对参数做出修改，函数空间内就会把参数完全复制一份

3.2   MATLAB 的 Value 类和 Handle 类

3.2.1   什么是 Value 类和 Handle 类

MATLAB 面向对象的编程中有两种类：一种叫作 Value 类 (Value Class)，可以翻译为数值类；另一种叫作 Handle 类 (Handle Class)，可以翻译为句柄类或者引用类。到目前为止，本小节前面所举的 MATLAB 类的例子大多属于 Handle 类，如下面右侧的代码所示。在本小节中，我们通过两种不同的方式来设计一个 Image 类，该类中包含一个叫作 matrix 的属性，用来详细说明 Value 类和 Handle 类之间的区别[①]。要定义一个 Handle 类，用户只需要继承一个 Handle 基类即可，而 Value 类的定义如下面左侧的代码所示。两个定义唯一的区别是：用户定义的类是否继承了 MATLAB 内部提供的一个 Handle 基类。

```
──────── ImageValue Value 类 ────────
classdef ImageValue
    properties
        matrix
    end
    methods
        function obj = ImageValue(N)
            obj.matrix = zeros(N,N);
        end
    end
end
```

```
──────── ImageHandle Handle 类 ────────
classdef ImageHandle < handle   % 区别
    properties
        matrix
    end
    methods
        function obj = ImageHandle(N)
            obj.matrix = zeros(N,N);
        end
    end
end
```

ImageValue 类和 ImageHandle 类的 UML 如图 3.4 所示。

──────────
[①] 实际程序设计中，什么情况下使用 Value 类，什么情况下使用 Handle 类，请参见 3.2.6 小节。

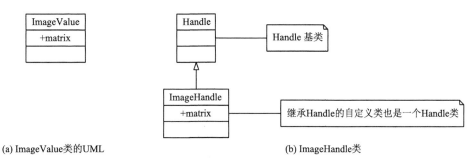

(a) ImageValue 类的UML　　　　　　　　　　　　(b) ImageHandle类

图 3.4　ImageValue 类和 ImageHandle 类的 UML

到目前为止，我们定义了两个 Image 类来包装矩阵数据，一个类定义成 Value 类，另一个类定义成 Handle 类。现在来比较它们的区别。分别声明两个对象，并且检查 MATLAB 的内存使用情况：

```
1  clear all ; clc ;
2  mValue  = ImageValue(10000)      ;
3  mHandle = ImageHandle(10000)     ;
```

```
──────────────────────── Script ────────────────────────
Line 1 MATLAB Memory : 610.4648MB
Line 2 MATLAB Memory : 1373.4063MB
Line 3 MATLAB Memory : 2136.3477MB
```

观察 MATLAB 内存的使用可以看到，MATLAB 依次在内存中对 mValue 和 mHandle 各分配了一个对象，每个对象的大小是 763 MB。这是可以预料的。

但如果用 whos 函数检查对象的大小，则会发现这样一个事实：mValue 的大小是我们预计的 763 MB，但是 mHandle 的大小却只有 112 B[①]。实际情况是，MATLAB 确实为 Handle 类对象分配了内存，但是该对象中属性 matrix 的实际大小却没有计入到 Handle 类对象所占用的内存中去。

```
──────────────────────── Command Line ────────────────────────
>> whos
  Name        Size            Bytes  Class         Attributes

  mHandle     1x1               112  MatrixHandle
  mValue      1x1         800000104  MatrixValue
```

简单来说，原因是这样的：MATLAB 建立的这两个对象在内存中建立了如图 3.5 所示的两种不同的布局。

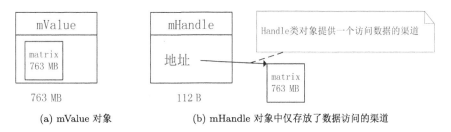

(a) mValue 对象　　　　　　　　(b) mHandle 对象中仅存放了数据访问的渠道

图 3.5　MATLAB 建立的 mValue 对象和 mHandle 对象

---

① 使用不同的计算机和不同的版本时，mHandle 的大小可能稍有差别，但是都远小于 763 MB。

MATLAB 处理实体类对象的方式是：直接在内存中开辟一块区域，用以存放实体类的对象；MATLAB 处理句柄类对象的方式稍微多了一层，在内存中不但有一部分区域用于存放实际有用的数据，还有一个句柄对象指向这块内存，如图 3.5(b) 所示。

"指向"在实用角度上可以被简单地理解成 Handle 类对象（即 mHandle）提供了对实际 matrix 的全权代理，用来提供对这片内存中数据的读和写操作，而对这个代理对象 mHandle 的使用，从外观上看和使用一般的 Value 类对象没有区别：

```
———————————————————— Command Line ————————————————————
>> mValue.matrix(1,1)
ans =
    0
>> mHandle.matrix(1,1)    % 从外部看使用上没有区别
ans =
    0
```

3.2.2　Value 类对象和 Handle 类对象复制有什么区别

Value 类和 Handle 类对象的一大不同在于复制时的行为，比如执行下面语句对 mValue 和 mHandle 进行复制：

```
———————————————————— Script ————————————————————
nValue  = mValue  ;
nHandle = mHandle ;
```

MATLAB 对这两个看上去相似的命令的解释是完全不同的。在"概念上"，MATLAB 对于 Value 类对象在内存中做了完全的拷贝，也叫深拷贝，如图 3.6 所示。

而对于 Handle 类对象，MATLAB 只复制 Handle 类对象本身，而没有复制句柄对象指向的实际数据，如图 3.7 所示。

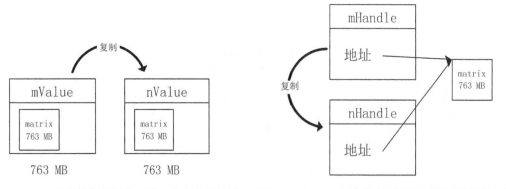

图 3.6　Value 对象的复制概念上是一个完全的复制　　图 3.7　Handle 对象的复制不包括实际数据的复制

Handle 类对象的复制不是一个完全的复制，或者用计算机术语说，不是一个深拷贝（Deep Copy），而是一个浅拷贝（Shallow Copy），因为它并没有深入到 Handle 类所指向的数据对实际数据进行复制。这些可以通过 whos 命令来验证：

```
————————————————— Command Line ——————————————————
>> whos
  Name        Size              Bytes  Class           Attributes

  mHandle     1x1                 112  MatrixHandle
  nHandle     1x1                 112  MatrixHandle
  mValue      1x1           800000104  MatrixValue
  nValue      1x1           800000104  MatrixValue
```

　　浅拷贝最显著的一个特征是：如果通过 mHandle 来修改 matrix 属性，那么也会影响 nHandle 的 matrix 属性，因为这两个 Handle 对象共享了一份 matrix 数据。如何对 Handle 类的对象做深拷贝是一个复杂的问题，详见 14.4 节。

3.2.3　Value 类对象和 Handle 类对象赋值有什么区别

　　Value 类对象和 Handle 类对象在复制行为上的不同将带来赋值行为上的不同。在 3.2.2 小节中，对于 Value 类对象的复制，MATLAB 从概念上在内存中做了完全拷贝，在命令行中使用 whos 可以验证 nValue 和 mValue 都是 763 MB。但是，如果检查 MATLAB 内存的使用情况就会发现，对 mValue 进行复制时，MATLAB 内存的使用并没有明显地增加。例如：

```
1  clear all;
2  mValue  = MatrixValue(10000);
3  mHandle = MatrixHandle(10000);
4  nValue = mValue ;    % 全拷贝
5  nHandle= mHandle;
```

```
Line 1 MATLAB Memory : 532.1641MB
Line 2 MATLAB Memory : 1295.1055MB
Line 3 MATLAB Memory : 2058.0469MB
Line 4 MATLAB Memory : 2058.0469MB  % 咦
Line 5 MATLAB Memory : 2058.0469MB
```

　　这里还有另一个细节，是在 3.1 节中提到的 Lazy Copy，即不到万不得已时，MATLAB 不会在内存中构造一个一模一样的拷贝。这个所谓的"万不得已时"，就是当对 nValue 中 matrix 的值进行改变，哪怕仅仅修改 nValue 矩阵中一个元素的值时，MATLAB 在内存中马上就构造出一个实体的拷贝，然后再修改其中元素的值，如下：

```
1  clear all;
2  mValue  = MatrixValue(10000);
3  mHandle = MatrixHandle(10000);
4  nValue = mValue ;
5  nHandle= mHandle;
6  nValue.matrix(1,1) = 10;  % 仅仅修改一个值
```

```
Line 1 MATLAB Memory : 532.1641MB
Line 2 MATLAB Memory : 1295.1055MB
Line 3 MATLAB Memory : 2058.0469MB
Line 4 MATLAB Memory : 2058.0469MB
Line 5 MATLAB Memory : 2058.0469MB
Line 6 MATLAB Memory : 2820.9883MB  % BOOM
```

　　这时内存中 nValue 和 mValue 分别指向不同的数据，如图 3.8 所示。

　　对句柄对象的重新赋值要分情况讨论，比如下面对 mHandle 对象的重新赋值，如果内存数据只被一个 Handle 类的对象所指：

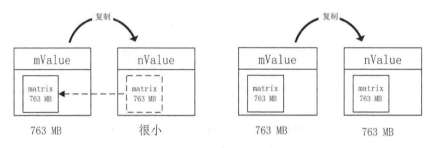

(a) 刚复制完，nValue中的matrix只 　　　(b) 一旦nValue中的数据发生修改，MATLAB就会
　　包含必要信息 　　　　　　　　　　　　　　在该nValue中填上一份完全的拷贝

图 3.8　不到万不得已（被修改）时，MATLAB 不会在内存中做完全的拷贝

```
1  clear all;
2  mHandle  = MatrixHandle(10000);
3  nHandle =  MatrixHandle(10000);
4  mHandle = nHandle;
```

```
Line 1 MATLAB Memory : 607.7031MB
Line 2 MATLAB Memory : 1370.6445MB
Line 3 MATLAB Memory : 2133.5859MB
Line 4 MATLAB Memory : 1370.6445MB
```

则重新给 mHandle 赋值意味着原内存数据将不再被任何句柄所引用。这里重新赋值的结果是，原来的内存数据被清除，如图 3.9 所示。

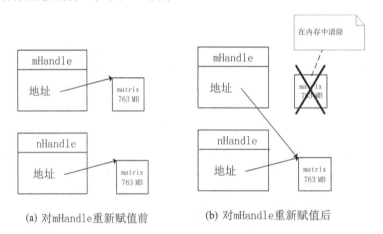

(a) 对mHandle重新赋值前　　　　　　(b) 对mHandle重新赋值后

图 3.9　不再被引用的 matrix 将被清除掉

从命令行的结果也可以看出，MATLAB 使用的内存减小了 763 MB。如果有一个以上的 Handle 类对象指向同一块内存数据，如图 3.10 所示，则 mHandle 和 lHandle 两个 Handle 对象就都指向了同一块数据。

仅改变其中一个 Handle 的指向不会造成该内存数据被清除，因为还剩下一个 Handle 对象指向该数据，如下：

```
1  clear all;
2  mHandle  = MatrixHandle(10000);
3  lHandle = mHandle;
4  nHandle =  MatrixHandle(10000);
5  mHandle = nHandle;
```

```
Line 1 MATLAB Memory : 606.4961MB
Line 2 MATLAB Memory : 1369.4375MB

Line 4 MATLAB Memory : 2132.3789MB
Line 5 MATLAB Memory : 2132.3789MB
```

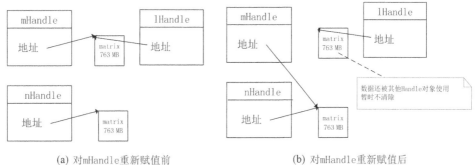

(a) 对mHandle重新赋值前　　　　　　　　　　(b) 对mHandle重新赋值后

图 3.10　重新赋值不会导致原来的数据被清除

从命令行的结果可以看出，MATLAB 使用的内存没有变化。

判断内存数据是否被引用（指向）的技术叫作引用计数。也就是说，Handle 类对象指向内存数据，该内存数据还和一个计数器相联系，在 Handle 类被复制时，这个计数器会自动加 1，记录指向该内存数据的 Handle 对象的数目。如果只有一个 Handle 对象指向该内存数据，那么当改变这个 Handle 对象的指向时，MATLAB 会自动销毁这个内存数据，如图 3.11 所示。因为没有 Handle 对象再引用这个内存数据了，所以其就没有存在的必要了。

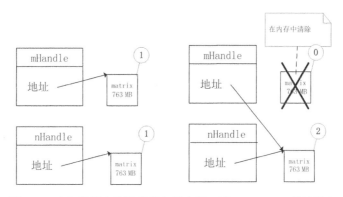

图 3.11　内部数据上的计数器如果为零，则 MATLAB 将清除之

如果有多于一个的 Handle 对象指向内存数据，则改变其中一个 Handle 对象的指向不会造成内存数据被清除，但是引用计数会被减 1，如图 3.12 所示。

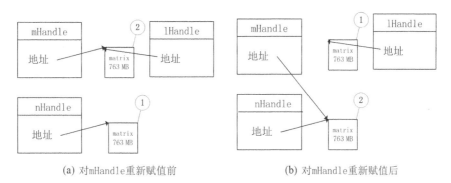

(a) 对mHandle重新赋值前　　　　　　　　　　(b) 对mHandle重新赋值后

图 3.12　给 Handle 对象重新赋值会造成计数器的改变

3.2.4　Value 类对象和 Handle 类对象当作函数参数有什么区别

到目前为止，把 Handle 类对象作为对数据访问的渠道，看上去像是多此一举。本小节将把 Value 类对象和 Handle 类对象作为函数参数来解释它们的区别。下面左侧的代码是一个 Value 类，右侧的代码是一个 Handle 类的定义，它们各有一个成员属性叫作 var，并且都有一个成员方法，该成员方法企图修改成员属性 var 的值。

```
———————— SimpleValue ————————
classdef SimpleValue
    properties
        var
    end
    methods
        function obj = SimpleValue(var)
            obj.var = var;
        end
        function assignVar(obj,var)
            obj.var = var ;
        end
    end
end
```

```
———————— SimpleHandle ————————
classdef SimpleHandle < handle % 唯一区别
    properties
        var
    end
    methods
        function obj = SimpleHandle(var)
            obj.var = var;
        end
        function assignVar(obj,var)
            obj.var = var ;
        end
    end
end
```

在以上脚本中，分别测试 SimpleValue 类的对象和 SimpleHandle 类的对象的成员方法：

```
———————— Script ————————
aValue = SimpleValue(10);
aValue.assignVar(20); % 修改
aValue.var
```

```
———————— Script ————————
bHandle = SimpleHandle(10);
bHandle.assignVar(20); % 修改
bHandle.var
```

得到的输出如下：

```
———————— Command Line ————————
ans =
    10
```

```
———————— Command Line ————————
ans =
    20
```

我们发现，Handle 类的成员方法完成了任务，但 Value 类的对象的成员方法却没有按期望的那样修改对象中的 var 成员变量。其中的原因大家应该猜到了：

对于 Value 类对象，参数的传递方式是：复制必要的信息到函数工作空间中，当 MATLAB 发现该函数对传入的参数进行了修改，并且该参数是 Value 类对象时，MATLAB 就构造出一个局部拷贝。所以，对 obj.var 的修改只是局部的，当函数退出时，该临时局部拷贝也就消失了，如图 3.13 所示。

如果想把函数内部的修改保存下来，则必须再把 obj 当作输出参数返回，SimpleValue 类的 setVar 函数必须改写成：

```
———————— SimpleValue ————————
classdef SimpleValue
    ......
        function obj = setVar(obj,var)
            obj.var = var ;
```

```
      end
   ......
end
```

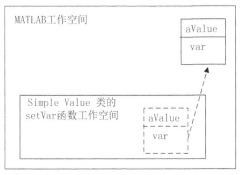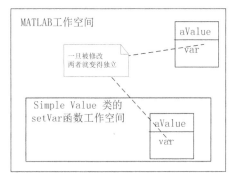

(a) 如果不改变aValue中数据的值，
则函数空间中仅有aValue的必要信息

(b) 如果改变aValue中数据的值，
则函数空间将构造出一个独立的拷贝

图 3.13　一旦要被修改，函数空间就构造出一个局部拷贝，修改是局部的

说得更具体一点，必须再把 obj 当作输出参数返回所隐含的意思是，Value 类通过方法操作对对象内部数值的改动必须返回（即创造了）一个新的对象。

对于 Handle 类对象，参数的传递方式也是复制局部对象，但在函数内部，函数修改的不是针对 Handle 类对象的数据而是 Handle 类对象所指向的数据，如图 3.14 所示。所以，MATLAB 内部并不需要做额外的处理，并且该函数成功地修改了 Handle 类对象所指向的数据。

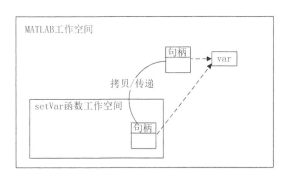

图 3.14　在函数空间中修改 Handle 类对象即修改了实际数据

综上所述，Handle 类对象可以用来在函数中修改传来的参数。总的来说，MATLAB 对参数的处理方式依赖于用户的判断：如果用户希望在函数内修改参数，则用户需要传递 Handle 类对象；否则就要使用 Value 类，并且把修改完的对象当作结果返回。

3.2.5　Value 类对象和 Handle 类对象作为默认值有什么区别

2.3.2 小节介绍了什么是属性的默认值，即当赋默认值时如果使用表达式，则该表达式仅会在类定义初始化时被执行一次。如果一个类的默认值恰好是一个 Handle 类对象，则所有该类的对象都将共享这个属性。例如，假设我们要开一系列的连锁面馆，面馆类叫作

NoodleStore，面馆只有一个属性——配方，并且要求该配方所有的连锁面馆都统一，该属性的默认值是 Recipe 类对象，该 Recipe 类对象是一个 Handle 类对象，这样，所有面馆对象都将共享同样的配方。

```
——————————— NoodleStore ———————————
classdef NoodleStore < handle
    properties
        recipe = Recipe
    end
end
```

```
——————————— Recipe ———————————
classdef Recipe < handle
    properties
        ingredient
    end
end
```

下面声明两个面馆对象，把 store1 的 Recipe 改成鸡蛋面，然后发现 store2 的配方也变成了鸡蛋面；再把 store2 的 Recipe 改成西红柿面，然后发现 store1 的配方也变成了西红柿面，如下：

```
——————————————————— Command Line ———————————————————
>> store1 = NoodleStore;
>> store2 = NoodleStore;
>> store1.recipe.ingredient = 'egg';
>> store2.recipe
ans =
  Recipe with properties:
    ingredient: 'egg'
>> store2.recipe.ingredient = 'tomato';
>> store2.recipe
ans =
  Recipe with properties:
    ingredient: 'tomato'
```

这是因为在 NoodleStore 的定义中，我们给属性 recipe 指定了默认值，该 recipe 只会被初始化执行一次，所有该类的对象都将拥有同一个指向该对象的 Handle。如果把 Recipe 换成 Value 类，或者在构造函数中初始化 recipe，则每个 NoodleStore 对象都将拥有独立的配方对象。这就是 Value 类对象和 Handle 类对象作为默认值的区别。

3.2.6　什么情况下使用 Value 类或 Handle 类

通过对前几小节内容的比较，可以总结出在何种情况下需要使用 Value 类，在何种情况下需要使用 Handle 类。

Value 类适用于比较简单的数据，其行为和 MATLAB 的普通变量、matrix、struct、cell 基本一致，它们完全由其所含的数据值类定义。如果使用者并不在意副本的存在，并且希望每次执行对象的复制操作时都可以得到一个独立的副本，则可以使用 Value 类。如果一个数据在其他多处都有副本，并且希望修改其中的一个副本时其他所有的副本都会受到影响，也被修改，则可以使用 Handle 类。

Handle 类对象提供的是对实际数据的一个访问渠道，从实用计算的角度来说，如果数据体积比较大，并且希望这些数据在各个方法、函数之间的传递迅捷，不需要被局部复制，则可以用 Handle 类来包装该数据。MATLAB 的 Handle Graphics 是 MATLAB 中最复杂的一个 Handle 类，图形对象的体积比较大，因此可以把它们设计成句柄类，通过它们的句柄对其进行控制。比如在下面的代码中，h1 和 h2 实际上指向同一个 line 对象：

```
———————————————————— Command Line ————————————————————
>> h1 = line ;
>> h2 = h1;
>> set(h2,'Color','red');
```

从物理的角度来看，如果类的对象对应一个独一无二的物理对象，比如一个串口、一个打印机、一个窗口、对一个文件的访问接口，那么应该把它设计成 Handle 类，因为对这些对象进行复制仅仅是访问它们的一个渠道。如果把它们设计成 Value 类，当进行复制时将面临这样一个难题，无法从语义上解释一个独一无二的实体，在程序中有两个全同的拷贝。在 16.2 节中，我们还将介绍如何控制类所能声明的对象的数量，对于这种独一无二的物理实体，使其只能有一个对象存在。

从功能的角度来看，Value 类没有提供任何内置的方法，而 MATLAB 的 Handle 基类提供了 delete 方法，可以定义 events 和 addlistener 方法等，使 Handle 类的功能更加强大。如果想在定义的类中使用事件 Events（见第 4 章），那么就要使用 Handle 类。

从性能的角度来看，因为 Handle 类对象其实是内部数据的一个全权代理，对 Handle 类对象属性的访问经过了一个中间层的代理，所以 Handle 类对象属性的访问速度比 Value 类对象属性访问的速度稍慢。

1. 把 Handle 类改成 Value 类：RMB 类

下面举例说明如何判断是使用 Value 类还是 Handle 类。假设要用程序模拟和货币相关的计算。比如 ￥5 × 2 = ￥10，5 元钱乘以 2 变成 10 元钱。这个模拟可以从设计一个人民币（RMB）类开始。由于 Handle 类的功能比较齐全，所以一开始先尝试把 RMB 类设计成 Handle 类：

```
———————————————————————— RMB ————————————————————————
classdef RMB < handle
    properties(SetAccess = private)
        amount
    end
    methods
        function obj = RMB(val)
            obj.amount = val;
        end
    end
end
```

该类有一个私有属性 amount，该属性用来保存票面的价值，其值在构造函数中初始化。为了模拟货币乘法的需要，下面先添加一个乘法 times 方法：

```
──────────────────── RMB ────────────────────
......
    methods
        function times(obj,multiplier)
            obj.amount = obj.amount*multiplier
        end
    end
......
```

在命令行上测试该类的使用，代码如下：

```
──────────────────── Command Line ────────────────────
>> five = RMB(5)
five =
  RMB with properties:
    amount: 5
>>
>> five.times(2)
five =
  RMB with properties:
    amount: 10
```

看上去这一切似乎正常，但仔细观察对象的输出就可以发现一些不合常理的地方。我们一开始把对象的名称设成了 five（5 元钱），但是经过一番操作后，这张 5 元钱变成了 10 元钱，货币作为现实世界中一个实际存在的实体，没有与之对应的操作（让 5 元钱改成 10 元钱的操作）。再回头审视程序的本意，¥5 × 2 = ¥10 其实要模拟的是：两张 5 元钱相加变成 10 元钱的这样一个过程（读者可以想象一下去银行拿两张 5 元钱去换一张 10 元钱），这个 10 元钱应该是一个新的对象才对！所以，times 函数必须返回一个新的对象。而原来 5 元钱这个对象将一直是面值 5 元的人民币，应该不允许任何操作将其改成 10 元！回想 3.2.4 小节将 Value 类当作函数参数定下的标准：即对内部数值的改动必须返回（实际是创造了）一个新的对象。所以，这个 RMB 类应该设计成 Value 类才对！于是，我们更改最初的设计，把 RMB 类设计成 Value 类：

```
──────────────────── RMB ────────────────────
classdef RMB                                    % 现在改成了 Value 类
    properties(SetAccess = private)
        amount
    end
    methods
        function obj = RMB(val)
            obj.amount = val;
        end
        function newobj = times(obj,multiplier)
            newobj = RMB(obj.amount*multiplier);    % 这里返回新的对象
        end
```

```
    end
end
```

在命令行上的运算, five 对象被乘以 2, 返回一个新的 RMB 类对象, 命名为 ten, 也就合乎常理了。具体如下:

```
──────────────── Command Line ────────────────
>> five = RMB(5)
five =
  RMB with properties:
    amount: 5
>>
>> ten = five.times(2)
ten =
  RMB with properties:
    amount: 10
```

这样的设计还可以进一步扩展到加法上, 添加一个加法方法:

```
──────────────── RMB ────────────────
......
    function newobj = plus(obj,obj2nd)
        newobj = RMB(obj.amount+obj2nd.amount);
    end
......
```

在命令行上可以这样做 RMB 类对象的加法运算:

```
──────────────── Command Line ────────────────
>> five = RMB(5);
>> ten = five.plus(RMB(5))
ten =
  RMB with properties:
    amount: 10
```

在 12.5 节中还会介绍重载 + 号运算符, 使得在命令行上可以这样做对象之间的加法:

```
──────────────── Command Line ────────────────
>> ten = RMB(5) + RMB(5)
ten =
  RMB with properties:
    amount: 10
```

Value 类的另一个设计实例可以参见 12.5 节的 String 类。

2.　把 Value 类改成 Handle 类: Customer 类

如果设计从简单的 Value 类对象开始, 在其中存放少量的数据, 而后可能会对这个数据加以修改, 并且希望对任何一个对象的修改都能影响所有使用此对象的地方, 则此时需要把 Value 类改成 Handle 类。下面有一个 Order 类, 其中有一个属性 ID 记录订单号, 另一个属性 customer 记录顾客的信息，该属性本身也是一个对象，属于 Customer 类，用于记录顾客的姓名和地址。在程序开发初期，把该 Customer 类设计成 Value 类。最初的代码如下：

————— Order 类 —————

```
classdef Order
  properties
    id
    customer
  end
  methods
    function obj = Order(id,customer)
      obj.id = id;
      obj.customer = customer;
    end
  end
end
```

————— Customer 类 —————

```
classdef Customer
  properties
    name
    address
  end
  methods
    function obj = Customer(name,addr)
      obj.name = name;
      obj.address = addr;
    end
  end
end
```

使用方式为：先声明 Customer 类对象来模拟用户注册，然后用户下单，生成 3 个 Order 类对象。使用两个 Value 类可以完成如下的简单工作：

————————————— Command Line —————————————

```
clear all;

Marc = Customer('Marc','Boston');
Steve = Customer('Steve','Cambridge');

o1 = Order('00001',Marc);
o2 = Order('00002',Marc);
o3 = Order('00003',Steve);
```

其中，Marc 是 Value 类对象，即使 o1 和 o2 两份订单都属于 Marc，但其中的 customer 属性仍然是各自独立的。如果 Marc 在下完订单之后修改了自己的地址，并且希望这样的修改能够影响所有 Marc 的订单，但是目前 o1 和 o2 的地址仍然是独立的，代码如下：

————— Command Line —————

```
Marc.address = 'Natick';    % 修改了地址
o1.customer




o2.customer
```

————— Command Line —————

```
ans =

  Customer with properties:

       name: 'Marc'
    address: 'Boston'  % 地址仍然是 Boston

ans =

  Customer with properties:

       name: 'Marc'
    address: 'Boston'  % 地址仍然是 Boston
```

这就意味着：若想仅在一处的修改就能影响所有使用该对象的地方，那么 o1 和 o2 订单就应该共享一个 Customer 对象。所以，程序开发到这里应该把 Customer 类从 Value 类变成 Handle 类。这样，对 Marc 对象地址的修改就可以影响所有 Marc 所拥有的订单对象了。

```
————————————————— 新的 Customer ——————————————————
classdef Customer < handle
    properties
        name
        address
    end
    methods
        function obj = Customer(name,address)
            obj.name = name;
            obj.address = address;
        end
    end
end
```

使用如下：

```
———————— CommandLine ————————          ———————— CommandLine ————————
Marc.address = 'Natick';    % 修改了地址
o1.customer                             ans =
                                           Customer with properties:
                                                 name: 'Marc'
                                              address: 'Natick'    % 地址修改了
o2.customer                             ans =
                                           Customer with properties:
                                                 name: 'Marc'
                                              address: 'Natick'    % 地址修改了
```

3.3　类的析构函数（Destructor）

3.3.1　什么是对象的生存周期

在 MATLAB 中，不论对象还是普通的变量（严格来说，普通变量也是对象），不论大小，都占用内存资源，不需要时就需要释放其所占用的资源。所谓对象的生存周期，就是从对象产生到被释放的过程。

比如在命令行中构造一个矩阵，做一些计算，最后再把这个 matrix 从 main 工作空间中清除：

```
———————————————————— Command Line ————————————————————
1 >> matrix = rand(100,100);
2 >> whos
3   Name          Size            Bytes  Class      Attributes
4   matrix        100x100         80000  double
5 >>
6 >> clear matrix
```

matrix 变量的生存周期是在第 1~5 行。再比如，在函数 foo 中创建一个临时变量：

```matlab
                            _____ foo.m _____
1  function foo()
2    ......
3    matrix = rand(100,100);
4    ......
5  end
```

该变量的生存周期是从第 3 行一直到 end 结束，对于局部变量，用户不需要显式地删除它，函数结束时，MATLAB 会自动清除所有的局部变量。

3.3.2　什么是析构函数

在 2.5 节曾提到类的 Constructor 负责产生对象以及初始化成员变量，打开文件句柄，打开对 Database 的连接等，这些工作通常都占用一定的系统资源。和类 Constructor 相反，析构函数在对象脱离其作用域或者被销毁时（比如对象所在的函数已经调用完毕）负责收尾工作，比如关闭文件句柄、释放数据所占的内存空间，关闭对 Database 的连接等，如图 3.15 所示。MATLAB 规定：对执行这种任务的类方法要命名成 delete。

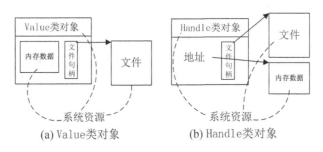

图 3.15　对象会占用系统资源，不需要的时候要释放它们

无论是 Value 类还是 Handle 类，如果在对象的清除过程中涉及释放其所占用的系统资源，那么用户都需要定义自己的 delete 函数。由于 delete 的功能和 clear 命令类似，下面先从简单的 clear 命令谈起。

3.3.3　对 Object 使用 clear 会发生什么

1.　对一个 Value Object 使用 clear

对一个 Value Object 使用 clear，将直接把这个对象从工作空间中清除。如果用户没有显式地调用 clear 命令，当该对象离开其作用域时，MATLAB 也会自动地调用 clear 命令清除该对象，如图 3.16 所示。

图 3.16　使用 clear 将把 Value 类对象彻底清除

2.　对一个 Handle Object 使用 clear

对一个 Handle Object 直接使用 clear，将清除该 Handle 本身，该 Handle 指向的实际数据是否会被清除，则取决于该数据是否还被其他 Handle 所指向。如图 3.17 所示，当只有一个 Handle 指向该 matrix 时，使用 clear 之后，该 Handle 被清除，matrix 上的引用计数变成零，并随着 Handle 类对象的销毁而被释放。

图 3.17　引用计数等于 1，clear 将把 Handle 类对象彻底清除

如果 matrix 上的引用计数是 2，清除一个 Handle 类对象将不会造成 matrix 所占用内存的释放，但是 matrix 上的引用计数将变成 1，如图 3.18 所示。

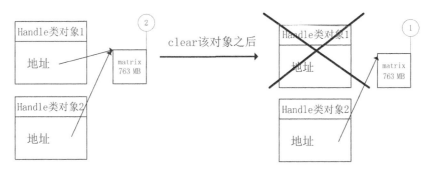

图 3.18　引用计数大于 1，clear 将清除一个 Handle 类对象并把引用计数减 1

注意：这里的清除操作将忽略对象中属性的访问权限。也就是说，无论是对 Value 类对象还是对 Handle 类对象，即使对象中有私有属性，在外部调用 clear 方法时，这些私有属性也将会被清除。

3.3.4　对 Object 使用 delete 会发生什么

Value 类本身不存在默认的 delete 方法，所以如果用户不定义 delete 方法，那么对该对象使用 delete 方法将无从谈起。后面的章节将讨论在什么情况下最好要定义一个 delete 方法，这里集中讨论 Handle 类对象的 delete 方法。我们知道，用户定义 Handle 类需要继承自一个 MATLAB built-in 的 Handle 基类，该 Handle 基类中已经定义了一个 delete 方法，于是可以直接对 Handle 类对象使用 delete 方法。

```
─────────── MatrixHandle.m ───────────
classdef MatrixHandle < handle
    properties
        matrix
    end
    methods
```

```
        function obj = MatrixHandle(N)
            obj.matrix = zeros(N,N);
        end
    end
end
```

对 Handle 类对象使用 delete 将释放该 Handle 所指向的数据，如图 3.19 所示。

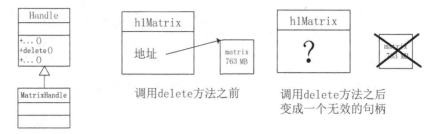

图 3.19　对 Handle 类对象使用 delete 将释放该 Handle 类对象所指向的数据

可以通过检查 MATLAB 的内存消耗来验证 delete 的效果：

```
1  clear all ;  clc ;
2  N = 10000;
3  h1matrix = MatrixHandle(N);
4  h1matrix.delete() ;
```

```
Line 1 MATLAB Memory : 577.2695MB

Line 3 MATLAB Memory : 1340.2109MB

Line 4 MATLAB Memory : 577.2695MB
```

如果有两个 Handle 同时指向一个 matrix，当对 Handle 类对象调用 delete 方法时，MATLAB 不管内存数据上的引用计数是多少，MATLAB 都将直接把内存数据清除，剩下两个失效的 Handle 类对象，如图 3.20 所示。

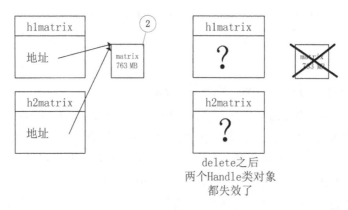

图 3.20　使用 delele 强行删除 Handle 类对象所指向的内部数据

也可以通过检查 MATLAB 的内存消耗来验证：

```
                                ___ script ___
clear all ; clc ;
N = 10000;
h1matrix = MatrixHandle(N);
```

```
h2matrix = h1matrix ;  % h1matrix, h2matrix 指向同一块内存数据
h1matrix.delete() ;
whos
```

MATLAB 还提供一个 isvalid 函数，用来检查 Handle 类对象是否有指向任何实际的数据。该函数将对失效的 Handle 类对象返回 false，结果如下：

```
———————————————— Command Line ————————————————
>> isvalid(h1matrix)
ans =
     0
>> isvalid(h2matrix)
ans =
     0
```

删除所指向的内存数据之后，如果程序还尝试使用这个 Handle，那么 MATLAB 将抛出一个错误，可以用 isvalid 函数来实现判断一个句柄的有效性以避免这种错误。

```
———————————————— Command Line ————————————————
>> h1Matrix.matrix
??? Invalid or deleted object.
```

还可以重新让 Handle 类对象指向其他的内存数据，注意下面第 3 行删除了 h1matrix Handle 类对象所指向的内存数据，MATLAB 使用的内存减少了 763 MB。紧接着又构造了一个 Handle 类对象，把 h1matrix 也指向这个新的对象的内存数据，h1matrix 也重新变得有效，如图 3.21 所示。

```
1  clear all ;  clc ;
2  N = 10000;
3  h1matrix = MatrixHandle(N);
4  h2matrix = MatrixHandle(N);
5
6  h1matrix.delete() ;
7  h1matrix = h2matrix ;
```

```
Line 1 MATLAB Memory : 608.6172MB

Line 3 MATLAB Memory : 1371.5586MB
Line 4 MATLAB Memory : 2134.5MB

Line 6 MATLAB Memory : 1371.5586MB
Line 7 MATLAB Memory : 1371.5586MB
```

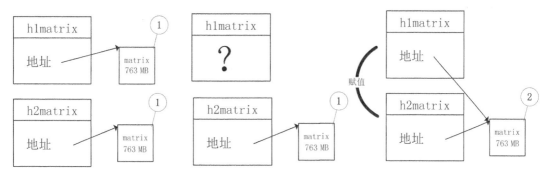

图 3.21　失效的 Handle 类对象可以重新被赋值

3.3.5 什么情况下 delete 方法会被自动调用

MATLAB 作为一种科学计算语言，具有良好的内存管理机制，尤其是不需要用户去操心内存资源的释放，更是其主要特点之一[①]。在一些特定的时刻，MATLAB 会自动调用 delete 方法，以达到对内存的自动管理。

□ 对 Handle 类对象的重新赋值会触发 MATLAB 调用 delete 方法，mHandle 在被重新赋值之前所指向的内存数据引用计数是 1，重新赋值之后，该块内存引用计数为零，delete 方法将被调用，该内存数据将被释放，如图 3.22 所示。

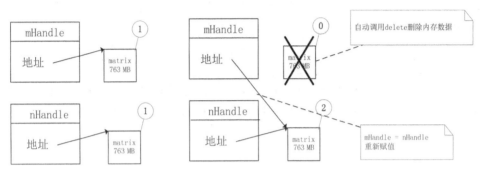

图 3.22　引用计数为零，delete 方法将自动被调用

□ 当用户在工作空间中使用 clear 命令时，所有工作空间中的 Handle 类对象的 delete 方法也会被调用。

□ 当对象离开了作用域时，MATLAB 会自动调用其 delete 方法释放内存；如果 Handle 类对象是一个局部对象，离开作用域时，MATLAB 会自动清除 Handle 类对象及其所指向的所有内存数据。

```
clear all ;  clc ;
foo(10000);
```

```
Line 1 MATLAB Memory : 583.8398MB
Line 2 MATLAB Memory : 583.8398MB
```

函数工作空间以及内存使用如下：

```
1  function foo(N,tracker)
2      h1matrix = MatrixHandle(N);
3  end
```

```
Line 2 MATLAB Memory : 1346.7813MB
```

□ 如果内存数据上有两个或者两个以上的 Handle 类对象所指，其中一个是局部 Handle 类对象，则 MATLAB 在销毁局部对象时不会影响另一个 Handle 类对象，只是把引用计数减 1。

□ 当 A 和 B 都是 Handle 类对象，并且 B 对象隶属于 A 对象，即两个类是组合关系时[②]，A 对象销毁时如果没有其他的 Handle 引用 B 对象，也将导致 B 对象的 delete 函数被调用，如图 3.23(a) 所示。

[①] MATLAB 对资源的释放发生在确定的时刻，与 Java 的垃圾收集机制不同。
[②] 组合关系就是强烈的相互依赖，实例见 2.7.4 小节。

□ 如图 3.23(b) 所示，如果 B 对象上的引用计数大于 1，即还有其他的 Handle 类对象指向该属性，则对 a 对象使用 delete 方法将把 B 对象上的引用计数减 1，而 B 对象的 delete 方法并不会被调用。

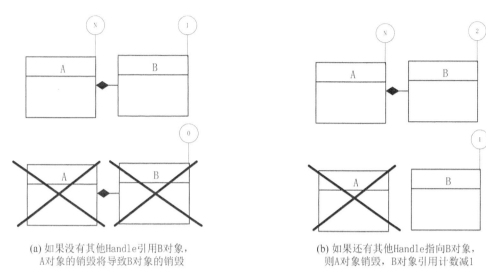

(a) 如果没有其他Handle引用B对象，A对象的销毁将导致B对象的销毁

(b) 如果还有其他Handle指向B对象，则A对象销毁，B对象引用计数减1

图 3.23　如果 A 和 B 对象是组合结构

同样的道理也适用于环状的情况。如图 3.24(a) 所示，3 个类的对象相互包含形成环状，并且 B，C 对象上没有外部引用，那么对 A 对象的销毁会导致 B 对象的引用计数变为零，B 对象的 delete 方法被调用。同理，C 对象的 delete 方法也会被调用，结果如图 3.24(b) 所示。

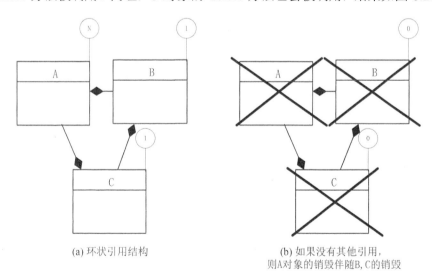

(a) 环状引用结构

(b) 如果没有其他引用，则A对象的销毁伴随B，C的销毁

图 3.24　A，B，C 对象是组合结构并且没有外部引用

如果 B 对象上恰好有一个外部引用（见图 3.25(a)），即程序还有其他地方要使用 B 对象，也就是说，B 对象上的引用计数大于 1，则对 A 对象使用 delete 方法将导致 B 对象的引用计数减 1，但 B 对象的 delete 方法不会被调用，C 的引用计数不变，结果如图 3.25(b) 所示。

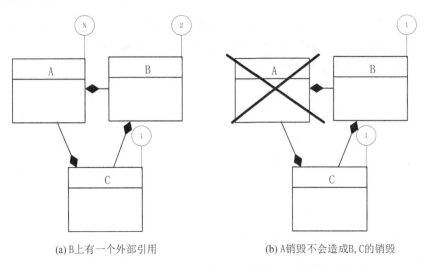

(a) B 上有一个外部引用　　　　　　　　(b) A 销毁不会造成 B, C 的销毁

图 3.25　A、B 和 C 对象是组合结构并且存在外部引用

问题：　是不是所有的局部对象离开了作用域后都会被自动销毁？

回答：所有用户定义的类的对象和大多数 MATLAB 内置的类定义出来的对象都具有这样的行为，通常这种对象叫作 Scoped Object。但有少数 MATLAB 内置类定义的对象叫作 User-Managed Object，离开了作用域后不会被自动销毁。User-Managed，顾名思义，需要用户指示 MATLAB 去销毁。

比如在下面的 makeTimer 函数中，声明了一个"局部"timer 对象，函数调用完成之后，该 timer 对象仍然在后台存在，并以频率 1 调用 mycallback 函数：

```
——————————————— makeTimer ———————————————
function makeTimer()
  t = timer('TimerFcn',@mycallback, 'Period',
          1.0,'ExecutionMode','fixedSpacing');
  start(obj.t)
end
```

对于 User-Managed Object，需要知道两点：首先，这种对象具有延长的生存期，程序中需要这种行为的对象，否则，每当使用 timer 时就要把它们声明成全局对象，不方便；其次，MATLAB 提供了该种对象的全局查找和销毁的方法，比如在整个 MATLAB 中查找所有的 timer 对象，停止计时，并且销毁它们，具体代码如下：

```
timers = timerfind();
stop(timers);
delete(timers);
clear timers;
```

MATLAB 中类似 timer 这样的 User-managed Object 还有 analoginput 和 videoinput 等。更普遍的，如果 MATLAB 为该类提供了 XXXfind 方法（如 timerfind，daqfind），那么有可能该对象是 User-Managed 对象。

3.3.6　出现异常时 delete 函数如何被调用

当面向对象的程序出现异常时，直到 MATLAB 捕获异常之前，所有在 try catch 所处的函数的堆栈之上的、已经声明的对象，其析构函数都会被自动调用。我们用下面的代码来具体说明。假设有 4 个相似的 Handle 类，我们在它们的构造函数和析构函数中用不同的 disp 语句来标记它们的调用时间。

```
──────── A ────────
classdef A < handle
    methods
        function obj = A()
            disp('A ctor called')
        end
        function delete(obj)
            disp('A destructor called');
        end
    end
end
```

```
──────── B ────────
classdef B < handle
    methods
        function obj = B()
            disp('B ctor called')
        end
        function delete(obj)
            disp('B destructor called');
        end
    end
end
```

```
──────── C ────────
classdef C < handle
    methods
        function obj = C()
            disp('C ctor called')
        end
        function delete(obj)
            disp('C destructor called');
        end
    end
end
```

```
──────── D ────────
classdef D < handle
    methods
        function obj = D()
            disp('D ctor called')
        end
        function delete(obj)
            disp('D destructor called');
        end
    end
end
```

在下段脚本中放置了一段 try catch 代码。在 try 之前声明了一个 A 类的对象，并且在 try 之后 funcTop 函数之前声明了一个 B 对象：

```
──────── Script ────────
objA = A();
try
    objB =  B();
    funcTop();
catch expObj
    % some handling

end
```

在 funcTop 内部先声明了一个局部 C 类的对象 objC，然后调用了 funcBottom 函数；在最底层的 funcBottom 中先声明了一个局部对象 objD，再故意抛出一个异常，代码如下：

```
1  function funcTop()
2      objC = C();
3      funcBottom();
4      disp('will not reach here')
5
6  end
```

```
1  function funcBottom()
2      objD = D();
3      expObj = MException('id:Test','msg');
4      throw(expObj);
5      disp('will not reach here')
6  end
```

在命令行执行该脚本，输出如下：首先按先后顺序声明 A，B，C，D 对象，在 funcBottom 函数中的第 4 行抛出一个异常，此时 MATLAB 将不再执行 funcBottom 的第 5 行；向前回溯，发现 funcBottom 中声明了一个局部对象 objD，于是调用其析构函数，释放之；再继续向前回溯，但是在 funcBottom 中没有找到 catch block，于是退出 funcBottom 函数，向上一层，回到 funcTop 函数的第 4 行；同理，没有发现 try catch block，跳过第 4 行，调用 objC 的析构函数；继续向上回溯，退到 main 脚本，继续向前回溯到 main 脚本，发现 try catch，进入 catch block，程序捕获异常。代码如下：

—————————— Command Line ——————————

```
A ctor called
B ctor called
C ctor called
D ctor called
D destructor called
C destructor called
```

整个过程如图 3.26 所示，最后工作空间中还剩下的是 objA 和 objB。

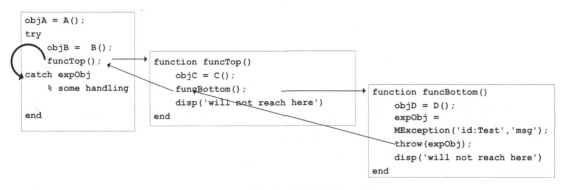

图 3.26　异常发生时对象的销毁顺序

3.3.7　什么情况下用户需要自己定义一个 delete 方法

从用户的角度来说，当类的对象占用了一些系统资源而无法自动释放时，需要自己重载一个 delete 方法来释放这些系统资源。比如下面的 Value 类和 Handle 类中，Constructor 中都打开了一个文件句柄，那么我们需要在 delete 方法中显式地关闭这个文件句柄。

```AVal
classdef AVal
    properties
        fID = fopen('file.txt') ;
    end
    methods
        function delete(obj)
            fclose(obj.fID)
        end
    end
end
```

```BHandle
classdef BHandle < handle
    properties
        fID = fopen('file.txt') ;
    end
    methods
        function delete(obj)
            fclose(obj.fID)
        end
    end
end
```

对于普通的属性，MATLAB 在销毁对象时会自动释放这些属性所占用的内存，而没有必要专门定义 delete 方法去删除对象中的某个属性。

1.　Value 类没有析构函数

对于 Vaule 类而言，Value 类的 delete 方法只是用户自己定义的一个方法，不是 MATLAB 承认的合法的析构函数，所以该函数的名字其实是任意命名的，可以叫作 delete，也可以叫作 closeFileHandle。这个方法的存在是提醒用户不要忘记释放资源，因为在 Value 类对象离开其作用域时，由于它的 delete 方法不是析构函数，MATLAB 不会自动调用它，所以用户要显式地调用它。

```Command Line
>> valObj = AVal();
>> ......
>> valObj.delete();  % 用户需要显式地调用该方法
>> ......
```

2.　MATLAB 会自动调用 Handle 类对象的析构函数

对于 Handle 类而言：MATLAB Handle 基类已经提供了基本的 delete 方法的实现方法，如果用户有额外的需要，则自己必须在子类中重载这个 delete 方法。而且如果有可能，则应该主动地调用 delete 方法，否则 MATLAB 会在 Handle 类对象离开其作用域时才会自动调用 clear 函数，从而触发自动调用 delete 方法。

这里，BHandle 类用户提供的 delete 方法没有显式地调用父类 Handle 提供的 delete 方法。为了保证内存资源的释放，MATLAB 会在 fclose 代码执行完后，在内部自动帮助用户去调用 Handle 父类的 delete 方法，以释放对象所占用的资源。所以，在 MATLAB 内部，用户自定义的 delete 方法看上去是这样的：

```BHandle.m
classdef BHandle < handle
    properties
        fID = fopen('file.txt') ;
    end
    methods
        function delete(obj)
```

```
            fclose(obj.fID)
            delete@handle();   % MATLAB 隐式地调用了父类 delete 方法
        end
    end
end
```

对象析构的顺序将在第 8 章中进行详细分析，这里只需要记住：MATLAB 通过在后台帮用户完成一系列的工作来释放内存资源。

3. 什么是 Handle 类的合法析构函数

MATLAB 自动调用用户重载的 delete 方法的前提条件是：用户定义了满足语法规则且合法的析构函数。这样，MATLAB 才能在众方法中找到它。

一个合法的析构函数必须具有以下几点：

□ 方法的名字叫作 delete。

□ 方法没有返回值。

□ 方法只接收一个参数（参数不能是 varargin），且该参数必须是 obj，即对象本身。

□ 方法不允许是 Sealed，或者 Static，或者 Abstract，但 delete 方法可以是 private，这样仅限制不能在类的外部显式地直接调用 delete 方法。

如果用户定义的 delete 函数没有满足上述任意一点，则用户仍然可以主动地、显式地调用该函数，只是 MATLAB 不会自动调用它而已。

4. MATLAB 类方法的种类

根据功能，MATLAB 的类方法可以分成表 3.1 所列的几种。到本章结束，我们已经介绍了其中的一部分，其余的方法将在以后的章节中一一介绍。

表 3.1　MATLAB 的类方法

类方法	功　　能	章　节
普通方法 (Ordinary Method)	作用在对象和对象数组上的一般操作	2.4
构造函数 (Constructor)	构造新的对象	2.5
析构函数 (Destructor)	对象销毁时的资源释放	3.3
属性方法 (Set 方法, Get 方法)	提供属性访问的中间层	2.8
静态方法 (Static Method)	提供和类相关的操作，其调用不需要对象	9.2
抽象方法 (Abstract Method)	提供接口和规范	10.1
转换方法 (Conversion Method)	提供不同类对象之间的转换	11.5

第 4 章　事件和响应

4.1　事　件

4.1.1　什么是事件

事件（Event）泛指对象内部状态的改变。在 MATLAB 中，GUI 编程经常使用事件机制。比如，GUI 中一个按钮被按下就是一个事件，并且 Button 对象状态改变；再比如，MATLAB 从硬件处采集数据，并且把采集来的数据存储在对象的内部，每一次的采集也是一个事件，并且内部数据的状态就发生一次改变。通常，事件的发生会触发一些响应。比如，在 MATLAB Graphics 中选择 Zoom 功能进行缩放，x 和 y 坐标轴也会跟着做相应的变化，这些变化就是响应；再比如，要在 MATLAB 中展示实时采集来的数据，每次数据的变化将触发图像的更新，这也是一种响应（GUI update），如图 4.1 所示。在事件发生和触发响应这样的模型中，通常把改变内部状态的对象叫作发布者，而把监听事件并做出响应的对象叫作观察者。利用 MATLAB OOP，用户可以自己定义类的事件。一个发布者可以拥有多个事件，一个观察者可以监听多个事件。

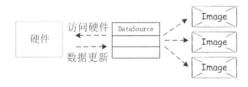

图 4.1　数据采集，数据改变（事件），数据重新显示（响应）

事件和响应一般用来在对象之间相互传递信息，因为其应用广泛，所以 MATLAB 在句柄基类内部就已经实现了这个功能。也就是说，任何用户定义的 Handle 类都已经继承了 Handle 基类中与事件有关的功能。如果任意定义一个简单的 Handle 类 DataSource（代码如下），再查看该类所支持的方法，则会发现其中有两种方法：分别是 addlistener 和 notify 方法，它们就是 Handle 基类中与事件机制相关的方法。

```A.m
classdef DataSource < handle
    % 空类
end
```

```Command Line
>> obj = DataSource()
obj =
  DataSource handle with no properties.
  Methods, Events, Superclasses
>>
>> methods(obj)
```

```
Methods for class DataSource:
DataSource     delete       findobj      ge       isvalid     lt        notify
addlistener    eq           findprop     gt       le          ne
```

4.1.2　如何定义事件和监听事件

MATLAB 规定，事件的定义要放在 event block 中。下面的代码给 DataSource 类定义了一个 event——dataChanged。

```
───────────────── DataSource ─────────────────
classdef DataSource < handle
    ......
    events                        % event block 开始
        dataChanged
    end                           % event block 结束
    ......
    function internalDataChange(obj)
        obj.notify('dataChanged'); % 通知数据改变，各个 GUI 更新
    end

end
```

于是该 DataSource 类将拥有继承自 Handle 基类的 notify 方法，并且该方法的作用是监视其数据变化的对象发布事件的消息。Handle 类提供的 event 和 notify 机制能够处理的情况比 GUI 控件的事件更广泛，任何内部状态的改变都可以触发事件，发布者只需要调用 notify 函数即可。使用 events 函数可以列出一个对象的类中所定义的事件，代码如下：

```
───────────────── Command Line ─────────────────
>> obj = DataSource ;
>> events(obj)

Events for class DataSource:

    dataChanged
    ObjectBeingDestroyed
```

Handle 基类还提供了另一种方法 addlistener。该方法用来在发布者处登记观察者，因为一个发布者可以拥有多个事件，所以登记监听者时，还要指定要监听的事件的名称。为了统一接口，MATLAB 统一地构造了新的 listener 对象，在构造观察者时，用户只需要提供事件发生的响应函数即可。也就是说，如果一个观察者想监听事件，则实际被登记的不是该观察者，而是该观察者的响应函数。这样一来，普通函数也可以在发布者处登记，这进一步提高了程序的灵活性。

方法 addlistener 用来构造监听者，登记的响应函数可以是普通函数：

```
lh = addlistener(eventObject,'EventName',@functionName)
```

也可以是类的成员方法：

```
lh = addlistener(eventObject,'EventName',@Obj.methodName)
```

还可以是一个类的静态方法[①]：

```
lh = addlistener(eventObject,'EventName',@ClassName.methodName)
```

　　注意：MATLAB 固定了第三个参数，即响应函数的接口，规定该函数局部所指向的函数必须至少接受两个输入，其中，第一个参数是发布者对象（src）；第二个参数是事件的数据（eventdata），其本身也是一个对象，用户可以自己定义这个对象的类，以定制向监听者传递的数据，这将在 4.2 节详述。所谓"如果一个观察者想监听事件，则实际登记的不是该观察者，而是该观察者的响应函数"的意思其实是：MATLAB 使用 addlistener 方法在发布者和观察者之间建立一个中间层，发布者只接受由 addlistener 方法构造出来的 listener 对象在其处注册，真正的观察者只需要把自己的响应函数提供给 addlistener 方法，addlistener 方法将把这个响应函数的句柄包装在其构造的对象的内部。这样就实现了用户定义的 Handle 类和具体的各种观察者之间的解耦合，可大致用 UML 示意图表示（见图 4.2），通过这种间接的方式实现了 Publisher （发布者）类和 Observer（观察者）之间的解耦合。

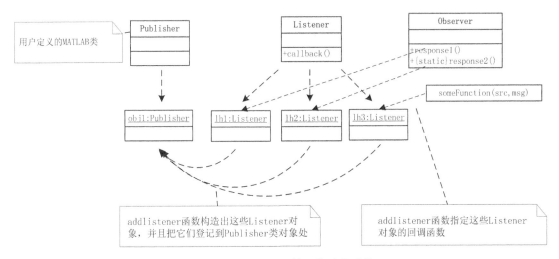

图 4.2　addlistener 统一构造监听者

4.1.3　为什么需要事件机制

　　如果假设 MATLAB 没有提供 event 和 notify 机制，并且希望上述例子中，DataSource 类的对象在数据改变之后可以通知其观察者对象，那么该类的设计至少需要做到以下几点：

　　□ DataSource 要知道哪些对象需要得到数据更新的通知。

　　□ DataSource 还要知道这些监听对象的响应函数名字叫什么，并且一一调用它们。

[①] 参见 9.2 节。

```
┌─ DataSource ────────────────────────────────────────────────┐
classdef DataSource < handle
  ......
    function broadcastDataChanged(obj,observerObj1,observer2)
        % 数据发生变化
        someFunction();              % 调用普通响应函数
        observerObj1.response();     % 调用观察者 1 的响应函数
        observerObj2.update();       % 调用观察者 2 的响应函数
    end
  ......
end
```

这种设计存在以下几个问题：

□ DataSource 类对象和观察者以及回调函数耦合得过于紧密，在 broadcastDataChanged 方法中，响应函数 response 和 update 是"hard code"，程序显得僵化。

□ 如果将来要添加或者删除观察者，则要修改 DataSource 内部的实现，因此 DataSource 对修改不封闭，对扩展不开放，其主要原因是：这样做会使 DataSource 和观察者之间的耦合过于紧密。

□ 如果有 100 个观察者，那么在 broadcastDataChanged 中就要调用 100 个响应函数。显然，这样是不方便的。

这里遇到的问题正是 notify 和 addlistener 设计的出发点。在 18.1 节中，我们会从这样的设计开始来思考发布者类该如何一般地管理内部的观察者对象以及它们的响应，如何解耦观察者和发布者，以及为什么 notify 和 addlistener 能解决上述问题。

4.2　发布者通知观察者，但不传递消息

本节先介绍如何让发布者仅通知观察者事件的发生，而暂不传递任何数据给观察者。从 4.1 节了解到，回调函数可以分成 3 类：普通函数、类的静态方法和类的普通成员方法。

下面就这 3 种情况给出简单的例子。注意：虽然发布者没有显式地传递信息给观察者，但是观察者的响应函数声明中仍然至少要包括两个参数，即 src（消息的发布者）和 eventdata（事件对象）。

发布者类定义：

```
┌─ Publiser ──────────────────────────────────────────────────┐
classdef DataSourcePublisher < handle
    events
        dataChangedSimple                % 定义一个简单事件
    end
end
```

如果观察者的响应函数是普通函数：

```
function updateViewSimpleFunc(scr,data)
    disp('updateViewSimpleFunc notified');      % 观察者的回调函数是普通函数
end
```

如果观察者的响应函数是静态方法或普通成员方法：

```
———————————————————— Observer ————————————————————
classdef Observer < handle
   methods(Static)
       function updateViewStatic(scr,data)      % 观察者的回调函数是静态方法
           disp('updateViewStatic notified') ;
       end
   end

   methods
       function updateView(obj,scr,data)        % 观察者的回调函数是普通成员方法
            disp('updateView notified');
       end
   end
end
```

```
———————————————————— Script ————————————————————
p = DataSourcePublisher();
o = Observer();

p.addlistener('dataChangedSimple',@updateViewSimpleFunc);     % 提供回调函数构造 listener
p.addlistener('dataChangedSimple',@Observer.updateViewStatic);
p.addlistener('dataChangedSimple',@o.updateView);

......                                                        % 经过一段时间数据发生变化
p.notify('dataChangedSimple');                               % 发布
```

通过命令行结果证实，DataSource 对象确实通知了观察者，回调函数确实被调用：

```
———————————————————— Command Line ————————————————————
updateViewSimpleFunc notified
updateViewStatic notified
updateView notified
```

图 4.3 所示是注册监听者、观察者通知事件发生的 UML 序列图。

MATLAB 面向对象系统对 event 的通知顺序并没有明确的规定。所以，为了保证程序能够在当前 MATLAB 版本下，以及将来的任何版本下运行都得到一致的结果，在使用 event-notify 机制时，应该尽量不要让程序对 Listener 被通知的顺序有任何的依赖。

4.3 发布者通知观察者，并且传递消息

有时，发布者除了通知观察者外，还需要向观察者发送一些数据，所以 MATLAB 还允许用户自定义一个消息类 来定制要传递的信息，并且该消息类必须继承自 event.EventData 基类，如图 4.4 所示。比如下面这个自定义的 TimeStamp 类，负责构造一个时间戳对象，并把该对象传递给观察者，告知观察者数据改变的时间。

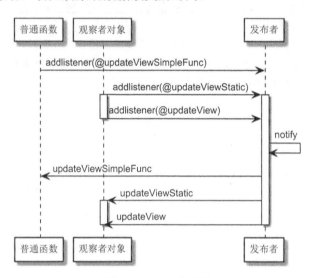

图 4.3 UML 序列图

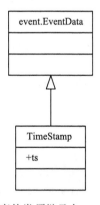

图 4.4 自定义事件类须继承自 event. EventData

该消息类把数据改变的时刻传递给观察者：

```
───────────────────────── Message ─────────────────────────
classdef TimeStamp < event.EventData
    properties
        ts      % 时间戳对象内部封装当前时间信息
    end
    methods
        function obj = TimeStamp()
            tempTime=clock;
```

```
                 obj.ts = ['(' num2str(tempTime(4),'%02.0f') ':' ...
                          num2str(tempTime(5),'%02.0f') ':' ...
                          num2str(tempTime(6),'%02.0f') ')'];
          end
      end
end
```

发布者发布数据改变的消息和一个消息对象:

```
————————————————————— Publisher —————————————————————
classdef DataSourcePublisher < handle
    events
        dataChanged
    end
    methods
    % 数据改变发生, 发布者通知各个观察者, 并且传递一个 TimeStamp 对象
        function queryData(obj)% query the hardware , data changed
            obj.notify('dataChanged',TimeStamp());
        end
    end
end
```

如果观察者的回调函数是普通函数,则在该函数的定义中,第一个参数应该是消息源,第二个参数应该是源传来的消息:

```
————————————————————————— foo —————————————————————————
function updateViewSimpleFunc(scr,data)
    disp(['data changed at ',data.ts]);
end
```

如果观察者的回调函数是类的静态方法或普通成员方法,则方法的定义如下:

```
—————————————————————— Listener ——————————————————————
classdef Observer < handle
    methods(Static)
        function updateViewStatic(scr,data)
            disp(['data changed at ',data.ts]);
        end
    end
    methods
        function updateView(obj,scr,data)
            disp(['data changed at ',data.ts]);
        end
    end
end
```

在命令行下测试:

首先各个观察者在发布对象处进行注册:

```
————————————————————— Script ————————————————————
clear all ; clc;
p = DataSourcePublisher();
o = Observer();
p.addlistener('dataChanged',@updateViewSimpleFunc);
p.addlistener('dataChanged',@Observer.updateViewStatic);
p.addlistener('dataChanged',@o.updateView)
p.queryData();
```

通过命令行结果证实，观察者回调函数被执行，消息被正确传递：

```
————————————————————— Command Line ————————————————————
data changed at (11:17:38)
data changed at (11:17:38)
data changed at (11:17:38)
```

因为 event.EventData 类是 Handle 类，所以任何用户定义的事件类本身也是 Handle 类，因此 event 还可以用来传递大型数据。举个例子，假设要将一个 500×500 的矩阵作为消息进行传递，并且有 10 个观察者在发布者处注册，notify 所有观察者的成本仅是构造一个 Message 对象，并且传递 10 次 Handle。因为 500×500 的矩阵只存在一个拷贝，且被 10 个观察者共享。

```
classdef Message < event.EventData
    properties
        matrix
    end
    methods
        function obj = Message(internalData)
            obj.matrix = internalData ;   % 假设 internalData 是一个 500×500 的矩阵
        end
    end
end
```

```
function queryData(obj)
    % 数据发生改变
    msgObj = Message(obj.internalData) ;
    obj.notify('dataChanged',msgObj);
end
```

不过,这样的设计还是要涉及构造一个内部数据对象的拷贝,把它放到消息子类的 matrix 属性中去。其他更节省空间的方法是：提供一个内部数据的公共接口给观察者,具体实现可参考 18.1 节中的介绍。

4.4 删除 listener

因为 listener 对象本身是 Handle 类对象，所以只要在创建 listener 时记得保存其 Handle，在删除（注销）一个 listener 时，只需要调用 Handle 基类提供的 delete 方法即可。比如：

```
──────────────── Command Line ────────────────
>> lh = addlistener(eventObj,'EventName',@functionName) ;
>> delete(lh);
```

其中，lh 是 addlistener 返回的 Handle 类对象。

第 5 章　MATLAB 类文件的组织结构

5.1　如何使用其他文件夹中类的定义

到目前为止，我们只介绍了一种简单的定义类的方式，即把类的定义和方法的定义都包括在一个同类同名的.m 文件中。

```
————————————————————— Point.m —————————————————————
classdef Point < handle
    properties(Access = private)
        x
        y
    end
    methods
        function obj = Point(x,y)
            obj.x = x ;
            obj.y = y ;
        end
    end
end
```

在该类当前的目录下，该类的定义是可见的，可以直接声明该类的对象：

```
————————————————————— Script —————————————————————
>> p1 = Point(1.0 ,1.0 );
```

如果想在其他路径上使用该类，就要用 addpath 命令，把包含该类的文件夹加到当前 MATLAB 搜索路径中去，比如 Point.m 保存在 Z:\folder1\folder2 目录中；而如下脚本代码保存在其他目录中，如果想声明 Point 类对象，就要使用 addpath 函数：

```
————————————————————— Script —————————————————————
addpath('Z:\folder1\folder2');
p1 = Point(1.0 ,1.0 );
```

addpath 函数除了接受绝对路径外，还接受文件夹的相对路径作为参数，如图 5.1 所示。

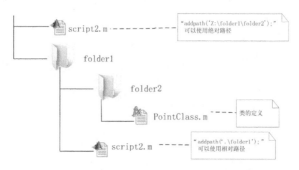

图 5.1　用文件夹和 addpath 函数来管理各个类

104

5.2　如何把类的定义和成员方法的定义分开

MATLAB 还支持另一种定义类的方法，适合类成员方法较多的情况，即在类的定义文件中仅仅提供方法的声明（Declaration），而不提供方法定义（Definition），即把方法的定义放到另一个独立的.m 文件中去。把类的定义和成员方法的定义分开，有利于开发更复杂的面向对象程序。这样，类的定义文件就不会扩大到难以管理的程度，如果一个项目是多人同时在开发和维护，则把成员方法的定义分散到单独的文件中，有利于团队代码的版本管理。

为简单起见，我们还是用 Point2D 的例子。MATLAB 规定，如果要把方法的定义 normalize 和 disp 放在单独的文件中，那么类的定义 Point.m、normalize.m 和 display.m 必须都放在一个以 @ 开头的文件夹中，且该文件夹必须命名为 @Point。代码如下：

```
───────── Point ─────────
classdef Point < handle
   properties(Access = private)
      x
      y
   end
   methods
      function obj = Point(x,y)
         obj.x = x ;
         obj.y = y ;
      end
      % 类定义中必须包括方法的声明
      [ norm ] = normalize(obj);
      display(obj);

   end
end
```

```
───── normalize 方法的定义 ─────
function [ norm ] = normalize(obj)

   norm = sqrt(obj.x^2 + obj.y^2) ;
   obj.x = obj.x / norm ;
   obj.y = obj.y / norm ;



end
```

```
───── display 方法的定义 ─────
function display(obj)

   disp(['x = ',num2str(obj.x)]);
   disp(['y = ',num2str(obj.y)]);

end
```

类方法 display 和 normalize 的定义从外观上看和普通的函数很像，其实质区别在于，这些类方法可以访问对象的私有数据，而普通的类方法不可以。图 5.2 所示为 Point 文件夹中的内容。

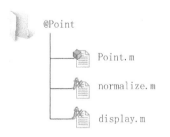

图 5.2　Point 文件夹中的内容

Point.m 文件中的“[norm] = normalize(obj);”是成员方法的声明。该声明告诉 MAT-

LAB 解释器，这个方法的参数列表在哪里可以找到。该声明中指明该方法有 1 个返回值，该方法最多接收且只接收一个参数。MATLAB 规定，normalize 方法的声明仍要放在 method block 中，并且成员方法声明前面不需要 function 关键词。

问题： 哪些方法的定义一定要放在类定义中？

回答：并不是所有的成员方法都允许把定义和声明分开，以下方法的定义就必须放在类的定义中：

□ MATLAB 规定类的 Constructor 和 delete 方法的定义必须放在类定义中。

□ MATLAB 规定任何属性的 set 和 get 方法的定义都必须放在类定义中。

□ MATLAB 规定类的 Static 方法的定义必须放在类定义中。

一般来说，放在 @ 文件夹中的任何方法都被默认为类的成员方法，甚至不论该方法是否已在类定义中声明。换句话说，即使方法在类的定义中没有被声明，只要该方法被放置在 @ 文件夹中，就算得上是类的方法。当然，我们应该养成一个好的编程习惯，让方法的声明和定义做到一一对应。如果由于用户的疏忽在类定义中确实没有某方法的声明，那么该方法的属性将使用方法属性的默认值（如非隐藏、public 的访问权限）。

问题： 如何使用 @Point 中类的定义？

回答：如果 main 程序需要使用 Point 类的类定义，则 @Point 文件夹只需要放在和 main 程序同一目录下，使用起来和前面类定义中放置全部的方法定义没有任何区别。main 文件和 Point 类文件夹的关系如图 5.3 所示。

```
─────────────────────── main.m ───────────────────────
% 在 main 脚本中使用 Point 类
clear all ; clc ;
p1 = Point(1.0 ,1.0 );
p1    % 这里将调用默认的 display 函数
```

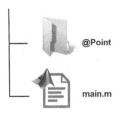

图 5.3　main 可以自由使用 Point 中定义的类

当然，更常见的做法还是用 addpath 函数把该 @Point 文件夹添加到 MATLAB 的搜索路径上去，这样在任何路径下都可以使用 PointClass 的类定义了。

5.3　如何定义类的局部函数

在类的定义中，还可以定义局部函数（Local Function）。局部函数不是类的方法，在类的定义外部不可见，不能通过 obj.method 的方式从外部访问。局部函数仅对被类定义内部的方法可见。下面的例子中给 Point 类定义了一个局部函数 localUtility。按照规定，局部函数的定义，即函数体，要放到 classdef 和 end 的后面。例如：

```
                              ── Point ──────
classdef Point < handle
    properties(Access = private)
        x
        y
    end
    methods
        function obj = Point()
            [obj.x obj.y] = localUtility();  % 调用该文件中的局部函数
            ......
        end
        ......
        ......
    end
end    % classdef block 结束

% Point 类定义中的局部函数
function  [x y] = localUtility()
......
end
```

从功能上来说，局部函数一般作为工具（Utility）函数存在，提供一些功能，但不足以特殊到要成为一个类的方法。从语法上来说，局部函数对函数参数的要求没有限制，不像类的实例方法那样，参数中一定要包含一个对象。当然，如果有需要，局部函数的参数中可以包括类的对象，这样局部函数就可以访问对象的私有属性了。

所有在同一文件中定义的类方法都能调用局部函数的方法，但那些只有声明没有定义的类方法除外，如图 5.4 所示。

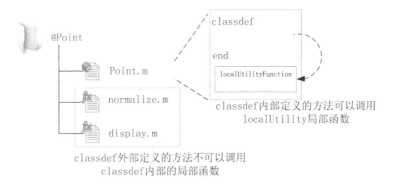

图 5.4　局部函数的调用规则

在 classdef 外部定义的类的方法也可以拥有自己的局部函数，其调用规则与类的局部函数类似。

5.4　如何使用 Package 文件夹管理类

5.4.1　Package 中的类是如何组织的

如果程序的结构再复杂一些，还可以把各个类进一步组合成 Package，即形如图 5.5 所示的文件结构。

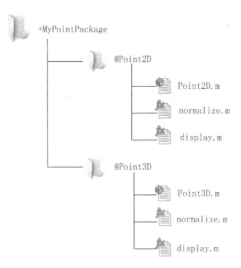

图 5.5　Package 中包含多个类

MATLAB 规定，Package 文件目录必须以加号"+"开头，Package 中还可以包括各个类的文件夹，各类之间还可以有继承关系。比如，其中的 Point3D 继承自 Point2D：

<table>
<tr><td>

```
———— Point2D ————
classdef Point2D <handle
    properties(Access = private)
        x
        y
    end
    methods
        function obj = Point2D(x,y)
            obj.x = x ;
            obj.y = y ;
        end

        [ norm ] = normalize(obj);
        display(obj);
    end
end
```

</td><td>

```
———— Point3D ————
classdef Point3D <MyPointPackage.Point2D
    properties(Access = private)
        z
    end
    methods
     function obj = Point3D(x,y,z)
      obj=obj@MyPointPackage.Point2D(x,y);
      obj.z = z;
     end
     function display(obj)
      display@MyPointPackage.Point2D(obj);
       disp(['z = ',num2str(obj.z)]);
     end
    end
end
```

</td></tr>
</table>

注意：如果要在 Point3D 中使用 Point2D 类，不要忘记在前面加上 Package 的名称。

```
classdef Point3D < MyPointPackage.Point2D      % 凡是使用到基类则都要加上 Package 的名称
    ......
```

```
    obj = obj@MyPointPackage.Point2D(x,y);
    ......
    display@MyPointPackage.Point2D(obj);
    ......
end
```

5.4.2　如何使用 Package 中的某个类

如果一个类的定义是放在 Package 中的，则使用该类时要在类名前加上 Package 的名称。

―――――――――――――― Script ――――――――――――――
```
clear all ; clc;
p1 = MyPointPackage.Point2D(1,1);
p2 = MyPointPackage.Point3D(1,1,1);
```

这种使用 Package 组织 MATLAB 定义的方法可以让程序的层次更加清楚，在 MATLAB 的工具箱（toolbox）中可以看到许多这样的例子。

5.4.3　如何导入 Package 中的所有类

当然，也可以在程序的一开头就用 import 命令导入整个 Package。这样，调用 Package 中的类就不需要使用 Package 的名称了。下面的例子中，MyPointPackage.* 表示导入 Package 中所有的类。

―――――――――――――― Script ――――――――――――――
```
clear all ; clc;
import MyPointPackage.*;
p1 = Point2D(1,1);
p2 = Point3D(1,1,1);
p2.display();
```

5.5　函数和类方法重名到底调用谁

假设当前路径上有一个简单的 foo 函数，在 @AClass 类定义中也有名为 foo 的类方法，如图 5.6 所示。

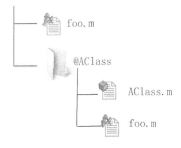

图 5.6　函数 foo 和类方法 foo 不会发生冲突

两个函数同名，但是定义不同，一个是普通函数，一个是类 AClass 的成员方法，代码如下：

—————————————————— foo.m 普通函数 ——————————————————
```
function [ y ] = foo( x )
    y = x ;
end
```

—————————————————— 类 AClass 的成员方法 ——————————————————
```
classdef AClass < handle
    methods
        y = foo(obj,x) ; % 成员方法定义略
    end
  end
end
```

在这种情况下不会出现函数名称冲突的情况，调用哪个函数将取决于用户程序的调用方法，不同的调用方法具有不同的签名，MATLAB 将根据签名找到匹配的函数或方法，例如：

—————————————————— Script ——————————————————
```
foo(1)              % 调用当前目录上的函数 foo
obj = AClass();
foo(obj,1)          % 调用 AClass 类的 foo 成员方法
```

5.6　Package 中的函数和当前路径上的同名函数谁有优先级

在 MATLAB 的 Package 中还可以放置普通的函数，如果两个普通的函数有相同的函数名——一个在当前路径下，一个在 Package 中，且它们的函数签名是一样的，则在 main 程序中调用该函数时，MATLAB 将调用路径上优先级最高的函数，如图 5.7 所示。

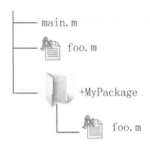

图 5.7　foo 函数和 Package 中的 foo 函数谁被调用取决于谁的优先级高

默认情况下，最直接路径中的 foo 函数具有最高的优先级。所谓最直接，可以理解成靠得最近的。也就是说，如果用户在 main 脚本中使用 foo(1)，MATLAB 将调用当前路径下的 foo 函数，而不是 Package 中的 foo 函数；如果不确定优先级，则可以在命令行中输入"which 函数名"来查询，代码如下：

```
────────────────── Script ──────────────────
>> which foo
Z:\foo.m
```

如果用户想要调用的是 Package 中的 foo 函数，则可以先导入整个 Package。这样，MATLAB 会优先在所导入的 Package 中寻找匹配的函数：

```
────────────────── Script ──────────────────
>> import MyPackage.foo ;
>> which foo
Z:\+Package\foo.m  % static method or package function
```

结果显示，导入 Package 之后，MATLAB 路径将优先调用 Package 中的 foo 函数。

第 6 章　MATLAB 对象的保存和载入

6.1　save 和 load 命令

6.1.1　对象的 save 和 load 操作

在 MATLAB 中，对普通变量的 save 和 load 操作同样也适用于 MATLAB 对象，用户不需要额外操作。下面的命令将对象 obj 中的数据保存到名为 filename 的 MAT 文件中去。

```
>> save filename obj
```

下面的命令把 MAT 文件中的对象 obj 装载到工作空间中：

```
>> load matfilename obj
```

具体来说，save 命令把对象中的数据[1] 以二进制的形式保存到 MAT 文件中，load 命令读取 MAT 文件中的数据，然后利用这些数据来构造并初始化一个新的对象，再放到工作空间中去，如图 6.1 所示。

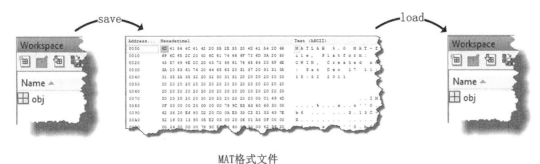

图 6.1　save 和 load 对象的示意图

MAT 文件的格式是公开的，对 MATLAB 和外部程序接口有兴趣的读者可以参考 MAT-File 技术手册，网址为：http://www.mathworks.com/help/pdf_doc/matlab/matfile_format.pdf。

6.1.2　MAT 文件中保存了对象中的哪些内容

在对 MATLAB 对象进行 save 操作时，MAT 文件中保存了如下内容：

☐ object 所属类的名称和 Package 名称。

☐ object 所属类的属性的默认值[2]。如果 MAT 文件中有多个同类对象，则该默认值只要保存一份拷贝，其值就被各对象所共享。

☐ object 中普通属性的值。

---

[1] 其实是把对象转化为一个 MATLAB 的 struct。

[2] 见 2.3.2 小节。

1.　save 过程和属性的默认值

MATLAB 在对对象的属性值进行 save 操作时，会把该值和其默认值[①]（如果定义了）相比较，如果是一样的，为了节省 MAT 文件的空间，MATLAB 就不会保存该对象的该属性的值。在进行 load 操作时，直接把类的默认值赋给对象的属性。所以，给类的属性定义默认值是一种节省 MAT 文件空间的方法。

除了节省 MAT 文件的空间外，保存类的默认值的另一个作用是保持兼容性。如果进行 save 操作时类的某属性的默认值是某个值，而在进行 load 操作时该默认值的值发生了变化，那么为了保证装载对象时对象能够恢复到最初的状态，而不是新的状态，MATLAB 的 load 过程会沿用其旧的默认值，而不是使用新的默认值。

下面的例子中，首先使用左侧的定义声明一个对象，再进行 save 操作；接着修改类定义中 address 的默认值，然后进行 load 操作。例如：

─────── 旧的定义 ───────

```
classdef FaceBook < handle
    properties
        name
        address = 'Prime Parkway'
    end
end
```

─────── 新的定义 ───────

```
classdef FaceBook < handle
    properties
        name
        address = 'Apple Hill'
    end
end
```

─────────── Command Line ───────────

```
>> clear classes;
>> obj = FaceBook ;
>> obj.name = 'Xiao';
>> obj
obj =
  FaceBook with properties:
        name: 'Xiao'
     address: 'Prime Parkway'

>> save('XiaoFaceBook.mat','obj');
>>
>> clear classes
>> % 这里修改 FaceBook 中 address 的默认值
>>
>> load XiaoFaceBook
>> obj
obj =
  FaceBook with properties:
        name: 'Xiao'
     address: 'Prime Parkway'
```

───────────────

① 有时也叫作 Factory Default。

通过观察结果可以发现，从 MAT 文件中对 obj 对象进行 load 操作后其 address 属性使用的仍然是旧的默认值 "Prime Parkway"。这样的设计是合理的，我们希望在进行 load 操作时，对象能够恢复保存时的原始状态。

2. MAT 文件中没有保存的内容

MAT 文件中没有保持类中的以下信息：

□ 对象的 Transient、Constant 和 Dependent 类型的属性。

□ 类的完整的定义。

3. 保存 Handle 类对象要注意检查 Handle 的有效性

保存 Handle 类对象时，要注意检查 Handle 的有效性。在 3.3.4 小节提到过，如果对 Handle 类对象使用 delete 方法，则该对象指向的数据将被释放，但是该 Handle 类对象仍然存在，只不过它是一个无效的 Handle 类对象。无效的 Handle 类对象仍然是一个对象，也可以对其进行 save 和 load 操作，只不过该对象内部再没有任何有效数据，如图 6.2 所示。

```
──────────────────────── ARef.m ────────────────────────
classdef ARef < handle
    properties
        matrix
    end
end
```

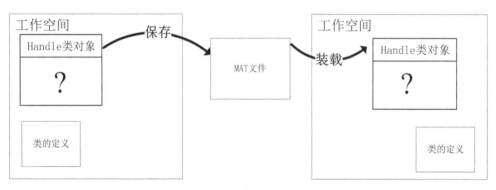

图 6.2 无效的 Handle 类对象也可以进行 save 和 load 操作

比如：

```
──────────────────────── Command Line ────────────────────────
>> oRef = ARef                      % 声明一个 Handle 类对象
oRef =
  ARef handle
  Properties:
    matrix: [4x4 double]            % Handle 类对象中的数据
  Methods, Events, Superclasses
>> oRef.delete()                    % 调用 delete 方法
>> save
>> clear all
```

```
>> load
Loading from: matlab.mat
>> oRef
oRef =
  deleted ARef handle                 % 对象中没有任何数据
  Methods, Events, Superclasses
>> isvalid(oRef)                       % 一个无效的 Handle 类对象
ans =
     0
```

因为 MAT 文件中不能保存类的定义，所以要求 MATLAB 在对对象进行 load 操作时必须能找到该对象的类的定义。因此，该类的定义必须在 MATLAB 的搜索路径上，并且该类的定义必须和进行 save 操作时的类的定义要保持"一致"，如图 6.3 所示。

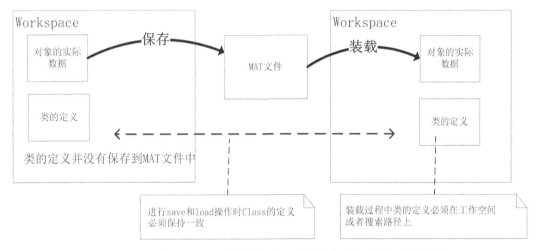

图 6.3　对对象进行 load 操作时要保证对象的定义在当前工作空间中

在这里，读者可以把"一致"理解成"尽量一致，如果不一致，则程序需要付出一定的代价来保证 load 操作的过程顺利"。这个问题在后面会提到。

如果在对对象进行 load 操作时 MATLAB 找不到类的定义，那么 MATLAB 将不知道如何用 MAT 文件中的数据初始化对象。这时 MATLAB 对象系统将抛出一个异常，但是为了不影响 MAT 文件中其他变量的装载，MATLAB 对象系统会随即捕获该异常，抑制错误信息返回到命令行中，并且继续装载过程，接着装载 MAT 文件中其余的数据，其实装载对象的过程实际上是失败的：

```
─────────────────── Command Line ───────────────────
>> save
>> clear classes           % 清除工作空间中类的定义
>> load matlab.mat         % 假设类的定义不在当前目录或者搜索路径中
Warning: Variable 'obj' originally saved as a A
cannot be instantiated as an object and will be read
in as a uint32.           % 实际上是失败的 load 操作
```

上述的 obj 是保存在 matlab.mat 中的一个对象，假设它是 A 类的对象，因为 MATLAB 找不到 A 类的定义，所以 MATLAB 只能进行 "简单的转化"。

6.1.3　如果类的定义在 save 操作之后发生了变化

在实际计算和软件开发过程中，要做到进行 load 操作时类的定义和进行 save 操作时的完全一致是很困难的。因为我们一直都在提到，在开发的一开始不可能把所有的需求和可能出现的情况都考虑到，也就是说，类的定义不可避免地是在不断变化的。很有可能出现这种情况，在工程计算和开发过程中，我们积累了一些有用的数据，并且期望这些数据对不久的将来的工程有用。但是，如果要求在对这批数据进行 load 操作时涉及的类的定义完全不变，则是不太可能的。类的定义在进行 save 操作之后发生了变化，可以分为以下几种情况：

1.　如果属性的名称变了

如果属性的名称变了，代码如下：

```
────────── 旧的定义 ──────────
classdef FaceBook < handle
    properties
        name
        address
    end
end
```

```
────────── 新的定义 ──────────
classdef FaceBook < handle
    properties
        Name
        address
    end
end
```

则声明一个 FaceBook 对象并简单赋值：

```
────────────────── Command Line ──────────────────
>> obj = FaceBook;
>> obj.name = 'Xiao' ;
>> obj.address = 'Prime Parkway'
obj =
  FaceBook with properties:
        name: 'Xiao'
    address: 'Prime Parkway'
>> save('XiaoFaceBook','obj');
```

保存之后，我们修改了 FaceBook 类的定义，把 "name" 属性的名字改成了首字母大写 "Name"：

```
────────────────── Command Line ──────────────────
>> clear classes
>> load XiaoFaceBook
>> obj
obj =
  FaceBook with properties:
        Name: []
    address: 'Prime Parkway'
```

当装载 MAT 文件到工作空间时，虽然对象构造出来了，但是 obj 对象的属性 name 的装载是失败的，MATLAB 跳过了 Name 属性，继续装载 address 属性。

2.　如果添加了新的属性

如果添加了新的属性，代码如下：

<table>
<tr><td>

```
———— 旧的定义 ————
classdef FaceBook < handle
    properties
        name

    end
end
```

</td><td>

```
———— 新的定义 ————
classdef FaceBook < handle
    properties
        name
        address = 'Prime Parkway'
    end
end
```

</td></tr>
</table>

则声明一个 FaceBook 对象并简单赋值：

```
———————————————— Command Line ————————————————
>> obj = FaceBook;
>> obj.name = 'Xiao' ;
obj =
  FaceBook with properties:
        name: 'Xiao'
>> save('XiaoFaceBook','obj');
>>
>> clear classes
>> % 这里修改类的定义，添加一个 address 属性
>> load XiaoFaceBook
>> obj
obj =
  FaceBook with properties:
        name: 'Xiao'
     address: 'Prime Parkway'
```

当装载 MAT 文件到工作空间时，对象被正常装载，并且其中多了一个 address 属性，且其值取新定义中的默认值。

3.　如果属性被删除了

如果属性被删除了，代码如下：

<table>
<tr><td>

```
———— 旧的定义 ————
classdef FaceBook < handle
    properties
        name
        address
    end
end
```

</td><td>

```
———— 新的定义 ————
classdef FaceBook < handle
    properties
        name

    end
end
```

</td></tr>
</table>

则声明一个 FaceBook 对象并简单赋值：

```
───────────────────── Command Line ─────────────────────
>> obj = FaceBook;
>> obj.name = 'Xiao' ;
>> obj.address = 'Prime Parkway'
obj =
  FaceBook with properties:
        name: 'Xiao'
     address: 'Prime Parkway'
>> save('XiaoFaceBook','obj');
>>
>> clear classes
>> % 这里修改类的定义，删除 address 属性
>> load XiaoFaceBook
>> obj
obj =
  FaceBook with properties:
        name: 'Xiao'
```

当装载 MAT 文件到工作空间时，对象被正常装载，但是 address 属性将不再出现在对象中。

4. 如果属性的默认值变了

这种情况在介绍 save 和默认值时已经提及，此处不再赘述。

6.2   saveobj 和 loadobj 方法

6.2.1   如何定义 saveobj 方法

当用户需要扩展或者定制 save 的行为时，可以在类的定义中重新定义 saveobj 成员方法。一旦提供了该类的 saveobj 方法，那么当对该对象调用 save 命令时：

```
───────────────────── Command Line ─────────────────────
>>save filename obj
```

MATLAB 就会调用该类自己的 saveobj 方法来保存对象。比如，下面的类中提供了一个简单的 saveobj 成员方法：

```
───────────────────── MyClass.m ─────────────────────
classdef MyClass
    properties
        x
    end
    methods
        function s = saveobj(obj)
            s.x =  obj.x; % s is a struct
        end
    end
```

```
    ......
end
```

关于 saveobj 方法，有如下要点：

□ 该方法的返回值是一个 struct，saveobj 方法把一个对象转换成了 struct。

□ 保存在 MAT 文件中的数据实际上就是 struct，并且该对象的类的名字也保存在 MAT
文件中。这个 struct 中包含了装载时用来初始化新对象的必要数据，如图 6.4 所示。

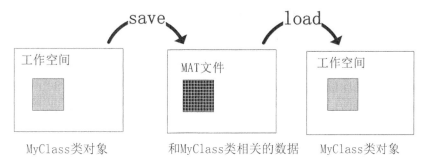

图 6.4　对象在 MAT 文件中保存成 struct

□ struct 中 field 的名称最好和对象中属性的名称保持一致，如上述 saveobj 方法所示，
对象中的属性 x 对应 struct 中的 field x 。

6.2.2　如何定义 loadobj 方法

自定义 saveobj 方法的目的是告诉 MATLAB 如何保存对象中的数据。同理，为了保证
在进行 load 操作的过程中，MAT 文件中的数据能够被正确初始化新的对象，用户还需要提
供一个配套的 loadobj 方法。该 loadobj 成员方法的参数是一个 struct，返回值必须是一个
对象。针对 6.2.1 小节的 saveobj 方法，可以这样定义匹配的 loadobj 方法：

```
......
    methods(Static)
      function obj = loadobj(obj)
          if isstruct(obj)           % 如果 obj 是一个 struct
              newobj = MyClass(obj.x); % 利用 struct 中的信息重新构造一个对象
          end
          obj = newobj;              % 返回这个新构造的 MyClass 类的对象
      end
    end
......
```

自定义类的 loadobj 方法，有如下要点：

□ loadobj 方法必须被声明成静态方法[①]，因为在调用 loadobj 时，类的对象还没有被建立起来，所以只能是静态的[②]。

□ 在 loadobj 方法内部的工作是提取 struct 中的信息去构造新的对象。

□ loadobj 和 Constructor 类似，必须返回一个新构成的该类的对象。

当使用 load 命令时，即

—————————————————— Command Line ——————————————————
```
>> load filename obj
```

定义的 loadobj 成员方法会被自动调用，如果在装载对象的过程中还有其他的工作要做，那么可以一并放到 loadobj 方法中完成。

    saveobj 和 loadobj 方法在工程科学计算中的一个实例是：首先可以用它们来保存中间计算结果。比如做自洽或者最优化计算，如果计算量大、时间长，则只给出一次初始值，然后等很长时间期望其收敛。这显然不是最佳的方法，如果计算到一半程序出错，则还要从头再来更不方便。这种情况下，应该每隔一段时间（或一定步数的计算之后）就对结果做一次 saveobj 保存，下次重新开始时，再使用 loadobj 将上次的保存结果作为新的初始值，根据收敛的情况，适当调整自洽或者优化参数让计算继续，如图 6.5 所示。

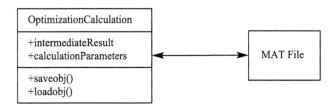

图 6.5 利用 saveobj 和 loadobj 方法记录计算的中间结果并重新开始计算

    再比如，我们要遍历大量的数据，单次计算的时间不长，但是计算的次数很多，总体计算时间仍然很长。这种情况下，我们也应该考虑使用 saveobj 方法把单次计算的结果保存下来，对大量的数据做分段的遍历，具体请参见本书附录 A 中的图 A.6。

6.3   继承情况下的 saveobj 和 loadobj 方法

6.3.1   存在继承时如何设计 saveobj 方法

    当类存在继承结构时，如果要重新定义 saveobj，就需要给父类和子类各提供一个 saveobj 方法。当使用 save 命令时：

—————————————————— Command Line ——————————————————
```
>> save filename obj
```

MATLAB 把子类的 saveobj 方法作为入口，在子类 saveobj 方法体中，首先调用父类的 saveobj 方法，把父类中的数据保存在结构体中，返回该结构体，并且回到子类 saveobj 方法中，继续往该结构体中填放子类对象的数据。

---

① 关于静态（Static）方法，见 9.2 节。
② 因为调用类的静态方法不需要对象事先存在。

```
                    MySuper
classdef MySuper
    properties
        X
        Y
    end
    methods
        function S = saveobj(obj)
            S.PointX = obj.X;
            S.PointY = obj.Y;
        end
    end
    ......
end
```

```
                    MySub
classdef MySub < MySuper
    properties
        Z

    end
    methods
        function S = saveobj(obj)
            S = saveobj@MySuper(obj);
            S.PointZ = obj.Z;
        end
    end
    ......
end
```

保存一个对象的过程可以用图 6.6 表示。

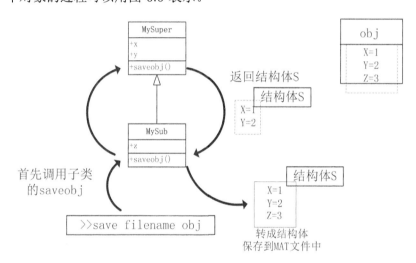

图 6.6　存在继承结构时 save 工作被分散到子类和父类中完成

针对上面的设计，也许有的读者会问：把所有"转换 x，y，z 到 S 中"的任务都放到子类的 saveobj 方法中去，这样不是更省事吗？可以从以下 3 方面来理解这样的设计：

- □ 从职责的角度来说：x 和 y 的属性属于 MySuper 的 Base 类，对它们的操作应该由 MySuper 类完成，而不是子类。

- □ 从类的设计角度来说，MySuper 和 MySub 中的数据以及 saveobj 方法应该独立于对方变化。例如，如果需要在 MySuper 中添加一个属性，则只需要修改 MySuper 的 loadobj，不会影响子类的 saveobj；如果把所有属性的保存都集中到子类中完成，则父类和子类就不相互独立了，这也叫作耦合。比如，对父类属性的修改会影响子类的 saveobj 方法。

- □ 从父类的设计角度来说，提供一个父类的 saveobj 还可以方便父类对象的保存，因为父类也是一个完整的类。这样，父类的对象也可以使用 save 命令。

6.3.2　存在继承时如何设计 loadobj 方法

存在继承结构时，loadobj 方法稍微复杂一些，我们先按照着前面 saveobj 的思路，试探性地设计子类的 loadobj 方法。该方法要满足下列基本要求：

- □　子类的 loadobj 要负责构造一个子类对象。
- □　从合理分工的角度来说，x 和 y 数据的装载应该由父类的 loadobj 来实现，z 数据的装载应该由子类的 loadobj 来实现。
- □　父类的 loadobj 应该可以独立工作。

先试着仿照前面 saveobj 的步骤来建立子类和父类的 loadobj 方法，如图 6.7 所示。

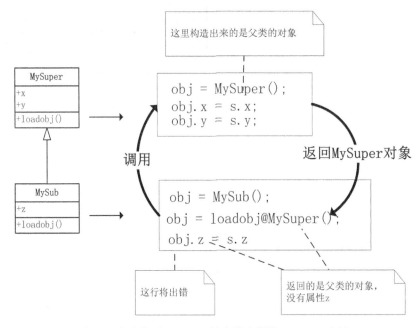

图 6.7　尝试按照 saveobj 的步骤来设计 loadobj 方法

完全模仿 saveobj 方法去设计 loadobj 方法的问题是：当子类中调用父类 loadobj 时，一个 MySuper 对象，即父类对象被创建出来了，并且返回给子类，但是因为这个父类的对象中没有 z 属性，这将在子类尝试给 z 赋值时出错。

另外一个思路是，让子类 loadobj 全权负责对象的创建和数据的赋值，这当然是可以的，但这只能保证子类的 loadobj 方法工作正常，当要装载一个父类对象时，还需要再定义一个父类的 loadobj，这就造成代码的重复，所以这也不是一个好方法。

标准的做法是：给每个 loadobj 成员方法都构造一个中间层，即在每个类中都添加一个中间方法 reload。该中间方法只负责赋值，不负责对象的创建。这样，父类和子类的 loadobj 就都可以正常工作了，如图 6.8 所示。

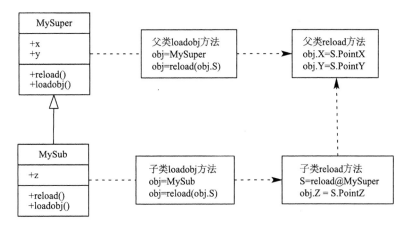

图 6.8　正确的 loadobj 方法：添加一个中间层 reload 方法

按照上述思路，程序如下：

```
―――――――――― MySuper ――――――――――
classdef MySuper
  ......
  methods
    function obj = reload(obj,S)
        obj.X = S.PointX;
        obj.Y = S.PointY;
    end
  end
  methods (Static)
   function obj = loadobj(S)
        obj = MySuper; % 创建父类对象
        obj = reload(obj,S);
   end
  end
end
```

```
―――――――――― MySub ――――――――――
classdef MySub < MySuper
  ......
  methods
    function obj = reload(obj,S)
        obj = reload@MySuper(obj,S);
        obj.Z = S.PointZ;
    end
  end
  methods (Static)
    function obj = loadobj(S)
        obj = MySub;
        obj = reload(obj,S);
    end
  end
end
```

读者可以自行验证结果。

6.4　什么是瞬态属性

我们给类提供 saveobj 方法的主要动机是，对保存过程进行定制，并且可以控制 MAT 文件的大小。在 saveobj 方法中，可以指定哪些属性是重要结果，需要保存；哪些属性是计算的中间结果或者辅助变量，不需要保存。但通过 saveobj 这个手段对保存过程进行定制时，要求在 saveobj 中具体写出该保存的哪些属性，loadobj 也是同样的道理。容易想象，当类有很多属性时，比如一个类有 200 个属性，其中只需要保存 100 个重要的属性，那么在 saveobj 中遍历这 100 个属性就不方便了。即使要保存的属性数目不多，如果类在不断地被扩展，那么每次增加一个新的需要保存的属性就都要去修改 saveobj 方法和 loadobj 方法，这样也是不方便的，而且难免在不断修改 saveobj 时出错。

MATLAB 的解决方法是：可以直接给属性添加一个特征修饰词，告诉 save 命令哪些属性需要保存，哪些属性不需要保存。这个特性修饰词就叫作瞬态（Transient）。因为凡是定义成瞬态的属性都不会被 save 命令保存到 MAT 文件中去。有了 Transient 关键词就可以不用定义 saveobj 方法了。因此，一个包含有 200 个属性的类定义可以写成如下的形式，以保证在保存过程中只保存 100 个重要的属性：

```
classdef Calculation < handle
    properties(Transient)
        ...... % 这里定义那 100 个计算中间变量
    end
    properties
        ...... % 这个 block 中的属性默认是 Transient=false
               % 使用 save 时会被保存到 MAT 文件中
    end
    ......
end
```

在装载 MAT 文件时，若没有对 Transient 属性做特殊处理，则该属性被装载后值为空：

──────── Calculation ────────
```
classdef Calculation < handle
    properties
        results
    end
    properties(Transient)
        intermediateVal
    end
    methods
        function obj = Calculation()
            disp('ctor called');
            obj.intermediateVal = 'disposable';
        end
    end
end
```

命令行测试如下（注意：构造函数仅被调用一次，装载之后 intermediateVal 属性为空）：

──────── Command Line ────────
```
>> obj = Calculation();
ctor called                        % 构造函数只被调用了一次
>> obj.results='essential'         % 假设这是要保存的属性的值
obj =
  Calculation handle
  Properties:
        results: 'essential'       % 保存之前两个属性都有具体的值
  intermediateVal: 'disposable'
```

```
Methods, Events, Superclasses
>> save test.mat
>> load test.mat
>> obj
obj =
  Calculation handle
  Properties:
        results: 'essential'
  intermediateVal: []                % Transient 属性没有被保存，进行 load 操作后值为空
  Methods, Events, Superclasses
```

Transient 属性的性质介于 Dependent 属性和 Stored 属性之间，见表 6.1。

表 6.1　Transient 属性的性质

属性的种类	是否分配内存	进行 save 操作时是否被保存到 MAT 文件
Stored 属性	Y	Y
Transient 属性	Y	N
Dependent 属性	N	N

6.5　什么是装载时构造（ConstructOnLoad）

在上述例子中，Constructor 只被调用了一次。也就是说，在装载 MAT 文件的过程中，默认情况下 MATLAB 不会去调用该类的构造函数。这也是为什么上述瞬态属性 intermediateVal 为空的原因。

调用 constructor 是给属性自动赋值的主要方法之一，如果希望在装载过程中自动给某些属性赋值，则可以使用一个叫作 ConstructOnLoad 的关键词。MATLAB 规定，如果把一个类声明成 ConstructOnLoad=true，那么在包含该类对象的 MAT 文件被加载时，MATLAB 会自动调用该类的默认的构造函数（这也要求用户必须提供默认的构造函数），示例如下：

```
classdef(ConstructOnLoad) Calculation < handle    % 该写法相当于 Constructor=true
    properties
        results
    end
    properties(Transient)
        intermediateVal
    end
    methods
        function obj = Calculation()
            disp('ctor called');
            obj.intermediateVal = 'initialValue';
        end
    end
end
```

　　命令行测试如下（注意：构造函数在装载时又被调用一次，装载之后 intermediateVal 属性值恢复成 initialValue）：

```
───────────────────── Command Line ─────────────────────
>> obj = Calculation();
ctor called                      % 声明对象时 Constructor 被调用一次
>> obj.results = 'essential'
obj =
  Calculation handle
  Properties:
          results: 'essential'
    intermediateVal: 'initialValue'
  Methods, Events, Superclasses
>> save test.mat
>> load test.mat
ctor called                      % 装载对象时默认 Constructor 被调用
>> obj
obj =
  Calculation handle

  Properties:
          results: 'essential'
    intermediateVal: 'initialValue'  % intermediateVal 在调用 Constructor 过程中被恢复
  Methods, Events, Superclasses
```

　　总的来说，Transient 提供的功能好比是轻量级的 saveobj 方法，而 ConstructOnLoad 提供轻量级的 loadobj 过程中的控制。这两个特性能够满足大多数的定制 save 和 load 行为的需要，只有在 Transient 和 ConstructOnLoad 无法解决问题时，才需要考虑重载函数 saveobj 和 loadobj。

第 7 章 面向对象的 GUI 编程：分离用户界面和模型

7.1 如何用 GUIDE 进行 GUI 编程

MATLAB GUI 编程和一般的 MATLAB 编程没有区别，所以也可以使用面向对象的思想。我们先从一个简单的例子出发，回顾一下如何使用 GUIDE 进行 GUI 编程，再一步一步地过渡到用面向对象来设计 GUI 程序。例子是这样的，假设需要设计一个提款和存款的界面，如图 7.1 所示。

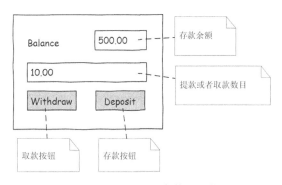

图 7.1 一个简单的银行存款、提款界面

比如，用户已有余额（Balance）500 元，如果在中间的文本框中输入 10 元，然后按下取款键（Withdraw），存款将被减 10 元；如果按下存款键（Deposit），存款将增加 10 元。该 GUI 仅有 5 个控件对象，使用 GUIDE 立即可以画出该界面的布局，如图 7.2 所示[①]。

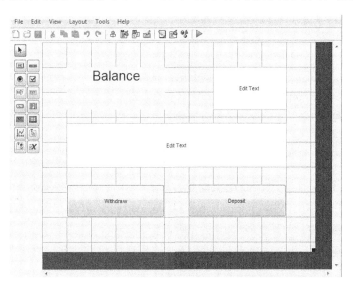

图 7.2 使用 GUIDE 设计的界面

---

① 提醒：使用 GUIDE 设计 GUI 时，需要把设计保存成 FIG 格式的文件。

流程是这样的，GUIDE 会自动帮助用户生成一个主函数，默认的名字为 Guide_GUI，该函数包括若干子函数，如 Guide_GUI_OpeningFcn 函数，在 GUI 变得可见之前该函数被执行，所以用户可以通过修改 Guide_GUI_OpeningFcn 函数给 GUI 设置一些初始值。比如，设置两个文本框的初值，将全局数据放到 appdata 中去等。在这个例子中，我们把代表银行存款的 Balance 变量放到 appdata 中。

```
———————————— Guide GUI OpeningFcn ————————————
function Guide_GUI_OpeningFcn(hObject, eventdata, handles, varargin)
    handles.output = hObject;
    set(handles.inputbox,'string','0.00');        % 用户 input box 初值
    set(handles.balancebox,'string','500.00');    % balance box 初值
    setappdata(handles.output,'balance',500);     % 把 balance 值放到 appdata 中
    guidata(hObject, handles);
```

在 GUIDE 构造出来的一系列子函数中，还包括两个按钮的回调函数，用户只需要在两个回调函数中填充需要执行的操作即可。在下面的 Withdraw 按钮的回调函数 withdraw_Callback 中做了如下工作：

① 得到 input box 中的用户输入，并且转成 double。

② 从 appdata 中得到 balance 值，并且和 input 做减法。

③ 更新 appdata 中的 balance 值，最后更新界面上的 balance 的显示。

```
———————————— Withdraw 按钮的回调函数 ————————————
function withdraw_Callback(hObject, eventdata, handles)
    input = str2double(get(handles.inputbox,'string'));
    balance = getappdata(handles.output,'balance');
    setappdata(handles.output,'balance',balance - input);
    set(handles.balancebox,'string',num2str(balance - input));
```

Deposit 按钮的回调函数 deposit_Callback 和取款的类似：

```
———————————— Deposit 按钮的回调函数 ————————————
function deposit_Callback(hObject, eventdata, handles)
    input = str2double(get(handles.inputbox,'string'));
    balance = getappdata(handles.output,'balance');
    setappdata(handles.output,'balance',balance + input);
    set(handles.balancebox,'string',num2str(balance + input));
```

总的来说，这个 GUI 程序的结构较简单，即在一个 Figure 对象上安置了若干个控件对象。我们主要关心的是两个文本框 input box, balance box，以及存款、取款两个按钮。程序中 balance 是一个重要的 GUI 的全局变量，所以把 balance 放到 Figure 对象的 appdata 中，以方便 balance 在各个函数之间的传递和更新。该程序的结构如图 7.3 和图 7.4 所示。

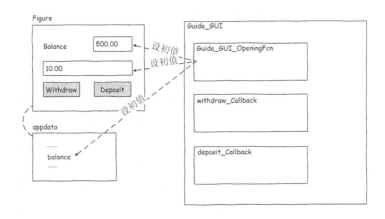

图 7.3 整个 GUI 由一个 FIG 文件和一个主函数构成，主函数中有若干个子函数

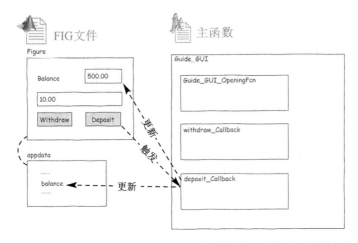

图 7.4 回调函数是子函数，由 GUIDE 自动生成，用户只需要填充内容

整个程序由一个主函数和一个 FIG 文件构成，主函数中的 Guide_GUI_OpeningFcn 用来初始化控件对象的初值以及 balance 变量。

主函数中有 GUIDE 自动生成的回调函数的框架，回调函数可以通过 handles 来访问 figure 上的各个控件对象，做必要的计算和更新。

GUIDE 的优点是迅速地构造简单界面；缺点也很明显，当用户界面复杂到一定程度，尤其是需要多个界面，并且要经常修改时，使用主函数 + 若干个子函数，并且用 GUIDE 界面来布置各个控件对象位置的方法，就显得力不从心了。

7.2 如何用面向过程的方式进行 GUI 编程

本节绕过 GUIDE，介绍如何用面向过程的方式（Programmatic）进行 GUI 编程。这样的方式有更大的自由度，这也是 MATLAB 用户进行 GUI 编程的一种常见方式。下面是取款、存款界面的 MATLAB 程序版本，为简单起见，所有代码都放在了一个脚本中。

第一步先构造初始数据：

```
─────── main.m ───────
% 构造初始数据
balance = 500 ;
input   = 0 ;
```

第二步产生 figure 对象以及各个控件对象。为了能让各个控件在 figure 上显示出来，各个控件对象的父对象（parent）都要设置成 figure。程序如下：

```
─────── main.m ───────
% 构造初始的 figure 对象和控件对象
hfig =  figure('pos',[100,100,300,300] );
withdrawButton = uicontrol('parent',hfig,'string','withdraw',...
                           'pos',[60 28 60 28]);
depositButton  = uicontrol('parent',hfig,'string','deposit',...
                           'pos',[180 28 60 28]);
inputBox    = uicontrol('parent',hfig,'style','edit','pos',[60 85 180 28],...
                        'string',num2str(input),'Tag','inputbox');
balanceBox = uicontrol('parent',hfig,'style','edit','pos',[180 142 60 28],...
                        'string',num2str(balance),'Tag','balancebox');
textBox = uicontrol('parent',hfig,'style','text','string','Balance',...
                    'pos',[60 142 60 28]);
```

注意：在产生控件对象时，我们明确指出了它们在 figure 上的位置。

```
......
                        'pos',[60 28 60 28]);
......
```

也许有读者会说，这是用程序编写 GUI 的弱点，即要用数字精确地定位控件的位置，界面编程还是应该使用 GUIDE。对于这种看法，我们要认识到：首先，用程序的方式组织 GUI 和后面会提到的用面向对象的方式来组织较大规模的程序及其用户界面带来的编程的便利远远大于需要精确给定控件位置所带来的不便；其次，对控件在界面上的布局和控制本身也可以用面向对象的方式去解决，用户可以自己设计一个类，比如叫作 LayoutManager，来自动设置控件的位置。事实上，这个问题已经被 GUI Layout Toolbox 解决了[①]，将在后面的章节中详细介绍这个工具箱。为了简单起见，在这里暂时先使用这种原始的给控件定位的方法。

目前，界面上的控件对象还没和回调函数连接起来，它们和 figure 的关系是 Children 和 Parent 的关系，并且只有把控件的 Parent 设置成 figure，它们才会被 MATLAB 画出来，如图 7.5 所示。

---

① 详见 http://www.mathworks.com/matlabcentral/fileexchange/27758-gui-layout-toolbox。

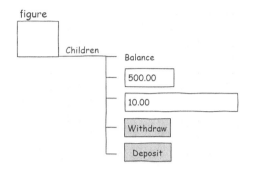

图 7.5　figure 的 Children 是 5 个控件对象

整个界面上，需要对用户行为做出响应的控件对象是两个按钮。第三步就是在这两个按钮上注册回调函数（listeners）：

```
──── main.m ────
set(withdrawButton,'callback',@(o,e)withdraw_callback(o,e));
set(depositButton, 'callback',@(o,e)deposit_callback(o,e));
```

注意：根据 MATLAB 的规定，回调函数的第一个参数必须是发布消息的对象，即上面的参数 o，在这里，发布消息的是按钮本身；第二个参数是事件对象，即参数 e。

第四步是设计两个回调函数。因为两个函数类似，这里只给出一个函数的定义：

```
──── withdraw_callback ────
1  function withdraw_callback(o,e)
2      hfig = get(o,'Parent');
3      inputBox = findobj(hfig,'Tag','inputbox');
4      input = str2double(get(inputBox,'string'));        % 得到用户的输入
5      balanceBox = findobj(hfig,'Tag','balancebox');      % 得到 balance 数值
6      balance = str2double(get(balanceBox,'string'));
7      balance = balance - input ;                         % 更新 balance
8      set(balanceBox,'string',num2str(balance));          % 更新 balance 显示
9  end
```

上述的回调函数做了如下工作：

① 第 2 行，通过 get 函数得到按钮对象 o 的 Parent，即 figure 的 Handle。

② 第 3 和 4 行，通过 figure 的 Handle 得到 input box 控件的 Handle，从而得到用户的输入。

③ 第 5 行，通过 figure 的 Handlc 得到 balance box 控件的 Handle，从而得到目前的余额。

④ 第 7 和 8 行，把余额和用户的输入做减法，并且更新 balance box 中的余额数目。

使用程序方式构造 GUI 的过程如图 7.6 所示。

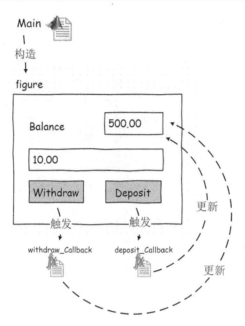

图 7.6　使用程序的方式构造 GUI

这个简单的通过面向过程的方式设计 GUI 的流程是这样的：

① 由脚本程序负责构造 figure 对象以及 figure 上的控件对象。

② 该脚本程序还负责给控件注册回调函数。

③ 设计独立的 MATLAB 函数，作为回调函数。

通过这种完全用面向过程的方式来做 GUI 编程，结构简单，GUI 在脚本被执行时被动态生成，不需被保存成 FIG 文件。

7.3　如何用面向对象的方式进行 GUI 编程

既然 GUI 的设计可以通过面向过程的方式来设计，那么自然也可以把它用面向对象的思想来改造。本节介绍如何使用最常见的 GUI 面向对象编程模式，即用模型–视图–控制器（Model-View-Controller, MVC）模式进行 GUI 编程。仔细分析前面的 main 函数可以发现，程序被明显地分成两个部分，如下：

程序的第一部分可以归结为模型（Model），反映程序的中心逻辑。在这里很简单，如果是存款，则 balance 的计算方法为

$$balance = balance + input$$

如果是取款，则是

$$balance = balance - input$$

反映到程序上，取款就是

```
──────── 模型部分 ────────
balance = balance - input ;
```

存款是

―――――――――― 模型部分 ――――――――――

```
balance = balance + input ;
```

程序的第二部分可以归结为视图（View），用来显示 User Interface 给用户。

① 它的职责包括产生 figure 和控件对象，它们放在什么位置，以及设置默认值：

―――――――――― 视图部分 ――――――――――

```
% 构造初始的 figure 对象和控件对象
hfig =  figure('pos',[100,100,300,300] );
withdrawButton = uicontrol('parent',hfig,'string','withdraw',...
                           'pos',[60 28 60 28]);
depositButton  = uicontrol('parent',hfig,'string','deposit',...
                           'pos',[180 28 60 28]);
inputBox    = uicontrol('parent',hfig,'style','edit','pos',[60 85 180 28],...
                        'string',num2str(input),'Tag','inputbox');

balanceBox = uicontrol('parent',hfig,'style','edit','pos',[180 142 60 28],...
                       'string',num2str(balance),'Tag','balancebox');

textBox = uicontrol('parent',hfig,'style','text','string',...
                    'Balance','pos',[60 142 60 28]);
```

② 把控件和它们的回调函数联合起来：

―――――――――― 设置两个按钮的回调函数 ――――――――――

```
set(withdrawButton,'callback',@(o,e)withdraw_callback(o,e));
set(depositButton, 'callback',@(o,e)deposit_callback(o,e));
```

可以看出，在实际编程中，模型反映的是程序的逻辑，是相对稳定的；而视图界面需要经常调整，并且界面的调整不应该影响程序的模型。采用面向对象的思想最显然的做法是，把界面和模型封装到不同的类中去，让各个类各司其职。这叫作把界面的变化和模型解耦。还有一些和界面模型无关的功能，比如处理用户的输入，我们把它们归到第三个类中，叫作控制器（Controller）类。这样用 3 个基本的类来组织整个 GUI 程序就是我们要介绍的模型–视图–控制器（MVC）模式。总的来说，MVC 模式把 GUI 程序分解成了 3 部分，如图 7.7 所示。

□ 模型（Model）：负责程序的内在逻辑。

□ 视图（View）：负责构造，展示用户界面。

□ 控制器（Controller）：负责处理用户的输入。

对于一个用户事件的响应，基本的流程如图 7.7 所示。回调函数在 Controller 中，首先由 Controller 中的回调函数做出第一轮的处理。如果该响应需要涉及程序的内在逻辑，则由 Controller 负责调用 Model 中的相关函数；如果 Model 中的某些内在状态发生变化，那么还需要通知 View 对象；View 对象接到通知后查询 Model 的内在状态，并且在界面上做出更新，呈现给用户。

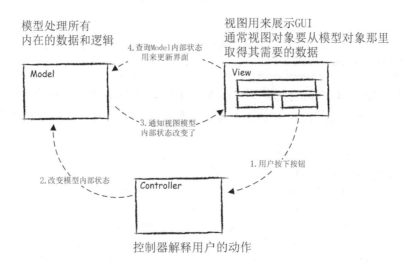

图 7.7 使用 MVC 方式分解 GUI

7.4   模型类中应该包括什么

在取款机模型中，最重要的一个数据是存款余额，所以把余额（balance）定义为 Model 类的一个属性。为了方便 View 类界面，即 View 类对象监听和更新 balance，我们还要定义一个事件，叫作 balanceChanged。当 deposit 和 withdraw 函数被调用时，balance 将发生变化，Model 类对象发出通知给监听该事件的 listener。在 listener 处登记的 View 类中的回调函数将被调用，该函数查询 Model 中的 balance，并且更新显示，代码如下：

```
─────────────── Model ───────────────
classdef Model < handle
    properties
        balance             % 存款余额
    end
    events
        balanceChanged      % 余额发生变化事件
    end
    methods
        function obj = Model(balance)          % Model 类的构造函数
            obj.balance = balance ;
        end
        function deposit(obj,val)              % deposit 的最终处理函数
            obj.balance = obj.balance + val;
            obj.notify('balanceChanged');      % 通知
        end
        function withdraw(obj,val)             % withdraw 的最终处理函数
            obj.balance = obj.balance - val;
            obj.notify('balanceChanged');      % 通知
        end
```

```
        end
end
```

如果要求存款不能为负，那么这样的逻辑判断也应该归属于 Model 类，可以添加到上述的 Model 中，这里从略。

Model 类对象和 View 类对象之间的关系是被监听和监听的关系（Observer Pattern）。如图 7.8 所示，Model 的余额的改变将触发 balanceChanged 事件，View 的响应是更新界面中的 balance 值。

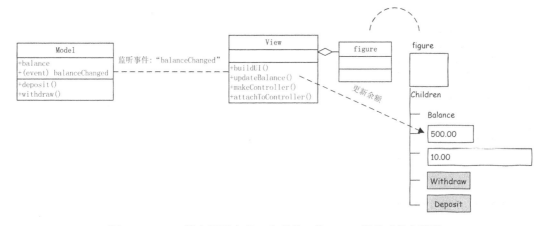

图 7.8　Model 类中还要定义一个事件，让 View 类的对象去监听

7.5　视图类中应该包括什么

视图类（View）的职责包括：

☐　向用户展示 GUI 界面。

☐　在模型中注册 listener，监听模型内部状态的变化。

☐　从模型中得到内部状态，并且显示到 GUI 上。

要理解 View 类，首先要懂得视图类和 figure 对象以及 figure 上的所有控件对象都是组合的关系，即视图对象拥有 figure 对象以及所有控件对象。其中，这些控件对象和 figure 对象之间的关系用 MATLAB Handle Graphics 的术语来说，属于 Parent 和 Children 的关系。

```
──────────── View ────────────
classdef View < handle
    properties
        viewSize     ;      % 用于控制视图大小的数组
        hfig         ;      % 视图类对象拥有 figure 的 Handle
        drawButton   ;      % 控件对象 drawButton 作为 View 类的属性
        depositButton ;     % 控件对象 depositButton 作为 View 类的属性
        balanceBox   ;      % balanceBox 是用来显示余额的 uicontrol 对象
        numBox       ;      % numBox 是用户用来输入取款或者存款额度的 uicontrol 对象
        text         ;      % 视图上的静态字符
```

```matlab
        modelObj        ;       % 视图类将拥有模型对象的 Handle
        controlObj      ;       % 视图类将拥有控制器对象的 Handle
    end
properties(Dependent)
    input ;
end
 methods
     function obj = View(modelObj)                    % View 类的构造函数
         obj.viewSize  =  [100,100,300,200];
         obj.modelObj = modelObj ;                    % 初始化 View 对象中模型的 Handle
         obj.modelObj.addlistener('balanceChanged',@obj.updateBalance);  % 注册
         obj.buildUI();                                               % 构造显示
         obj.controlObj = obj.makeController();   % View 类负责产生 Controller
         obj.attachToController(obj.controlObj);  % 注册控件的回调函数
     end
     function input = get.input(obj)              % 该函数负责从界面上得到用户的输入
         input = get(obj.numBox,'string');
         input = str2double(input);
     end
     function buildUI(obj)                              % 构造界面并且展示给用户
         obj.hfig =  figure('pos',obj.viewSize);
         obj.drawButton = uicontrol('parent',obj.hfig,'string','draw',...
                            'pos',[60 28 60 28]);
         obj.depositButton = uicontrol('parent',obj.hfig,'string','deposit',...
                              'pos',[180 28 60 28]);
         obj.numBox = uicontrol('parent',obj.hfig,'style','edit',...
                          'pos',[60 85 180 28],'tag','numBox');
         obj.text = uicontrol('parent',obj.hfig,'style','text','string',...
                        'Balance','pos',[60 142 60 28]);
         obj.balanceBox = uicontrol('parent',obj.hfig,'style','edit',...
                          'pos',[180 142 60 28],'tag','balanceBox');
         obj.updateBalance();
     end
     function updateBalance(obj,scr,data)            % 更新界面上的 balance
         set(obj.balanceBox,'string',num2str(obj.modelObj.balance));
     end
     function controlObj = makeController(obj)     % View 负责产生自己的控制器
         controlObj = Controller(obj,obj.modelObj);
     end
     function attachToController(obj,controller)   % Controller 构造完成之后
         funcH = @controller.callback_drawbutton;
         set(obj.drawButton,'callback',funcH);     % 给控件注册回调函数
         funcH = @controller.callback_depositbutton;
```

```
            set(obj.depositButton,'callback',funcH);
        end
    end
end
```

对 View 类设计的理解有如下几点：

- □ View 类对象和 Controller 类对象的关系：每个 View 类对象必须至少拥有一个控制器。因为控制器负责处理用户的输入，所以必须根据视图的情况来设计，所以 View 类负责产生自己的 Controller。在上述代码中，对应的是 "obj.controlObj = obj.makeCon troller()" 这一行。

- □ 因为视图类的职责仅仅是展示，不包括响应，所以 View 视图还要负责给自己拥有的控件注册回调函数，该回调函数来自于 Controller 类。

- □ View 类必须拥有 Model 类对象的 Handle，这样才能在 updateBalance 函数中查询 Model 的内部状态，并且更新界面。

后面将看到，Controller 类对象也将拥有 View 类对象的 Handle，Controller 和 View 类关系紧密，是紧耦合。

在这个 View 类中，有两种注册"回调函数"的方式。一种方式是传统的方式，即使用 set 函数，对 MATLAB 的 GUI 控件注册回调函数：

```
——————————— 给 GUI 控件注册回调函数 ———————————
funcH = @controller.callback_drawbutton;
set(obj.drawButton,'callback',funcH);
```

另一种方式是如第 4 章提到的，给用户自定义类中的事件"注册回调函数"：

```
——————————— 给 GUI 控件注册回调函数 ———————————
obj.modelObj.addlistener('balanceChanged',@obj.updateBalance);  % 注册
```

这两种方式大致是一致的，区别在于：一个是内置的 UI 控件对象，一个是用户自己定义的对象。对于内置的 UI 控件，我们沿用传统的注册回调函数的方法；对于用户定义的类的 Event，我们使用 addlistener 方式来注册监听者。视图和控制器之间的关系如图 7.9 所示。

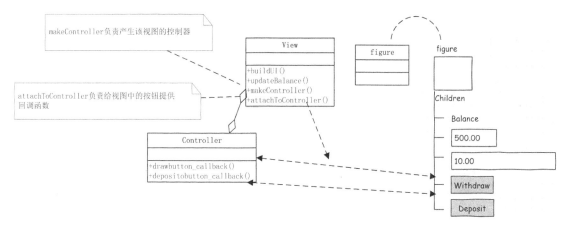

图 7.9　视图和控制器之间相互拥有对方的 Handle

7.6 控制器类中应该包括什么

控制器类的职责和内容是：让模型和视图解耦，处理来自用户的输入，解释用户和 GUI 的交互，改变视图类上控件的外观。比如，打开保持文件，改变按钮的状态，擦除坐标轴上的图等。

要理解 Controller 类的设计，就必须理解：为什么"处理用户输入"这样简单的功能不能放到 View 类中？答案是：如果程序简单，就完全可以这样设计。但是我们需要认识到，这样会让 View 类的代码变得更复杂，视图将负责展示和处理用户输入两个功能，违背了单一职责的原则，并且还会造成视图和模型之间的强耦合。强耦合的缺点是：如果想更换视图背后的控制器（程序复杂到一定程度之后），则程序对修改就不是封闭的。通过引入控制器类，让视图和模型之间做到松耦合，就可以让设计更加有弹性。设计本身没有对错之分，只是能否更好地符合需求。

该例中，控制类相对简单，用户单击按钮的动作所导致的结果是模型中 balance 变量的改变。由于 balance 是 Model 类中的数据，实际上对 balance 的修改应该转移到 Model 类中进行，因此 Controller 类中按钮的回调函数仅仅是调用 Model 类中的 withdraw 和 deposit 函数而已。

```matlab
                         ┌──────── Controller ────────┐
classdef Controller < handle
    properties
        viewObj  ;          % Controller 类对象必须拥有 View  类对象的 Handle
        modelObj ;          % Controller 类对象必须拥有 Model 类对象的 Handle
    end
    methods
        function obj = Controller(viewObj,modelObj)  % Controller 类构造函数
            % 初始化让 Controller 类对象拥有 Model 类对象和 View 类对象的 Handle
            obj.viewObj  = viewObj;
            obj.modelObj = modelObj;
        end
        function callback_drawbutton(obj,src,event)     % draw 按钮的回调函数
            obj.modelObj.withdraw(obj.viewObj.input);   % 去调用 Model 类的 withdraw 函数
        end
        function callback_depositbutton(obj,src,event) % Deposit 按钮的回调函数
            obj.modelObj.deposit(obj.viewObj.input);    % 去调用 Model 类的 deposit 函数
        end
    end
end
```

注意：Controller 类为了能够调用 Model 类对象中的函数 withdraw 和 deposit，必须拥有 Model 类对象的 Handle。如图 7.10 所示，Controller 类必须拥有 Model 类对象的 Handle。

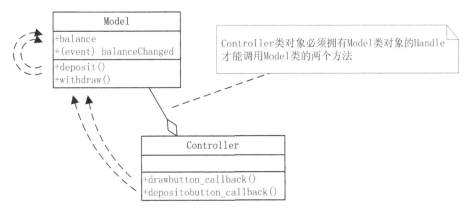

图 7.10　Controller 类对象必须拥有 Model 类对象的 Handle

7.7　如何把 Model、View 和 Controller 结合起来

在 7.4～7.6 节中介绍了如何设计 MVC 的 3 个类，本节将把这 3 个类放到一起，下面就是主程序：

```main.m
1  modelObj = Model(500);
2  viewObj = View(modelObj);
```

其中，第 1 行代码声明一个 Model 类对象，并且初始化存款为 500 元；第 2 行声明一个 View 类对象，这个 View 类的构造函数的第一个参数是 Model 类对象，所以 View 类内部拥有 Model 类对象的 Handle。而 Controller 类对象将在 View 类的构造函数中被创建出来。从整体上来说，这个程序的架构如图 7.11 所示。

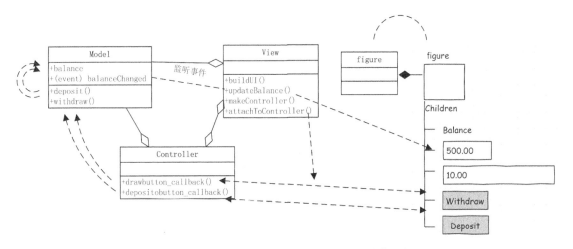

图 7.11　把 Model、View、Controller 放在一起

图 7.12 所示的序列图演示了 MVC 三个对象的产生顺序。序列图是按照时间顺序排列的对象之间的交互模式图。图 7.12 中上方的方块表示对象，方块上延伸出来的线是对象的

生命线，生命线之间的箭头代表对象之间消息的发送。对象通过互相发送消息来完成具体的任务。

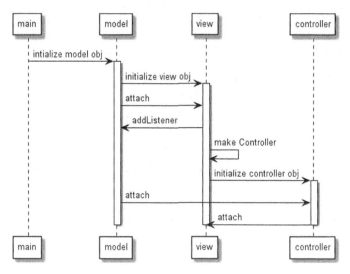

图 7.12　MVC 模型的对象产生的序列图

在命令行上输入：

―――――――――――――――― Command Line ――――――――――――――――
```
>> main
```

启动 GUI 程序，MATLAB 将构造一个 GUI 呈现给用户，并且等待用户的指令。如果用户在界面上输入数字，并且单击 Withdraw 按钮，则发生的事件可以用序列图 7.13 表示。

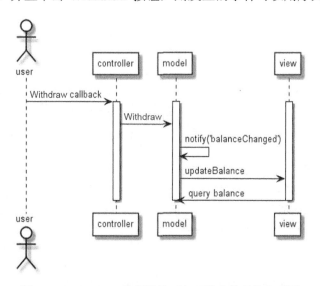

图 7.13　Withdraw 按钮被按下之后发生的事件序列图

　　在图 7.13 中，user 按下 Withdraw 按钮，将触发一系列事件的发生。Withdraw 按钮是 MATLAB 内置的控件对象，被监听的事件是"按钮被按下"，回调函数是 withdraw_callback。该函数的定义在 Controller 中，在 View 类中的 attachToController 方法中注册。Withdraw

将造成存款余额的变化。在 Model 类对象中，有一个自定义的事件，即"存款余额的变化"balanceChanged，有一个 listener 监听该事件，其内部的响应函数是 View 类中的 updateBalance 方法。至此，用户按下 Withdraw 按钮的事件处理完毕。

和前面使用 GUIDE 的复杂程度相比，使用 OOP 看上去虽然是复杂了，但是该 MVC 的模型是构造更复杂的 GUI 程序的基础，在之后的程序修改和更新中，将能体现这种编程思路的简捷性。

初学 MVC 模型的难点在于，需要对 GUI 程序的各个部分进行职责和功能的划分，并且把它们分别放到 Model、View 或者 Controller 类中去。Model 类的职责和功能比较容易判断，View 类和 Controller 类中的内容要稍微仔细地加以区分。为了方便记忆，我们总结了 3 个类中通常包括的内容，见表 7.1。

表 7.1 Model、View 和 Controller 类中包括的内容

项　　目	View 类	Controller 类	Model 类
属性	控件对象； View 类和 Model 类对象的 Handle	View 类和 Model 类对象的 Handle	必要的业务逻辑
事件	用户和控件对象进行交互		内部状态的改变
方法	构造 UI； 构造 Controller 类对象； 给自己的控件注册回调函数	各控件的回调函数； 用户和 GUI 之间互动的处理	必要的业务逻辑

注意：Controller 类中控件的回调函数应仅涉及界面和用户交互的内容。如果 View 类中控件触发的事件涉及业务逻辑，那么 Controller 类中的回调函数其实可以被看作是一个中转函数，如图 7.14 所示。

图 7.14 Controller 类中的回调函数可以被看作是一个中转函数

最终的工作由 Model 类中的方法来完成，在 Model 类中可以定义通过相关事件使用 notify 来通知 View 类对象处理的结果。

7.8　如何测试 MVC 的 GUI 程序

在 7.4～7.6 节中我们开发了一个简单的 GUI 程序，为了判断其工作是否正常，我们需要手动单击 GUI 上的按钮，然后观察 GUI 上的显示。这种依靠人工检查的验证方法显然不是一个可靠持久的方法。当 GUI 程序被扩展，以及后台对应的算法变得越来越复杂时，每对程序做一次修改，就人工地把可能受影响的按钮和 callback 都检查一遍显然是不实际的。但是，如果不检查，那么每一次对程序的改动都将是潜在的隐患。如果存在一种方法，能够自动地测试 GUI 程序，保证我们在开发的过程中已有的程序不会退化，它将给我们的工程计算带来很大的便利。这种方法就是 MATLAB 提供的单元测试框架，我们将在第 4 部分详细讲述。MATLAB 单元测试是把现代软件工程思想应用到 MATLAB 工程开发中的精髓，希望高级 MATLAB 用户仔细研读。

7.9　如何设计多视图的 GUI 以及共享数据

　　如果用户所构造的简单的 GUI 只有一个视图，那么使用 GUIDE 或者面向过程的设计模式就可以迅速地解决问题。这种情况下，MVC 模式的优势还不明显。MVC 的真正优势在于，它为用户构造更复杂的 GUI 结构提供了基石和基本指导思想，而且 MVC 模式可以和其他的面向对象的设计模式结合起来去解决更复杂的问题。因此，MATLAB 语言可以满足用户不同层次的要求：面向过程的编程可迅速地让用户构造起算法原型；而面向对象的编程可以让用户方便地搭建更复杂的结构成为可能。

　　假设要设计这样一个 MATLAB 程序：该程序和两个硬件通信；进行控制数据采集和数据分析；GUI 要求至少有 3 个视图；主视图用来可视化数据；主视图上有两个按钮，分别导向两个硬件的控制界面；当然，程序的后台应该有专门的部分对数据进行分析，这里从略。如果严格按照 MVC 模式，不做任何简化，则该 GUI 的设计草图如图 7.15 所示，根据标准的 MVC 模型，将有 3 个 View 类、3 个 Controller 类和 3 个 Model 类。

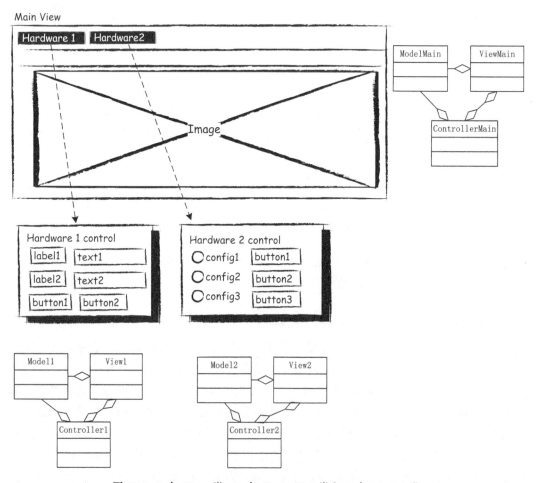

图 7.15　3 个 View 类、3 个 Controller 类和 3 个 Model 类

　　多视图 GUI 程序的一个常见问题就是 GUI 之间的"共享数据"，因为 MVC 模型把 GUI

的数据和界面分离，所以这个问题自然地就转换成模型对象与界面对象之间如何共享数据的问题。其实，这个问题已经解决了[①]，即只要对象互相拥有彼此的 Handle 即可，就像标准的 MVC 模型中，Controller 和 View 类直接互相拥有对方的 Handle 来共享数据一样，如图 7.16 所示。

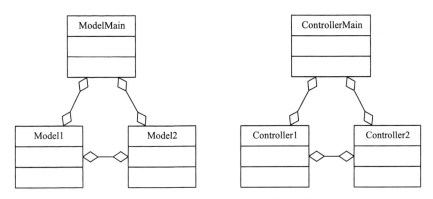

图 7.16　通过相互拥有 Handle 来共享数据

第一个硬件的 Model 类可以这样设计：

```
────────────── Model1 ──────────────
classdef Model1 < handle
    proprerties
        hModel2              % 该 Handel 的值可以在 Constructor 或者 set 中提供
        hModelMain
    end
    ......
    methods
        function accessData(obj)
            % 直接通过 hModel2 的 Handle 访问 hModel2 对象中的数据
            temp = hModel2.someProp ;
        end
    end
end
```

图 7.16 所示只是一个理想情况，更有可能的是各个视图、控制器、模型之间相互关联，都需要得到彼此的数据，那么按照前面的思路，实际的 UML 就可能是如图 7.17 所示的这样错综复杂。

这个设计的缺点很明显：各个类之间的相互依赖耦合严重。解决方法之一是：设计一个 Context 类，如图 7.18 所示，其作用像一个枢纽[②]，要求其他类的对象在创建时都在这个 Context 类中注册，并且给每个对象一个独一无二的 ID，当一个对象需要取得其他类的对象的数据时，就可以通过 ID 到 Context 类对象处获取其他类的 Handle。

---

① 使用 GUIDE 编程时，GUI 之间交互数据的方法不是那么一目了然。
② 这属于一种行为模式，叫作 Mediator Pattern。

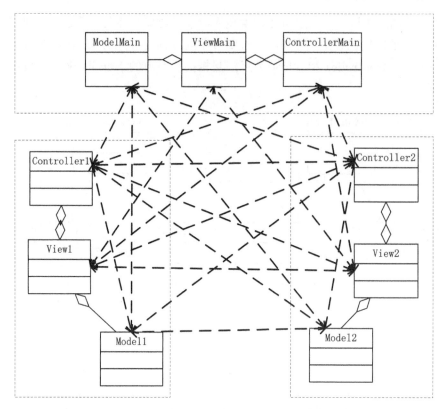

图 7.17　更有可能出现的是这样复杂的情况

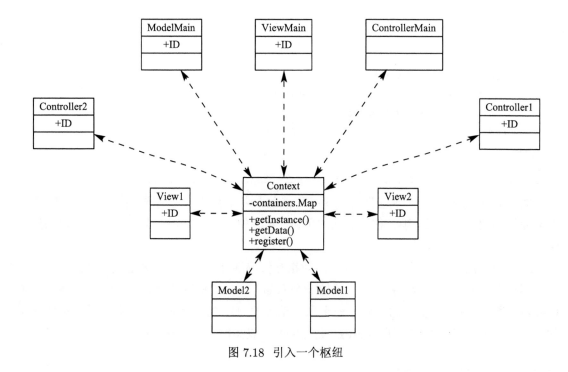

图 7.18　引入一个枢纽

因为我们希望在任何路径和函数中都可以随时通过 Context 类对象得到所需要的对象的句柄，所以该对象应该是一个全局对象；而且一个程序只需要这么一个 Context 类，这样就要限制该类所能产生的对象的数量，所以该类应该是一个 Singleton[①]。下面将给出 Context 类的一个简单实现。

1. Context 类的设计

该 Context 类中的核心数据结构是一个 MAP 容器（containers.Map）[②]：其中，register 函数要求外部对象（client）提供 ID 作为 Key，并把外部对象的 Handle 作为 KeyValue，保存在 MAP 容器中；getData 方法通过 client 提供的 ID 在 MAP 容器中查询，并且返回注册的 Handle。

```
───────────── Context 类 ─────────────
classdef Context < handle
    properties
        dataDictionary ;
    end
    methods(Access = private)
        function obj = Context()
            obj.dataDictionary = containers.Map();
        end
    end
    methods(Static)
        function obj = getInstance()
            persistent localObj;
            if isempty(localObj) || ~isvalid(localObj)
                localObj = Context();
            end
            obj = localObj;
        end
    end
    methods
        register( obj,ID, data ) ;
        fdata = getData(obj,ID)  ;
    end
end
```

Context 类注册方法：

```
───────────── register 函数 ─────────────
function register( obj,ID, data )
    expr = sprintf(' obj.dataDictionary(\''%s\'') = data;',ID);
    eval(expr);
end
```

---

① 详见 16.2 节。
② 参考附录 B。

Context 类查询方法：

```
─── getData 函数 ───
function data = getData(obj,ID)
 if isKey(obj.dataDictionary,ID)
     data = obj.dataDictionary(ID);
 else
     error('ID does not exist');
 end
end
```

2. 在 Context 类对象处注册 ID

在下面的脚本中假设要控制的两个硬件对象分别是 Camera 和 PowerSource，于是声明两个模型对象，并且赋予每个对象一个在整个计算中独一无二的 ID。然后通过 getInstance 静态方法得到该 Context 类的对象，再使用 register 方法注册。

```
─── Script ───
obj1 = ModelDevice('Camera');
obj2 = ModelDevice('PowerSource');
contextObj = Context.getInstance();            % 得到全局 Context 类对象
contextObj.register('Camera',obj1);            % 注册 Camera 对象
contextObj.register('PowerSource',obj2);       % 注册 PowerSource 对象
```

3. 从 Context 类对象处查询 ID

下面的代码假设要在一个函数中获得 Model 类对象 Camera 的句柄。只要 Context 类的定义在 MATLAB 的搜索路径上，就可以在任何环境中调用 getInstance 静态方法，Context 类对象就好似一个被封装好的全局对象。getData 方法接受 ID 作为参数，返回和这个 ID 对应的句柄。注意：这里提供的只是最简化的 Context 类的实现，实用中，Context 类还要能够处理无效 ID 的情况。

```
─── function ───
function  someFunction()
    contextObj = Context.getInstance();
    hCamera = contextObj.getData('Camera');
end
```

如果需要，图 7.18 的设计还可以进一步简化，若是各视图的 Controller 类都很简单，还可以把 3 个 Controller 的职责集中到一个类中。这样，程序的设计可进一步简化成图 7.19 所示的情况。

当然，上述设计仅仅是解决多视图 GUI 设计的方案之一。大多数情况下，在掌握了面向对象编程的基本原则之后，将设计方法用 UML 的方式表示出来，仔细分析问题的根源，解决方案可以是多种多样的。

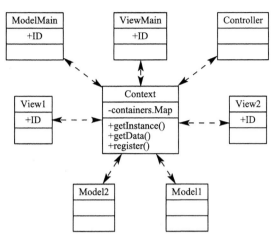

图 7.19　把 3 个 Controller 类合并到一起去

7.10　如何设计 GUI 逻辑架构

从结构上来说，7.9 节的多视图 GUI 程序依然比较简单，而平时我们所见到的更多的是框架结构，如图 7.20 所示。

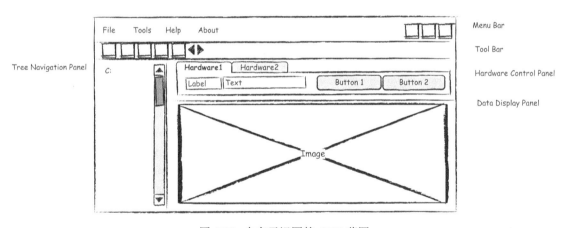

图 7.20　含有子视图的 GUI 草图

还是沿用 7.9 节中的例子，现在我们这样设计 GUI：该 GUI 有菜单栏、工具栏、选项卡、浏览栏，还有一个面板专门用来显示数据。本节先介绍如何在逻辑上设计这种 GUI 的架构，然后在 7.1 节介绍如何对 GUI 上的控件进行自动布局。

针对这种含有 Menubar、Toolbar 和子视图的 GUI 结构，一种解决方法是：从基本的 MVC 模型出发，把各个 View 类用 Composite（组合）关系组织起来（见图 7.21），把各个 Controller 类用 Parent-Child 关系组织起来。

先介绍 View 类。容易发现，较复杂的 GUI 可以分成各个子视图（它们本来在视觉上就是相互包含的关系），整个 GUI 的框架视图类叫作 MainView。该 MainView 可以作为一个最上层的视图对象容器，其包含菜单栏视图对象、工具栏视图对象、选项卡视图对象、浏览栏视图对象，还有数据显示视图对象。在初始化 MainView 对象时，也同时初始化各个子视图对象。

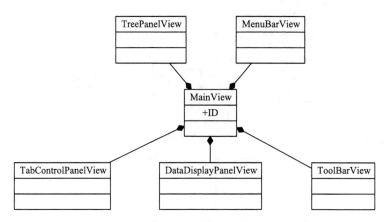

图 7.21　MainView 和其他子视图是组合关系

其实，子视图对象本身也是容器，大部分情况下，其进一步包含了面板和 uicontrol 的控件，比如 TabControlPanelView 包含两个 Tab 和若干个 uicontrol 控件，如图 7.22 所示。在子视图的层次上，View 类的结构和前述基本的 MVC 中 View 类的结构没有什么不同。

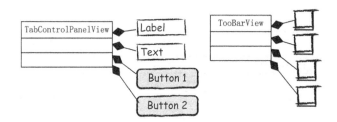

图 7.22　子视图和其控件是组合关系

这样一来，众视图对象形成了层次结构，各个子视图之间也就解耦和了，因此方便了 GUI 程序的扩张。比如，新的需求要给工具栏添加按钮，就只需要修改 ToolBarView 类。

再来介绍 Model 类。一个程序的内部模型是程序中稳定的部分，不应该随外部的 GUI 改变。7.9 节中我们设计了两个 Model 类来控制两个硬件，虽然现在 View 类的层次结构变了，但是 Model 类没有变，所以与 7.9 节中一样，还是两个 Model 类，并且这里假设只有 MainView 拥有两个 Model 类对象的 Handle，如图 7.23 所示。

最后讨论 Controller 类。我们可以引入 Parent-Child 关系来组织它们的逻辑关系。如图 7.24 所示，首先定义一个 BasicController 基类，在该基类中，有一个属性叫作 parentController，用来定义 Parent-Child 关系。再让每个 Controller 类都继承自该基类，子 Controller 类只需要知道其 Parent 是哪个对象即可，MainController 是最上层的 Controller，是其他众 Controller 的 Parent。

用 Parent-Child 关系组织控制器的优点是：底层的控制器可以向高层的控制器转发其无法处理的请求[1]。也就是说，当用户与子 View 界面互动，比如单击一个按钮，将触发底层控制器中的响应函数，而该函数可以根据请求的内容，选择要么直接处理这个请求，要么

---

[1] 这是行为模式中的 Chain of Responsibility Pattern。

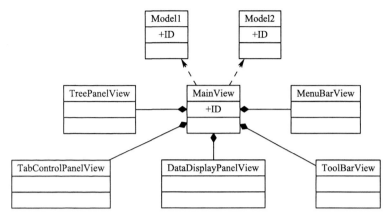

图 7.23　模型是程序中稳定的部分

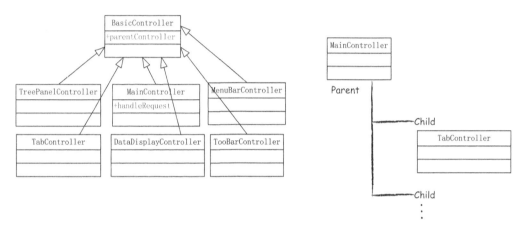

图 7.24　用 Parent-Child 关系来组织 Controller 类对象

让其 Parent 去处理。这样做的好处是，响应的处理函数都被分了层次。如果响应涉及上层 Model 类对象中的某个功能（而底层子视图没有对应的 Model 类），则可以沿着 Controller 的 Parent-Child 关系把要求向上传递。这样，底层的控制器就无须事无巨细地处理所有的请求了。

　　一个底层控制器的响应函数可以用如下的方式把请求转发给上层的控制器，其中 RequestID 用来标记请求的类型，提供给上层的控制器用以查找相应的响应函数。

```
function button1CallBack(obj)
    obj.parentController.handleRequest(RequestID)
end
```

在图 7.25 中，由 ChildController 提交来自 GUI 的请求。

图 7.25　ChildController 向其 ParentController 提交请求

button1CallBack 并不确定最终处理请求的对象是谁。在复杂的 GUI 架构中，Controller 的结构可能是好几层，如果某个层次上的 Controller 无法处理请求，那么它可以把这个请求沿着 Parent-Child 链继续向上传递，直到遇到可以处理该请求的控制器为止。

综上所述，本节介绍的设计 GUI 架构的模式叫作 HMVC（Hierarchical Model View Controller），如图 7.26 所示。其核心是通过 Controller 的 Parent-Child 结构，把各个子 MVC 模块连接起来。如果子模块 Controller 无法处理请求，则通过 Parent-Child 链向上传递。

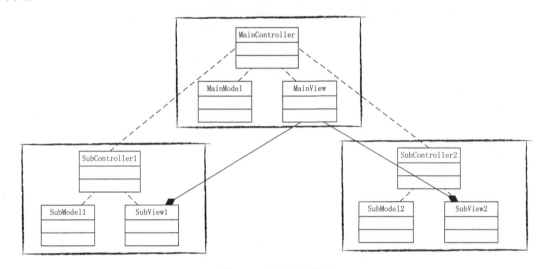

图 7.26 HMVC 模式

该种结构适合进一步扩展 GUI 的架构，Parent-Child 链可以是如图 7.27 所示的多层形式。这样，一个大的 GUI 设计问题就被分解到各个层次的小的模块中去了。

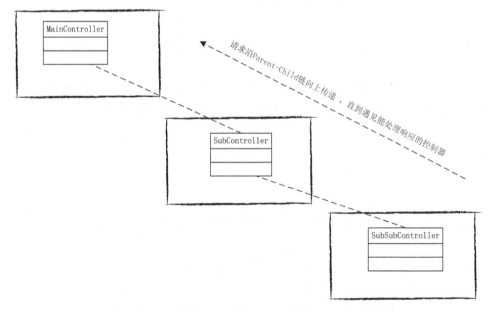

图 7.27 多层的 Controller 结构

7.11　如何使用 GUI Layout Toolbox 对界面自动布局

7.11.1　为什么需要布局管理器

我们先从设计简单的 GUI 开始，比如要用程序构造如图 7.28(a) 所示的 GUI，其中包含 3 个按钮。

首先尝试使用绝对布局法：声明 uicontrol 控件对象，并且直接指定控件在 figure 上的位置：

```
———————————————————————————————— 绝对布局法 ————————————————————————————————
f = figure('Menubar','none','Toolbar','none','Position',[200 200 100 200]);
uicontrol('style','pushbutton','Position',[20 20 80 50], 'Parent',f)
uicontrol('style','pushbutton','Position',[20 80 80 50], 'Parent',f)
uicontrol('style','pushbutton','Position',[20 140 80 50],'Parent',f)
```

现在如果要扩展这个 GUI，再给它添加一个按钮，如图 7.28(b) 所示，则首先要增大 figure 的尺寸，还要再计算出新的按钮的位置。这是绝对位置法的一个缺点：需要人工计算出控件的位置。

```
f = figure('Menubar','none','Toolbar','none','Position',[200 200 100 260]);% 增大
uicontrol('style','pushbutton','Position',[20 20 80 50], 'Parent',f)
uicontrol('style','pushbutton','Position',[20 80 80 50], 'Parent',f)
uicontrol('style','pushbutton','Position',[20 140 80 50],'Parent',f)
uicontrol('style','pushbutton','Position',[20 200 80 50],'Parent',f)          % 人工计算位置
```

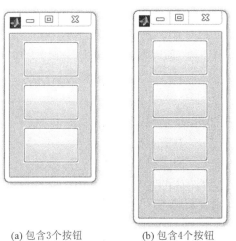

(a) 包含3个按钮　　　　(b) 包含4个按钮

图 7.28　使用绝对布局法和相对布局法设计 GUI

显然，该 GUI 是简化过的，而在实际 GUI 设计中，一个细微的设计的改动都可能要重新计算许多控件的位置，导致程序后期的维护修改成本变高。所以，绝对布局法仅适合简单的界面设计。这里可以把 uicontrol 的单位设置成 normalized，把绝对布局变成相对布局就可以避免重新计算位置的问题。

—————————— 相对布局法 ——————————
```
f = figure('Menubar','none','Toolbar','none','Position',[200 200 100 200]);
uicontrol('style','pushbutton','Units','normalized',...
          'Position',[0.1 0.1  0.8 0.25],'Parent',f)
uicontrol('style','pushbutton','Units','normalized',...
          'Position',[0.1 0.4  0.8 0.25],'Parent',f)
uicontrol('style','pushbutton','Units','normalized',...
          'Position',[0.1 0.7  0.8 0.25],'Parent',f);
```

　　上述的命令中，"'Position', [0.1　0.1　　0.8　0.25]" 指定的是该按钮在 figure 中的相对位置。但是这样又引入了一个新的问题，如果用鼠标拖拽这个界面的右下角，那么这 3 个按钮也会跟着变大，如图 7.29 所示。这显然不是通常所见到的 GUI 界面的正常行为。如果想要按钮在放大 figure 时保持原来的大小，就需要给控件提供一个 resize 函数，用来处理鼠标拖拽的响应，而且 GUIDE 布局法也面临同样的问题。总的来说，无论是绝对布局法、相对布局法，还是 GUIDE 布局法，扩展和修改界面所带来的附加工作都很多。

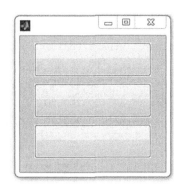

图 7.29　拖拽界面按钮的尺寸也跟着变化

7.11.2　纵向布局器 VBox 类

　　在认识到了绝对和相对布局法在 GUI 设计中的种种不方便之后，从本小节开始将介绍 GUI Layout Toolbox[①]。该工具箱中提供了多种在 figure 中摆放控件的布局类，如 uiextra.HBox、uiextras.VBox、uiextras.TabPanel。这些类简单易用，有了它们，利用程序的方式来设计 GUI 就变得方便多了。接着 7.11.1 小节中的 3 个按钮的例子，首先介绍纵向布局器 VBox 类，用它对控件进行单列纵向布局，效果如图 7.30 所示。

　　实现图 7.30 的代码如下：

图 7.30　纵向布局器 VBox 类效果图

————————————————

① 读者可以从 MATLAB Central 的 File Exchange 处下载该 GUI Layout Toolbox。

——— 纵向布局器 ———

```matlab
1  f = figure('Menubar','none','Toolbar','none','Position',[500 500 80 250]);
2  mainLayout = uiextras.VBox( 'Parent', f ,'Padding',10);     % 纵向布局器对象
3
4  uicontrol('style','pushbutton','string','Find Next',     'Parent', mainLayout)
5  uicontrol('style','pushbutton','string','Find Previous', 'Parent', mainLayout)
6  uicontrol('style','pushbutton','string','Replace',       'Parent', mainLayout)
7  uicontrol('style','pushbutton','string','Replace All',   'Parent', mainLayout)
8  uicontrol('style','pushbutton','string','Close',         'Parent', mainLayout)
9
10 set( mainlayout, 'Sizes', [40 40 40 40 40], 'Spacing', 5 );
```

说明：

- 第 2 行 uiextras 是这个 GUI Layout Toolbox 中的 Package 名称，VBox 是纵向布局类，而 mainLayout 是创建出来的纵向布局类的对象。通过指定 mainLayout 对象的 Parent 是 figure，把 figure 和布局器对象联系起来，" 'Padding', 10" 指定 figure 边缘到 VBox 的边缘是 10 像素。

- 第 4~8 行在纵向布局器容器中添加 5 个按钮控件，通过指定这 5 个按钮控件的 Parent 是 mainLayout 将控件和纵向布局器联系起来，而在 mainLayout 对象内部，会自动地遍历其所有的 Children，并根据其被添加的顺序自动设置它们在 figure 上的位置。

- 第 10 行显式地设置 5 个按钮的大小，正数表示每个按钮纵向的尺寸是 40 像素，而 " 'Spacing', 5"，顾名思义，就是说每个 Child，即按钮之间的间隔是 5 像素。figure 对象和布局器对象之间的关系如图 7.31 所示。

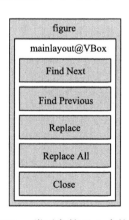

图 7.31　VBox 类对象管理 5 个按钮的位置

图 7.31 中每个层次之间都是 Parent-Child 的关系，读者可以把 VBox 想象成一个没有边框，背景色和 figure 的背景色相同的方框，这样它在视觉上就是隐形的；它存在的唯一目的就是作为一个容器，给自己内部的控件自动地设定位置。

7.11.3　横向布局器 HBox 类

本小节使用 GUI Layout Toolbox 中的 HBox 类来对控件进行单行横向布局，界面要求如图 7.32 所示，并且要求在窗口被拉长时，效果如图 7.33 所示。

图 7.32　横向布局器 HBox 类效果图

实现图 7.32 的代码如下：

```
────── 横向布局器 ──────
1  f = figure('Menubar','none','Toolbar','none','Position',[500 500 200 45]);
2  mainLayout = uiextras.HBox( 'Parent', f ,'Padding',10);
3
4  uicontrol('style','text','string','Find what:', 'Parent', mainLayout,'FontSize',10)
5  uicontrol('style','popupmenu','string','prev1|prev2|prev3','background','white',
6            'Parent', mainLayout)
7  set( mainlayout, 'Sizes', [60 -1], 'Spacing', 10 );
```

说明：

- □ 第 2 行声明一个横向布局器 mainLayout 对象，其 Parent 是 figure。
- □ 第 4~6 行声明两个 uicontrol 控件，作为被布局的对象，一个是标签，一个是下拉列表框。
- □ 第 7 行是控制两个控件相对大小的关键：" 'Sizes, [60 −1]' "，其中正数 60 代表该控件的大小用像素来控制，而负数表示比例。这里 "−1" 表示第二个控件将填满除去 60 像素后剩下的空间。同理，如果一个布局上有 3 个控件，并且尺寸关系是 " 'Sizes', [60 −1 −1]"，那么表示第一个控件的横向尺寸是 60 像素，而剩下的两个控件大小是 1:1，填满剩余的空间。使用这种绝对像素和相对比例来控制控件大小的方法，可以有效地应对 figure 尺寸变化而导致控件大小变化的问题。比如，拖拽 figure 的右下角调整大小，第一个控件 text 对象的尺寸将仍然保持 60 像素，而下拉列表框控件将随着 figure 的增大而增大，如图 7.33 所示。

figure 对象和横向布局器对象之间的关系如图 7.34 所示，图中的包含关系对应程序中对象之间的 Parent-Child 关系。

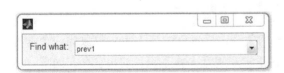

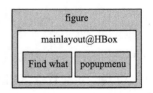

图 7.33　窗口被拉长后的效果　　　　图 7.34　figure 对象和横向布局器对象之间的关系

7.11.4　选项卡布局器 TabPanel 类

选项卡布局也是一个常见的 GUI 布局方法。在 GUI Layout Toolbox 之前，在 MATLAB 中实现选项卡要颇费周折，而现在使用 uiextras 包中的 TabPanel 类就可以极简单地实现选项卡界面，效果如图 7.35 所示。

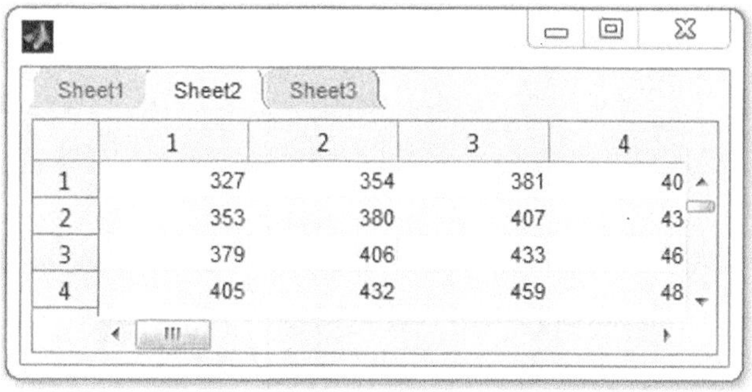

图 7.35　选项卡布局器 TabPanel 类效果图

实现图 7.35 的代码如下：

选项卡布局器

```
1  f = figure('Menubar','none','Toolbar','none');
2  mainLayout = uiextras.TabPanel( 'Parent', f, 'Padding', 5 );
3
4  uitable('Data',magic(25),'Parent', mainLayout );
5  uitable('Data',magic(25),'Parent', mainLayout );
6  uitable('Data',magic(25),'Parent', mainLayout );
7
8  mainLayout.TabNames = {'Sheet1', 'Sheet2', 'Sheet3'};
9  mainLayout.SelectedChild = 2;
```

说明：

□ 第 2 行声明一个选项卡布局器对象，是 figure 仅有的直接 Child，该选项卡将布满整个 figure。

□ 第 4~6 行往 mainLayout 中添加 uitable 对象。

□ 第 8 行通过选项卡布局器对象的 TabNames 属性给每个 Tab 的标题命名。

□ 第 9 行的"mainLayout.SelectedChild = 2"表示默认情况下被选中的 Tab 是第二个。

figure 对象和 TabPanel 对象以及控件之间的关系如图 7.36 所示，图中的包含关系对应程序中对象之间的 Parent-Child 关系。

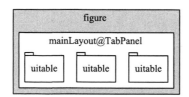

图 7.36　figure 对象和 TabPanel 对象以及控件之间的关系

7.11.5　网格布局器 Grid 类

网格布局器 Grid 类比 VBox 和 HBox 布局稍复杂，适用于多行多列的控件排列的情况。本小节利用网络布局器 Grid 类来构造如图 7.37 所示的界面。

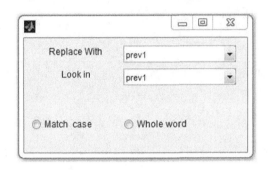

图 7.37　网格布局器 Grid 类效果图

实现图 7.37 的代码如下：

```
                              —— 网络布局器 ——
 1  f = figure('Menubar','none','Toolbar','none','Position',[500 500 300 150]);
 2  mainLayout = uiextras.Grid( 'Parent', f, 'Padding', 10 );
 3  % 第一列
 4  uicontrol('Style','text','String','Replace With','FontSize',9,'Parent', mainLayout);
 5  uicontrol('Style','text','String','Look in','FontSize',9,'Parent', mainLayout);
 6  uiextras.Empty('Parent', mainLayout);
 7  uicontrol('Style','radio','String','Match  case','FontSize',9,'Parent', mainLayout);
 8
 9  % 第二列
10  uicontrol('style','popupmenu','string','prev1|prev2|prev3','background','w',...
11          'Parent', mainLayout  );
12  uicontrol('style','popupmenu','string','prev1|prev2|prev3','background','w',...
13          'Parent', mainLayout  );
14  uiextras.Empty('Parent', mainLayout);
15  uicontrol('Style','radio','String','Whole word','FontSize',9,'Parent', mainLayout);
16
17  set(mainLayout, 'RowSizes', [25 25 25 25] ,'ColumnSizes', [120 150] ,'Spacing',5);
```

说明：

- □ 第 2 行声明 Grid 类容器。
- □ 第 4~15 行一共声明 8 个对象，添加到 mainLayout 容器中。
- □ 第 17 行中的 set 语句指定对该 8 个对象的排列方式是 4×2，并且 Grid 类对控件的排列方式是先列后行，所以第 4~7 行 4 个对象构造的是第一列，第 10~15 行构造的是第二列，如图 7.38 所示。程序中的第 6 和 12 行还声明了 2 个 Empty 布局对象，该对象的作用是在 Grid 格局上空出一格来，所以上述程序其实是在 4×2 的格子中放置了 6 个 uicontrol 控件的对象。

figure 对象和 Grid 对象以及控件之间的关系如图 7.38 所示，图中的包含关系对应程序中对象之间的 Parent-Child 关系。

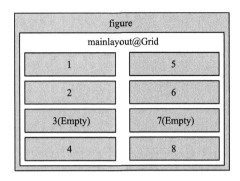

图 7.38　figure 对象和 Grid 对象以及控件之间的关系

7.11.6　GUI Layout 的复合布局

复合布局是指把各个布局管理器对象组合起来，通过多层的 Parent-Child 关系对界面进行更灵活的设计。本小节把前面介绍的 VBox、HBox 和 Grid 类组合起来，放到一个界面上去模拟 MATLAB 的查询窗口，效果如图 7.39 所示。

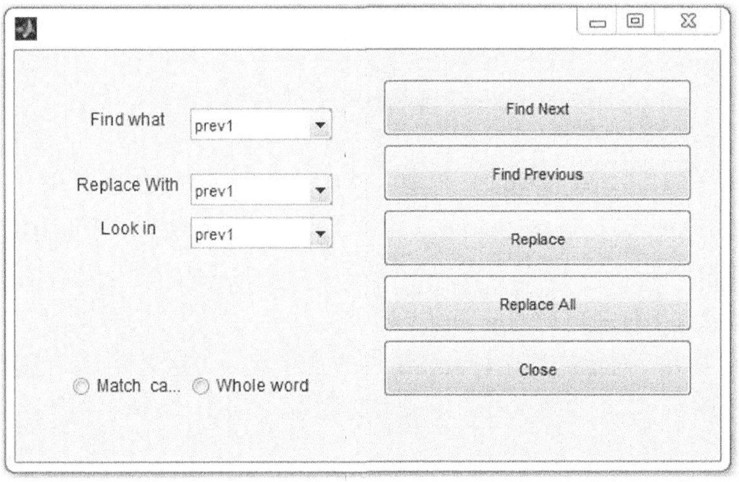

图 7.39　复合布局中包含 VBox、HBox 和 Grid

实现图 7.39 的代码如下（仅包括所有的布局对象，具体控件对象省略）：

```
——— 复合布局 ———
1  f = figure('Menubar','none','Toolbar','none','pos',[200 200 500 230]);
2  mainLayout = uiextras.HBox('Paprent',f,'Spacing',10);
3    leftLayout = uiextras.VBox('Parent',mainLayout,'Spacing',10,'Paddingp',5);
4      lUpperLayout = uiextras.HBox('Parent',leftLayout);
5      lLowerLayout = uiextras.Grid('Parent',leftLayout);
6    rightLayout = uiextras.VBox('Parent',mainLayout,'Spacing',10);
```

```
7
8  ......  % 其余略
```

图 7.39 可以先被横向地分成两栏，所以第 2 行先声明一个 HBox 类对象来作为 main-Layout，作为 figure 的直接 Children。在该 HBox 中，左右两栏显然都是纵向排列，所以 HBox 的两个 Children 是 VBox。为了演示复合布局，在第 4 和 5 行中特地把左栏继续细分成上半部分的 HBox 和下半部分的 Grid 的两个 Layout。

figure 对象和各布局器对象之间的关系如图 7.40 所示，图中的包含关系对应程序中对象之间的 Parent-Child 关系。

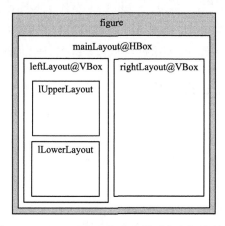

图 7.40　figure 对象和各布局器对象之间的关系

7.11.7　把 GUI Layout Toolbox 和 MVC 模式结合起来

在实际应用中，GUI Layout Toolbox 和设计模式可以结合起来，可以使用 MVC 模式来管理程序模型和界面之间的逻辑关系，使用布局器类来管理界面上控件的几何关系；并且布局器对象存在的作用仅是自动指定界面上控件的位置，对程序的逻辑没有影响。把已有的 GUI 修改成使用布局器对象的程序只需要简单的几行代码。这里以前面的取款机界面为例，说明如何在已有的 MVC 的继承的基础上使用布局器。其中，取款机例子中 View 类最初的设计是这样的：

———————— View 类中的 buildUI 方法 ————————
```
function buildUI(obj)      % 构造界面并且展示给用户
  obj.hfig = figure('pos',obj.viewSize,'NumberTitle','off','Menubar','none',...
                    'Toolbar','none');
  obj.drawButton = uicontrol('parent',obj.hfig,'string','draw',...
                             'pos',[60 28 60 28]);
  obj.depositButton = uicontrol('parent',obj.hfig,'string','deposit',...
                                'pos',[180 28 60 28]);
  obj.numBox = uicontrol('parent',obj.hfig,'style','edit',...
                         'pos',[60 85 180 28],'tag','numBox');
  obj.text = uicontrol('parent',obj.hfig,'style','text','string','Balance',...
                       'pos',[60 142 60 28]);
```

```
obj.balanceBox = uicontrol('paprent',obj.hfig,'style','edit',...
                           'pos',[180 142 60 28],'tag','balanceBox');
obj.updateBalance();
end
```

注意：上面使用了绝对布局法，其中每个按钮的摆放都要通过手工设计，很不方便，可以将其修改成如下使用布局器的形式：

———— View 类中的 buildUI 方法 ————

```
function buildUI(obj)
 obj.hfig = figure('pos',obj.viewSize,'NumberTitle','off','Menubar','none',...
                 'Toolbar','none');
 mainLayout = uiextras.VBox('Parent',obj.hfig,'Padding',5,'Spacing',10)
 topLayout = uiextras.HBox('Parent',mainLayout,'Spacing',5);
 middleLayout = uiextras.HBox('Parent',mainLayout,'Spacing',5);
 lowerLayout = uiextras.HBox('Parent',mainLayout,'Spacing',5);

 % 上层
 obj.text = uicontrol('parent',topLayout,'style','text','string','Balance');
 obj.balanceBox = uicontrol('parent',topLayout,'style','edit','background','w');
 % 中层
 obj.numBox = uicontrol('parent',middleLayout,'style','edit','background','w');
 % 下层
 obj.drawButton = uicontrol('parent',lowerLayout,'style','pushbutton',...
                            'string','draw');
 obj.depositButton = uicontrol('parent',lowerLayout,'style','pushbutton',...
                               'string','deposit');
 set(topLayout,'Sizes',[-1,-1]);
 set(lowerLayout,'Sizes',[-1,-1]);
 obj.updateBalance();
end
```

这里一共使用了 4 个布局器对象，效果如图 7.41 所示。布局器的嵌套关系如图 7.42 所示。

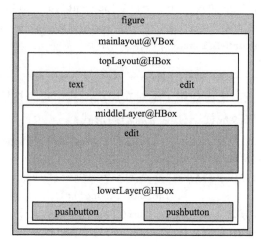

图 7.41 效果图   图 7.42 布局器的嵌套关系

7.11.8 GUI Layout Toolbox 两个版本的说明

MATLAB 的图像系统在 R2014b 中做了重大的升级，所以 GUI Layout Toolbox 也做了相应的调整。如果用户使用的是 R2014a 或者更早的 MATLAB，请使用第一版的 GUI Layout Toolbox，可从网址 http://www.mathworks.com/matlabcentral/fileexchange/27758-gui-layout-toolbox 下载。

如果用户的 MATLAB 是 R2014b 或者更新的版本，则需要使用更新的版本，下载网址为 http://www.mathworks.com/matlabcentral/fileexchange/47982-gui-layout-toolbox。

该工具箱由 MathWorks 的工程师开发及维护，是构造高级 MATLAB 界面的利器，可靠并且稳定，在 File Exchange 上免费提供给用户下载和使用。MathWorks 对代码的兼容 (Backward Compatibility) 极其重视，如果在 R2014a 或者更早的 MATLAB 中写成的代码使用了第一个版本的 GUI Layout Toolbox，那么绝大多数情况下，该代码在 R2014b 和更新的版本中仍然可以使用。

第 2 部分

面向对象编程中级篇

第 8 章　类的继承进阶

8.1　继承结构下的构造函数和析构函数

在"面向对象编程初级篇"中，我们初步介绍了 Constructor 和 Destructor 的用法；下面我们将进一步介绍在继承结构下 Constructor 和 Destructor 的使用规则。

8.1.1　什么情况需要手动调用基类的构造函数

在初始化对象的过程中，如果有参数需要传递给基类 Constructor，则需要显式地在子类 Constructor 中调用基类的 Constructor。例如：

```
———————— Base ————————
classdef Base < handle
    properties
        a
    end
    methods
        function obj = Base(a)

            obj.a = a; % 初始化基类成员

        end
    end
end
```

```
———————— Derived ————————
classdef Derived < Base
    properties
        b
    end
    methods
        function obj = Derived(a,b)
          obj = obj@Base(a);
          obj.b = b;      % 初始化子类成员
        end
    end
end
```

如果声明一个对象：

```
———————————————————— Script ————————————————————
obj = Derived(1,2) ;
```

则子类对象的构造过程是这样的：Derived Constructor 先被调用，其中 Base Constructor 再被调用，a 数据被初始化；然后 Base Constructor 返回；最后完成 Derived Constructor 中的其余工作，b 数据被初始化。

虽然 Derived Constructor 是先被调用的，但是先被初始化的数据却是 Base 类中的属性。如果用图 8.1 来表示一个对象的构造，则可以这样理解：Base 对象的属性是根基，Derived 对象属性的初始化应该发生在 Base 属性初始化之后。

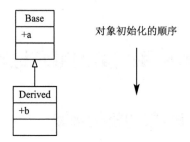

图 8.1　属性的初始化顺序：来自基类的属性先被初始化，其次才是子类的属性

8.1.2　什么情况可以让 MATLAB 自动调用基类的构造函数

　　这里还是沿用图 8.1 的继承结构，仅仅简化 Base 和 Derived 类中的成员，如果不需要向 Base 类的 Constructor 传递参数，就不需要在 Derived 的 Constructor 中显式地调用 Parent 的 Constructor。MATLAB 会隐式地自动帮助用户调用 Base 类的 Constructor。

```
———————————————————— Base ————————————————————
classdef Base<handle
    methods
        function obj = Base()



            disp('Base CTOR called');
        end
    end
end
```

```
———————————————————— Derived ————————————————————
classdef Derived< Base
    methods
        function obj = Derived()
        % MATLAB 在运行用户的 disp 命令
        % 之前会先调用 Base 类的 Constructor
            disp('Derived CTOR called');
        end
    end
end
```

　　MATLAB 规定：如果在子类 Constructor 中没有显式地调用基类的 Constructor，则 MATLAB 会在 Constructor 的一开始自动地调用基类默认的 Constructor，这相当于在 MATLAB 内部把 Derived 类的定义修改成：

```
———————————————————— Derived ————————————————————
classdef Derived < Base
    methods
        function obj = Derived()
            obj = obj@Base() ;              % MATLAB 在内部做的工作相当于加上这行代码
            disp('Derived CTOR  called');
        end
    end
end
```

　　验证如下，声明一个 Child 对象：

```
———————————————————— Script ————————————————————
obj = Sub();
```

　　命令行显示的结果如下[①]：

———————————————————

—————————————————— Command Line ——————————————————
```
Base CTOR called
Derived CTOR called
```
——

从命令行结果来看，即使先调用子类的 Constructor，但在子类 Constructor 内部的任何代码被执行之前，基类的 Constructor 就先被调用了，然后才是执行子类中的用户代码，如图 8.2 所示。

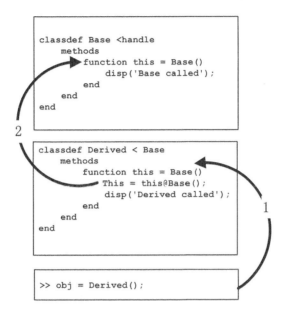

图 8.2　基类的 Constructor 在子类 Constructor 的一开始被调用

注意：让 MATLAB 隐式地调用基类默认的 Constructor 的前提条件是，基类必须定义了默认的 Constructor，或者说，基类的 Constructor 必须能够处理零参数的情况，否则 MATLAB 将报错。

如果子类存在多重继承结构，并且 Derived 中的 Constructor 没有显式地调用基类的 Constructor，那么 MATLAB 会根据继承的顺序调用基类默认的 Constructor。具体代码如下：

—————————————————————— Derived ——————————————————————
```
classdef Derived < Base1 & Base2

    methods
        function obj = Derived()



            disp('Derived CTOR called');
        end
    end
end
```
——

MATLAB 会在内部按照继承的顺序对 Derived 的 Constructor 进行扩充：

```
──────────────────────── Derived ────────────────────────
classdef Derived< Base1 & Base2
    methods
        function obj = Derived()
            obj = obj@Base1();  % 内部扩充
            obj = obj@Base2();  % 内部扩充
            disp('Derived CTOR called');
        end
    end
end
```

8.1.3　常见错误：没有提供默认构造函数

8.1.2 小节提到，在不需要传递参数给基类的 Constructor 的情况下，MATLAB 会自动帮助用户调用基类的 Constructor。这里需要注意前提条件：用户必须提供一个默认的 Constructor，否则就会出现如下情况：

```
────────────── Base ──────────────
classdef Base < handle
    properties
        a
    end
    methods
        function obj = Base(a)
        % 由于没有 nargin == 0 的判断
        % 这不是一个默认的 Constructor
            obj.a = a ;
        end
    end
end
```

```
────────────── Derived ──────────────
classdef Derived < Base
    properties
        b
    end
    methods
        function obj = Derived(b)
        % MATLAB 将在这里尝试自动调用
        % obj = obj@Base(); 出错
            obj.b = b ;
        end
    end
end
```

```
──────────────────────── Script ────────────────────────
obj = Derived();
```

```
──────────────────────── Command Line ────────────────────────
??? Input argument "a" is undefined.

Error in ==> Base>Base.Base at 7
        obj.a = a ;

Error in ==> Derived>Derived.Derived at 6
      function obj = Derived(b)

Error in ==> main at 1
obj = Derived();
```

这里出错的原因是：因为 MATLAB 隐式地自动调用的是默认的 Constructor，但是这里用户已经提供了一个自定义的 Constructor，并且没有提供针对 nargin==0 的情况的处理，所以 MATLAB 将显示无法找到所需要的 Constructor 的错误。

8.1.4　在构造函数中调用哪个成员方法

在 2.6.3 小节中提到，子类中可以重新定义基类的方法（也叫作覆盖（Override）基类的方法）。也就是说，如果有以下的代码结构，子类 Derived 的 foo 方法覆盖基类 Base 的 foo 方法，那么，如图 8.3 所示，当一个对象调用 foo 方法时，MATLAB 会动态地判断调用方法的对象实际上属于哪个类，如果属于子类，则调用子类中的 foo 方法，如果属于 Base 类，则调用 Base 类的 foo 方法。

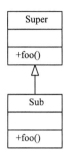

图 8.3　如果基类和子类中都定义了 foo 方法

```
———————— Base ————————
classdef Base < handle
    methods
        function obj = Base()
            disp('Base CTOR called');
            obj.foo();
        end
        function foo(obj)
            disp('Base foo called');
        end
    end
end
```

```
———————— Derived ————————
classdef Derived < Base
    methods
        function obj = Derived()

            disp('Derived CTOR called');
        end
        function foo(obj)
            disp('Derived foo called');
        end
    end
end
```

如果声明的是基类的对象，那么在基类的 Constructor 中调用的 foo 方法一定来自于基类：

```
———————— Script ————————
oBase = Base();
```

```
———————— Command Line ————————
Base CTOR called
Base foo called
```

现在我们考虑这样的情况，当基类和子类都提供了 foo 方法，声明一个子类对象时，初始化过程中基类的 Constructor 被调用，而基类 Constructor 中又调用了成员方法 foo，这时到底哪个 foo 方法被调用了呢？是子类的 foo 还是基类的 foo？我们可以先用代码验证一下：

```
———————— Script ————————
oDerived = Derived();
```

```
———————— Command Line ————————
Base CTOR called
Derived foo called
Derived CTOR called
```

从输出可以看出，如果声明的是子类对象，那么在基类的 Constructor 中调用 foo 方法时，MATLAB 将调用子类的 foo 方法。MATLAB 方法 Dispatch 的规则是：查找方法的签名，而方法的签名由参数列表中的对象和方法名称决定。现在参数中的对象是 obj，它的类型是 Sub 类型，因此即使在父类的 Constructor 中仍会调用子类的 foo 方法，如图 8.4 所示。

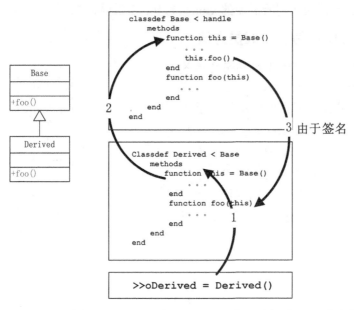

图 8.4　如果在基类的 Constructor 中调用 foo 方法：到底调用了哪个类的 foo 方法

从语义上来说，当用户声明 DerivedObj = Derived() 时，其意图是声明一个子类对象，尽管构造这个子类对象首先要调用基类的构造函数，但是从本质上来说，从构造的一开始，这个对象就是一个子类对象了。所以，即使是在基类的 Constructor 函数中调用了 foo 方法，MATLAB 也决定应该使用子类的 foo 方法。

8.1.5　析构函数被调用的顺序是什么

在继承体系下，一个子类对象析构函数的调用恰好和构造函数的调用顺序相反，子类的析构函数先被调用，从上至下，基类的析构函数最后被调用：

```
————————————— Base —————————————
classdef Base < handle
    methods
        function delete(obj)
            disp('Base delete called');
        end
    end
end
```

```
————————————— Sub —————————————
classdef Sub < Base
    methods
        function delete(obj)
            disp('Sub delete called');
        end
    end
end
```

在脚本中首先声明一个对象，再显示地调用 delete 函数：

```
————————————— Script —————————————
obj = Sub();
obj.delete();
```

输出：

─────────────────── Command Line ───────────────────
```
Sub delete called
Base delete called
```
──

在继承结构下，用户只需要调用 Sub 类的 delete 函数，整个对象在 MATLAB 内所占的内存空间就会得到释放。MATLAB 会帮用户在子类的 delete 函数的末尾扩充，调用基类 delete 函数的命令，所以用户不需要在 Sub 类的 delete 函数中显示地调用基类的 delete 函数。比如在下面的代码中，左侧是用户定义的子类的 delete 函数，右侧是这个 delete 函数在 MATLAB 内部中等效的样子。

────── 用户提供的 delete 函数 ──────
```
classdef Sub < Base
    methods
        function delete(obj)

            disp('Sub delete called');

        end
    end
end
```

────── MATLAB 内部的 delete 函数 ──────
```
classdef Sub < Base
    methods
        function delete(obj)
            disp('Sub delete called');
            % MATLAB 为用户补上这个命令
            delete@Base();
        end
    end
end
```

MATLAB 的规则是：在子类 delete 函数的末尾隐式地自动调用其基类的 delete 函数，并且为了确保基类的析构函数能被调用，从而完全释放对象所占用的内存。MATLAB 在调用基类的 delete 函数时，将忽略 delete 函数的访问权限。也就是说，即使基类的 delete 函数被声明成了私有 Access = private，在子类对象被删除时，该基类的 delete 函数也会被强制调用。

8.2　MATLAB 的多重继承

8.2.1　什么情况下需要多重继承

在了解什么是多重继承之前，我们先以一个动物园的动物为例来看一看使用多重继承的动机。用类来形容动物，用继承来形容动物的科属分类。比如大熊猫属于熊科，于是我们构造出动物园的动物基类 ZooAnimal、熊类 Bear 和熊猫类 Panda，Bear 继承自 ZooAnimal，Panda 继承自 Bear。再具体一些，ZooAnimal 类中的属性可以是动物具体的名字 name。ZooAnimal 类中包含一些抽象的方法，比如演出 display 和喂食 feed。因为不同的动物演出和喂食是不同的，所以在 ZooAnimal 类中这些方法都应该设置成 Abstract[1]，在具体的动物类中再实现这些方法。Bear 类中可以指定一些相对于 ZooAnimal 类更细化的一些属性，比如，Bear 类的动物都需要一个具体的驯兽师 trainer 作为其属性。除了实际的动物，我们还可以构造一个辅助类 Endangered，它封装了抽象的濒临灭绝的动物，其中有一个抽象方法 protect，该方法表示稀有动物要受到保护。因为 Panda 类即是 Bear 类也是濒临灭绝的动物，所以 Panda 类还要继承 Endangered 类。Panda 类要具体实现 display 和 feed，还有

───────────────
[1] Abstract 类请参见第 10 章。

protect 方法，Panda 类还可以有自己的方法，比如熊猫很可爱，可以提供拥抱 hug 方法。所以，这个例子的 UML 看上去是这样的：Panda 类继承了一个以上的类，这种结构就是多重继承，如图 8.5 所示。

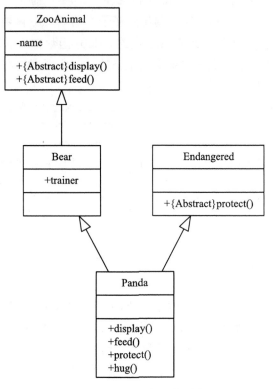

图 8.5　多重继承例：熊猫类

8.2.2　什么是多重继承

多重继承，顾名思义，就是包含一个以上的父类的继承，即如图 8.6 所示的结构。

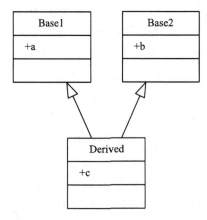

图 8.6　多重继承例：Derived 继承 Base1 和 Base2 基类

两个基类定义如下：

```
———————— Base1 ————————
classdef Base1 < handle
    properties
        a
    end
end
```

```
———————— Base2 ————————
classdef Base2 < handle
    properties
        b
    end
end
```

MATLAB 中规定，多重继承时要使用符号"&"来串接各个父类。下面是 Derived 类的定义：

```
———————— Derived ————————
classdef Derived < Base1 & Base2
    properties
        c
    end
end
```

```
———————— Script ————————
obj = Derived();

obj.a = 0;      % 直接访问
obj.b = 0;      % 直接访问
obj.c = 0;
```

Derived 类继承了 Base1 和 Base2 的成员属性 a 和 b，对 Derived 类对象中 property 的访问和以往一样，即 a 和 b 可以直接被访问，就像它们是 Derived 中定义的 property 一样，不用区分该变量的声明到底是来自于 Base1 还是 Base2。

因为两个 Base 类都是 Handle 类型，所以继承出来的 Derived 也是 Handle 类型。如果两个 Base 类是 Value 类型，那么继承的类型则是 Value 类型。

图 8.7 所示为多重继承中父类皆是 Handle 或者 Value 类的情况。

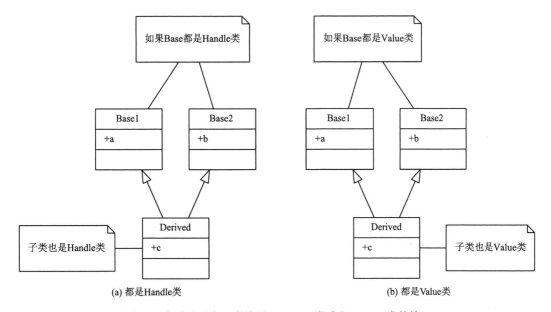

(a) 都是 Handle 类　　　　　　　　　　　　(b) 都是 Value 类

图 8.7　多重继承中父类皆是 Handle 类或者 Value 类的情况

在 8.2.7 小节中将会讨论如果一个 Base 类是 Value 类，另一个 Base 类是 Handle 类的情况。

8.2.3　构造函数被调用的顺序是什么

如果用户不明确指定父类 Constructor 的调用顺序，那么 MATLAB 将根据声明的先后顺序来调用父类的 Constructor。同样，如果让 MATLAB 自动调用 Constructor，那么用户提供的 Constructor 必须包括零参数的情况，或者干脆不提供 Constructor。采用 8.2.1 小节的 ZooAnimal，Bear，Endangered，Panda 类的例子，把各个类简化得只剩下默认 Constructor：

```
―――――――――― ZooAnimal ――――――――――
classdef ZooAnimal < handle
    methods
        function obj = ZooAnimal()
         disp('ZooAnimal CTOR called');
        end
    end
end
```

```
――――――――――――――― Bear ――――――――――――――
classdef Bear < ZooAnimal
    methods
        function obj = Bear()
         disp('Bear CTOR called');
        end
    end
end
```

```
―――――――――― Endangered ――――――――――
classdef Endangered < handle
    methods
        function obj = Endangered()
         disp('Endangered CTOR called');
        end
    end
end
```

```
―――――――――――――― Panda ――――――――――――――
classdef Panda < Bear & Endangered
    methods
        function obj = Panda()
         disp('Panda CTOR called');
        end
    end
end
```

注意：Panda 类的 Constructor 中并没有明确地声明 Constructor 的调用顺序，如果我们声明一个 Panda 对象，那么得到的输出将和我们预计的一样。

```
―――――――――――――― Script ――――――――――――――
obj = Panda()
```

```
―――――――――― Command Line ――――――――――
ZooAnimal CTOR called
Bear CTOR called
Endangered CTOR called
Panda CTOR called
```

8.2.4　多重继承如何处理属性重名

多重继承中，如果两个 Base 类中有同名的属性（见图 8.8），那么 MATLAB 规定这两个变量必须至少有一个属性是 private 或者两个属性都是 private。

```
―――――――――――――― Base1 ――――――――――――――
classdef Base1  < handle
    properties
        a = 1
    end
end
```

```
―――――――――――――― Base2 ――――――――――――――
classdef Base2  < handle
    properties(Access = private)
        a = 2;
    end
end
```

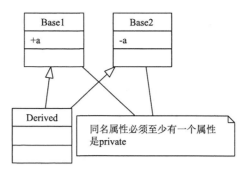

图 8.8　如果多重继承中属性重名则必须至少有一个属性是 private

上述代码定义了两个基类——Base1 和 Base2，其中，Base1 的属性 a 是 public 的，并且默认值是 1；Base2 的属性 a 设置成了 private，默认值是 2。下面代码中的 Derived 既继承 Base1 又继承 Base2：

```
—————————————————— Derived ——————————————————
classdef Derived < Base1 & Base2
end
```

如果声明一个 Derived 类的对象，则其属性 a 的初始值来自 Base1：

```
—————————————————— Command Line ——————————————————
>> obj = Derived()
obj =
  Derived handle
  Properties:
    a: 1
  Methods, Events, Superclasses
```

MATLAB 禁止两个同名的属性都是 public（见图 8.9），因为这会使名称模棱两可，将出现如下错误：

```
—————————————————— Command Line ——————————————————
Error using Derived
Property 'a' cannot be defined in both class 'Base2' and 'Base1'.
```

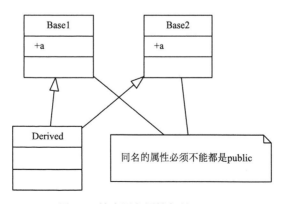

图 8.9　禁止同名属性都是 public

8.2.5   多重继承如何处理方法重名

多重继承中，除了属性重名外，还可能存在方法重名的情况。MATLAB 允许各基类中存在同名方法，但必须是下列两种情况之一：

第一种情况：基类中至少有一个方法是 private 方法，如图 8.10 所示。

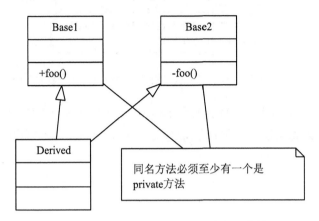

图 8.10 多重继承中方法重名：必须至少有一个是 private

当方法同名时，如果不添加以上限制，则将导致下面的调用模棱两可：

```
——————————————— Command Line ———————————————
>> obj = Derived();
>> obj.foo() ;  % 错！到底要调用哪个函数
```

这是因为两个函数的签名相同，MATLAB 没办法判断用户到底是要调用 Base1 的方法还是 Base2 的方法，冲突的本质是用户没有提供给同名方法足够的特征使它们区分开来。

第二种情况：如果用户在 Derived 类中提供另一个同名方法 foo，这个方法将覆盖 Base1 和 Base2 中的 foo 方法，从而消除模棱两可的可能性，如图 8.11 所示。

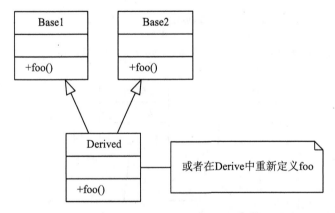

图 8.11 如果在子类中重新定义 foo 方法则可以解决父类中方法名的冲突问题

在调用 obj.foo() 时，MATLAB 将调用 Derived 类中定义的那个 foo 方法：

```
————————— Base1 —————————
classdef Base1  < handle
    methods
        function foo(obj)
            disp('foo from Base1') ;
        end
    end
end
```

```
————————— Base2 —————————
classdef Base2  < handle
    methods
        function foo(obj)
            disp('foo from Base2') ;
        end
    end
end
```

在 Derived 类中重新定义 foo 方法：

```
————————————————————————— Derived —————————————————————————
classdef Derived  <  Base1  & Base2
    methods
        function foo(obj)
            disp('foo from Derived') ;
        end
    end
end
```

在命令行中调用对象的 foo 方法来自 Derived 类：

```
——————————— Script ———————————
obj = Derived();
obj.foo();
```

```
——————————— Command Line ———————————
foo from Derived
```

8.2.6　什么是钻石继承

钻石继承指的是如图 8.12 所示的这种两级的继承结构。

简单地说，就是一个基类（在这里是 Base）在继承的层次中多次出现。下面将举个例子来说明什么情况下会使用到这种继承。

这里沿用熊猫的例子。在动物学领域，人们对熊猫到底属于浣熊科（Racoon）还是熊科（Bear）一直都有争论，因为熊猫在外形、大小上像熊，而在生态习性上像浣熊。从实用编程的角度来看，我们可以认为 Panda 类同时具备 Racoon 类和 Bear 类的一些特征，实际的解决方案是让 Panda 类既继承 Racoon 类又继承 Bear 类。所以，其 UML 看上去如图 8.13 所示。

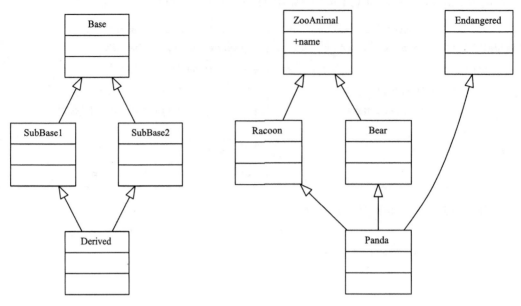

图 8.12　钻石继承的定义　　　　　图 8.13　钻石继承一例：Panda 类

在上述的 UML 中，ZooAnimal 基类在继承过程中多次出现，它既是 Bear 类的基类，又是 Racoon 类的基类，而且还是 Panda 类的基类，这种结构就叫作钻石继承。

问题： 钻石继承是否有重名问题？

首先把钻石继承的问题简化一下，其 UML 如图 8.14 所示。

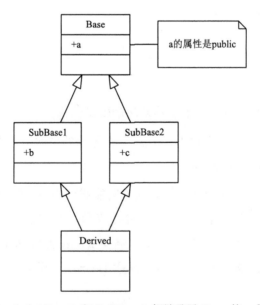

图 8.14　SubBase1 和 SubBase2 都继承了 Base 的 a 属性

程序看上去将是这样的：Base 中 a 的属性是 public。

```
────────────────────── Base ──────────────────────
classdef Base < handle
    properties
        a
    end
end
```

```
───── SubBase1 ─────                    ───── SubBase2 ─────
classdef SubBase1 < Base                classdef SubBase2 < Base
    properties                              properties
        b                                       c
    end                                     end
end                                     end
```

```
────────────────────── Derived ──────────────────────
classdef Derived < SubBase1 & SubBase2
end
```

　　如果把两层继承分开来看，那么也许有人会问，第一层继承使得 SubBase1 和 SubBase2 对象同时拥有属性 a，那么当 SubBase1 和 SubBase2 都具有一个 public 的属性 a 时，且该属性是 public 的，那么第三层的 Derived 类是否会具有两个属性 a？具体如图 8.15 所示。

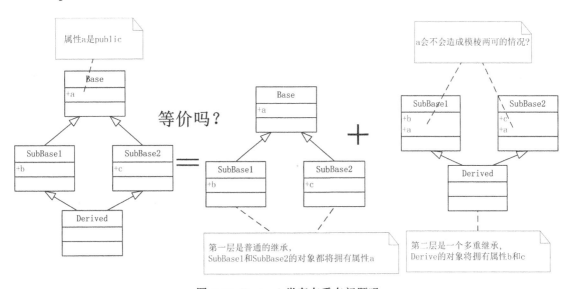

图 8.15　Derived 类存在重名问题吗

　　答案是否定的。在这种情况下，MATLAB 会自动判断出 Base 在继承中多次出现，其会确保只有一个 Base 的属性和方法被继承到 Derived 类中去。同理，若 Base 中有一个成员方法 foo，在这种钻石形状的继承中也不会存在模棱两可的情况，如图 8.16 所示。

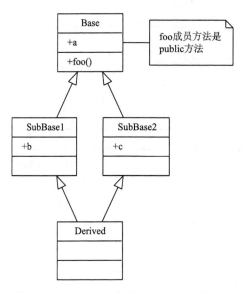

图 8.16　MATLAB 会确保不存在方法冲突

8.2.7　如何同时继承 Value 类和 Handle 类

因为 Handle 类和 Value 类的行为有本质的不同，所以如果一个子类既继承 Handle 类，又继承 Value 类，那么 MATLAB 将报错。

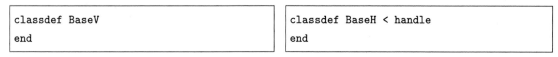

```
classdef BaseV
end
```

```
classdef BaseH < handle
end
```

如果定义 Derived 同时继承 BaseV 和 BaseH，那么 MATLAB 将会报错，如图 8.17 所示。

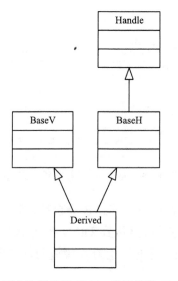

图 8.17　不允许既继承 Value 类又继承 Handle 类

```
classdef Derived < BaseH & BaseV


end
```

```
 ────── Command Line ──────
??? Error using ==> Derived
If a class defines super-classes, all or
none must be handle classes.
```

但实际上，确实可能存在这种情况，需要同时重用 Value 类和 Handle 类中的代码。针对这种需要，MATLAB 提供了一种关键词给 Value 类，该关键词叫作 HandleCompatible（适用于 R2011a 及其之后的版本）。只要给 Value 类添上该关键词，该类就可以和其他的 Handle 类一起出现在多重继承的上层结构中。例如：

```
classdef(HandleCompatible) BaseV
end
```

该关键词的使用有两个要点：

□ 虽然使用了 HandleCompatible 关键词，但是该 BaseV 仍然是一个 Value 类，具有一切 Value 类的行为特点。

□ 仅仅在需要既继承 Handle 类又要继承 Value 类的情况下，才需要把普通的 Value 类用 HandleCompatible 关键词声明成这种特殊的 Value 类。

如图 8.18 所示，本小节开始的定义修改成如下形式就不会有错了。

```
classdef(HandleCompatible) BaseV
end
```

```
classdef BaseH < handle
end
```

```
classdef Derived < BaseH & BaseV
end
```

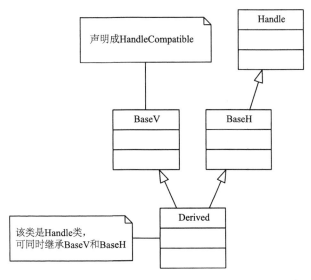

图 8.18 给 Value 类注明 HandleCompatible，它就可以和 Handle 类一起做父类了

通过这种方法声明的 Derived 类是一个 Handle 类。

```
                ── Script ──
>> obj = Derived()
```

```
                            ── Command Line ──
obj =
    Derived handle with no properties.
    Methods, Events, Superclasses
```

如图 8.19 所示，同时继承一个 Value 类和 HandleCompatible 的 Value 类是允许的，这和同时继承两个 Value 类没有什么区别，即得到的子类仍然是一个 Value 类，但不是 HandleCompatible 的。

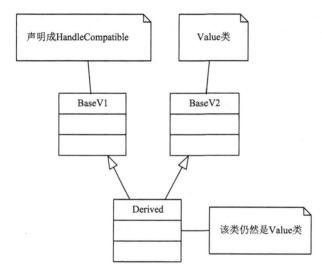

图 8.19 同时继承一个 Value 类和 HandleCompatible 的 Value 类仍是 Value 类

```
classdef(HandleCompatible) BaseV1
end
```

```
classdef BaseV2
end
```

```
classdef Derived < BaseV1 & BaseV2
end
```

```
                ── Script ──
 clear all; clear classes; clc;
obj = Derived()    % Still a Value class
```

```
                            ── Command Line ──
obj =
    Derived with no properties.
    Methods, Superclasses
```

8.3　如何禁止类被继承

定义一个类时，如果使用关键词 Sealed，那么该类将不能被其他类继承。Sealed 关键词使用的例子可参见 18.5 节。

```
                            ── A.m ──
classdef (Sealed) A
    ......
end
```

或者

```
————————————————————————— A.m ——————————————————————————
classdef (Sealed = true) A
    ......
end
```

如果另外一个类企图继承 A 类，例如：

```
classdef B < A
    ......
end
```

则在声明 B 的对象时将出现如下错误：

```
————————————————————— Command Line ——————————————————————
>> b = B();
??? Error using ==> B
Class 'A' is Sealed and may not be used as a super-class.
```

禁止类被继承的另一种方法是把构造函数声明成 private 的[①]。由于子类对象的建立必须要访问父类的构造函数，而 private 的构造函数将禁止子类的访问，所以该错误会出现在运行中，从而达到禁止继承的目的。当类的设计者不希望子类改变父类的行为，而希望锁定类的行为时，可以把类定义成 Sealed。

———————————————————

① private 的用法请参见 2.9 节。

第 9 章　类的成员方法进阶

9.1　Derived 类和 Base 类同名方法之间有哪几种关系

9.1.1　Derived 类的方法覆盖 Base 类的方法

所谓 Derived 类的成员方法覆盖 (Override) Base 类同名成员方法的意思是：如果 Base 类和 Derived 类都定义了成员方法 foo （见图 9.1），并且方法的 Access Permission 是一样的，那么声明一个 Derived 类的对象，在调用该对象的 foo 方法时实际被调用的是 Derived 类中的 foo 方法。在外部看来，Base 类中的 foo 方法就像是被 Derived 类的 foo 方法所覆盖一样。具体代码如下：

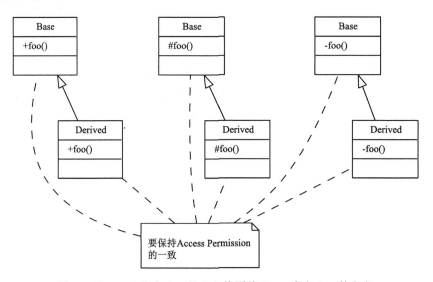

图 9.1　Derived 类中 foo 的定义将覆盖 Base 类中 foo 的定义

```
───────── Base ─────────
classdef Base < handle
    methods
        function foo(obj)
            disp('from Base');
        end
    end
end
```

```
───────── Derived ─────────
classdef Derived < Base
    methods
        function foo(obj)
            disp('from Derived');
        end
    end
end
```

```
───────── Script ─────────
d = Derived();
d.foo()
```

```
───────── Command Line ─────────
from Derived
```

9.1.2　Derived 类的方法可以扩充 Base 类的同名方法

从外部来看，虽然 Base 类中的 foo 方法像是被覆盖了，但是在 Derived 类内部还是可以调用 Base 类中的 foo 方法的，如图 9.2 所示。从效果上来看，也可以认为 Derived 类中的 foo 方法扩充了 Base 类中的 foo 方法，代码如下：

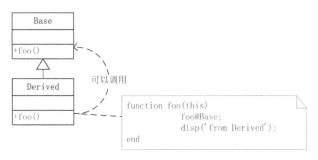

图 9.2　在 Derived 类内部可以调用 Base 的 foo 方法

```
——— Base ———
classdef Base < handle
    methods
        function foo(obj)

            disp('from Base');
        end
    end
end
```

```
——————— Derived ———————
classdef Derived < Base
    methods
        function foo(obj)
            foo@Base(obj); % 调用父类 foo 方法
            disp('from Derived');
        end
    end
end
```

```
——— Script ———
d = Derived();
d.foo();
```

```
——————— Command Line ———————
from Base
from Derived
```

注意：对于图 9.3 所示的双重继承结构，子类只能调用其直接的父类 SubBase 的方法，即 Derived 类不能直接调用 Base 类中的方法。

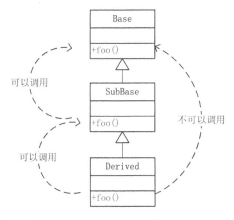

图 9.3　子类只能调用最直接的那个父类中的方法

9.1.3　Base 类的方法可以禁止被 Derived 类重写

当 Base 类的作者要锁定该类中的某个方法的行为，即确保该方法不被（继承该 Base 类的程序开发者）覆盖时，可以在 Base 类方法中使用关键词 Sealed 加以限制。Sealed 关键词的具体用例可以参见 11.7.5 小节和 18.5.3 小节。如图 9.4 所示，子类不能再覆盖父类中 Sealed 的方法。

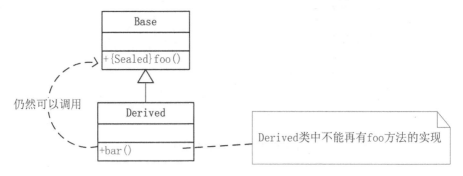

图 9.4　子类不能再覆盖父类中 Sealed 的方法

```
────────────────── Base ──────────────────
classdef Base < handle
    methods(Sealed)
        function foo(obj)
            % ......
        end
    end
end
```

```
────────────────── Derived ──────────────────
classdef Derived < Base
    methods % 子类中不能再定义 foo 方法
        function bar(obj)
            % 可以调用 Base 类的 foo 方法
        end
    end
end
```

Sealed 关键词的另一用例可见 11.7 节。

9.2　什么是静态方法

静态（Static）方法也叫作类方法，它为类服务，其最明显的特征是不需要对象[①]就能调用它。可以使用 Static 关键词来声明一个静态方法：

```
────────────────────────────── A ──────────────────────────────
classdef A < handle
    methods(Static)    % 静态方法的定义必须在类的定义体内
        function foo()
            disp('Static Method foo')
        end
    end
end
```

---

① 相较之下，需要通过对象调用的方法叫作实例方法。

────── Script ──────	───── Command Line ─────
A.foo()	Static Method foo

注意：上述调用 foo 方法时，点"."前面是类名，而不是对象名，且静态方法的定义必须放在类的定义体中间。

因为静态方法没有把对象当作参数，所以定义的静态方法既不能访问对象的一般属性，也不能调用类的一般方法，因为静态方法没有其他的途径得到 obj，而访问对象的属性和调用类的一般方法一定要指明对象。因为类的 Constant 属性同样也是为类服务的，而不属于某个对象，所以静态方法可以访问类的 Constant 属性，如图 9.5 所示。

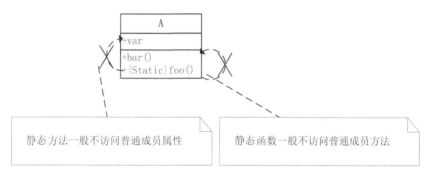

图 9.5　静态方法一般不访问成员属性和成员方法

```
──────────────────────────── A ────────────────────────────
classdef A < handle
    properties
        var
    end
    methods
        function bar(obj)
        end
    end
    methods(Static)
        function foo()
            % 由于该静态方法 foo 没有把对象作为参数
            % foo 方法体内既不能访问 obj.var，也不能访问 obj.bar()
        end
    end
end
```

但是，类中的普通成员方法可以访问静态方法，调用规则和前面的例子一样，在成员方法前面加上类名即可，如下：

```
──────────────────────────── A ────────────────────────────
classdef A < handle
    methods
        function bar(obj)
            A.foo();      % 成员方法内部调用类的静态方法
        end
    end
```

```
    methods(Static)
        function foo()
            disp('Static method foo')
        end
    end
end
```

──────────── Script ────────────   ──────────── Command Line ────────────
obj = A();
obj.bar()   Static method foo

　　静态方法的设计思路是：它为整个类服务，而不是为某个特定的对象服务。如果一个成员方法需要访问成员属性，那么把对象当作参数传递给它是必要的；但有时有些成员方法确实不需要访问任何对象的属性，或者该方法的执行和类对象的内部状态无关，这时把对象作为参数就没有必要了，这些方法就可以设计成静态成员方法。比如，可以设想存在这样的方法，它的目的仅是返回类的名字，这个方法就可以设计成静态的；又如，在产生一个对象之前，如果要进行一些初始化的操作，而此时，对象尚不存在，那么这样的方法也可以设计成静态函数，比如单例 Singleton 模式（见 16.2 节）。

　　需要指出的是，MATLAB 并没有禁止静态方法去访问对象的属性和调用对象的实例方法。所以，如果用户确实把对象当作参数之一传给静态方法，那么在静态方法内部就可以访问到对象的属性和成员方法。不过，这不是静态方法的常见用法，并且这样定义的静态方法没有太大的意义，因此这里不加介绍。

9.3　同一个类的各个对象如何共享变量

9.3.1　什么情况下各个对象需要共享变量

　　如果想让各个对象共享数据，那么最简单的方法就是声明 global 变量，但这样并不方便管理，在规模稍大的程序中还会出现变量名称冲突的情况。如果能够把一个数据"当作 global 变量去存储"，但又能被封装在类的内部，且和这个类的各个对象相联系，那么这样的处理方法就是最佳的。

　　在 C++ 或者 Java 中，同一类的对象之间可以共享变量，这是通过把成员变量声明成 Static 来实现的。在 MATLAB 面向对象语法中提供 Static 的支持不是什么难题，但是由于 MATLAB 多年来的语法习惯，提供 Static 变量会造成旧代码（MATLAB OOP 产生之前的代码）的兼容问题。为了避免这样的混乱，MATLAB 中并没有像 C++、Java 中对象的 Static 成员变量，但是类似 C++ 和 Java 的 Static 变量的功能可以通过两种方法来实现。

9.3.2　如何共享 Constant 属性

　　如果在对象的生存期中共享变量的值不变，那么就可以把该成员属性声明成 Constant。声明成 Constant 的属性被该类所有的对象所共有。也就是说，无论有多少个类的对象，内存中该 Constant 属性都只有一个。

　　下面用一个简单的例子进行验证：下面代码的 ValueClassA 类中有一个 $1\,000 \times 1\,000$ 的 double 矩阵被声明成了 Constant，ValueClassB 类是同样的矩阵，但没使用 Constant 关键词。

```
────────────── ValueClassA ──────────────
classdef ValueClassA
    properties(Constant)
        a = rand(1000,1000);
    end
    properties
        b = 0;
    end
end
```

```
────────────── ValueClassB ──────────────
classdef ValueClassB
    properties
        a = rand(1000,1000);
    end
    properties
        b = 0;
    end
end
```

每个类声明两个对象，并且使用 whos 检查各自的大小，如下：

Script	Name	Size	Bytes	Class
`clear`				
`obj1 = ValueClassA();`	obj1	1x1	64	ValueClassA
`obj2 = ValueClassA();`	obj2	1x1	64	ValueClassA
`obj3 = ValueClassB();`	obj3	1x1	8000064	ValueClassB
`obj4 = ValueClassB();`	obj4	1x1	8000064	ValueClassB
`whos`				

我们看到，声明成 Constant 的矩阵没有计入 obj1 和 obj2 所占用的内存中，因为该 Constant 属性是被类的各个对象所共有的。

9.3.3 如何共享变量

如果要让类的各个对象共享变量，则可以把该变量定义成静态成员方法中的 persistent 变量。例如下面的例子，counter 是 Static 方法 increase 中的 persistent 变量，用来记录该类一共创建了几个对象，其中，counter 就是被各个对象所共享的变量。

```
──────────────────────── A ────────────────────────
classdef A < handle
    methods(Static)
        function increase()
            persistent counter ;   % 各个对象共享的数据
            if isempty(counter)
                counter = 1;
            else
                counter = counter + 1;
            end
            disp(['objs =',num2str(counter)]);
        end
    end
    methods
        function obj = A()
            A.increase();
        end
```

```
    end
end
```

命令行测试如下：

──────────── Script ────────────	──────────── Command Line ────────────
o1 = A();	objs =1
o2 = A();	objs =2
o3 = A();	objs =3
o4 = A();	objs =3

问题： 为什么 MATLAB 面向对象语言中不提供 Static 变量？

回答：熟悉 C++ 或者 Java 的读者可能会奇怪，让一个类的各个对象共享数据一般是通过 Static 变量来实现的，但是 MATLAB 面向对象语言中却没有明确地提供 Static 关键词用以修饰一个变量。其原因是：MATLAB 长久以来的编程惯例是，在赋值时，变量比方法和类具有更高的优先级。以一个例子来说明这个问题：

```
A.C = 10 ;
```

对于上述语句，一直以来的习惯是，如果工作空间中没有 A 变量，那么 MATLAB 会构造出一个 struct 变量，且该 struct 变量中有一个 field 的名字叫作 C，被赋值为 10。为了保证向后的兼容性，为了使用户以前编写的代码不至于失效，MATLAB 语言必须始终支持这种赋值方法。

如果在 OOP 语言中引入 Static 变量的支持，并且假设 A 是一个类的名字，而 C 是其中的 Static 属性，则对该静态变量的赋值也将不可避免地写作：

```
A.C = 10 ;
```

考虑到上述两种情况，可能不兼容的情况也就出现了：如果用户的旧代码 A.C = 10 的意图是建立一个 struct 变量，而此时恰好在 MATLAB 的搜索路径上存在一个叫作 A 的类，且其中恰好有一个 Static 属性叫作 C，这就会造成混乱。也就是说，用户以前编写的代码在新的 MATLAB 中不能被使用，即如果添加了这个新功能，那么将造成向后不兼容，所以 MATLAB 不支持 Static 变量。

第 10 章　抽象类

10.1　什么是抽象类和抽象方法

当我们把类看作是数据和操作的集合时，通常会认为该类肯定要被实例化出至少一个对象，因为有了实体，才能对数据进行操作。其实在很多情况下，定义那些不能被实例化的类也是有价值的，这种类就叫作抽象（Abstract）类。抽象的反义词是具体，这种可以被实例化的类通常也被叫作具体（Concrete）类。

- □ 从功能上来说，抽象类是面向对象编程中的一种特殊的类，该类不能直接用来声明对象，其作用是为子类提供一个规范，比如规定一些子类必须实现的函数。
- □ 从语法上来说，包含抽象方法的类叫作抽象类，可以使用关键词 Abstract 来定义抽象方法。

下面的例子中 draw 方法被定义成了 Abstract 方法，所以 Shape 是一个抽象类。

```
─────────────── Shape.m ───────────────
classdef Shape < handle
    methods(Abstract)
        draw(obj)
    end
end
```

- □ 定义抽象方法只需要一行声明，不需要具体的函数代码（不需要 function 和 end 的关键词），并且该类的子类包括一个同名的、非抽象（具体）的方法。
- □ 包括抽象方法的类不可以使用 Sealed 关键词，否则，该类既不能被继承，也不能用来声明实例，定义这样的类没有任何用处。

MATLAB 中 Abstract 属性的默认值是 false，也就是说，如果不显示地使用关键词 Abstract，声明出来的方法默认是非 Abstract（即需要有具体的函数体）的方法，如下面代码第一个区域的声明所示，第二个区域和第三个区域的格式都可以用来声明抽象方法，其效果是相同的，其中推荐第二种声明方式，因为这样的代码更加简洁清楚。

```
......
    methods
        ......
    end
    methods(Abstract)        % 推荐的声明抽象方法的语法
        ......
    end
    methods(Abstract=true)
        ......
```

189

```
    end
......
```

子类在继承抽象类时必须具体实现各个抽象函数，否则子类仍然是抽象类。比如 Circle
类继承 Shape 的基类，则 Circle 类要实现 draw 方法：

```
                              ── Circle.m ──
classdef Circle < Shape
    methods
        function draw(obj)
            ......        % 具体 draw 函数的实现
        end
    end
end
```

在 UML 中，一般用斜体表示抽象方法，而斜体往往难以辨认。本书采用如下惯例，在
方法的前面加上一个 Abstract 来明确提示读者这是一个抽象方法，如图 10.1 所示。

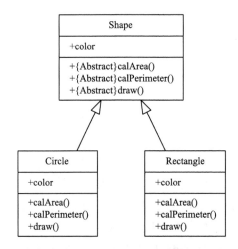

图 10.1　基类 Shape 中把 draw 声明成 Abstract，子类 Circle 中一定要给出其具体的定义

10.2　为什么需要抽象类

10.1 节介绍了什么是抽象类和抽象方法，本节将用一个例子来说明抽象类的用处。要求
设计一个类，用来描述一个几何形状，比如圆、长方形。这些几何形状有共同的属性，如颜
色、集合、尺寸。这些形状也有共同的方法和操作，比如计算面积、周长，以及作图。于是，
可以设计一个叫作 Shape 的基类来概括这些具体形状的共性，比如，该 Shape 类中包括计
算面积的方法 calArea、计算周长的方法 calPerimeter 和作图指令 draw。虽然该 Shape 类
包括了大家需要的方法，但是这些方法显然无法在 Shape 类中被实现，因为还不知道具体的
形状，所以就没有办法计算几何物体的面积、周长等，所以 Shape 类中的这些方法必须是抽
象的。这里只声明，并不定义，把定义留到子类中完成，如图 10.2 所示。从类的角度来看，

Shape 类必须是抽象的，不能声明出对象来，这也很好理解，因为现实中不存在没有形状的几何物体（对象）。

　　注意：图 10.2 所示的例子对在 2.6.4 小节提到的多态概念是一个更形象的解释。在这里，多态指的就是多种形态，当我们给对象提供一条指令时，如 obj.draw，面向对象的程序将根据 obj 的不同类型画出不同形状的几何物体。

10.3　如何使用抽象类

10.3.1　抽象类不能直接用来声明对象

　　以 10.2 节定义的 Shape 类为基类，从 Shape 类继承出两个具体的子类，分别是圆（Circle）和长方形（Rectangle）。这两个类都有自己特有的属性，如 Circle 类具有属性 radius，Rectangle 类具有属性 width 和 height。3 个类的 UML 如图 10.3 所示。

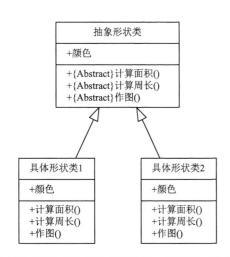

图 10.2　基类中的方法是抽象的，所以没办法实现

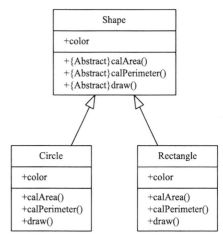

图 10.3　Shape 基类、Circle 类和 Rectangle 类的 UML

　　Shape 基类的代码：

```
Shape.m
classdef Shape < handle
   properties
      color
   end
   methods
      function obj = Shape(color)
         obj.color = color;
      end
   end
   methods(Abstract)
      calArea(obj);
      calPerimeter(obj);
      draw(obj);
```

```
    end
end
```

□ 抽象类可以有构造函数，只是不能利用这个构造函数声明对象，该构造函数一般被子类构造函数所调用。

□ 抽象方法声明中参数的个数并不是一个严格的限制。也就是说，子类中只需要实现同名的方法即可，参数的数目不一定要和父类中的一致。

在命令行上，如果直接调用抽象类的构造函数，那么将给出如下的错误信息：

———————————— Command Line ————————————
```
>> s = Shape('b')
Error using Shape
Creating an instance of the Abstract class 'Shape' is not allowed.
```

10.3.2　子类要实现所有的抽象方法

抽象类的子类必须实现抽象类中定义的所有的抽象方法，如果没有达到这个要求，则该子类仍然是一个抽象类。

下面是 Circle 类的具体定义：

```
classdef Circle <  Shape
    properties
       radius
    end
    methods
        function obj = Circle(radius,color)
            obj = obj@Shape(color);
            obj.radius  = radius;
        end
        function area = calArea(obj)            % calArea 计算圆的面积
            area = pi*obj.radius^2;
        end
        function perimeter = calPerimeter(obj)  % calPerimeter 计算圆的周长
            perimeter = 4*pi*obj.radius;
        end
        function draw(obj)                      % draw 画圆
            [x,y] = pol2cart(linspace(0,2*pi,100),ones(1,100)*obj.radius);
            plot(x,y,obj.color);
            axis square;
        end
    end
end
```

在 Circle 的 Constructor 中，可以调用父类的 Constructor 去初始化父类的成员变量。Circle 类的使用范例如下，即先声明一个 Circle 对象 c，然后依次调用其成员方法：

```
─────────── Script ───────────      ─────────── Command Line ───────────
c = Circle(3,'b');                   area =
area = c.calArea()                       28.2743
perimeter = c.calPerimeter()         perimeter =
c.draw()                                 37.6991
```

图 10.4 所示为圆形对象 draw 方法的具体结果。

另一个子类 Rectangle 对于 calArea、calPerimeter 和 draw 有着完全不同的实现，代码如下：

```
─────────────────── Rectangle ───────────────────
classdef Rectangle < Shape
    properties
        width
        height
    end
    methods
        function obj = Rectangle(width,height,color)
            obj = obj@Shape(color);
            obj.width = width ;
            obj.height = height;
        end
        function area = calArea(obj)              % calArea 计算长方形的面积
            area = obj.width*obj.height;
        end
        function perimeter = calPerimeter(obj)    % calPerimeter 计算长方形的周长
            perimeter  = 2*(obj.width + obj.height);
        end
        function draw(obj)                         % draw 画长方形
            rectangle('Position',[0,0,obj.width,obj.height]);
        end
    end
end
```

下面是 Rectangle 类的使用范例，即先声明一个 Rectangle 对象 r，然后依次调用其成员方法：

```
─────────── Script ───────────      ─────────── Command Line ───────────
r = Rectangle(3,4,'r');              area =
area = r.calArea()                       12
perimeter = r.calPerimeter()         perimeter =
r.draw()                                 14
```

图 10.5 所示为长方形对象 draw 方法的具体结果。

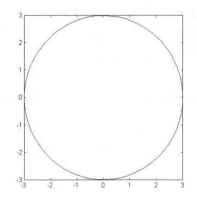 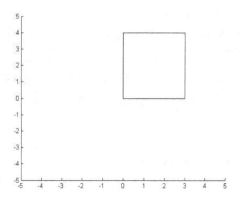

图 10.4　圆形对象 draw 方法的具体结果　　　　图 10.5　长方形对象 draw 方法的具体结果

第 11 章　对象数组

11.1　如何把对象串接成数组

面向对象编程中最基本的变量是对象，当程序变得复杂需要使用大量的对象时，不可避免地就需要把多个对象组合成一个集合。本节将介绍如何把多个对象组合起来。

现在假设有一个简单的 Square 类（方形），类中有一个成员变量 a，表示正方形的边长。注意：这个定义中没有显示地提供 Constructor，所以 MATLAB 将自动给这个类提供一个零参数的默认 Constructor，如下：

```
───────────── Square ─────────────
classdef Square < handle
    properties
        a
    end
end
```

先回顾一下普通变量的串接。在 MATLAB 中，可以使用方括号 "[ ]" 把已有的变量组合起来，使其成为一个数组。比如下面的 3 个 double 变量，组合在一起构成一个 double 数组 array：

```
───────────── Script ─────────────
a1 = 1;
a2 = 2;
a3 = 3;
array=[a1,a2,a3] ;
```

这种方式叫作串接（Array Concatenation）。MATLAB 对象也可以使用 concatenation 操作。下面的代码将 3 个方形对象串接成了一个对象数组 objArray，其大小是 1×3：

```
───────────── Script ─────────────
b1 = Square();
b2 = Square();
b3 = Square();
objArray = [b1,b2,b3];
```

用这种方式构造的对象数组适用于对象数量较少的情况，如图 11.1 所示。

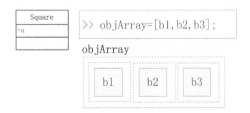

图 11.1　对象数组中放了 3 个方形对象

195

对 objArray 中对象元素的访问和对普通数组中元素的访问是一样的。比如 objArray(1) 将返回数组中的第一个对象，在此基础上，使用点 + 属性名称的语法可以访问对象元素的属性，例如：

```
—————————————————— script ——————————————————
>> objArray(1).a = 10 ;        % 赋值
>> objArray(1).a               % 访问
ans =
    10
```

11.2   如何直接声明对象数组

如果对象的数目很多，那么像 11.1 节那样，先构造出全部的对象，再把这些对象串接起来构造成对象数组，此时的效率就很低了。这种情况下，可以直接声明一个对象数组。回顾声明一个普通的含有 10 个 double 的数组，可以直接给第 10 个元素赋一个初值，然后让 MATLAB 自动对数组的其余部分进行扩展（Expansion）。在下面的代码中，MATLAB 自动生成了一个 1×10 的数组，并把第 10 个元素置为 1，其余为没有被赋予初值的元素，用 0 作为初值[1]。

```
—————————————————— Script ——————————————————
>> array(1,10) = 1
array =
     0     0     0     0     0     0     0     0     0     1
```

对象数组的扩展也是一样的，只不过等式的右边赋的初值是一个对象。

```
—————————————————— Script ——————————————————
objArray(1,10)= Square();
```

上述命令中，MATLAB 生成了一个含有 10 个对象的数组，可以直接使用下标运算符访问对象数组中的对象以及赋值，如下：

```
—————————————————— Script ——————————————————
>> objArray(1)                      % 访问
ans =
  Square handle
  Properties:
    a: []
  Methods, Events, Superclasses
>> objArray(1).a = 10 ;             % 赋值
```

MATLAB 具体是如何扩展对象数组的呢？现在我们扩充一下 Square 类的定义，显式地定义一个 Constructor，该 Constructor 可以接收一个输入，并作为属性 a 的初值；也可以接收零个参数，这时 Constructor 把属性 a 初始化为 1。

```
—————————————————— Square.m ——————————————————
classdef Square <handle
    properties
```

---
[1] 0 是 double 类对象的默认值。

```
            a
    end
    methods
        function obj = Square(val)
            if nargin == 1                    % 如果给 Constructor 提供了参数
                obj.a = val;
            elseif nargin == 0                % 参数数目为零
                obj.a = 1 ;
                disp('default CTOR called'); % 该 disp 语句用来标记该部分被调几次
            end
        end
    end
end
```

下面清除工作空间中之前的类 Square 的定义，重新声明一个 1×10 的对象数组：

─────────────── Command Line ───────────────
```
1 >> clear all
2 >> clear classes
3 >> objArray(1,10) = Square(5);
4 default CTOR called              % 命令行显示默认构造函数只被调用了一次
```
───

可以使用 objArray.a 的方法向量化地检查数组中每个对象属性 a 的值：

─────────────── Command Line ───────────────
```
>> objArray.a
ans =
     1                    % 调用了 default CTOR Square()
ans =
     1
ans =
     1
ans =
     1
ans =
     1
ans =
     1
ans =
     1
ans =
     1
ans =
     1
ans =
     5                    % 调用了 Square(5)
```
───

从结果中可以发现，MATLAB 仅对第 10 个元素的构造采用了 Square(5)，而其余的都使用了 Square()，如图 11.2 所示。其原因是用户调用了以下语句：

```
——————————————————————— Command Line ———————————————————————
>> objArray(1,10) = Square(5);
```

MATLAB 解释器会把这个命令翻译成如下的指令：

　　□ 对第 10 个元素调用构造函数 Square(5)。

　　□ 对其余的 1~9 个元素调用默认的构造函数。

事实上，因为第 1~9 个元素都会是一样的，所以调用 9 次默认的构造函数是没有必要的。其实，默认构造函数只被调用了一次，产生了一个对象，其余 8 个对象都是内部直接复制[①]。这也就是为什么命令行输出第 4 行 "default CTOR called" 的消息只出现了一次的原因。

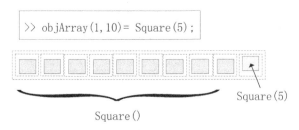

图 11.2　最后一个位置上对象的创建调用了 Sqaure(5)，其他位置只调用了一次 default CTOR

如果 Square 类没有提供接收零参数的默认构造函数，比如类的定义是

```
——————————————————————————— Square ———————————————————————————
classdef Square <handle
    properties
        a
    end
    methods
        function obj = Square(val)
            obj.a = val;
        end
    end
end
```

那么声明一个同样的 1×10 数组将出现如下错误：

```
——————————————————————— Command Line ———————————————————————
>> clear classes
>> objArray(1,10) = Square(5);
??? Input argument "val" is undefined.
```

这是因为当 MATLAB 产生 objArray 中第 1~9 个对象时，对 Square 类的构造函数的调用格式是 Square()，没有提供 val，所以 "obj.a = val;" 行会出错，显示 val 没有定义[②]。

---

　① 调用函数的成本要高于直接复制的成本。

　② 如果希望给对象数组中所有对象的 a 属性都赋初值 5，那么可以使用 for 循环。

上面的例子中，扩展的对象数组是 Handle 类的对象数组。在数组扩展中，MATLAB 在内部直接复制的对象，尽管其内部数据的数值相同，但如果与被直接复制的元素比较，那么它们的 Handle 类仍然是不同的。

```
──────────────── Command Line ────────────────
>> objArray(1,10) = Square(5);
>> objArray(1) == objArray(2)
ans =
    0
```

下面扩展的是 Value 类的对象数组，如下：

```
──────────────── Square 是一个 Value 类 ────────────────
classdef Square
    properties
        a
    end
    methods
        function obj = Square(val)
            if nargin == 1                    % 如果给 Constructor 提供了参数
                obj.a = val;
            elseif nargin == 0                % 参数数目为零
                obj.a = 1 ;
                disp('default CTOR called'); % 该 disp 语句用来标记该部分被调几次
            end
        end
        function result = eq(input1,input2)
            result = (input1.a == input2.a) ;
        end
    end
end
```

注意：因为 Value 类对象没有定义 "==" 运算符，所以这里为了比较两个对象还重载了 "==" 运算符，详见 12.7 节。现在使用上述 Value 类的定义可以发现，扩展出来的对象数组和被直接复制的那些元素是相同的。

```
──────────────── Command Line ────────────────
>> objArray(1,10) = Square(5);
>> objArray(1) == objArray(2)
ans =
    1
```

11.3　如何使用 findobj 函数寻找特定的对象

当程序中对象的数量增多时，查找一个特定的对象就是一项常见的任务了。最简单的查找方法是，使用循环遍历集合中的每一个对象。除此之外，还可以使用内置的 findobj 函数来高效地查找集合中的某个对象。为了演示如何使用这个函数，首先构造一个 PhoneBook 类，类中的属性是姓名和电话号码：

```
———————————— PhoneBook.m ————————————
classdef PhoneBook < handle
    properties
        name
        number
    end
    methods
        function o = PhoneBook(n,p)
            o.name = n;
            o.number = p;
        end
    end
end
```

使用串接语法，构造一个简单的对象数组：

```
PBook =[PhoneBook('Jack', 508000001),
        PhoneBook('Loren',508000002),
        PhoneBook('Doug', 508000002)];
```

首先演示使用 findobj 函数寻找属性 name = Jack 的对象，语法如下：

```
———————— Script ————————
o = findobj(PBook,'name','Jack')
```

```
———————— Command Line ————————
o =
    PhoneBook handle
    Properties:
        name: 'Jack'
      number: 508000001
    Methods, Events, Superclasses
```

结果返回的是该对象数组中的第一个对象。

再寻找电话号码等于 508000002 的对象，注意 Loren 和 Doug 的号码都是 508000002，所以返回的结果是一个 1×2 的对象数组，如下：

```
———————— Script ————————
o = findobj(PBook,'number',508000002)
```

```
———————— Command Line ————————
o =
    2x1 PhoneBook handle
    Properties:
      name
      number
    Methods, Events, Superclasses
```

这里返回了两个对象，可以利用逻辑与 "'-and'" 进一步给出更细致的查找条件。比如，需要查找电话号码等于 508000002 且属性 name = Loren 的对象，则返回的结果是数组中的第二个对象，如下：

```
———————————— Script ————————————
o = findobj(PBook,'name','Loren',...
                '-and','number',508000002)
```

```
———————————— Command Line ————————————
o =

PhoneBook handle
Properties:
     name: 'Loren'
   number: 508000002
Methods, Events, Superclasses
```

查找条件中, 还可以用逻辑或 "'-or'" 关键词。下面的命令用于查找要么姓名等于 Jack, 要么电话号码等于 508000002 的对象。结果数组中 3 个对象都满足这个条件, 所以 findobj 的结果是一个 1×3 的对象数组, 如下:

```
———————————— Script ————————————
o = findobj(PBook,'name','Jack',...
                '-or','number',508000002)
```

```
———————————— Command Line ————————————
o =

3x1 PhoneBook handle
Properties:
   name
   number
Methods, Events, Superclasses
```

11.4　如何利用元胞数组把不同类的对象组合到一起

假设有如下两个独立的类 Square 和 Circle:

```
———————————— Square ————————————
classdef Square < handle
    properties
        a    % 边长
    end
end
```

```
———————————— Circle ————————————
classdef Circle < handle
    properties
        r    % 半径
    end
end
```

当尝试使用前面介绍的方法, 即使用方括号 "[ ]" 把两个对象串接（Concatenate）到一起时, 将出现右边的错误:

```
———————————— Script ————————————
o1 = Square();
o2 = Circle();
oArray =[o1,o2];
```

```
———————————— Command Line ————————————
??? Error using ==> horzcat
The following error occurred converting
from Circle to Square:
Error using ==> Square
Too many input arguments.
Error in ==>
oArray =[o1,o2];
```

出现错误的原因是, MATLAB 规定对象数组中元素的种类必须一致, 如果不一致, 比如这里的 o1 和 o2 是不同种类的对象, 那么 MATLAB 就会尝试把一个对象转换成另一个, 如果找不到则可以使用对象转换函数, 但 MATLAB 会报错, 如图 11.3 所示。

```
>> oArray=[o1,o2];
```

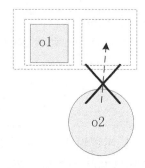

图 11.3　第一个位置放的是方对象，数组类型就是方对象，圆对象不经转换则不能放入该数组

最简单的解决方法是，使用元胞数组（Cell Array）。Cell Array 是 MATLAB 中专门用来存放不同种类数据的工具，它的功能当然也延续到了面向对象编程中。用户可以简单地使用花括号"{ }"把两个对象串接到一起组成 Cell Array，如下：

```
————————————— Script —————————————      ————————————— Command Line —————————————
o1 = Square();
o2 = Circle();
oCell = {o1,o2}                          oCell =
                                             [1x1 Square]    [1x1 Circle]
```

Cell Array 可以放置不同类型的对象，如图 11.4 所示。

```
>> oCell ={o1, o2}
```

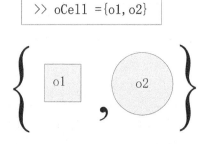

图 11.4　Cell Array 可以放置不同类型的对象

对于 Cell Array 中单个对象的访问和普通 Cell Array 的访问是一样的，也是使用花括号"{ }"加下标的形式。例如：

```
————————————————————————— Command Line —————————————————————————
>> oCell{1}.a = 10;    % 访问 Cell Array 中的一个元素
```

使用 Cell 来取代 Array 盛放对象简单易用，但是有一定的缺陷。比如，如果两个类中恰好都有一个属性叫作 a：

```
————————————————— A —————————————————
classdef A < handle
    properties
        a
    end
end
```

```
————————————————— B —————————————————
classdef B < handle
    properties
        a
    end
end
```

那么就没有办法利用类似 11.2 节中提到的以向量化的方式来集中访问数组中对象内部的元素，如下：

```
——————————— Script ———————————          ——————————— Command Line ———————————
o1 = A();
o2 = B();
oCell = {o1,o2}                          Attempt to reference field of non-structure
oCell.a                                  array Error
```

但是，对于很多用户来说，这种向量化的访问是一项重要的功能。我们将在 11.7 节介绍一种最佳的解决方案，在此之前，先介绍如何转换对象类型的办法。

11.5　什么是转换函数

转换函数就是一种类的方法，负责把该类的对象转换成其他类的对象。如果要把 A 类对象转成 B 类对象，那么就在 A 类中定义一个方法叫作 B，该方法内部将完成类型转换的实际工作，比如转换数据等，并返回一个新的 B 类对象。

下面的代码在 Circle 类中定义了一个转换方法，叫作 Square。为简单起见，该转换函数仅仅把 Circle 的属性 r 赋值给新的 Square 类对象的属性 a：

```
——————————— Circle ———————————
classdef Circle < handle
    properties
        r
    end
    methods
        function obj = Circle(val)
            obj.r = val;
        end
        function s0 = Square(obj)
            s0 = Square(obj.r);
            disp('Converter called');
        end
    end
end
```

```
——————————— Square ———————————
classdef Square < handle
    properties
        a
    end
    methods
        function obj = Square(val)
            obj.a = val ;
        end
    end
end
```

转换函数可以显式地被调用。下面的代码是先声明一个 Circle 对象，再调用其转换函数得到一个 Square 对象。

```
>> c1 = Circle(10);
>> c2 = c1.Square()              % 调用 Circle 类的转换函数
Converter called                 % 输出表示转换函数确实被调用
c2 =
  Square with properties:        % 得到一个新的 Square 对象
    a: 10
```

这里回忆一下 Constructor 的定义（见 2.5.1 小节）："Constructor 和类的名称相同，有且只能有一个返回值，是唯一创建一个新的对象的方式"。从这个角度来看，其实可以将转换函数理解成对 Constructor 方法的重载（见第 12 章）。或许下面这种调用方式可以帮助读者更好地理解这句话：

```
>> c1 = Circle(10);
>> c2 = Square(c1)              % 这里到底调用了什么方法
Converter called               % 输出表示转换函数确实被调用
c2 =
  Square with properties:      % 得到一个新的 Square 对象
    a: 10
```

其中，第 2 行看似调用的是 Square 类的 Constructor，但实际调用的却是 Circle 类的 Square 转换函数。这是由 MATLAB 的 Dispatching 规则决定的。

11.6　如何利用转换函数把不同类的对象组合到一起

转换函数更常见的用法是在隐式转换中。为了解释隐式转换，我们先仔细讨论 MATLAB 是如何处理下述命令的：

```
——————————————— Script ———————————————
o1 = Square();
o2 = Circle();
oArray =[o1,o2];
```

其中，"oArray = [o1,o2];"实际上被分成了两步执行：第一步是在该数组的第一个位置填上 Square 对象，即

```
oArray(1) = Square() ;
```

并且从此规定这个数组中只能填放 Square 类的对象[①]；第二步给对象数组 oArray 的第二个位置赋值，并且等式的右边（RHS）是类型为 Circle 的对象。

```
oArray(2) = Circle();
```

对于数组中元素的赋值，MATLAB 会首先检查等式左边值 (LHS) 和右边值 (RHS) 的类型是否相同。在这里，LHS 的类型是 Square 类，而 RHS 的类型是 Circle 类。由于 Circle 和 Square 不是同一类的对象，按照规定，普通对象数组中只能存放相同类型的对象，所以这里需要调用 Circle 对象的转换函数，把 Circle 对象转换成 Square 对象。如果 Circle 类没有定义转换函数，那么 MATLAB 会尝试把 RHS 直接作为参数提供给 Square 的 Constructor，如果 Square 的 Constructor 无法处理这种参数，则 MATLAB 报错，这叫作 MATLAB 的 Coersion Rule。转换函数可以把 Circle 对象转换成 Square 对象，如图 11.5 所示。

定义了转换函数的 Circle 类对象就可以和 Square 类对象放到一起组成对象数组了。例如：

[①] 假设 Square 和 Circle 之间优先级没有区别。

```
———————————— Script ————————————
o1 = Square(10);
o2 = Circle(10);
oCell  =[o1,o2];
```

```
———————————— Command Line ————————————
Converter called          % 转换函数被调用
oCell =
  1x2 Square handle       % Square 数组
  Properties:
    a
  Methods, Events, Superclasses
```

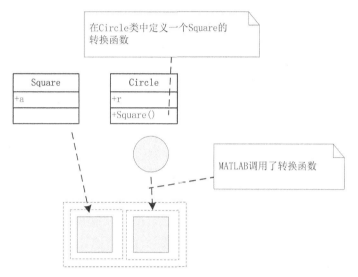

图 11.5　转换函数把 Circl 类对象转换成了 Square 类对象

如果用户构造对象数组的本意就是让内部所有的元素都属于同一类，那么使用转换函数是正确的做法；如果用户只是想把各种对象组合到一起而没有要改变它们类型的意思，那么使用转换函数就是画蛇添足。11.7 节将介绍如何不使用转换函数就可以把不同类的对象组合到一起。

11.7　如何用非同类（Heterogeneous）数组盛放不同类对象

11.7.1　为什么需要非同类数组

通过前面的介绍已经了解了 MATLAB 规定数组中必须放置同类对象的问题，因为从语义上来说，"圆形对象数组"中确实不应该允许存放"方形的对象"。但是，在继承存在的情况下，这个规定是否合理就需要仔细思考了。比如图 11.6 所示的情况，即 Square 和 Circle 都继承自一个基类 Shape2D 的情况。

首先根据继承是 isa 的关系可知，Square 和 Circle 类的对象都可以被看作是二维的形状对象：

```
———————————— Command Line ————————————
>> sObj = Square();
>> cObj = Circle();
>> isa(sObj,'Shape2D')
ans =
```

```
     1
>> isa(cObj,'Shape2D')
ans =
     1
```

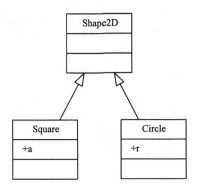

图 11.6　Circle 和 Square 都继承自一个 Shape2D 基类

再从语义的角度来看，我们可以说，"二维形状对象数组"中应该可以存放所有二维形状的对象。所以，Circle 类对象和 Square 类对象理应可以放到同一个对象数组中去。

针对这种情况，MATLAB 从 R2011b 之后提出了一个新的解决方案，即规定：

① 只要两个类具有共同的基类；

② 该基类继承自一个叫作 Heterogeneous 的基类；

那么，从这两个类中声明出来的对象就可以放到同一个数组中去，且不需要任何的转换函数，如图 11.7 所示。

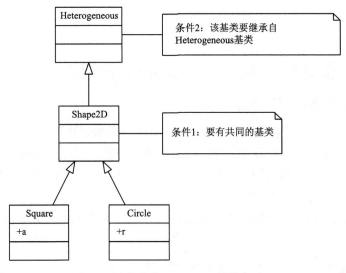

图 11.7　Square 和 Circle 的基类 Shape2D 继承自 Heterogeneous 基类

注意：该功能仅存在于 R2011b 及其之后的版本，如果想在旧版本中把属于不同类的对象组合到一起，则还得使用转换函数或者元胞数组介绍的方法。

具体基类是这样声明的：

```
                            — Shape2D.m —
classdef Shape2D < handle & matlab.mixin.Heterogeneous
end
```

其中，matlab 和 mixin 是 Package 的名字，Heterogeneous 是类的名字，该类中重新实现了数组串接和扩展的内置函数，使得其能够支持具有共同基类的对象的数组。

Circle 和 Square 的声明还和以前一样：

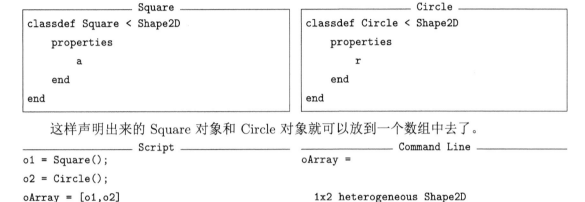

```
            — Square —
classdef Square < Shape2D
    properties
        a
    end
end
```

```
            — Circle —
classdef Circle < Shape2D
    properties
        r
    end
end
```

这样声明出来的 Square 对象和 Circle 对象就可以放到一个数组中去了。

```
            — Script —
o1 = Square();
o2 = Circle();
oArray = [o1,o2]
```

```
            — Command Line —
oArray =

  1x2 heterogeneous Shape2D
```

使用 Heterogeneous 数组具有以下优点：

□ 不用定义转换函数，不存在对象之间的相互转换（有时用户根本不希望进行这样的转换）。

□ 构造出来的数组可以存放具有共同基类的对象，这也是符合我们的认知习惯的。

□ 可以使用数组的下标语法向量化地访问对象的共同特征。

□ 可以使用对象的共同方法（但必须是 Sealed），即对所有对象调用同一种方法。

11.7.2　含有不同类对象的数组类型

具有共同基类的对象所构成的 Heterogeneous 数组本身也具有类型，该类型由数组中对象的最近共同父类（Nearest Common Superclass）决定。接着上述的例子，使用 class 命令来查询 oArray 的类型：

```
            — Command Line —
>> class(oArray)
ans =
Shape2D
```

上述对象代码显示 oArray 的类型是 Shape2D，这也是合乎意料的。该数组中放了一个 Circle 对象和一个 Square 对象，它们都属于二维形状。MATLAB 规定，包含有不同对象的数组的类型总是取它们的最近共同父类，可以用图 11.8 所示的例子来说明这个问题。

在图 11.8 中，因为总可以找到 A，B，C，D，E，F 类的组合之间的共同父类，比如 A 与 B 的共同父类是 Base，C 与 D 的共同父类是 A，并且它们都是继承自 matlab.mixin. Heterogeneous 基类，所以可以任意地把 A，B，C，D，E，F 的对象放入 array 中。简单起见，我们使用如下最简单的类的定义：

```
┌──────────────────────────── Base ────────────────────────────┐
│ classdef Base < handle & matlab.mixin.Heterogeneous          │
│     properties                                                │
│         var                                                   │
│     end                                                       │
│ end                                                           │
└───────────────────────────────────────────────────────────────┘
```

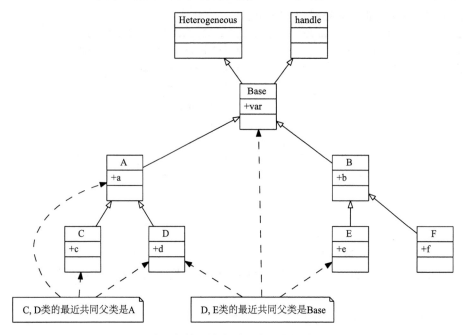

图 11.8 非同类对象数组的类型取决于它们的最近共同父类

```
classdef A < Base
    properties
        a
    end
end
```

```
classdef B < Base
    properties
        b
    end
end
```

```
classdef C < A
   properties
        d
   end
end
```

```
classdef D <   A
    properties
        d
    end
end
```

```
classdef E < B
    properties
        e
    end
end
```

```
classdef F < B
    properties
        f
    end
end
```

在测试过程中，我们一边构造数组，一边观察该数组类型的变化：

──────── Script ────────	──────── Command Line ────────
array = [C(),D()];class(array)	A
array = [E(),F()];class(array)	B
array = [A(),C()];class(array)	A
array = [A(),E()];class(array)	Base
array = [A(),B()];class(array)	Base
array = [Base(),E()];class(array)	Base

这验证了之前的规定，数组的类型总是取对象的最近共同父类。如果动态地扩展对象数组，那么数组的类型也会动态地发生变化，每次都是取最近共同父类：

──────── Script ────────	──────── Command Line ────────
array = [C(),D()];　　class(array)	A
array = [array,E()];　class(array)	Base

11.7.3　使用非同类要避免哪些情况

如图 11.9 所示，A 和 B 类的对象不能放到同一个数组中去，因为它们没有除 Hctcrogeneous 以外的共同的父类。

如果多重继承的情况中存在交叉继承，使得判断共同父类时出现模棱两可的情况，则要避免。比如图 11.10 所示的情况，C 和 D 类的对象就不能放到同一个对象数组中去。

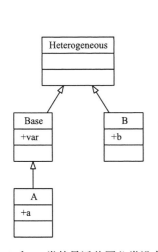

图 11.9　A 和 B 类的最近共同父类没有继承自 Heterogeneous

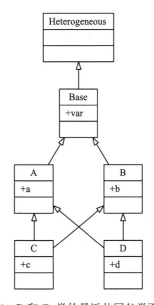

图 11.10　C 和 D 类的最近共同父类不止一个

11.7.4　如何向量化遍历数组中对象的属性

举一个简单的例子，假设对象数组由一系列的 Circle 类对象组成，每个 Circle 类对象的半径 r 都是不同的，如图 11.11 所示。

图 11.11　一个简单的 Circle 类：含有一个属性、一个方法

构造出来的数组，如果用 "·" 语法来访问数组中对象的共同属性，则返回的结果将是一个用逗号 "," 分隔的 list，如下：

```
——————— Script ———————          ——————— Command Line ———————
objArray =[Circle(1),Circle(2),...     ans =
          Circle(3),Circle(4)];              1
objArray.r                         ans =
                                           2

                                   ans =
                                           3
                                   ans =
                                           4
```

可以使用方括弧 "[ ]" 来收集返回的结果，然后放到一个数组中去：

```
——————— Script ———————          ——————— Command Line ———————
r = [objArray.r]                   r =
                                       1    2    3    4
size(r)                            ans =
                                       1    4
```

如果对象数组是一个 Heterogeneous 数组，那么 MATLAB 仍支持使用 "·" 语法来访问对象共有的属性。比如图 11.12 所示的这种结构，如果 Heterogeneous 数组中存放的是 C 和 D 类的对象，则 MATLAB 将支持向量化地访问 C 和 D 类对象的共同属性 var 和 a。

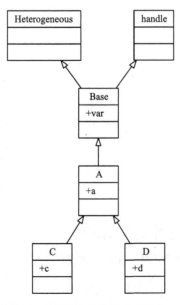

图 11.12　可以访问非同类对象数组中对象的 var 和 a 属性

11.7.5 如何设计成员方法使其支持向量化遍历

沿用 11.7.4 小节的 Circle 例子，我们要求把成员方法设计成支持向量化的访问，以便可以不使用循环就能遍历数组中的对象；我们还期望能向量化地调用 area 方法，从而一次性地得到所有的 Circle 对象的面积。满足这些要求的 Circle 类的 area 成员方法设计如下：

```
———————————— Circle.m ————————————
classdef Circle < handle
    properties
        r
    end
    methods
        function obj = Circle(val)
            obj.r = val;
        end
        function s = area(obj)
            s = pi*[obj.r].^2;      % 设计 area 函数时就考虑向量的输入
        end
    end
end
```

这里要求，在设计类方法的一开始，就要考虑输入参数 obj 有可能是一个矢量的情况。如果对整个对象数组使用这个成员方法，那么得到的结果将是一个 1×4 的双精度 array：

```
————————— Script —————————          ————————— Command Line —————————
objArray =[Circle(1),Circle(2),...
           Circle(3),Circle(4)];     s =
s = objArray.area                      3.1416   12.5664   28.2743   50.2655
```

当在脚本中调用 objArray.area 时，整个对象数组 objArray 是被当作一个参数传入 area 方法中的。也就是说，如果在 area 方法中检查 size(obj)，那么返回的结果将是 1×4。

如果是 Heterogeneous 数组，想要支持向量化访问的成员方法，则必须将其声明成 Sealed。也就是说，该方法禁止子类中有不一致的定义。如图 11.13 所示，Heterogeneous 数组中放置的是 ColoredCircle 和 ConcentricCircle 类的对象，如果要向量化地调用对象数组的 area 方法，则基类中的 area 方法必须声明成 Sealed。

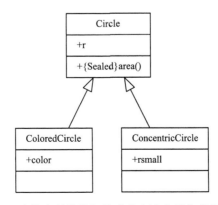

图 11.13 支持向量化访问的成员方法必须声明成 Sealed

问题：对象数组是否可以向量化地调用析构函数？

对象数组的各对象的 delete 方法是一个例外。首先，在继承结构中，delete 函数禁止定义成 Sealed，这很好理解。因为如果不这样，子类将无法定义自己的析构函数，从而导致子类的资源无法被释放。其次，尽管 delete 方法不是 Sealed，但是 MATLAB 对 delete 方法破例，仍旧支持使用 objArray.delete 的格式来调用对象的析构函数。最后，虽然可以使用 objArray.delete，但是 MATLAB 其实并没有向量化地调用对象的析构函数，因为根本不存在这样一个共同的 delete 方法。由于对象数组中的对象具有不同的析构函数，所以 MATLAB 对 objArray.delete 的解释是：逐个调用每个对象的析构函数。

第 12 章　类的运算符重载

12.1　理解 MATLAB 的 subsref 和 subsasgn 函数

12.1.1　MATLAB 如何处理形如 a(1,:) 的表达式

　　MATLAB 的主要数据结构是矩阵、元胞数组和结构体。对于这些主要的数据结构, MAT-LAB 提供了灵活的访问方式。比如, 一个 3×3 的矩阵 A, 可以使用圆括号 $A(a, b)$ 的形式来访问其中的某一个元素, 还可以使用 $A(a, :)$, $A(a : b, :)$, 即 Slicing 的方式, 来访问该矩阵的某一或某些行。例如:

```
———————————————— Command Line ————————————————
>> A = rand(3,3)
A =
    0.3922    0.7060    0.0462
    0.6555    0.0318    0.0971
    0.1712    0.2769    0.8235
>> A(1:2,:)
ans =
    0.3922    0.7060    0.0462
    0.6555    0.0318    0.0971
```

　　形如 $A(1:2, :)$ 这样的表达式会被 MATLAB 解释器转换成一个 subsref 函数的调用, 如图 12.1 所示。该 subsref 函数的第一个参数是要访问的数据 A; 第二个参数是要访问元素所在的位置, 并且该所在位置信息存放在一个结构体中。例如:

```
subsref(A,s);
```

其中, s 是一个结构体, 用来存放 $A(1:2, :)$ 表达式中括号的类型和内容。这里, 括号类型为 "'()'"; 内容分为两部分: 一部分是 1:2, 另一部分是冒号。注意: 该冒号作为一个字符需要加上单引号, 如下:

```
s.type = '()';
s.subs={1:2,':'};
```

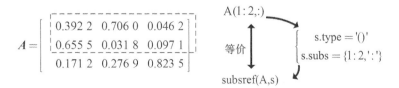

图 12.1　对矩阵中元素的访问将触发 subsref 函数的调用

用户也可以直接设置结构体 s 中的内容，然后调用 subsref 函数，对矩阵 A 中的元素进行访问。比如要访问矩阵 A 中的 A(1,1) 元素：先给 struct s 的两个 field 赋值，然后把 s 当作参数提供给 subsref 内置函数。例如：

```
―――――――――――――――― Command Line ――――――――――――――――
>> s.type = '()';
>> s.subs  = {1,':'};
>> subsref(A,s)
ans =
    0.3922    0.7060    0.0462
```

相似地，对数组中元素的赋值也会被 Interpreter 转换成一个 subsasgn 函数的调用。例如：

```
A(1,1) = 0;
```

在内部将会转换成

```
subsasgn(A,s,0);
```

其中，s 是一个结构体，其内容是

```
s.type = '()';
s.subs={1,1};
```

可以显式地给 s 结构体赋值来达到和 A(1,1)=0 同样的效果。例如：

```
―――――――――――――――― Command Line ――――――――――――――――
>> s.type = '()';
>> s.subs  = {1,1};
>> subsasgn(A,s,0)        % 该函数返回被修改的值
ans =
     0
```

如图 12.2 所示，对矩阵元素的赋值将触发 subsasgn 函数的调用。

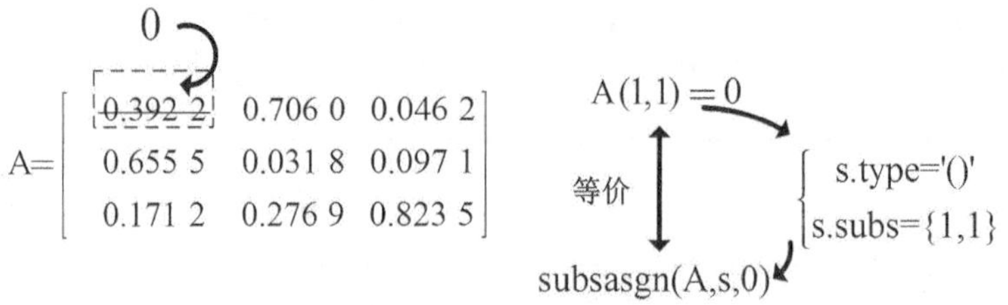

图 12.2 对矩阵中元素的赋值将触发 subsasgn 函数的调用

12.1.2 MATLAB 如何处理形如 a{1,:} 的表达式

对于元胞数组中元素的访问和赋值也是通过 subsref 和 subsasgn 函数来完成的。假设有元胞数组 B 如下：

```
B(1,1) = {[1 4 3; 0 5 8; 7 2 9]};
B(1,2) = {'Anne Smith'};
B(2,1) = {3+7i};
B(2,2) = {-pi:pi/4:pi};
```

对元胞数组 B 第一列的访问：

```
B{:,1}
```

将会被 Interpreter 转换成如下的 subsref 函数调用，如图 12.3 所示。

```
s.type = '{}';
s.subs = {':',1};
subsref(B,s) ;
```

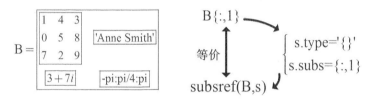

图 12.3　对元胞数组中元素的访问将触发 subsref 函数的调用

元胞数组和普通数组的区别在于，s.type 中的内容是花括号"{ }"还是圆括号"( )"。
对元胞数组 B 的第一个元胞的赋值：

```
B{1,1} = 0;
```

将会被 MATLAB 解释器转换成如下 subsasgn 函数的调用：

```
s.type = '{}';
s.subs = {1,1};
subsasgn(B,s,0);
```

12.1.3　MATLAB 如何处理形如 s.f 的表达式

对于 struct 的访问和赋值也可以通过直接调用内置函数来完成，只不过 s 的 type 栏位要换成"."。如果有如下结构体：

```
days.f1 = 'Sunday' ;
days.f2 = 'Monday' ;
days.f3 = 'Tuesday';
```

对第一个栏位 f1 的访问：

```
days.f1
```

和以下表达式：

```
s.type = '.';
s.subs={'f1'};
subsref(days,s)
```

是等价的；而以下赋值语句：

```
days.f3 ='NULL';
```

和以下表达式：

```
s.type = '.';
s.subs={'f3'};
subsasgn(days,s,'NULL');
```

是等价的。总之，对结构体中 field 的访问和赋值的过程和前面相似，都是调用了 subsref 和 subsasgn 函数，所不同的是 s 结构体中的值。

12.2   如何重载 subsref 函数

MATLAB 对普通数据类型（如数组、矩阵和元胞数组）下标运算的基本原理是把下面左侧的表达转换成下面右侧等价函数的调用。

```
A(1,2)
```

```
subsref(A,s)
```

MATLAB 对象也同样支持类似的下标运算，即形如下面左侧的访问，将触发对该对象所属类的 subsref 方法的调用。

```
obj(1,1)
```

```
subsref(obj,s)
```

具体说来，形如 subsref(obj,s) 的调用将首先触发 MATLAB 检查该 obj 所属的类是否定义了名叫 subsref 的方法，如果用户定义了 subsref 方法，则优先调用该类的方法。通过这种方式，用户就可以给自己的类设计下标运算了。假设下面的一个类叫作 DataCollection，类中的成员数据分别是一个数组和一个元胞数组，则可以通过下面的方式重载 "( )" 和 "{ }" 运算符，使得对 obj 使用下标 (i,j) 时可以直接访问对象中的 matrix 变量；对 obj 使用下标 "{ }" 时，可以直接访问对象中的 cell 变量。例如：

```
—————————————— DataCollection ——————————————
classdef DataCollection < handle
    properties
        matrix
```

```
            cell
        end
    methods
        function sref = subsref(obj,s) % 该 subsref 相当于一个中转层
            switch s.type
                case '()'
                    sref = builtin('subsref',obj.matrix,s);
                case '{}'
                    sref = builtin('subsref',obj.cell,s);
                case '.'
                    sref = builtin('subsref',obj,s);
            end
        end
    end
end
```

这里需要注意：最终对属性 matrix 和 cell 的成员属性的访问还是需要通过 MATLAB 内部的 subsref 函数来完成，用户重新定义一个 subsref 函数只是起到了一个中间层的作用。

另外，细心的读者可能已经注意到，switch 中有处理点的分支，而例子中只要求支持花括号和圆括号式访问。这是为什么呢？原因是一但重载了 subsref 函数，所有类似下面的表达：

```
obj(1,1)
obj{1,1}
obj.matrix
obj.cell
```

MATLAB 都会调用 DataCollection 自定义的 subsref 函数，由于重载的 subsref 必须能够处理后两种情况，即处理 obj.matrix 和 obj.cell 的情况，所以 switch 中还要有点 "·" 的情况，该分支只是把请求原封不动地向内置的 subsref 函数传递。

12.3　如何重载 subsasgn 函数

根据 12.2 节的内容可知，可以重新定义 subsasgn 函数，以改变对象下标赋值的行为。例如：

```
─────────── DataCollection ───────────
classdef DataCollection < handle
    properties
        matrix
        cell
    end
    methods
        function  obj = subsasgn(obj,s,val)
```

```
        switch s.type
            case '()'
                obj.matrix = builtin('subsasgn',obj.matrix,s,val);
                % 注意这里返回的是 obj.matrix
            case '{}'
                obj.cell = builtin('subsasgn',obj.cell,s,val);
                % 注意这里返回的是 obj.cell
            case '.'
                obj= builtin('subsasgn',obj,s,val);
        end
    end
    end
end
```

需要注意两点：首先，和重载 subsref 一样，当使用"()""{ }"下标运算赋值时，用户定义的 subsref 将最先被访问，所以定义的 subsref 要保证 3 种情况都要考虑到，即要包括处理点运算符的分支；其次，上述 switch 中的前两个分支返回的分别是 obj.matrix 和 obj.cell，这是因为该 subsasgn 的任务是修改对象的属性，而 obj.matrix 和 obj.cell 这两个属性不是Handle 类对象，所以在 subsasgn 函数内部的修改都是局部的修改，必须把它传回来。这相当于对 obj.matrix 和 obj.cell 进行重新赋值。

重载 subsasgn 和 subsref 要小心，因为 subsasgn 和 subsref 是公共函数，且该公共函数提供了对内部属性（包括私有属性）的访问渠道。读者可以试验一下，在上述的例子中，即使把 matrix 和 cell 定义成私有数据 (Access = private)，在类的外部还是可以通过 obj(1,2)和 obj(1,2) 对私有属性进行访问和赋值。换句话说，重载内置的 subsasgn 和 subsref 函数将"重载"该类的属性的访问权限，使用时要慎重。

12.4　什么情况下重载下标运算符

在 12.8 节中将给出例子，这里先介绍几种常见的重载下标运算符的情况：

□ 当用户想完全禁止通过点"·"来访问对象内部属性时，可以重载 subsref 函数[1]。

□ 当用户想构造一个对象，使其行为看上去像函数一样时，可以重载 subsref 函数。

□ 当用户想在赋值对象数组时做更多的检查和限制时，可以重载 subsasgn 函数。

□ 让一个标量对象的行为变得像矢量对象一样[2]。

需要注意，应该将使用自定义的下标运算符取代内置定义的运算符当作一个方便的编程手段，但不应该使用在对性能要求很高的程序中。

---

① 见 12.8 节中的例子。
② 见 12.2 节和 12.3 节中的例子。

12.5　如何重载 plus 函数

重载一个运算符，就是重新设计这个运算符的行为。比如在 MATLAB 中，尝试通过使用加号"+"把字符串串接起来，但是得到的结果却是这些字符串的 ASCII 码值的和：

```
s1 = 'hello';
s2 = 'world';
s3 = s1 + s2;
```

─────────────────── Command Line ───────────────────
```
>> s3
s3 =
   223   212   222   216   211
```

这是因为在 MATLAB 中，加号"+"的默认行为是做算术运算，所以在其内部把 string 转换成数字，调用 plus 函数。其实，也可以像下面的代码那样调用，得到的结果是一样的。

─────────────────── Command Line ───────────────────
```
>> plus('hello','world')
ans =
   223   212   222   216   211
```

注意：该 plus 函数要求输入的参数有相同的维数，否则将出错：

─────────────────── Command Line ───────────────────
```
>> plus('goodbye','world')
Error using  +
Matrix dimensions must agree.
```

传统的和并两个字符串的操作是 strcat 函数：

─────────────────── Command Line ───────────────────
```
>> strcat(s1,s2)
ans =
helloworld
```

如果我们想要使用加号"+"来达到 strcat 的效果，那么还有一个方法，就是重载这个 plus 运算符的行为。于是，可以这样设计一个 Value 类的 StringClass，其中的属性是要串接的字符串：

─────────────────── StringClass ───────────────────
```
classdef StringClass
    properties
        s
    end
    methods
        function obj = StringClass(sinput)
            obj.s = sinput;
        end
```

```
        function  newStrObj = plus(str1,str2)
            stemp = strcat(str1.s,str2.s);
            newStrObj = StringClass(stemp);      % 注意这个函数返回一个新的对象
        end
    end
end
```

初始化两个对象 s1 和 s2：

```
s1 = StringClass('hello');
s2 = StringClass('world');
s3 = s1 + s2;
```

MATLAB 对其中第 3 行的解释会转换成函数调用 plus(obj1,obj2)。由于第一个参数是对象，MATLAB 会首先检查该对象的类中是否定义了 plus 函数，如果定义了，就优先调用这个类方法。在该方法中，把两个对象中的 s 变量串接起来，返回一个新的字串，所以此时 s3 中的 s 属性正是我们期望的结果。

```
———————————— Command Line ————————————
>> s3.s
ans =
helloworld
```

12.6　MATLAB 的 Dispatching 规则是什么

接着 12.5 节中的例子，我们再仔细观察下面两段程序，最后一行都是 s1+s2，但是得到的结果却不一样。

```
1 s1 = 'hello';
2 s2 = 'world';
3 s3 = s1 + s2;
```

```
1 s1 = StringClass('hello');
2 s2 = StringClass('world');
3 s3 = s1 + s2;
```

这是为什么呢？这是因为 MATLAB 对两个 s1+s2 采取了不同的 Dispatching（遣派）规则。在 MATLAB 内部，s1+s2 首先被转换成 plus(s1,s2) 形式的调用。然后 MATLAB 会检查参数的类型，以及该类型是否支持 plus 操作。左侧代码中参数的类型是内置的 String 类，该内置类中不支持加法操作，所以按照内部的隐式转换规则，把 String 转换成 Double 类型做加法运算。右侧代码中两个参数的类型都是自定义的 StringClass，且该类中有 plus 方法的定义，于是调用 StringClass 中的 plus 方法。

在 2.4.2 小节中已提到 p1.normalize() 的命令和 normalize(p1) 大致上是等价的，都是由 MATLAB 的 Dispatcher 做方法的分派，决定调用哪个 normalize 的方法。下面举一个更一般的调用类方法的例子：

```
obj.foo(arg1,arg2,arg3)
```

或者用解释器解释过后的形式 foo(obj,arg1,arg2,arg3) 来讨论 Dispatcher 的规则：

> □ 对于形如 obj.foo(arg1,arg2,arg3) 的调用，Dispatcher 会直接检查 obj 对象的类中是
> 否定义了 foo 的方法。如果定义了，则调用；如果没有定义，则报错。
>
> □ 对于形如 foo(obj,arg1,arg2,arg3) 的调用，Dispatcher 不会先检查 obj 的类中是否定
> 义了 foo 方法，而是先检查 4 个参数 obj，arg1，arg2，arg3 所属的类中哪个是更高
> 级别的。找到的更高级别的类叫作 dominant 类，然后查找该 dominant 类中是否定
> 义了 foo 方法。如果定义了，则调用；如果没有定义，则报错。

类的级别是如何确定的呢？MATLAB 规定，任何用户定义的类的级别都高于 MATLAB
的内置类（double，single，char，logical，int64，uint64，int32，uint32，int16，uint16，int8，
uint8，cell，struct，function，handle）。所以，在上面的 obj，arg1，arg2，arg3 例子中，如
果 obj 是用户的自定义类，而 arg1，arg2，arg3 是 MATLAB 中的普通数据类型（当然不会
恰好有这个 foo 方法的定义），那么即使对函数的调用写成：

```
foo(arg1,arg2,obj,arg3)
```

Dispatcher 最终还是会把函数的调用分派到 obj 类中的 foo 方法中去。如果使用点"·"的调用
形式 obj.foo(arg1,arg2,arg3)，则一律直接在 obj 的类定义中查找 foo 方法。注意：Dispatching
规则和类的优先级无关。

MATLAB 还提供如下方法用于指定用户定义的类之间的级别：

```
classdef (InferiorClasses = {?A,?B}) C
   ......
end
```

通过这种方式定义的 C 类的对象的级别要比 A 和 B 类的级别高，如果这 3 个类出现
在参数列表中，则 C 类的对象是 dominant 对象。

12.7　如何判断两个对象是否相同

对于 Handle 类对象，"=="运算符是在基类 Handle 中就定义好的算法（函数的名称
叫作 eq），该运算符将检查 Handle 类对象所指向的实际数据是否是同一个。例如：

```
─────────── SomeHandleClass ───────────
classdef SomeHandleClass < handle
    properties
        s
    end
    methods
        function obj = SomeHandleClass()
            obj.s = rand(10,10);
        end
    end
end
```

Handle 类对象的复制是 shallow 复制，只复制了类中的地址，没有复制对象中实际所指向的数据的对象：

```
o2 = o1 ;
o3 = o2 ;
```

使用 "==" 运算符将得知两个对象是相同的，因为它们指向的是相同的内部数据。

```
──────────── Command Line ────────────
>> o1 == o2
ans =
    1
>> o1== o3
ans =
    1
```

如果是 Value 类对象，并没有直接定义 "==" 运算符，则需要用户自己指定行为。比如：

```
──────────── SomeValueClass ────────────
classdef SomeValueClass
    properties
        s = 'Hello';
    end
end
```

如果声明两个对象 v1 和 v2：

```
v1 = SomeValueClass();
v2 = v1;
```

然后直接尝试比较两个对象是否相等，则 MATLAB 会报错，指出 eq 函数没有定义。

```
──────────── Command Line ────────────
>> v1 == v2
Undefined function 'eq' for input arguments of type 'SomeValueClass'.
```

此时，可以把 Value 类对象相同的判断标准规定成两个对象中的属性 s 相同，那么该 Value 类的 eq 函数可以这样设计：

```
──────────── SomeValueClass ────────────
classdef SomeValueClass
    properties
        s = 'Hello';
    end
    methods
        function result = eq(input1,input2)
            result = strcmp(input1.s,input2.s) ;
        end
```

```
    end
end
```

这样就可以使用 "==" 运算符来比较这两个对象了：

─────────────── Command Line ───────────────
```
>> v1 = SomeValueClass();
>> v2 = v1;
>> v2 == v1
ans =
1
```

12.8 如何让一个对象在行为上像一个函数

如果程序开发者把自己的 MATLAB 程序提供给一个没有面向对象编程经验的用户使用，或者希望扩展一个普通的函数，使其具有类的功能（如 Handle 基类的功能），那么在这种情况下，可以把自己的类的使用设计的和普通函数的调用一样。这种类的对象也叫作仿函数，它们实际上是对象，但是行为上模仿函数。

为了实现这种仿函类，首先来比较一下函数调用和类方法调用的异同：

─────────────── Command Line ───────────────
```
>> myfunc(arg1,arg2);          % 普通函数调用
>> obj.mymethod(arg1,arg2);    % 类方法调用
```

调用类方法需要提供该类的对象和方法名，这和 myfunc(arg1,arg2) 调用看上去没有什么共同的地方。但是，我们前面提到过，MATLAB 的类可以重载下标运算符 subsref，让类的对象能够处理类似如下的调用：

─────────────── Command Line ───────────────
```
>> obj(arg1,arg2)
```

这样看上去就和函数调用更加相似了。其实，obj(arg1,arg2) 和 myfunc(arg1,arg2) 在形式上没有本质的区别，只是 obj 是对象名，myfunc 是函数名。如果把对象的名字声明成看上去像一个函数的名字，比如 myfunctor，那么对象的使用者是觉察不出区别的。这样，一个对象就可以伪装成函数了。另外，为了让对象看上去完全像一个函数，还要禁止使用 "·" 和 "{ }" 形式的访问：

─────────────── Command Line ───────────────
```
>> myfunctor.propName    % 需要禁止，因为函数不支持这种访问
>> myfunctor{1,2}        % 需要禁止，因为函数不支持这种访问
```

在下面的例子中，我们设计一个用来遍历集合中元素的类 FunctorForEach，目的是要让它的对象表现得像一个函数（好比有些编程语言中常见的 for each 函数）。该函数接受两个 Iterator 作为操作元素的开始和结束[1]，还接受一个函数句柄，表示遍历时对每个元素进行的操作。为简单起见，这里的操作仅是打印被遍历文件的名称。在脚本中，可以这样使用该仿函数：

───────────────────────────────

[1] Iterator 和 Aggregator 是设计模式的一种，详见 18.3 节。

```
――――――――――――――― Script ―――――――――――――――
agg = FileAggregator(pwd);
for_each = FunctorForEach();
for_each(agg.first(),agg.last(),@print);   % 完全是普通函数的调用方式
```

其中，print 函数很简单：

```
―――――――――――――――― print ――――――――――――――――
function print(input)
    disp(input);
end
```

下面的代码是 FunctorForEach 的类设计，该类重载了下标运算符 subsref，并且禁止了除"（ ）"以外的其他访问方式和赋值方式，其目的是要让该类对象的行为表现得和普通函数一样。

```
―――――――――――――――― FunctorForEach ――――――――――――――――
classdef FunctorForEach
    methods
        function sref = subsref(obj,s)
          switch s.type
              case '()'
                  iterBegin = s.subs{1};
                  iterEnd = s.subs{2};
                  funcH = s.subs{3};
                  % le 运算符在 FileIterator 中重载
                  while(iterBegin <= iterEnd)
                      % 遍历时对每个元素的操作
                      funcH(iterBegin.currentItem);
                      iterBegin.nextItem();
                  end
              case '{}'
                  error('not support');
              case '.'
                  error('not support');
          end
        end
        function obj = subsasgn(obj,s,val)
          switch s.type
              case '()'
                  error('not support');
              case '{}'
                  error('not support');
              case '.'
                  error('not support');
          end
```

```
            end
        end
end
```

FileAggregator 对象代表文件夹，其 first 和 last 方法分别用来提供一个指向文件夹首文件和末文件的 Iterator 对象：

```
———————————————————— FileAggregator ————————————————————
classdef FileAggregator < handle
    properties
        files
    end
    methods
        function obj = FileAggregator(path)
            tmp = dir(path);
            files = tmp(cell2mat({tmp(:).isdir})~=1);
            obj.files = {files.name};          % 文件名被存放在元胞数组中
        end
        function iter = first(obj)            % 返回一个 Iterator 对象
            iter = FileIterator(obj,1);
        end
        function iter = last(obj)             % 返回一个 Iterator 对象
             iter = FileIterator(obj,numel(obj.files));
        end
    end
end
```

在 FileIterator 类中，为了使用算术符号来比较两个 Iterator 的大小，还重载了 "<=" (le) 运算符。

```
———————————————————— FileIterator ————————————————————
classdef FileIterator < handle
    properties
        counter
        aggHandle
    end
    methods
        function obj = FileIterator(aggObj,index)
            obj.aggHandle = aggObj;
            obj.counter = index ;
        end

        function itemObj = currentItem(obj)
            obj.counter
            itemObj = obj.aggHandle.files(obj.counter);
        end
```

```
        function nextItem(obj)
            obj.counter = obj.counter +1;
        end
        function result = le(in1,in2)
            result = ((in1.counter  <= in2.counter)&&...
                      (in1.aggHandle == in2.aggHandle) );
        end
    end
end
```

12.9   MATLAB 中哪些运算符允许重载

无论是什么样的运算符，在 MATLAB 内部解释器都会把对运算符的使用转换成对应的函数调用，并且如果是二目运算，那么该函数调用的第一个参数是运算符左边的对象，第二个参数是运算符右边的对象。表 12.1 所列为在 MATLAB 中允许重载的运算符。

表 12.1 在 MATLAB 中允许重载的运算符

运　算	实际调用的函数	运算符的作用
$a+b$	plus(a,b)	Binary addition
$a-b$	minus(a,b)	Binary subtraction
$-a$	uminus(a)	Unary minus
$+a$	uplus(a)	Unary plus
$a.*b$	times(a,b)	Element wise multiplication
$a*b$	mtimes(a,b)	Matrix multiplication
$a./b$	rdivide(a,b)	Right element wise division
$a.\backslash b$	ldivide(a,b)	Left element wise division
a/b	mrdivide(a,b)	Matrix right division
$ap\backslash b$	mldivide(a,b)	Matrix left division
$a.^b$	power(a,b)	Element wise power
a^b	mpower(a,b)	Matrix power
$a<b$	lt(a,b)	Less than
$a>b$	gt(a,b)	Greater than
$a<=b$	le(a,b)	Less than or equal to
$a>=b$	ge(a,b)	Greater than or equal to
$a\sim=b$	ne(a,b)	Not equal to
$a==b$	eq(a,b)	Equality
$a\&b$	and(a,b)	Logical AND
$a|b$	or(a,b)	Logical OR
a	not(a)	Logical NOT
$a:d:b$	colon(a,d,b)	Colon operator
$a:b$	colon(a,b)	Colon operator
a'	ctranspose(a)	Complex conjugate transpose
$a.'$	transpose(a)	Matrix transpose
$[ab]$	horzcat(a,b,...)	Horizontal concatenation
$[a;b]$	vertcat(a,b,...)	Vertical concatenation
$a(s1,s2,...,sn)$	subsref(a,s)	Subscripted reference
$a(s1,...,sn)=b$	subsasgn(a,s,b)	Subscripted assignment
$b(a)$	subsindex(a)	Subscript index

12.10   实例：运算符重载和量纲分析

工程科学计算中，一般物理量都是有单位的，比如：速度单位是 m/s，其量纲是 LT^{-1}，由长度基本量纲和时间基本量纲构成；加速度单位是 m/s²，其量纲是 LT^{-2}。加速度乘以质量得到力，单位是 N，其量纲是 MLT^{-2}：

$$F = ma$$

单位和量纲的运算遵从量纲法则：只有量纲相同的物理量才能彼此相加、相减。也就是说，我们不可以把速度和加速度相加：

$$? = v + a$$

工程应用科学计算中如果不小心对不同单位的物理量做了加减运算，那么不但结果是错误的，而且应用到实际中也可能会带来危险。所以有必要建立这样的一个单位和量纲系统，在计算的过程中可以携带单位，计算得到的结果也是有单位的物理量，并且在不小心对不同单位的物理量做了加减运算时，该系统能够终止计算并且提示错误。

具体的，这个量纲系统需要帮助我们实现以下的功能（伪码）：

———————————————— 基本的需求伪代码 ————————————————

```
a0 = 2 ;        % 变量 a0 表示值为 2 的加速度，量纲是 [LT^{-2}]
m1 = 3 ;        % 变量 m1 表示值为 3 的质量，量纲是 [M]
m2 = 4 ;        % 变量 m2 表示值为 4 的质量，量纲是 [M]
m3 = m1 + m2 ;  % 允许相同量纲的物理量相加，结果的量纲仍然是 [M]
f4 = a0 * m1 ;  % 结果的单位是 N，量纲是 [MLT^{-2}]

x = a0 + m1   ; % 禁止，报错
y = m1 - f4   ; % 禁止，报错
```

12.10.1   如何表示量纲

国际标准量纲制规定物理量的基本量纲是：质量、长度、时间、电荷、温度、密度和物质的量，其他物理量的量纲在这些基本量纲的基础上复合而成。最简单的量纲系统可以用一个 1×7 的整数数组来表示：

———————————————————— 初步设计 ————————————————————

```
mass      = [1,0,0,0,0,0,0];
length    = [0,1,0,0,0,0,0];
time      = [0,0,1,0,0,0,0];
charge    = [0,0,0,1,0,0,0];
temperature = [0,0,0,0,1,0,0];
intensithy  = [0,0,0,0,0,1,0];
amount_of_substance = [0,0,0,0,0,0,1];
```

而复合量纲可以用以上基本量纲的幂积来表示，比如：

——————————————— 复合量纲是基本量纲的幂积 ———————————————

```
veloctiy    = [0,1,-1,0,0,0,0];
```

```
acceleration = [0,1,-2,0,0,0,0];
force        = [1,1,-2,0,0,0,0];
......
```

如果我们需要让每个物理量在计算中都携带这些单位，那么最容易想到的就是用结构体表示这样的物理量：

```
———————————————————— 基本的需求伪代码 ————————————————————
a0.value = 2 ;              % 值
a0.dim   = [0,1,-2,0,0,0,0]; % 单位是加速度

m1 = 3 ;                    % 值
m1.dim = [1,0,0,0,0,0,0];   % 单位是质量
```

但是在 MATLAB 中，结构体不可以直接用来做代数运算，如果尝试如下的运算，那么 MATLAB 将报错：

```
———————————————————— 结构体没有重载运算符 ————————————————————
>>  f4 = m1 * a0
Undefined operator '*' for input arguments of type 'struct'.
```

于是不可避免的，我们还需要设计如下的运算函数来处理结构体之间的算术运算：

```
———————————— 结构体无法重载运算符，所以需要用函数来实现相互的算术运算 ————————————
new_s = dim_plus(s1,s2);        % 结构体之间的加
new_s = dim_minus(s1,s2);       % 结构体之间的减
new_s = dim_product(s1,s2;)     % 结构体之间的乘
new_s = dim_divide(s1,s2);      % 结构体之间的除
```

大致的，dim_plus 函数可以这样实现：函数内部首先检查作为输入的两个结构体的 dim 域，然后比较它们是否相同，以此达到强制量纲运算法则的目的：

```
———————————————————————————— dim_plus ————————————————————————————
function new_s = dim_plus(s1,s2)
    % ...... 省略其他对输入的检查
    assert(s1.dim == s2.dim)     % 强制单位之间的加法只能在相同的量纲之间进行
    new_s.dim = s1.dim;          % 结果的量纲不变
    new_s.value = s1.value + s2.value;
end
```

使用如下：

```
———————————————————————— 如果在不同的单位之间做加法运算 ————————————————————————
1 >> s = dim_plus(a0,m1)
2 Error using assert
3 The condition input argument must be a scalar logical.
4 Error in dim_plus (line 2)
5     assert(s1.dim == s2.dim)
```

利用结构体表示量纲的缺点是显而易见的：直接的算术运算被替换成了第 1 行的 dim_plus 的函数调用，阅读和使用都很麻烦。回到面向对象的程序设计中来，我们已经知道：封

装对数据的运算恰好是面向对象程序设计的强项，而且面向对象还提供了对运算符的重载功能，使得我们可以自己设计形如"m1 + m2""f = m1 * a0"这样的运算，所以我们其实可以利用面向对象来设计量纲系统。

12.10.2　需求和设计：加法和减法

在后续小节中将采用这样的一个工作流程：首先描述程序的需求，即从外部看上去这个量纲系统的工作方式[1]，再利用需求去引导设计。首先需要一个量纲类，该类应该接受 1×7 的数组作为输入，用于表示该对象的实际量纲：

```
──────────── 设计 Construct 允许的输入 ────────────
>> Dimension([1,0,0,0,0,0,0]);    % mass
>> Dimension([0,1,0,0,0,0,0]);    % length
>> Dimension([0,0,1,0,0,0,0]);    % time
```

并且我们规定，该类只接受 1×7 的行向量，不接受元胞，不接受列向量：

```
──────────── 设计 Constructor 禁止的输入 ────────────
>> Dimension({1,2})               % 不接受元胞
>> Dimension([2,2,2,2,2,2,2,2,2]) % 不接受其他大小的行向量
>> Dimension([0;0;1;0;0;0;0]);    % 不接受列向量
```

满足上面条件的 Dimension 类如下，其中，第 7 行使用了 validateattributes 函数来验证函数的输入必须是 1×7 的数组[2]。

```
──────────── Dimension.m ────────────
1  classdef Dimension
2      properties
3          value      % dimension  value
4      end
5      methods
6          function obj = Dimension(input)
7              validateattributes(input,{'numeric'},{'size',[1 7]});
8              obj.value = input;
9          end
10     end
11 end
```

Dimension 类的重要功能就是对算术运算进行单位检查，比如加减运算只能在相同量纲的物理量之间进行。要满足的所有功能的清单如下：

```
──────────── 加减运算 ────────────
t1 = Dimension([0,0,1,0,0,0,0]) ;  % time
t2 = Dimension([0,0,1,0,0,0,0]) ;  % time
t3 = t1 + t2;                       % 允许, 结果量纲是 [0,0,1,0,0,0,0]
```

---

[1] 也叫作 Functional API 设计。
[2] 请参考附录 D。

```
m1 = Dimension([1,0,0,0,0,0,0]) ;  % mass
m2 = Dimension([1,0,0,0,0,0,0]) ;  % mass
m3 = m1 + m2;                      % 允许，结果量纲是 [1,0,0,0,0,0,0]

t1 = Dimension([0,0,0,0,0,0,0]) ;  % scalar
l1 = Dimension([0,1,0,0,0,0,0]) ;  % length
x  = t1 + l1;                      % 禁止，报错

l1 = Dimension([0,1,0,0,0,0,0]) ;  % length
m1 = Dimension([1,0,0,0,0,0,0]) ;  % mass
x  = l1 - m2;                      % 禁止，报错
```

为了达到上述需求，我们必须重载 Dimension 类的 plus 和 minus 运算符：

—————————————— Dimension.m ——————————————

```
 1  classdef Dimension
 2      % value object, can do compare directly
 3      properties
 4          value                  % dimension  value
 5      end
 6      methods
 7          ......
 8          function newunit = plus(o1,o2)
 9              isequalassert(o1,o2);
10              newunit = o1;      % 结果的量纲等于 o1 的量纲或者 o2 的量纲
11          end
12
13          function newunit = minus(o1,o2)
14              isequalassert(o1,o2);
15              newunit = o1;      % 结果的量纲等于 o1 的量纲或者 o2 的量纲
16          end
17  end
18
19  % 类 Dimension 的局部函数
20  function isequalassert(v1,v2)
21      if isequal(v1,v2)
22      else
23          error('Dimension:DimensionMustBeTheSame','');
24      end
25  end
```

说明：

□ 第 1 行中，我们把该 Dimension 类设计成了 Value 类，这是为了方便第 21 行直接对两个输入的量纲进行比较。[1]

———————————————

[1] Handle 类对象之间的比较具有不同的意义。

□ 第 9 和第 14 行中，我们调用了类的局部函数 isequalassert，在每次计算之前，检查运算的量纲是否相同，如果不同，则报错。

□ 量纲加减运算时结果的量纲不变，所以第 10 和 15 行直接构造一个新的 Dimension对象，等于原来的量纲值，作为结果返回。

到目前为止，Dimension 类只是一个表示单位的类，不包括物理量的实际值。上面设计的加法和减法也仅限于单位之间的加减法。为了表示物理量的实际值，我们还需要一个 Quantity 类，该类既包括物理量的值，也包括物理量的单位。该类需要满足如下简单构造：提供 value 和量纲对象作为构造函数的输入，返回 Quantity 对象，如下：

```
m1 = Quantity(2,Dimension([1,0,0,0,0,0,0]));     % 变量 q1 表示质量为 2 kg
a1 = Quantity(3,Dimension([0,1,-2,0,0,0,0])) ;   % 变量 a1 表示加速度为 3 m/s²
```

我们应该可以对 Quantity 对象进行加减运算，如下所示：

```
m1 = Quantity(2,Dimension([1,0,0,0,0,0,0]));     % 变量 m1 表示质量为 2 kg
m2 = Quantity(4,Dimension([1,0,0,0,0,0,0]));     % 变量 m2 表示质量为 4 kg
m3 = m1 + m2 ;                                    % 结果 m3 表示质量为 6 kg
```

在 Dimension 类设计的基础上很容易写出 Quantity 类的，构造函数和加减法的重载如下：

```
──────────── Quantity.m ────────────
1  classdef Quantity
2      properties
3          value
4          unit
5      end
6      methods
7          function obj = Quantity(value,unit)
8              obj.value = value;
9              obj.unit = unit;
10         end
11         function results = plus(o1,o2)
12             results = Quantity(o1.value+o2.value,o1.unit+o2.unit);
13         end
14         function results = minus(o1,o2)
15             results = Quantity(o1.value-o2.value,o1.unit-o2.unit);
16         end
17     end
18 end
```

其中，第 12 行和 15 行的第 2 个参数把对 Quantity 单位的加减法计算转到了 Dimension 的加减法计算函数上。

12.10.3　需求和设计：乘法和除法

量纲运算法则对乘除法的规定是：复合量纲是其他量纲的幂积。代码如下：

```
————————————————————— Dimension 对象的乘除法需求 —————————————————————
s1 = Dimension([0,1,0,0,0,0,0]) ;   % length
t1 = Dimension([0,0,1,0,0,0,0]) ;   % time
v1 = s1/t1    ;                     % 结果是速度，量纲是 [0,1,-1,0,0,0,0]

s2  = v1 * t1 ;                     % 结果是长度，量纲是 [0,1,0,0,0,0,0]

m1 = Dimension([1,0,0,0,0,0,0])  ;  % mass
a1 = Dimension([0,1,-2,0,0,0,0]) ;  % acceleration
f1 = m1 * a1 ;                      % 结果单位是力，量纲是 [1,1,-2,0,0,0,0]
```

上述是简单的量纲本身的乘除法，而实际的物理量 Quantity 对象的乘除法需要满足如下需求：

```
————————————————————— Qauntity 对象的乘除法的需求 —————————————————————
s1 = Quantity(2, Dimension([0,1,0,0,0,0,0])) ; % 2 m
t1 = Quantity(4, Dimension([0,0,1,0,0,0,0])) ; % 4 s
v1  = s1/t1    ;       % 结果为 Qunatity 对象，值为 0.5，单位是 m/s，量纲为 [0,1,-1,0,0,0,0]

s2  = v1 * t1 ;        % 结果为 Qunatity 对象，值为 2，单位是 m，量纲为 [1,0,0,0,0,0,0]

m1 = Quantity(3,Dimension([1,0,0,0,0,0,0]))  ; % 3 kg
a1 = Quantity(5,Dimension([0,1,-2,0,0,0,0])) ; % 5 m/s²
f1 = m1 * a1 ;        % 结果为 Qunatity 对象，值为 15，单位是 N，量纲为 [1,1,-2,0,0,0,0]
```

除了可以用 Quantity 类的构造函数来生产 Quantity 对象外，根据我们计算的书写习惯，还期望 Quantity 类可以支持其他对象的方法。比如 8 s 这个物理量，可以用 Quantity 类的构造函数来构造：

```
t1 = Quantity(8, Dimension([0,0,1,0,0,0,0]))
```

当然 8 s 还可以通过 4 s × 2，或者 8 × 1 s 来表示。这里的 2 和 8 都是标量，或者普通的数字。该需求反映在代码上就是要求下面的计算都能返回 value 为 8，单位是 Dimension([0,0,1,0,0,0,0]) 的 Quantity 对象，需求如下：

```
% Quantity 类对象和 scalar 的乘法得到 Qunatity 对象
t1 = Quantity(2,Dimension([0,0,1,0,0,0,0])) * 4
t2 = 4 * Quantity(2,Dimension([0,0,1,0,0,0,0])

% Dimension 类对象和 scalar 的乘法得到 Qunatity 对象
t3 = 8 * Dimension([0,0,1,0,0,0,0]
t4 = Dimension([0,0,1,0,0,0,0] * 8
```

到目前为止，我们对这个量纲系统的需求描述完毕。根据这些需求，我们给 Dimension

类新添了第 21 ~ 48 行，其完整设计如下：

```matlab
                        ──── Dimension.m ────
1  classdef Dimension
2      % value object, can do compare directly
3      properties
4          value    % dimension  value
5      end
6      methods
7          function obj = Dimension(input)
8              validateattributes(input,{'numeric'},{'size',[1 7]});
9              obj.value = input;
10         end
11
12         function newunit = plus(o1,o2)
13             isequalassert(o1,o2);
14             newunit = o1;
15         end
16
17         function newunit = minus(o1,o2)
18             isequalassert(o1,o2);
19             newunit = o1;
20         end
21         function newObj = mtimes(o1,o2)
22             validateattributes(o1,{'numeric','Dimension'},{});
23             validateattributes(o2,{'numeric','Dimension'},{});
24             if isnumeric(o1)  && isa(o2,'Dimension')
25                 newObj = Quantity(o1,o2);
26             elseif isnumeric(o2)  && isa(o1,'Dimension')
27                 newObj = Quantity(o2,o1) ;
28             elseif isa(o1,'Dimension') && isa(o2,'Dimension')
29                 newObj = Dimension(o1.value + o2.value);
30             else
31                 % will not reach here, due to dispatch rules
32             end
33         end
34
35         function newObj = mrdivide(o1,o2)
36             validateattributes(o1,{'numeric','Dimension'},{});
37             validateattributes(o2,{'numeric','Dimension'},{});
38             if isnumeric(o1)  && isa(o2,'Dimension')
39                 newObj = Quantity(o1,Dimension(-o2.value));
40             elseif isnumeric(o2)  && isa(o1,'Dimension')
41                 newObj = Quantity(1/o2,o1) ;
42             elseif isa(o1,'Dimension') && isa(o2,'Dimension')
```

```
43              newObj = Dimension(o1.value - o2.value);
44          else
45              % will not reach here, due to dispatch rules
46          end
47
48      end
49  end
50 end
51
52 function isequalassert(v1,v2)
53     if isequal(v1,v2)
54     else
55         error('Dimension:DimensionMustBeTheSame','');
56     end
57 end
```

说明：

□ 第 22，23，36，37 行确保做乘除运算时，运算符要么是两个 Dimension 对象：

```
v1  = s1/t1    ;
s2  = v1 * t1  ;
```

要么是 Dimension 对象和简单的标量：

```
t3 = 8 * Dimension([0,0,1,0,0,0,0])
t4 = Dimension([0,0,1,0,0,0,0]) * 8
```

□ mtimes 从第 24 行起，根据运算符 o1 或者 o2 是否是 sclar 而区别对待。规定，只有在两个运算符都是 Dimension 对象时，返回的结果才是 Dimension 对象，Dimension 对象和 scalar 的计算结果是 Quantity 对象。

□ mrdivide 的设计原理和 mtimes 类似。

根据上述需求，我们给 Quantity 的类新添了第 17 ～ 45 行，其完整设计如下：

———————— Dimension.m ————————
```
1 classdef Quantity
2     properties
3         value
4         unit
5     end
6     methods
7         function obj = Quantity(value,unit)
8             obj.value = value;
9             obj.unit = unit;
10        end
11        function results = plus(o1,o2)
```

```
12          results = Quantity(o1.value+o2.value,o1.unit+o2.unit);
13      end
14      function results = minus(o1,o2)
15          results = Quantity(o1.value-o2.value,o1.unit-o2.unit);
16      end
17      function newObj = mtimes(o1,o2)
18          [o1,o2] = converter_helper(o1,o2);
19          newObj = Quantity(o1.value*o2.value,o1.unit*o2.unit);
20      end
21      function newObj = mrdivide(o1,o2)
22          [o1,o2] = converter_helper(o1,o2);
23          newObj = Quantity(o1.value/o2.value,o1.unit/o2.unit);
24      end
25  end
26 end
27
28 % convert input into Quantity object
29 function [o1,o2] = converter_helper(o1,o2)
30 validateattributes(o1,{'numeric','Quantity','Dimension'},{});
31 validateattributes(o2,{'numeric','Quantity','Dimension'},{});
32
33 % convert numeric input into Quantity object
34 if isnumeric(o1)
35     o1 = Quantity(o1,Dimension([0,0,0,0,0,0,0]));
36 elseif isnumeric(o2)
37     o2= Quantity(o2,Dimension([0,0,0,0,0,0,0]));
38 end
39
40 % convert dimension input into Quantity object
41 if isa(o1,'Dimension')
42     o1 = Quantity(1,o1);
43 elseif isa(o2,'Dimension')
44     o2= Quantity(1,o2);
45 end
46 end
```

说明:

□ 第 18, 22 行对输入进行预处理, 调用局部函数 converter_helper 确保两个参数均
  是 Quantity 对象, 再分别对其 value 和 unit 部分做计算。第 19, 23 行返回新的
  Quantity 对象。

□ 局部函数 converter_helper 从第 29 行开始, 第 30, 31 行 validateattributes 限制操
  作数只能是简单的数字, Quantity 或者 Dimension 对象。如果有任何一个输入是简
  单的数字, 那么第 34 ～ 38 行就会把它转成 Quantity 对象, 量纲为 scalar。如果有

　　　任何一个输入是 Dimension 对象，那么第 41 ~ 45 行就会把它转成 Quantity 对象，
　　　其值是 1，其 Dimension 不变。

　　在 19.7.3 小节中，我们还将重新使用这个量纲系统，重新审视本小节的工作流程，从而
总结一套更加规范的工业设计和开发流程。

第 13 章 枚举类型

13.1 为什么需要枚举类型 (Enumeration)

现实计算中有很多数据类型，它们只能取某些特定的值，比如：性别、月份、星期、单位、方向。本章将讨论如何在 MATLAB 中定义这种数据类型，以及如何使用它们。沿用面馆做面条的例子，假设现在有一个面条类叫作 Noodle，该类需要一个属性，用来形容面条的类型，比如：普通面 regular、刀削面 sliced 或者油炸面 fried。最简单的方式就是用数字来代表这 3 种面条。当在程序的其他地方要对面条的类型做判断时，直接比较数字就可以了。比如：

```
───────────────── 直接用数字来代表面条的种类 ─────────────────
classdef Noodle < handle
    properties
        noodleType % 该值为 1 表示 regular
                   % 该值为 2 表示 sliced
                   % 该值为 3 表示 fried

    end

    methods
        % getPrice 函数根据种类返回面条的价格
        function val = getPrice(obj)
            switch obj.noodleType
                case 1        % regular
                    val = 10;
                case 2        % sliced
                    val = 12;
                case 3        % fried
                    val = 15;
                otherwise
                    error('invalide type');
            end
        end
    end
end
```

该类中有一个 getPrice 方法，它根据面条的种类返回面条的价格。这个类设计得很简单，设置面条的类型时，只需要直接给对象的 noodleType 属性赋值就可以了，比如：

```
───────────────── 声明面条对象，并且设置类型为 1 ─────────────────
>> obj = Noodle ;
>> obj.noodleType = 1 ;        % 类型 1 面条
```

```
>> obj.getPrice
ans =
    10
```

用数字表示类型是一个粗糙的设计，它主要有以下几个问题：

☐ 用数字表示类型不易记忆和阅读，所以我们不得不在类的定义中加注释，来提醒数字所对应的面条类型。

☐ 如果在类的外部有其他函数用到了面条的类型，那么也得加上注释。当增加面条的类型时，类的设计者还得记得更新所有用到面条类型的注释。

☐ 对 noodleType 属性的赋值是直接进行的，没有检查等式右边的值，即使等式右边是非整数或者负数，程序也不会报错。只有在计算价格的时候，程序才会判断属性的值是否是 1~3 之间的整数。

☐ 如果还有其他地方使用了面条的类型，则都要用 switch case 语句做判断。

一个自然的改进是：利用字符串代表面条的类型来增加可读性，并且提供 set 函数对输入做检查，如下：

──── 用字符串代表面条的类型 ────

```
classdef Noodle < handle
    properties
        noodleType        % 只能取 "regular" "sliced" "fried" 三者之一
    end
    methods
        function set.noodleType(obj,type)
            switch type
                case 'regular'
                    obj.noodleType = type;
                case 'sliced'
                    obj.noodleType = type;
                case 'fried'
                    obj.noodleType = type;
                otherwise
                    error('Invalid Noodle Type');
            end
        end
      % getPrice 函数略
    end
end
```

用字符串来表示面条的类型显然改进了程序的可读性，需要注释的地方也减少了，set 函数也限制了类型只能是 regular，sliced，fried 三种中的一种。但该设计仍然存在问题，比如：

☐ set 函数过于臃肿，存在重复的内容。

☐ 如果只有 3 种类型的面条，set 函数用 switch case 语句没有问题；但是如果要增加面条的类型，比如扩充到 10 种，那么 set 函数也要跟着扩充，switch case 语句中就要放上 10 个 case 判断加上一个 otherwise 语句，这就变得很不方便。所以，随着问题规模的变大，switch case 语句已无法更好地解决问题了。

☐ 用字符串这样的基本数据类型来表示面条的类型会给类型验证带来一些问题。比如，再给面条添加一个属性叫作麻辣程度——spicyLevel，代码如下：

—— 添加了一个新的属性，也用字符串表示它的类型 ——

```matlab
classdef Noodle < handle
    properties
        spicyLevel % 只能取 "regular" "hot" "veryhot" 三者之一
        noodleType % 只能取 "regular" "sliced" "fried" 三者之一
    end
    methods
        function set.spicyLevel(obj,type)
            switch type
                case 'regular'
                    obj.spicyLevel = type;
                case 'hot'
                    obj.spicyLevel = type';
                case 'veryhot'
                    obj.spicyLevel = type;
                otherwise
                    error('Invalid Spicy Level');
            end
        end
        % 函数 set.noodleType 略
        % getPrice 函数略
    end
end
```

该麻辣程度属性可以有 3 种：正常 (regular)、中辣 (hot) 和非常辣 (veryhot)。为了说明问题，这里特意给正常辣度的类型也命名为 regular[1]。现在可能会出现这样的问题，如果一个外部函数，叫作 helper_getPrice[2]，接受面条的类型作为输入，返回面条的价格：

—— 一个外部函数接受面条的类型作为输入 ——

```matlab
function val = helper_getPrice(noodleType)
  switch noodleType
    case 'regular'
        val = 10;
    case 'sliced'
        val = 12;
    case 'fried'
        val = 15;
```

---

[1] 没有手段禁止其他开发人员给属性这样赋值。
[2] 它的功能和 getPrice 几乎一致，唯一的区别是，它可能是其他开发人员写的函数。

```
        otherwise
            error('Invalid Noodle Type');
    end
end
```

如果在调用时，调用者不小心把 spicyLevel 属性当作 noodleType 传给了该函数，如果 spicyLevel 的值恰好也是 regular，那么程序不会报错，但返回的结果是错误的，如下：

———————————— 不小心把 **spicyLevel** 当作面条类型，作为函数的输入 ————————————

```
>> obj = Noodle;
>> obj.noodleType = 'sliced';
>> obj.spicyLevel = 'regular';
>> helper_getPrice(obj.spicyLevel);    % 函数使用错误，但程序没有报错
```

这个问题的本质是，如果用字符串表示类型，则无法对类型（到底是麻辣的类型还是面条的类型）进行万无一失的验证。

现在进一步改进这个设计，其实需要的是一个更好的验证变量类型的方法。说到类型，自然而然地又想到了类。下面我们尝试用一个抽象基类来表示基本的面条类型，然后用派生出的子类来表示各种面条的类型。

——————— Noodle 抽象基类 ———————
```
classdef(Abstract) NoodleType < handle
end
```

——————— 子类刀削面类型 ———————
```
classdef SlicedType < NoodleType
end
```

——————— 子类普通面类型 ———————
```
classdef RegularType < NoodleType
end
```

——————— 子类油炸面类型 ———————
```
classdef FriedType< NoodleType
end
```

这样，Noodle 类中的 noodleType 属性可以用一个 NoodleType 类型的对象来赋值，这样 set 函数对输入值的检查也就可以化简了，如下：

——————— 要求面条类型是 **NoodleType** 对象 ———————

```
classdef Noodle < handle
    properties
        noodleType
    end
    methods
        function set.noodleType(obj,type)
            if isa(type,'NoodleType')  % 检查输入是不是 Noodle 类或者其子类
                obj.noodleType = type;
            else
                error('Invalid Noodle Type');
            end
        end
    % getPrice 函数略
```

```
    end
end
```

设计到这里，问题是不是已经解决了呢？下面再仔细思考一下程序的需求：我们需要一个方法去定义面条的类型，或者更广泛的，我们需要一种方法去定义那些只能取某些值的数据类型，比如一家面馆只会做某些类型的面条，面条麻辣程度只有 3 个等级。那么先定义一个面条基类，再通过派生类来定义具体面条类型的这种设计方法有以下两个问题：

- 如果面条的类型变得多起来，那么我们需要给每个类型都定义一个子类，这些子类除了名字不同外，其他都很像。这是一种对程序名字空间①的浪费，并且类的数量会随着问题规模的增大而呈爆炸式增长。

- 类的设计者没有办法限制面条类型的数量 (即对继承加以限制)，如果把这个程序提供给他人使用，那么设计者无法阻止使用者派生出新的面条类型，然后将其代入程序中，而这个新的类型可能是设计者并没有考虑到的，从而导致计算错误。

13.2　什么是枚举类型

13.1 节已经讨论了各种已有的定义类型的方式及其在某些情况下的不足。当然，解决一个问题的方式是多种多样的，比如用类来表示某些面条的类型其实是可行的，但并不是最佳的方法。本节将正式引入枚举类型 (Enumeration) 这个概念，它专门用来定义那些只能取某些值的数据类型。简而言之，枚举类其实就是提供了一种方式，能够将数据类型可能取得的值一一列出来。针对面条的类型，我们可以这样设计该枚举类型：

—————— 枚举类型 `NoodleType` ——————
```
classdef NoodleType
    enumeration        % enumeration 代码块
      regular
      sliced
      fried
    end                % enumeration 代码块
end
```

MATLAB 规定，enumeration 代码块中的内容表示该枚举类型中可能取到的类型。直接观察该定义就可以看出，这种写法语法紧凑且易于阅读，并且不会因为类型数量的增多而引入更多的类。下一步，我们使用这个新定义的枚举类型来修改 Noodle 类：

—————— 新的 `Noodle` 类 ——————
```
classdef Noodle < handle
    properties
        noodleType
    end
    methods
        % set 方法验证输入必须是 NoodleType 枚举类型对象
        function set.noodleType(obj,type)
```

---

① 可以用的名字越来越少。

```
            if isa(type,'NoodleType')
                obj.noodleType = type;
            else
                error('Invalid Noodle Type');
            end

        end

        % getPrice 方法对枚举类型对象之间进行比较
        function val = getPrice(obj)
            switch obj.noodleType
                case NoodleType.regular
                    val = 10;
                case NoodleType.sliced
                    val = 12;
                case NoodleType.fried
                    val = 15;
            end
        end
    end
end
```

下面我们先看如何声明枚举类型的对象。MATLAB 规定，声明枚举类型对象时必须指出在 enumeration 代码块中具体的类型：

```
———————————————— Command Line ————————————————
>> n = Noodle;
>> n.noodleType = NoodleType.sliced;   % 必须指出具体的类型是 sliced
```

类名 NoodleType 后面一定要加上一个具体的类型也是可以理解的，因为 n 的 noodle-Type 必须是一种具体的面条类型。从语义上来讲，如果写成 n.noodleType = NoodleType 就好比写成“类型 = 面条的类型”，而等号的右边是一个抽象的类型，这在语义上是说不通的。如果使用这个抽象的类名 NoodleType 来给 noodleType 赋值，那么 MATLAB 会提示必须在 NoodleType 的 enumeration 定义块中挑选一个类型，才能调用 NoodleType 的构造函数：

```
———————————— 使用这个类名 NoodleType 来赋值 ————————————
>> n.noodleType = NoodleType ;
Error using NoodleType
Cannot call the constructor of 'NoodleType' outside of its enumeration block.
```

在 set 方法中对枚举类型的检查使用了 isa,这是对类型的检查。注意:这里的 NoodleType 是枚举类型，而不是枚举类型的基类。

枚举类型除了可以有效地表示那些只能取某些特定值的数据之外，最大的优点就是：写法直观，类型之间可以直接做比较。比如，getPrice 方法中的 case 语句直接比较了属性到底是 3 个类型中的哪一个。

```
———————————————— getPrice 方法 ————————————————
function val = getPrice(obj)
    switch obj.noodleType
        case NoodleType.regular
            val = 10;
        case NoodleType.sliced
            val = 12;
        case NoodleType.fried
            val = 15;
    end
end
```

枚举类型的对象还支持运算符 "==" (重载了该运算符),比如:

```
———————————————— Command Line ————————————————
>> n1 = Noodle ;
>> n1.noodleType = NoodleType.regular ;      % 赋值
>> n2 = Noodle ;
>> n2.noodleType = NoodleTypeEnum.sliced ;   % 赋值
>>
>> n1.noodleType == n2.noodleType            % 比较
ans =
     0                                       % 比较结果是类型不相等
```

13.3 枚举类型应用实例

如前所述,枚举类型可以理解成列出了一个数据类型某些可取值的类,这些值通常用来表示变量的类型。现实世界中有很多这样的数据,比如性别、月份、星期、颜色、单位和方向等,我们可以用枚举类型来定义它们。虽然枚举类型的功能可用其他方法来大致实现,但是如果一种编程语言提供了枚举类型这样的工具,让我们能够便捷地解决问题,那为何不用这种更好的工具呢?

13.3.1 枚举类型的属性

在枚举类型中,除了可以定义枚举成员外,其余部分的内容和普通的类定义一致[①]。比如 13.2 节使用的 NoodleType 类,假设还需要一个属性,用来表示每个类型的面条煮熟所需要的时间,于是再给 NoodleType 类添加一个属性,叫作 cookingTime。在声明枚举类型对象的同时初始化该 cookingTime 属性,语法如下:

```
——————— NoodleType 枚举类型还可以定义其他的属性 ———————
classdef NoodleType
    enumeration
        regular (10)    % 括号里面的 10 是传递给构造函数的参数
        sliced  (15)
```

---

① 13.3.4 小节中的例子属于特例,继承自内置数据类型的枚举类型不能定义其他属性。

```
        fried    (5)
    end
    properties
        cookingTime
    end
    methods
        function obj = NoodleType(time)
            obj.cookingTime = time;
        end
    end
end
```

注意：cookingTime 的值在定义枚举域时就给定了，在声明枚举类型对象时，将调用构造函数给 cookingTime 赋值：

—————————— 声明枚举类型对象时给其余的属性赋值 ——————————
```
>> type1 = NoodleType.regular ;
>> type1.cookingTime              % 检查对象的 cookingTime
ans
  =
   10
```

如果该枚举类型是一个 Value 类，那么枚举类型的属性值都是只读，无法修改：
—————————— 尝试修改对象的 cookingTime，结果报错 ——————————
```
>> type1.cookingTime = 20
You cannot set the read-only property 'cookingTime' of NoodleTypeEnum.
```

如果希望对象创建完成后仍然可以修改 cookingTime 属性的值，则可以让 NoodleType 类继承 Handle 类，例如：
—————————— 继承自 Handle 类的枚举类型可以修改属性值 ——————————
```
classdef NoodleTypeEnum < handle
  ......
  % 其余略
```

13.3.2   枚举类型的方法

假设我们要设计一个 Person 类，其中的属性包括名字和性别，因为性别是一个有限的类型——男性和女性，所以我们可以为此设计一个性别枚举类型，如下：
—————————— GenderType 枚举类型 ——————————
```
classdef GenderType
    enumeration
        male
        female
    end
end
```

Person 类的属性 gender 必须是一个枚举类型的对象：

```
──────────── Person 类的 gender 属性必须是枚举类型对象 ────────────
classdef Person < handle
    properties
        name
        gender
    end
    methods
        function obj = Person(name,gender)
            obj.name = name;
            if isa(gender,'GenderType')      % 在构造函数中验证输入的类型
                obj.gender = gender;
            else
                error('Invalid gender type');
            end
        end
    end
end
```

枚举类型定义了 char 方法，支持直接将枚举的名字转成字符串：

```
────────────────────── Command Line ──────────────────────
>> o1 = Person('Alex',GenderType.male);
>>
>> o1.gender.char     % 调用 char 转换函数，返回字符串
ans =
male
```

下面我们建立一个花名册 table[①]，其中包括两列，分别是名字和性别。在构造 table 的过程中，利用枚举类型可以向字符串转换的功能，在 MATLAB table 中用字符串的方式输出性别对象，以便于显示：

```
──────────── Script ────────────
o1 = Person('Alex',GenderType.male);
o2 = Person('Brittany',GenderType.female);
o3 = Person('Charlie',GenderType.male);
name   = {o1.name;o2.name;o3.name};
gender = {o1.gender.char;
          o2.gender.char;
          o3.gender.char};
table(name,gender)
```

```
──────────── Results ────────────
ans =

    name          gender
    ----------    --------

    'Alex'        'male'
    'Brittany'    'female'
    'Charlie'     'male'
```

如果要观察枚举类型中的所有枚举成员，则可以使用 enumeration 函数，比如：

```
>> enumeration('GenderType')
Enumeration members for class 'GenderType':
```

---

① 该数据类型请参见附录 C。

```
male
female
```

13.3.3 枚举类型对象数组

用 MATLAB 作图，当需要在一张图中画好几条曲线时，为了辨别每条曲线，我们通常会给它们着以不同的颜色加以区别。MATLAB 内置的颜色只有 yellow，magenta，cyan，red，green，blue，white，black，而这些颜色画在一起并不容易区分。所以在本小节的例子中，我们利用枚举类型来存储一些新的对比更明显的颜色类型，然后把它们放到对象数组中，作图时再从这个数组中取各种颜色来使用。

———————————————— Colors 枚举类型 ————————————————
```
classdef Colors
    enumeration
        DeepPink    (255,20,147)    % 深粉色，括号里面的值是传递给构造函数的参数
        ForestGreen (34,139,34)     % 深绿色
        DarkOrchid  (153,50,204)    % 深紫色
    end
    properties
        R
        G
        B
    end
    methods
        function obj = Colors(r,g,b)
            obj.R = r;
            obj.G = g;
            obj.B = b;
        end
        function c = double(obj)      % 转换函数
           c=[obj.R,obj.G,obj.B]/255; % 返回 0~1 之间的 RGB 值
        end
    end
end
```

下面左侧声明了一个深粉红色对象，注意不要用右侧的方式来声明对象：

———— 正确声明对象的方法 ————	———— 不支持这样声明对象 ————
`>> c1 = Colors.DeepPink`	`>> c1 = Colors(255,20,147)`
`c1 =`	`Error using Colors`
`    DeepPink`	`Cannot call the constructor of 'Colors'`
	`outside of its enumeration block.`

该类中还定义了一个 double 转换函数，因为 plot 命令的颜色输入需要一个 0~1 之间的 1×3 的向量。下面的程序通过 double 转换函数把颜色对象转成 0~1 之间的 RGB 值。

```
——————————————————————————— Script ———————————————————————————
1 colorSet = [ Colors.DeepPink, Colors.ForestGreen, Colors.DarkOrchid ];
2 figure;hold on
3 x=[1:0.01:5];
4 y=sin(x);
5 for iter = 1: 10
6    plot(x+iter,y,'color',double(colorSet(mod(iter,3)+1))) ;
7 end
```

其中，第 1 行声明一个颜色的对象数组；第 6 行连续画了 10 条正弦曲线，每次都循环着从 colorSet 中取出一种颜色。

对象数组支持利用冒号索引，但是不支持冒号运算符①：

———— 支持冒号索引 ————	———— 不支持冒号运算符 ————
`>> colorSet(1:2)`	`>> colorSet(1):colorSet(3)`
`ans =`	`Error using  :`
`    DeepPink      ForestGreen`	`Colon operator not defined for an enumeration`
	`class.`

13.3.4　从基本数据类型中派生枚举类型

枚举类型还可以从 MATLAB 的内置数据类型中派生出来。下面的 Grade 类派生自 uint32 类，其用来列举学生成绩可能出现的字母值，比如 A+, A, B+, B, C, D。把 Grade 设计成枚举类型是因为字母成绩是几个有限的类型。定义中，括号里面的数字是这些字母成绩转成百分制的值。因为 uint32 是该类的父类，所以声明子类对象时，MATLAB 还会调用父类构造函数，括号中的值就是传递给父类的参数。该类的功能实现了字母成绩和分数之间的对应。

```
——————————— Grade 类继承自内置基本数据类型 uint32 ———————————
classdef Grade < uint32
    enumeration
        Aplus (95)
        A     (90)
        Bplus (85)
        B     (80)
        C     (70)
        F     (0)
    end
end
```

在定义枚举类型成员时，我们还定义了其对应的数字值的初值，在声明 Grade 对象时就是调用了 uint32 的构造函数，并且给其赋值为 95：

——————— Command Line ———————	——————— 等效于 ———————
`>> g1 = Grade.Aplus`	`>> g1 = uint32(95) ;`

从功能上可以这样理解，就是这个类相当于给数字 95，90，85，70，0 起了个别名。

———————————————————

① 枚举类型没有定义冒号运算符。

　　继承自内置数据类型的枚举类型同时具有其父类所支持的方法。比如在这个例子中，由于 MATLAB 可以对 uint32 类型的值进行算术运算，所以这里也可以对枚举类型对象进行算术操作。比如班级 1 中有 3 个同学，成绩分别是 A，A+，F，班级 2 中 3 个同学的成绩分别是 B，B，C，于是可以将对象数组求和，计算每个班级的总分：

```
──────────────────────── Command Line ────────────────────────
>> class1 = [Grade.A, Grade.Aplus,Grade.F ];
>> class2 = [Grade.B, Grade.B,     Grade.C ];
>> sum(class1)
ans =
   185
>> sum(class2)
ans =
   230
```

　　如果枚举类型继承自内置类型，那么我们可以通过提供指定初值的方式来声明枚举类型对象，枚举类型的构造函数将自动转换，返回对应的枚举类型对象。

```
──────────────────────── Command Line ────────────────────────
>> class3 = Grade([95,90,85])
class3 =
   Aplus     A        Bplus
```

　　注意：从内置数据类型中派生出来的枚举类型不能再定义属性。

第 14 章 超 类

14.1 什么是超类

在 1.2.2 小节中引入类的概念时，提到对象是真实事件中的具体事物，为了有一个统一描述它们的方式，把相似事物的共性抽象出来构成类。如图 14.1 所示，各种车辆的共性可以用 Car 类来形容，公司的各个雇员可以用 Employee 类来形容。

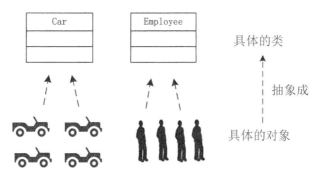

图 14.1　从不同的对象中抽象出共性构成类

下面我们把这个思路放宽一些，如图 14.2 所示，思考一下，当有很多种 Class 类的定义时，这些类的定义是否也可以被进一步抽象地概括出来呢？

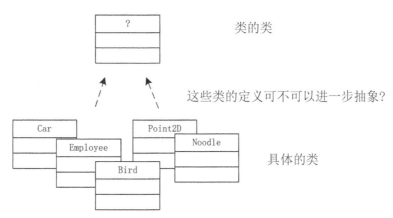

图 14.2　不同的类是否可以继续抽象出共性

所谓对类的"进一步抽象"，就是通过观察 MATLAB 中各种类的定义，总结出这些类定义的一些共同特征。通过观察不难发现，这些类的定义的共同特征是，各个类都是由一系列的属性、方法和事件组成的，并且每个属性和方法都可以使用一些关键词来形容。于是，可以总结出一种普遍的方式来描述各种类。换句话说，可以用类的方式来描述各种类，这样的类就叫作超类（Meta Class）。如果用 MATLAB 的语言把超类的定义写出来，那么看上去大致是这样的：

```
classdef MetaClass < handle
    properties
        Name            % 用户定义的类的名字
        PropertyList    % 用户定义的类中成员属性名称的列表
        MethodList      % 用户定义的类中成员方法名称的列表
        EventList
        ......
    end
    methods
        ......
    end
end
```

14.2　如何获得一个类的 meta.class 对象

14.1 节已对各具体类的定义做了抽象，并且抽象出超类来形容这些具体类的定义，现在有了类定义就可以声明对象了。也就是说，每一个具体的 MATLAB 类的定义都对应一个具体的 meta 对象，如图 14.3 所示。该 meta 对象用来描述具体的 MATLAB 类中的内容，并且在 MATLAB 中，该 meta 对象所属于的类的名称叫作 meta.class。

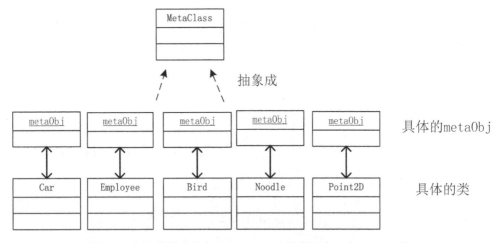

图 14.3　每个类的定义在 MATLAB 内部都对应一个 meta 对象

下面介绍如何得到一个类的 meta.class 对象，假设我们有一个具体的 Value 类叫作 Vehicle：

```
─────────── Vehicle.m ───────────
classdef Vehicle
    properties
        make
        year
        model
```

```
    end
end
```

第一种得到 meta 对象的方法：如果已知类的名字，则可以在类的前面加上一个问号来获得 meta.class 对象，比如：

```
────────── Command Line ──────────
>> metaObj = ?Vehicle
```

得到的 Vehicle 类的 metaObj 如下：

```
────────── Command Line ──────────
metaObj =
  meta.class handle
  Package: meta
  Properties:
                    Name: 'Vehicle'
             Description: ''
     DetailedDescription: ''
                  Hidden: 0
                  Sealed: 0
           ConstructOnLoad: 0
         HandleCompatible: 0
          InferiorClasses: {0x1 cell}
        ContainingPackage: []
             PropertyList: [3x1 meta.property]
               MethodList: [2x1 meta.method]
                EventList: [0x1 meta.event]
    EnumerationMemberList: [0x1 meta.EnumeratedValue]
           SuperclassList: [0x1 meta.class]
  Methods, Events, Superclasses
```

该对象中记录了 Vehicle 类定义中的具体信息。注意：虽然我们没有给 Vehicle 定义任何方法，但是该 metaObj 的 MethodList 中已经有两种方法了，这是 MATLAB 自动提供给该 Vehicle 类的。读者能猜到是哪两种方法吗？

第二种方法：如果已经有了一个类的对象，则可以用 metaclass 函数来获得 meta.class 对象，比如：

```
────────────────────────────────────
>> metaObj = metaclass(obj) ;
```

第三种方法：此种方法最灵活，如果类的名字是以字符串的形式存在的，那么可以利用 meta.class 类中的成员方法 fromName 来接受 string input，返回 meta.class 对象，比如：

```
────────── Command Line ──────────
>> name = 'Vehicle' ;
>> metaObj = meta.class.fromName(name) ;
```

14.3　meta.class 对象中有些什么内容

本节以如下 Base 和 Derived 类为例[①] 来分析 meta.class 对象中的内容。

```
——————— Base.m ———————
classdef Base < handle
    properties
        aprop
    end
end
```

```
——————— Derived.m ———————
classdef Derived<Base
    properties
        b
    end
end
```

在命令行使用问号得到 meta.class 对象：

```
——————————————————— Command Line ———————————————————
>> obj = ?Derived
obj =
  meta.class handle
  Package: meta
  Properties:
                    Name: 'Derived'
             Description: ''
     DetailedDescription: ''
                  Hidden: 0              % 该类的 Hidden 属性为 false
                  Sealed: 0              % 该类的 Sealed 属性为 false
          ConstructOnLoad: 0
        HandleCompatible: 0
          InferiorClasses: {0x1 cell}
        ContainingPackage: []
             PropertyList: [2x1 meta.property]
               MethodList: [2x1 meta.method]
                EventList: [0x1 meta.event]
    EnumerationMemberList: [0x1 meta.EnumeratedValue]
          SuperclassList: [1x1 meta.class]
  Methods, Events, Superclasses
```

该 meta 对象中的属性、方法列表都是对象数组，在稍旧一点的 MATLAB 版本中，meta.class 对象中的属性和方法列表都是用元胞数组组织起来的，所以访问其中的元素时，要根据数组的类型选择不同的方式。观察这个 meta 对象的属性之一 PropertyList：

```
......
PropertyList: [2x1 meta.property]
......
```

其中，meta 是 Package 的名称，property 是这个 Package 中关于属性的类，该 property 类的对象用来形容用户定义类中属性的一些性质。这个 meta.package 中一共有如下几个类：

□ meta.package；

□ meta.class；

---

① 本节中的 MATLAB 输出来自 MATLAB R2011b。

- □ meta.property;
- □ meta.DynamicProperty;
- □ meta.EnumeratedValue;
- □ meta.method;
- □ meta.event。

注意：meta.class 类和其他的 meta 类之间的关系是组合关系。

问题： 如何系统地获得类中所有 **property** 的名字？

这里举例来说明如何提取 meta 对象中的信息。沿用本节 Derived 和 Base 类的定义，假设想通过程序获得 Derive 类定义中所有属性的名称，并且在程序中用 string 的形式记录下来，则可以这样做：

```
———————————— Command Line ————————————
>> metaobj =?Derived;
>> propNameList = {metaobj.PropertyList.Name}
propNameList =
    'b'     'aProp'
```

说明：

- □ metaobj.PropertyList 是一个对象数组，其中的内容是 meta.property 的对象。
- □ 使用点 "·" 语法向量化地访问数组中对象的共同属性。
- □ metaobj.PropertyList.Name 返回的结果是 string 类型，由于 string 的长度不同，我们使用花括号 "{}" 把返回的结果收集到元胞数组中去。

问题： 超类有什么用处，如何获得超类的定义？

大部分高级语言都允许程序有内省 (Introspect) 的功能，即通过程序的方式知道类自身的信息，比如系统地获得类中所有 Property 的名字。这些功能可以让我们的程序更加灵活。超类的定义是内置的 (C++)，用户没有办法直接看到。MATLAB 中有很多这样内置的类，主要是为了性能，比如大多数和图形有关的类都是内置的类。

14.4 如何手动克隆一个对象

1. 回顾 Handle 类的复制

首先回顾一下 Handle 类对象的复制规则：

```
——————————————————— Ref ———————————————————
classdef Ref < handle
    properties
        a
    end
    methods
        function obj = Ref()
            obj.a = rand(1);
        end
```

```
        end
end
```

前面介绍过，通过如下方式复制得到的 obj1 和 obj2 其实指向的是内存中的同一个成员变量 a：

———— Script ————	———— Command Line ————
`obj1 = Ref();`	
`obj2 = obj1;`	
`obj1.a`	0.1576
`obj2.a`	0.1576
`obj1.a = 10;  % 修改 obj1 的变量`	
`obj2.a`	10 % obj2 的变量也被修改了

内存中的情况如图 14.4所示。

obj1 和 obj2 的属性 a 是相互关联的、不独立的，俗称浅拷贝。本节将演示如何利用 meta.class 中的信息来实现深拷贝。如图 14.5 所示，具有这种功能的函数叫作 clone 函数。

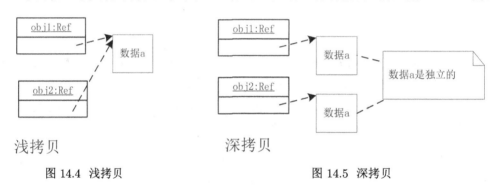

浅拷贝　　　　　　　　　　　　　深拷贝

图 14.4　浅拷贝　　　　　　　　　　　　图 14.5　深拷贝

2.　简单克隆

从最简单的克隆方法开始，我们可以构造一个方法，先在该方法中声明一个新的对象，叫作 newobj，然后把旧对象的每一个属性的值都复制到新对象 newobj 中，最后将该 newobj 返回。

下面的例子中：

□ Ref 是一个 Handle 类，Ref 类中有一个属性 a，它被初始化成一个随机数。

□ Ref 的方法 simpleClone 首先构造一个新的对象 newobj，然后对 newobj 的成员 a 进行重新赋值，以达到克隆的目的。

```
———————— Ref ————————
classdef Ref < handle
    properties
        a
    end
    methods
        function obj = Ref()
            obj.a = rand(1);
```

```
            end
        function newobj = simpleClone(obj)    % 简单克隆
            newobj = Ref();
            newobj.a = obj.a;
        end
    end
end
```

利用下面的脚本测试这个 simpleClone 方法：

──────── Script ────────		──────── Command Line ────────
obj1 = Ref();		
obj1.a	0.3500	% a 的初值
obj2 = obj1.simpleClone();		
obj1.a = rand();		% 改变 a 的值
obj1.a	0.2511	
obj2.a	0.3500	% obj2 的 a 值没变

简单克隆方法的优点是，实现简单；缺点是，如果要克隆的对象有很多的属性，那么一个一个地输入属性的名字就太麻烦了。如果修改 Ref 类时又增加了新的属性，那么还要记得修改 clone 函数，所以这个方法不够灵活。下面接着修改这个方法。现在的目标是，自动地枚举类中属性的名字，其实这正是 meta.class 对象中提供的信息。我们可以用 metaclass 函数先获得该类的 metaobj，然后取出 PropertyList 中属性的名字，然后遍历赋值即可。注意：下面的例子中特地把 property 的属性设置成了 private，来说明这种方法适合各种类型的属性。

```
                          ─── Ref ───
classdef Ref < handle
    properties(SetAccess = private , GetAccess = private)
        a
        b
    end
    methods
        function obj = Ref()
            obj.a = rand(1);
            obj.b = rand(1);
        end
        function newobj = clone(obj)
            newobj = Ref();
            metaobj = metaclass(obj);                    % 得到 metaobj
            props = {metaobj.PropertyList.Name};          % 得到 props 名字
            for j = 1: length(props)                       % 遍历
                newobj.(props{j}) = obj.(props{j}) ;
            end
        end
    end
```

```
    end
end
```

请读者自己验证克隆方法的结果。验证结果应为：克隆方法的结果的确是深拷贝，并且两个对象的属性 a 和 b 是独立变化的。

3. 递归克隆

其实，仅利用 meta.PropertyList 中信息的克隆方法仍有局限性。考虑下面这种情况：

```
......
function newobj = clone(obj)
        newobj = Ref();
        metaobj = metaclass(obj);
        props = {metaobj.PropertyList.Name};
        for j = 1: length(props)
                newobj.(props{j}) = obj.(props{j}); % 如果 props 又是一个 Handle 类对象呢
        end
    end
end
......
```

该方法中有一个 "＝" 符号，所以这里还有一个隐藏的前提，那就是所有的属性都是 Value 类型的对象。如果有一个属性，比如 b，它是 B 类的对象，是 Handle 类型的，如图 14.6 所示，其中 property b 被初始化成一个 Handle 类的对象。

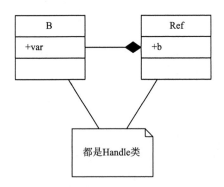

图 14.6　如果 Ref 类中的一个属性是 Handle 类的对象

如果使用 simpleClone 或者克隆方法得到的属性 b 的复制仍然是浅拷贝（见图 14.7），那么如何对 Ref 类的变量进行深拷贝呢？这里提供一个大致的思路，就是检查每个属性。如果属性是 Handle 类对象，则递归 (Recursive) 地调用该对象的 clone 函数。当然，这要求用户的设计 B 类中也要定义克隆方法。也就是说，用户需要提供两个类的 clone 函数，设计如下：

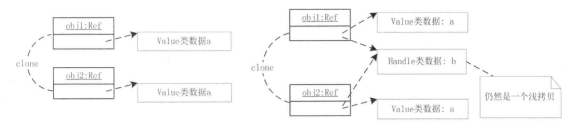

图 14.7 对象中的 b 属性还是浅拷贝

```
                                 ── Point2D ──
 1  classdef Ref < handle
 2      properties
 3          a
 4          bobj
 5      end
 6      methods
 7          function obj = Ref()
 8              obj.a = rand(1);
 9              obj.bobj = BHandle();         % 其中一个属性被初始化成 Handle 类对象
10          end
11
12          function newobj = clone(obj)
13              newobj = Ref();
14              metaobj = metaclass(obj);
15              props = {metaobj.PropertyList.Name};
16              for j = 1: length(props)
17                  tmpProp = obj.(props{j}) ;
18                  if(isa(tmpProp,'handle'))  % 如果是 Handle 类对象，则继续调用克隆方法
19                      newobj.(props{j}) = tmpProp.clone();
20                  else                        % 否则做直接赋值拷贝
21                      newobj.(props{j}) = obj.(props{j}) ;
22                  end
23              end
24          end
25      end
26  end
```

其中，递归体现在程序第 19 行，即反复地调用一个方法的过程，在这里是调用不同对象的克隆方法。

```
                                 ── BHandle ──
    classdef BHandle < handle
        properties
            var
        end
        methods
```

```
        function obj = BHandle()
            obj.var = rand(1);
        end

        function newobj = clone(obj)
            newobj = BHandle();
            metaobj = metaclass(obj);
            props = {metaobj.PropertyList.Name};
            for j = 1: length(props)
                tmpProp = obj.(props{j}) ;
                if(isa(tmpProp,'handle'))
                    % 当然程序不会运行到这里，因为 var 不是 Handle 类对象
                    newobj.(props{j}) = tmpProp.clone()
                else
                    newobj.(props{j}) = obj.(props{j}) ;
                end
            end
        end
    end
end
```

可以使用如下脚本验证 clone 函数完成深拷贝，即属性 bobj 的独立变化。

```
——————————— Script ————————————        ——————————— Command Line ——————————
obj1 = Ref();
obj2 = obj1.clone();
obj1.bobj.var        % bobj.var 的初值            0.4468
obj2.bobj.var                                   0.4468
obj1.bobj.var = 10; % 改变 bobj.var 的值
obj1.bobj.var                                   10
obj2.bobj.var                                   0.4468
```

递归地调用克隆方法将完成深拷贝，如图 14.8 所示。

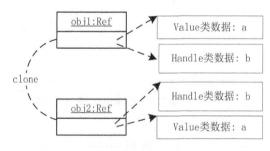

图 14.8 递归地调用克隆方法将完成深拷贝

该方法仅对深拷贝的实现做了一个简单的演示，当然还会存在更复杂的情况。比如，如果存在 A 对象和 B 对象互相包含（有环）的情况，那么如何做深拷贝就是一个算法问题了，这里不再赘述。

14.5　如何使用 matlab.mixin.Copyable 自动克隆一个对象

从 R2011a 开始，MATLAB 提供了一个 mixin 类 Copyable，其中包括 copy 和 copy-Element 两个方法来帮助用户自动完成基本的 Handle 类对象的深拷贝。其中，copy 方法是 Sealed，不允许子类重载；而 copyElement 是 protected 方法，允许子类重载。用户只需要让自定义的类继承自 matlab.mixin.Copyable，如图 14.9 所示。

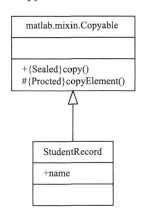

图 14.9　要想获得 copy 和 copyElement 方法，用户需继承自一个 Copyable 基类

这样定义出来的类仍然是一个 Handle 类，由于其继承了 matlab.mixin.Copyable，也就继承了基类中提供的 copy 和 copyElement 方法。比如图 14.9 中的 StudentRecord 类，对其使用 copy 方法，得到的新对象 record2 就是 record1 的深拷贝，如图 14.10 所示。在这个例子中，StudentRecord 类需要具有深拷贝的原因可以这样理解，每个 StudentRecord 对象都代表一个学生，每个学生都应该有自己独立的 name，我们可以先复制一个对象，然后给该对象的属性 name 赋不同的值，从而得到两个不同的对象。

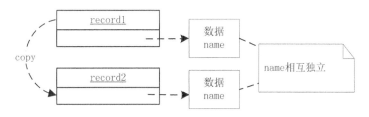

图 14.10　record2 对象是 record1 对象的深拷贝

深拷贝的方法和前面自动遍历属性的方法相似，Copyable 类中的 copy 和 copyElement 方法组合在一起，其效果也是自动遍历对象中的各个属性进行复制。

StudentRecord 类很简单：

```
                                  ─── StudentRecord ───
classdef StudentRecord< matlab.mixin.Copyable
    properties
        name
    end
end
```

下面的脚本可以验证每个 record 对象的属性 name 都是独立的。

```
——————————— Script ———————————    ——————— Command Line ———————
record1 = StudentRecord();
record1.name = 'A';
record2 = copy(record1);
record2.name = 'B';
record1.name                                  A
record2.name                                  B
```

Copyable 类中，默认的实现是对对象中的每个属性做简单的复制。比如 StudentRecord 中如果有一个属性 address 本身也是一个对象，并且这个对象恰好是 Value 类的，那么使用 copy 方法对 StudentRecord 的对象进行复制时，该 HomePropInfo 的对象也将被深拷贝，如图 14.11 所示。home 属性，或者说 HomePropInfo 的对象应该具有自己独立拷贝的原因很容易理解，因为每个学生都有各自独立的家和地址，修改一个学生的家庭住址不应该影响另一个学生的家庭住址。

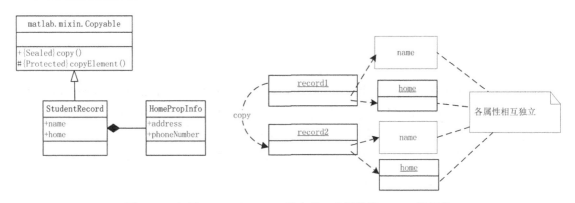

图 14.11　如果 StudentRecord 类中有一个属性是 Value 类对象

Copyable 类中默认的方法并不包括对属性做递归的深拷贝，如果 StudentRecord 类中有一个属性 school 是 Handle 类的对象，那么使用 copy 方法对 StudentRecord 的对象进行复制时，该对象将被浅拷贝，如图 14.12 所示。这在什么情况下会被用到呢？举个例子，如果一个学校有 5 000 个学生，每个学生都是独立的，那么对每个学生都要声明一个 StudentRecord 对象，但是所有学生的 school 信息都是一样的（至少我们可以假设是这样），所以没有必要构造出 5 000 个完全相同的 SchoolPropInfo 对象去做 StudentRecord 对象的属性。所以，如果这 5 000 个学生可以共享一个 school 属性，或者说 SchoolPropInfo 对象，这也是完全合理的。如图 14.13 所示，StudentRecord 类和 HomeworkPropInfo 类都要继承自 Copyable 基类。

如果用户需要自己定制对象中每个属性的拷贝手段，则可以重载 copyElement 方法。比如，再给 StudentRecord 类添加一个叫作 homework 的属性，并且假设该 homework 是 Handle 类对象，copyElement 默认作浅拷贝。现在我们希望对该 homework 属性进行深拷贝操作，那么可以先在 copyElement 中调用父类的 copyElement 方法，得到新的 StudentRecord 对象，这时其 homework 属性是被复制对象的 homework 属性的浅拷贝，如图 14.14(a) 所

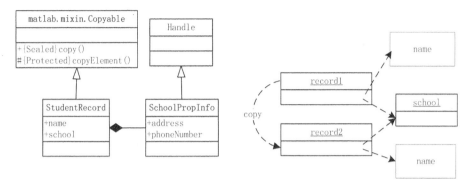

图 14.12 如果 StudentRecord 类中有一个属性是 Handle 类对象

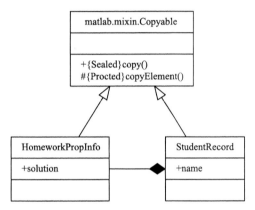

图 14.13 StudentRecord 类和 HomeworkPropInfo 类都要继承自 Copyable 基类

示。然后再对其中的 homework 属性做完全的拷贝，如图 14.14(b) 所示。因为 homework 属性本身是一个 Handle 类，对其做完全拷贝需要让其也继承自 matlab.mixin.Copyable 类。

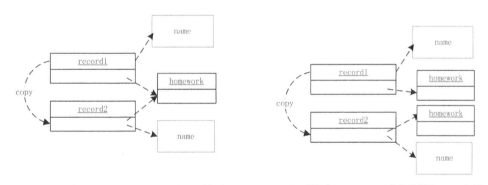

(a) 先调用默认的copyElement得到的结果   (b) 再对homework对象调用copy方法

图 14.14 StudentRecord 类 copyElement 方法中的两步

在子类中重载 copyElement 要注意，该方法必须声明成 protected，因为声明成 protected 的方法只能被子类调用。

```
——— StudentRecord ———
classdef StudentRecord< matlab.mixin.Copyable
    properties
```

```
        name
        homework
    end
    methods(Access = protected)
        function newobj = copyElement(obj)
            newobj = copyElement@matlab.mixin.Copyable(obj);
            newobj.homework = copy(obj.homework) ;
        end
    end
end
```

注意：该 HomeworkPropInfo 也继承自 Copyable 基类。

```
——————————————————— HomeworkPropInfo ———————————————————
classdef HomeworkPropInfo< matlab.mixin.Copyable
    properties
        solution
    end
end
```

下面的脚本验证了对 homework 属性的复制也是一个深拷贝：

——————— Script ———————	——————— Command Line ———————
`record1 = StudentRecord();`	
`record1.homework = HomeworkPropInfo();`	
`record1.homework.solution = 'cccc';`	% 初值
`record2 = copy(record1);`	
`record2.homework.solution = 'bcbc';`	
`record1.homework.solution`	cccc　　% 两个 homework 属性独立变化
`record2.homework.solution`	bcbc

问题： 测试函数中只调用了 **copy** 方法，**copyElement** 方法是如何被触发的呢？

回答：基类中的 copy 方法其实是一个内置的方法，我们看不到它的实现，但是 MATLAB 规定，在它的内部会调用重载的 copyElement 方法。这是一个语言的使用者和语言的解释者之间的协议。用户定义了 copyElement 的方法，那么协议规定，copy 中就必须调用用户定义的 copyElement。虽然看不到内置方法是如何实现的，但是我们可以验证 copyElement 确实被调用了 (比如在 copyElement 中添加一个 disp 命令，或者把端点放到 copyElement 方法中)。

第 3 部分

设计模式篇

第 15 章　面向对象程序设计的基本思想

通过前面的学习，我们已经掌握了 MATLAB 面向对象编程的基本语法。从本章开始，我们将介绍如何使用 MATLAB OOP + 设计模式（Design Pattern）来解决工程科学计算中的实际问题。在讨论使用设计模式之前，我们先来回顾：到目前为止，我们了解到面向对象设计的基本思想中有两个“武器”，用于描述类和类之间的关系，一个是继承，一个是组合，如图 15.1 所示。

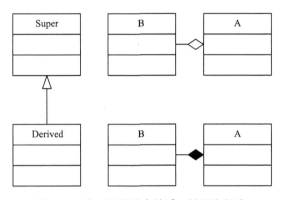

图 15.1　类之间的基本关系：继承和组合

关于继承的关系可以再细化。根据父类和子类方法之间的关系，可以分为：子类继承父类的方法，子类重新实现父类的方法，子类必须（被强迫）实现父类的方法（父类中定义的是抽象方法），如图 15.2 所示。

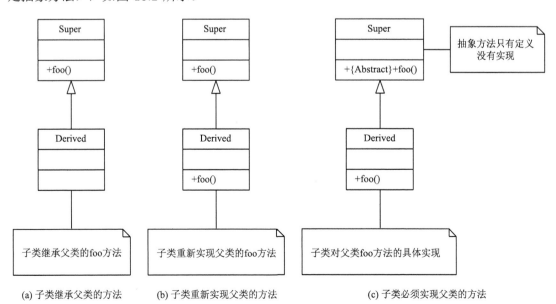

(a) 子类继承父类的方法　　　(b) 子类重新实现父类的方法　　　(c) 子类必须实现父类的方法

图 15.2　继承结构中父类和子类方法之间的关系

类的组合关系分两种：实心菱形箭头（◆）表示非包括不可，空心菱形箭头（◇）表示松散的可有可无。这里我们不再讨论两者的区别，只需要记住组合是一种拥有关系。具体到 MATLAB 程序上，就是 A 类对象拥有一个 B 类对象，B 类既可以是 Value 类，也可以是 Handle 类。这种拥有关系可以在 A 的构造函数中指定，比如把 A 的一个属性初始化成 B 类对象，也可以等到 A 类对象创建之后，通过专门的 set 方法来指定。组合关系在 UML 上还可以表示成图 15.3 右侧所示的 UML，两者是等价的。

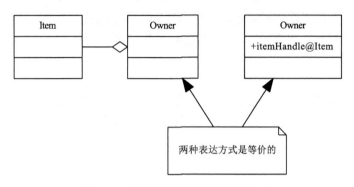

图 15.3　类组合关系的两种表示方式

再回忆一下第 1 章中设计面馆的程序，在那里，面向过程程序设计的困难是：没办法在程序的一开始就考虑到所有的需求，很难把程序设计得灵活，面对不断增加的需求，程序扩展很困难，面对修改，每一个改动都似乎牵一发而动全身。这个困难其实来自于程序设计中一个永远不变的真理："一直不变的是变化"。

回顾完面向对象中类和类的基本关系以及面向过程程序设计的困难，下面将介绍几个 OOP 设计的基本原则。

15.1　单一职责原则

> 一个类最好只有一个引起它变化的因素。——单一职责原则 (Single Responsibility Principle)

单一职责原则可以用图 15.4 来解释。假设类中的变化因素是对两种方法的不同实现，分别是 A1 和 A2，以及 B1 和 B2，如果把这两种变化都集成在一个类中，并且穷尽各种可能的组合，则要定义的类共有 7 个，如图 15.4 所示。

单一职责原则建议，最好一个类只承担一个变化。我们可以把一个类中变化的东西取出并封装起来，让其他部分不受到影响，如图 15.5 所示。

这里暂时没有讨论如何组织这两个类，这将会在第 16~18 章中详述。这种设计的好处是，类的数量明显地减少了。

单一职责原则很容易理解，通俗地讲，就是把大的问题尽可能地分解成独立的小问题去解决。在程序设计中，我们一直都在自觉地使用，比如第 1 章中经营面馆的例子（见图 1.13），经营面馆的职责被拆分到店堂经理、服务员和厨师 3 个类中，其中任意一个类的变化都不会影响其他类。

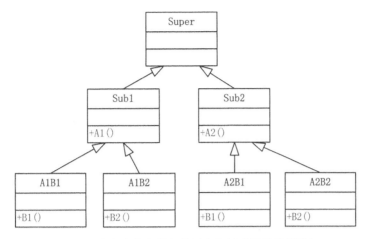

图 15.4　类中有太多的变化因素将导致类的数量增加

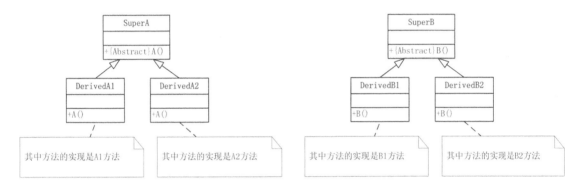

图 15.5　单一职责原则告诉我们把不同的变化封装到不同的类中

再比如 7.3 节中的图 7.7，我们把 GUI 的职责分解成了 3 部分，分别是模型、视图和控制器，让它们各司其职。可以想象，如果我们把这 3 个类的功能硬塞到一个类中去，则该类既要包含业务逻辑和内部数据，又要包含界面设计，还要给界面上的控件设置响应函数，如图 15.6 所示，这将是多么糟糕的一个设计①。

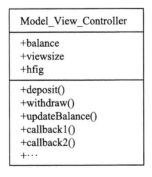

图 15.6　一个糟糕的无所不纳的 GUI 类

---

① GUIDE 正是做了类似的工作。

15.2 开放与封闭原则

> 程序的设计应该对修改是封闭的，对扩展是开放的。——开放与封闭原则 (Open-Closed Principle)

所谓对修改是封闭的，不是说程序一旦写好了就再也不用修改了，而是说，如果程序需要被修改，那么被修改的部分应该可以被隔离出来，并且对这部分的修改不会引起连锁反应，即影响其他已有的模块。也就是说，不能出现"牵一发而动全身"的情况。在 1.3 节中，使用 switch 语句的 order 函数，就是面向过程编程中对修改不封闭的典型。如果在面向对象的设计中不注意，那么也会违反开放与封闭原则。如图 15.7 所示，该设计对修改不是封闭的，因为如果要修改 B1 方法，将同时需要修改两个模块，即图中为粗线框的 A1B1 类和 A2B1 类。

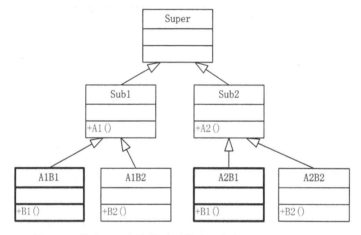

图 15.7 修改 B1 方法将需要修改两个类（A1B1，A2B1）

而图 15.8 所示的设计是对修改封闭的，因为对 "DerivedA1，DerivedA2，DerivedB1，DerivedB2" 的任意修改都只会影响一个封闭的模块。

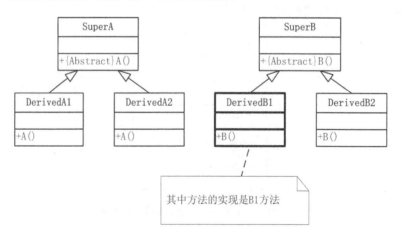

图 15.8 封闭的设计：一个方法的修改不会影响其他模块

所谓对扩展开放，就是说，当新的需求到来时，添加新的模块不会影响已有模块。如

图 15.9 中添加的 DerivedA3 类，应对已有的代码带来的改动是最小的。关于如何把程序设计得对扩展开放，将在后面的模式中详述。

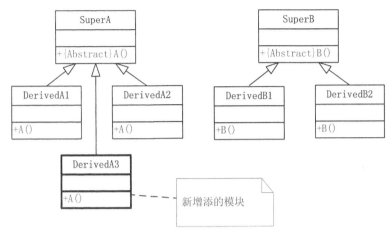

图 15.9　DerivedA3 类的添加不会影响已有的类

15.3　多用组合少用继承原则

> 使用组合可以让系统有更大的弹性，不仅可以将算法封装成类，而且还可以在运行时动态地改变对象的行为。

这里用图 15.10 来说明继承和组合之间的转换。假设 Super 类有两个方法 A 和 B，也可以理解成 Super 类的对象具有两种行为 A 和 B，可以像图 15.10(a) 所示那样把这两个方法封装在 Super 类里面；也可以换个角度，把这两个方法封装在两个方法类中，然后让 Super 类拥有这个方法类的对象，如图 15.10(b) 所示。

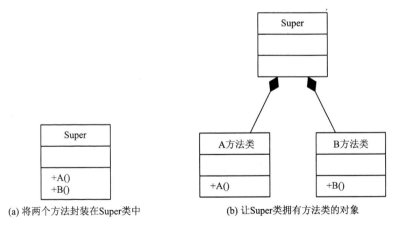

(a) 将两个方法封装在Super类中　　　　　　(b) 让Super类拥有方法类的对象

图 15.10　继承和组合之间的转换

如果程序仅仅是这么简单，那么我们还看不出组合的好处。现在假设把 A 方法分化成 A1 方法和 A2 方法，它们相似但是不相同，使用继承的设计方案，UML 将变成图 15.11 左侧所示的情况。Derive1 和 Derive2 是 Super 的子类，具有不同的行为。更常见的做法是，在 Super 类中声明一个抽象方法 A[①]，并且在子类中用不同的方法实现 A。由于含抽象方法的类是抽象类，不能直接声明对象，所以子类必须具体实现这个抽象方法才能声明对象，把 A 声明成抽象方法，可以保证（约束）子类中一定要实现它，如图 15.11 右侧所示。

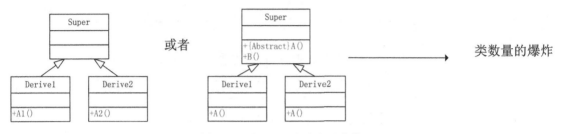

图 15.11 如果 A 方法出现分化

如果程序再复杂一点，比如把 Super 类中 B 的方法再分化出来，就会出现我们在单一职责原则中出现的问题——类数量的爆炸，并且这样的设计对修改不封闭。但是，使用组合处理变化就要容易得多，如果要扩展方法，则直接定义一个新的子类即可。从语言上来说，Super 类的对象拥有某种行为；从代码上来说，Super 类中拥有方法类的对象，如图 15.12 所示。

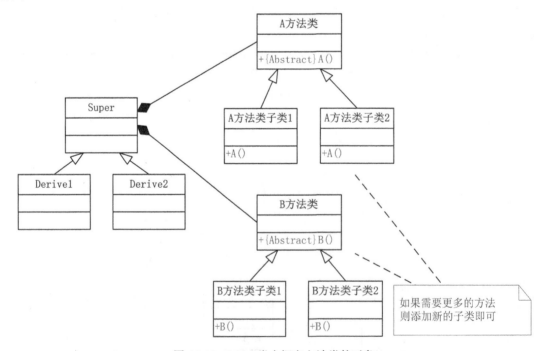

图 15.12 Super 类中拥有方法类的对象

再举一个经典的例子。假设 Super 类是 Bird，我们要讨论的行为是 fly，野鸭是鸟，野鸭会飞；企鹅也属于鸟，但是企鹅不会飞。在前面的章节中我们讨论过 fly 的行为必须针对不同的对象来定制，如果使用继承来处理这个问题，那么设计如图 15.13 所示。

① 原因参见 15.4 节。

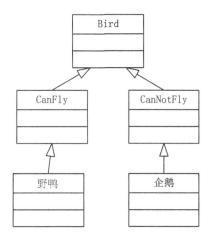

图 15.13　使用继承解决企鹅和鸟之间的关系

这样的设计可以解决问题，但不是最佳的设计，使用我们刚学到的"多用组合少用继承原则"，把 fly 作为一种行为封装到方法类中去，设计可以改为图 15.14 所示的情况。

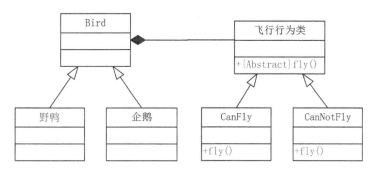

图 15.14　使用组合解决企鹅和鸟之间的关系

15.4　面向接口编程

我们先给接口（Interface）一个形象的定义：假设程序中包含图 15.15 所示的类，从 UML 图上来看，可以说接口其实就是模块中的上层部分，即 Base1，Base2 基类。在好的面向对象程序设计中，上层模块 Base1 和 Base2 通常都是包含抽象方法的抽象类，而继承它们的子类要能够实现这些方法。通常，我们也把这些子类叫作对接口的实现（Implementation）。

现在以一个例子来说明在面向对象程序设计中接口是如何引入的，以及什么叫作面向接口的编程。假设有一个类叫作 DataSource，该类负责与硬件通信，以及采集硬件的数据并保存。每一次采集，数据都发生变化，根据用户的选择，程序可以用图形的方式把数据可视化（比如用 ScopeView），也可以用数字的方式把数据简洁地表示出来（比如用 PanelView）。该程序初步的设计包括 3 个类，如图 15.16 所示。

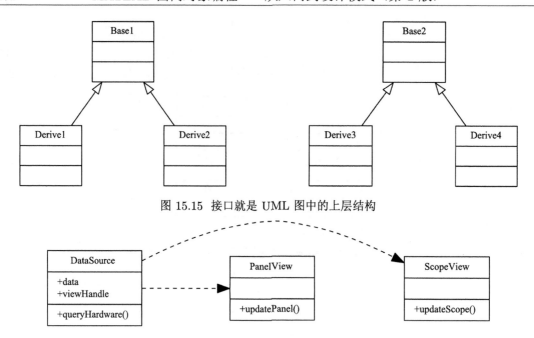

图 15.15　接口就是 UML 图中的上层结构

图 15.16　DataSource 通知两个 View 类更新显示

DataSource 拥有 data 数据和一个 View 类对象的 Handle。根据该 viewHandle 的不同采用不同的显示数据的方式，可以用如下脚本来测试：

```
                          Script
obj = DataSource()
obj. viewHandle= ScopeView();        % 采用 Scope 方式显示数据
obj.queryHardware();                 % 采集数据，并且可视化

obj. viewHandle= PanelView();        % 替换 viewHandle，采用精简方式显示数据
obj.queryHardware();                 % 采集数据，并且可视化
```

在 DataSource 的 queryHardware 方法中，主要的工作包括采集数据、通知 GUI 刷新、向 GUI 传递数据。

```
                       queryHardware
function queryHardware(obj)
    % 程序查询硬件，内部数据更新
    if isa(obj.viewHandle,'ScopeView')
      obj.viewHandle.updateScope(data);    % 包含细节 updateScope
    elseif  isa(obj.viewHandle,'PanelView')
        obj.viewHandle.updatePanel(data);  % 包含细节 updatePanel
    end
end
```

由上述代码可立即看出该 queryHardware 方法的缺陷。该方法和 GUI 的细节结合得过于紧密，DataSouce 是和硬件有关的类，不应该包含任何关于 GUI 的细节，而 queryHardware 方法中却要其在内部数据更新时，调用 ScopeView 类对象的 updateScope 方法，或

者 PanelView 中的 updatePanel 方法。可以预料到,这些不同的 View 类会随着程序的进化而变化,每次新添加一个 View 类都需要修改这里的 queryHardware 方法。显然,这个 DataSource 类设计得很不方便。

　　解决方法是,对 ScopeView 和 PanelView 加以抽象,抽象出一个 BasicView 基类,规定该 BasicView 基类中含有一个抽象方法 update,各个 View 子类必须实现自己的 update 方法,如图 15.17 所示。

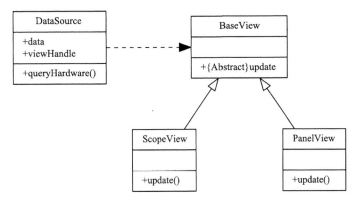

图 15.17　queryHardware 方法对 BaseView 基类接口编程

　　这样 queryHardware 方法就可以简洁些了,如下:

```
─────────────── queryHardware 方法 ───────────────
function queryHardware(obj)
    % 程序查询硬件,内部数据更新
    if  isa(obj.guiHandle, 'BaseView')      % 使用接口类的名字
        obj.guiHandle.update(data);         % 使用接口类中规定的方法的名称
    end
end
```

　　我们曾把接口描述成 UML 类图中的上层接口,现在我们观察一下 queryHardware 方法,发现其中出现的类的名称是上层类 BaseView,出现的方法的名称是上层类规定的抽象方法 update 的名称,所以这个 queryHardware 方法给我们最直观的印象是:适用于更广泛的情况。用面向对象的术语来讲,这叫作面向接口(上层模块)的编程,细节依赖于抽象。

　　我们再扩充这个程序,进一步阐释面向接口的编程方式。假设有两个硬件,各自和 MAT-LAB 通信的方式不同,所以要设计两个 Hardware 类,分别叫作 Hardware1 和 Hardware2,如图 15.18 所示。假设每次采集数据时数据量都很大,那么把数据直接发送给 GUI 类不现实,所以需要把对象的 Handle 直接传给 View 类对象,而不是发送数据。这里先提出一个初步设计,再一步一步地进行改进。另外,我们故意把 Hardware1 和 Hardware2 中的属性名称和方法名称设计得有一些不同,这是为了体现抽象出一个基类的必要性。其中,queryHardware1 方法需要把自己的 Handle 传给 View 对象。这样,View 对象就可以直接访问 Hardware1 对象中的数据:

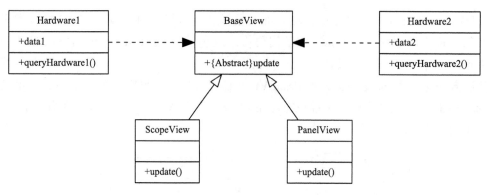

图 15.18　新增一个 Hardware 类

```
┌─ queryHardware1 ──────────────────────────────────────────────┐
│ function queryHardware1(obj)                                   │
│     % 程序查询硬件，内部数据更新                                │
│     if  isa(obj.guiHandle, 'BaseView')                         │
│         obj.guiHandle.update(obj);        % 向 View 类对象传递自身的 Handle │
│     end                                                        │
│ end                                                            │
└────────────────────────────────────────────────────────────────┘
```

而 update 方法可以根据传来的不同的 Handle 类型访问不同的属性。比如 ScopeView 的 update 方法，如下：

```
┌─ update ────────────────────────────────────────────────────────┐
│ function update(obj,datasourceHandle)                           │
│       if isa(datasourceHandle,'Hardware1')                      │
│     % 查询 datasourceHandle.data1, 访问 Hardware1 对象的属性 data1 │
│                                                                 │
│     elseif isa(datasourceHandle,'Hardware2')                    │
│       % 查询 datasourcehandle.data2, 访问 Hardware2 对象的属性 data2 │
│                                                                 │
│     end                                                         │
│ end                                                             │
└──────────────────────────────────────────────────────────────────┘
```

和第一个版本的 queryHardware 方法一样，这个方法的设计缺陷是：update 方法过分依赖于细节。因为两个 Hardware 类很相似，现在我们抽象出一个 DataSource 基类来形容它们，如图 15.19 所示。

这样，View 子类中的 update 函数也是依赖抽象面向接口的了。其细节就是子类，就是 UML 中的下层结构，而抽象就是 UML 中的上层结构，即各个基类。具体如下：

```
┌──────────────────────────────────────────────────────────────┐
│ function update(obj,datasourceHandle)                         │
│       if isa(datasourceHandle,'DataSource')                   │
│             % query datasourceHandle.data, 访问 Hardware 对象的属性 data │
│     end                                                       │
│ end                                                           │
└──────────────────────────────────────────────────────────────┘
```

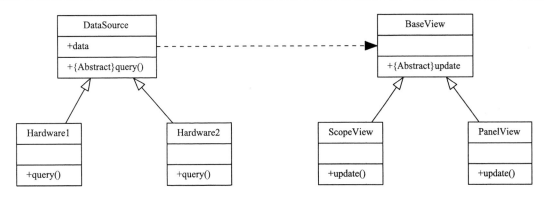

图 15.19　下层类面向上层接口编程

在本节的最后，我们再讨论一下，为什么要把子类中的方法名称抽象出来，放到基类中变成一个抽象方法。现在假设有一个 Client 类拥有或者使用 Derive1 或 Derive2 的对象，如果在 Derive1 和 Derive2 中相似的方法有着不同的名字（见图 15.20），那么在 Client 处的代码将势必出现 obj.A1()，obj.A2() 类似的调用，这叫作高层模块依赖于底层模块，抽象依赖于细节，也叫作针对实现编程，是要避免的。因为 A1 和 A2 是具体的实现，万一要修改，就会迫使高层 Client 模块也做相应的修改。理想的情况是，高层的代码应尽量地针对接口编程，即写得宽泛抽象；而底层模块可以自由地修改、扩展，而不影响高层。正确的做法，即我们提到的更常见的做法是，在 Super 类中声明一个抽象方法 A，如图 15.21 所示。

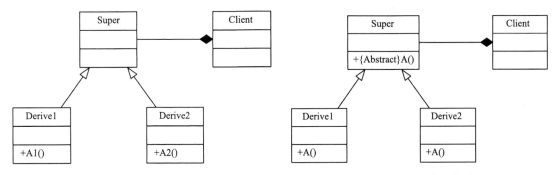

图 15.20　如果子类中相似的方法有不同的命名　　　图 15.21　针对接口的设计

这样，在 Client 中的代码块就可以使用 obj.A() 的调用了。Client 中的代码只和一般的 Super 类的对象做交互，并不需要知道该对象到底是 Derive1 类还是 Derive2 类，类似 obj.A() 的调用到底是 Derive1 对象的 A 方法的调用，还是 Derive2 对象的 A 方法的调用，Client 中的代码并不需要了解，这才是针对接口编程，也叫作依赖倒转原则：抽象不应该依赖于细节，细节应该依赖于抽象。

第 16 章　创建型模式

16.1　工厂模式：构造不同种类的面条

16.1.1　简单工厂模式

假设你是一个面馆的老板，在大学门口租了一个店面卖面条。现在要求用 MATLAB 程序来模拟面馆的运作过程。因为面馆初期很简单，所以程序也很短，只需要设计一个点菜函数就可以了，代码如下：

```
─── inStoreOrder.m ───
function noodle = inStoreOrder()
    noodle = Noodle();
    noodle.boil();
    noodle.serve();
end
```

```
─── Command Linep ───
>> noodle = inStoreOrder();
```

在 inStoreOrder 函数中，Noodle() 是构造函数，返回面条原料对象；boil() 是 Noodle 类的方法，对面条对象做操作，将其煮熟；serve() 方法代表摆盘上菜。目前，程序只有一个 Noodle 类，其中包括两个方法，UML 如图 16.1 所示。改进程序的第一步是对现有程序根据职责进行拆分，首先构造出一个面馆类 NoodleHouse，使用组合关系，让面条原料对象作为 NoodleHouse 对象的属性，并且把点菜、煮面条和上菜方法也封装到 NoodleHouse 类中，如图 16.2 所示。

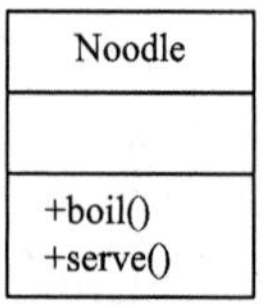

图 16.1　简单的面条类

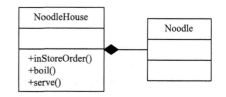

图 16.2　组合关系：面馆对象拥有面条对象

图 16.2 所对应的 NoodleHouse 的代码如下：

```
─── NoodleHouse ───
classdef NoodleHouse < handle
    properties
        noodle % Noodle object
    end
    methods
        inStoreOrder(obj,orderType);
        boil(obj)  ;
        serve(obj);
```

```
    end
end
```

第二步是继续丰富面馆的菜单。面馆刚刚开张，菜单暂时只提供两种面条：风味可口的牛肉面和物美价廉的清汤面，NoodleHouse 对象负责判断产生牛肉面还是清汤面对象，如图 16.3 所示。

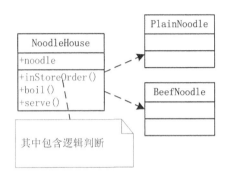

图 16.3　NoodleHouse 的 inStoreOrder 方法负责判断产生哪种面条对象

NoodleHouse 的 inStoreOrder 方法的代码如下：

```
                                    ─── inStoreOrder ───
function  inStoreOrder(obj,orderType)
    switch lower(orderType)
        case 'beef'
            obj.noodle = BeefNoodle();
        case 'plain'
            obj.noodle = PlainNoodle();
        end
    obj.prepare();
    obj.boil();
    obj.serve();
end
```

其中包含 switch 判断语句，根据顾客的要求做不同的面条。

没过几个星期，面馆发生了新的变化：老板招了一个四川厨师，做担担面很拿手；很多顾客反映牛肉面很好吃，但不爱吃阳春面；还有的顾客要求菜单上增加炸酱面（起个名字为 Fried Sauce）。于是，我们赶紧修改 inStoreOrder 方法：

```
                                    ─── inStoreOrder ───
function inStoreOrder(obj,type)
    switch lower(type)
        case 'beef'
            obj.noodle = BeefNoodle();
    %   case 'plain'                  % 阳春面卖得不好，决定将其从菜单上去掉
    %       noodle = PlainNoodle();
        case 'dandan'
```

```
            obj.noodle = DandanNoodle();
        case 'friedsauce'                % 添加炸酱面
            obj.noodle = FriedSauceNoodle();
        end
    obj.boil();
    obj.serve();
end
```

　　程序改到第三版，我们渐渐发现一个问题：每当从菜单上增加或者去掉一个品种时，不但需要增加一个面的种类（比如这里需要添加一个 FriedSauceNoodle 类），而且需要修改 inStoreOrder 方法。简单地说，就是添加新的需求很不方便。好在这个类的其余部分没有变化，程序似乎还可以再凑合一阵儿。可是又过了几个星期，面馆的生意越做越红火，周围居民希望菜单上能有更多种类的面条，如辣椒面、热干面、炒面、捞面等。我们的程序将不得不变成下面的样子，再这样下去，inStoreOrder 方法就要爆炸了！

```
━━━━━━━━━━━ inStoreOrder ━━━━━━━━━━━
function inStoreOrder(obj,type)
    switch lower(type)
        case '...'
            ...
        case '...'
            ...
        case '...'
            ...
        case '...'
            ...
        case '...'
            ...
        ......
    end
    obj.boil();
    obj.serve();
end
```

　　改进这个程序的第一步是：根据单一职责原则，把面条的生产和面馆的其他方法分开，让它们各司其职。可以把产生面条原料的方法抽象出来成为一个类，该类有一个方法 createNoodle()，负责制作各种不同的原料。假设辣椒面、热干面、炒面、捞面不但烹制的方法不同，而且使用的面条的种类也不同。为此可以在图 16.4 所示的 UML 中添加一个简单的面条工厂类，由工厂负责产生原料，再引入一个面条的基类，其中包括一些面条的共同的性质（这里从略）。因此，inStoreOrder 方法就不用再负责面条生产的细节了，具体如下：

```
━━━━━━━━━━━ NoodleHouse ━━━━━━━━━━━
classdef NoodleHouse
    properties
```

```
        factory
        noodle
    end
    methods
        function obj = NoodleHouse(factory)
            obj.factory = factory ;    % 初始化面条工厂
        end
        function  noodle  = inStoreOrder(type)
            obj.noodle = obj.factory.createNoodle(type); % 生产的工作由工厂完成
            obj.boil();
            obj.serve();
        end
    end
end
```

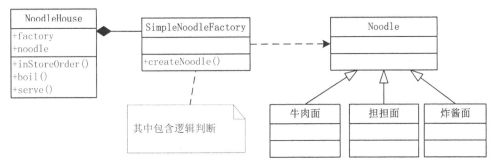

图 16.4　面馆有简单工厂的对象，由该对象负责生产面条

通过简单工厂，我们把生产面条的逻辑细节从上层模块的类方法 inStoreHouse 中转移到了底层模块 SimpleNoodleFactory 类中，代码如下：

─────────── SimpleNoodleFactory ───────────
```
classdef SimpleNoodleFactory < handle
    methods
        function noodle = createNoodle(orderType)
            switch lower(orderType)
                case 'beef'
                    noodle = BeefNoodle();
                case 'dandan'
                    noodle = DandanNoodle();
                case 'friedsauce'
                    noodle = FriedSauceNoodle();
            end
        end
    end
end
```

　　这种设计方法叫作简单工厂模式（Simple Factory Pattern）。其主要特点是：对象的产生细节由一个特定的类负责，并且该类包含了必要的逻辑判断以产生不同类的对象。比如，createNoodle 方法根据 orderType 实例化出不同的对象。图 16.5 所示是简单工厂的一般 UML 图。而该模式的优点是简单，NoodleHouse 类把负责生产面条的职责隐藏到了更底层的 SimpleFactory 模块中去，于是高层模块中的 inStoreOrder 方法不再跟随菜单的变化而变化。但该设计仍有不足之处，即简单工厂类这样的细节模块中仍然包含了各种具体产品的逻辑判断，但是需要认识到，这种逻辑是必须的，有时是无法避免的。在好的设计中，这些细节存在于底层模块中，以达到高层模块和底层细节的解耦合。

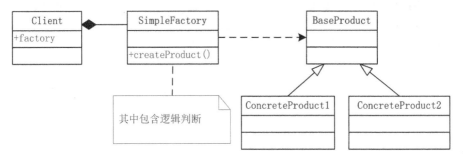

图 16.5　Client 拥有 SimpleFactory 对象，该对象负责产生具体产品

16.1.2　工厂模式

　　现在面馆由于口味地道、经济实惠，生意越做越火，于是面馆老板想在全国各地开连锁店，但由于地域不同，面条的材料和制作工艺也会有所不同。那么，该如何设计整个程序呢？整个程序的设计思想应该是这样的：

　　□ 根据单一职责原则，还是肯定地把面馆类和制作原料的工厂类分开。

　　□ 要模拟各种风味的面馆，可以先引入面馆基类 NoodleHouse，把面馆的共性抽象出来以使代码可以复用；同理，还可以引入一个 Factory 类，把各个工厂的共性抽象出来。

　　□ 具体的 NoodleHouse 的对象将拥有原料工厂的实例[①]，比如南方 NoodleHouse 对象，将拥有南方风味面条加工厂的实例。

　　□ NoodleHouse 类中应该有一个 createNoodle 方法，并且这个方法仅仅是一个包装方法（wrapper），该包装方法负责把构造面条的请求转发给具体的工厂对象。

　　这样，简单工厂模式就升级成了工厂模式，多了 Factory 基类和 Factory 具体类，如图 16.6 所示。

　　不可避免地，在具体的原料工厂类中仍将含有逻辑判断语句：根据具体的 NoodleHouse 传来的参数构造具体的面条对象，如图 16.7 所示。

　　比如南方风味和北方风味的面条工厂，它们的 createNoodle 方法的定义分别是：

---

① OOP 中，实例（Instance）和对象（Object）是同义词。

```
function noodle = createNoodle(obj,type)
 switch type
  case 'beef'
    noodle = SouthBeefNoodle();
  case 'sauce'
    noodle = SouthSauceNoodle();
  end
end
```

```
function noodle = createNoodle(obj,type)
 switch type
  case 'beef'
    noodle = NorthBeefNoodle();
  case 'sauce'
    noodle = NorthSauceNoodle();
  end
end
```

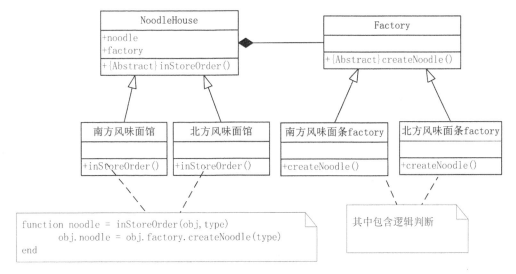

图 16.6　简单工厂模式升级成工厂模式，多了一个 Factory 基类和 Factory 具体类

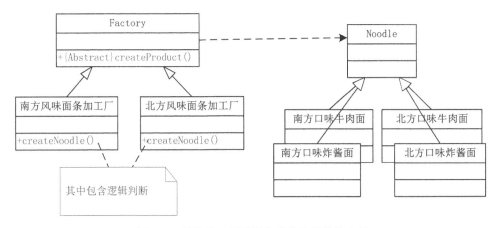

图 16.7　具体的工厂子类负责生产具体的产品

整体设计的 UML 如图 16.8 所示。该设计的要点是：

□ NoodleHouse 对象拥有原料工厂的实例，原料工厂根据 NoodleHouse 的要求产生不同的面条原料。

□ NoodleHouse 也可以更换原料工厂实例，从而产生不同的面条原料。

测试程序负责声明面条工厂和面馆对象，并且指定面馆使用的工厂对象。

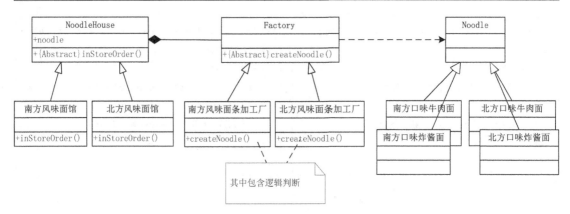

图 16.8　具体面馆对象将拥有具体的面条加工厂对象

```
———————————————————————— Script ————————————————————————
factory  = NorthNoodle();
house = NorthNoodleHouse(factory);   % 指定 NoodleHouse 使用的工厂
house.createNoodle();
```

　　工厂模式的关键在于，具体对象的创建时机推迟到工厂子类中完成。再举个例子，比如要构造一个对象用于 MATLAB 与硬件之间进行通信和控制，因为可能有不止一个硬件，而且我们不希望对每一种硬件都写一段代码，不希望高层的模块和具体的硬件细节打交道，所以把产生这个对象的工作交给工厂模式去完成。那么工厂类的子类将负责产生具体的和硬件直接交流的对象，且 Client 端的代码负责抽象地控制硬件，而具体和哪一个硬件通信，取决于 Client 端使用的是哪一个工厂类的子类。在运行时，可以通过更换工厂实例来产生不同的硬件通信实例，从而和不同的硬件进行通信。图 16.9 所示为该例的 UML，通信交流的对象由 ConcreteHardware1 和 ConcreteHardware2 产生。

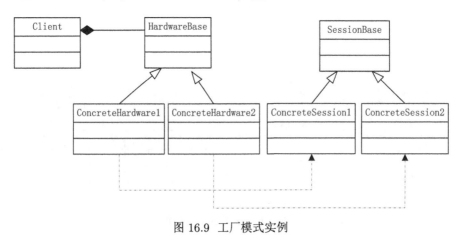

图 16.9　工厂模式实例

16.1.3　工厂模式总结

　　《设计模式》一书中对工厂模式的意图是这样叙述的：

> 　定义一个用于创建对象的接口，让子类决定实例化哪个类。工厂模式使一个类的实例化延迟到其子类。

工厂模式结构如图 16.10 所示。

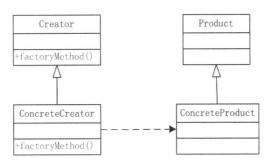

图 16.10　Creator 对象要创建的产品对象延迟到了其子类

Creator 依赖它的子类，其子类将通过调用具体的工厂对象得到一个适当的 Concrete-Product 实例。

16.1.4　如何进一步去掉 switch/if 语句

从图 16.5 所示的简单工厂模式到图 16.8 所示的工厂模式，生产对象的细节被分流到底层的细节模块中。但在面条工厂的 createNoodle 方法中，仍然包含着 switch/if 判断语句，所以这还是没有完全做到对修改封闭。也就是说，当该工厂的原料种类需要扩充时，对该方法的修改仍在所难免。究竟有没有可能把 switch/if 去掉呢？在 MATLAB 中这是可以做到的。为了演示这个技巧，我们先把面馆的例子简化一下，假设现在有两个类 Sub1 和 Sub2：

```
———— Sub1 ————
classdef Sub1  < handle
    methods
        function obj = Sub1()
            disp('sub1 obj created');
        end
    end
end
```

```
———— Sub2 ————
classdef Sub2 < handle
    methods
        function obj = Sub2()
            disp('sub2 obj created');
        end
    end
end
```

下面的 createObj 函数将根据输入的字符串来判断要构造 Sub1 还是 Sub2 的对象：

```
function obj = createObj(type)
    switch type
        case 'Sub1'
            obj = Sub1();
        case 'Sub2'
            obj = Sub2();
    end
end
```

初步可以这样测试该函数：

──────────── Script ────────────	──────────── Command Line ────────────
`createObj('Sub1');`	`sub1 obj created`
`createObj('Sub2');`	`sub2 obj created`

createObj 函数中 switch 的使用就是 16.1.2 小节提到的"必要的逻辑判断"，也是希望能改进的地方，这也是对修改不封闭的部分。要达到这个目的：不论如何增加具体的 Sub 类的数量，createObj 函数都不受外部的影响（不需要被修改），在 MATLAB 中，可以用 eval 函数来实现这个要求。为简单起见，下面的代码舍去了对输入是否合法的验证[①]。新的 createObj 只有一行，不论传入的 classname 是什么样的字符串，eval 函数都将把这个字符串当作 MATLAB 命令去执行。当然，如果我们必须规定输入的 classname 只能是类的名称，那么这个函数的作用其实就是动态地产生各种具体的对象。

```
function obj = createObj(classname)
    obj = eval(classname);
end
```

测试还是和之前一样：

──────────── Script ────────────	──────────── Command Line ────────────
`createObj('Sub1');`	`sub1 obj created`
`createObj('Sub2');`	`sub2 obj created`

上述的例子要求 Sub1 和 Sub2 有默认的构造函数。如果构造函数恰好需要用户的输入，比如下面这个修改过的 Sub1 的定义：

```
──────────── Sub1.m ────────────
classdef Sub1 < handle
    properties
        a
    end
    methods
        function  obj = Sub1(var)
            obj.a = var;
        end
    end
end
```

那么用户可以使用 strcat 先构造要执行的命令的字符，然后再用 eval 函数来执行命令，得到产生的对象，比如：

```
──────────── Script ────────────
classname = 'Sub1';
cmd = strcat(classname,'(','10',')');
obj = eval(cmd);
```

---

① 至少 MATLAB 要能找到该类的定义。

或者可以使用 str2func 函数，从 classname 处获得类的构造函数的句柄，然后像正常使用构造函数那样调用该函数句柄，如下：

```
───────────────── Script ─────────────────
classname = 'Sub1';
ConstructorHandle = str2func(classname);
obj = ConstructorHandle(3);
```

16.1.5 抽象工厂

如果工厂生产的产品很复杂，如图 16.11 所示，牛肉面除了可以由不同种类的牛肉组成外，比如红烧牛肉或牛腩，还可以由不同种类的面条组成；炸酱面里的酱也因为地域不同，可分成辣的和甜的；面条本身还可以分成宽边的和细边的，那么在这种情况下，还可以再进一步细化工厂类，如图 16.12 所示。而最后的产品是各种面条、酱类和牛肉对象的组合。比如：南方口味的牛肉面是干切牛肉加细边面条，而北方口味的牛肉面则是牛腩加宽边面条；南方口味的炸酱面是甜酱加细边面条，而北方口味的炸酱面则是辣酱加宽边面条。

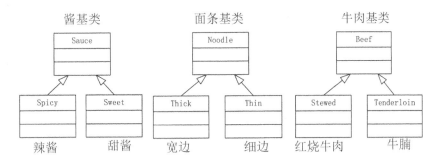

图 16.11 各种面食的组合结构

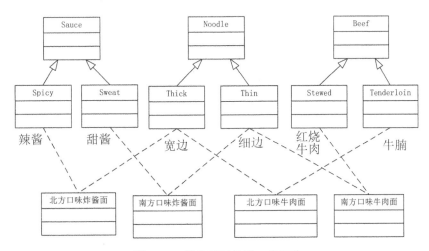

图 16.12 抽象工厂的进一步细化

相应地，我们把 Factory 中的 createNoodle 细化成 3 个方法，如图 16.13 所示：由 createNoodle 来构造不同粗细的面条，由 createSauce 来构造不同的炸酱，由 createBeef 来构造牛肉辅料。

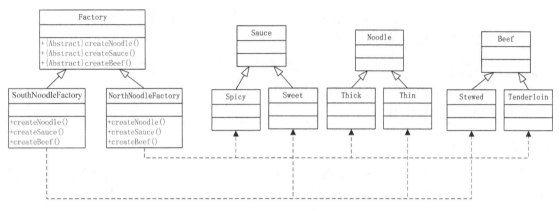

图 16.13 不同风格的面条工厂生产不同的面条、配料

具体工厂中的具体方法指定产生特定的产品，比如南方面厂的面条是细边的，酱是甜的，而牛肉是红烧的，具体如下：

```
——— SouthNoodleFactory ———
function noodle = createNoodle(obj)
  noodle = ThinNoodle();
end
function sauce = createSauce(obj)
  sauce = SweetSauce();
end
function beef = createBeef(obj)
  sauce = Stew();
end
```

```
——— SouthNoodleFactory ———
function noodle = createNoodle(obj)
  noodle = ThickNoodle();
end
function sauce = createSauce(obj)
  sauce = SpicySauce();
end
function beef = createBeef(obj)
  sauce = Tenderloin();
end
```

当然，我们仍然需要一个 switch/if 语句，根据顾客所点的菜来提供产品，这次我们将该逻辑判断放到 NoodleHouse 底层类的 inStoreOrder 方法中去。不过，这不是绝对的，该逻辑判断也可以放到具体的工厂类中，这不是抽象工厂的关键。采用抽象工厂（Abstract Factory）模式的面馆如图 16.14 所示。

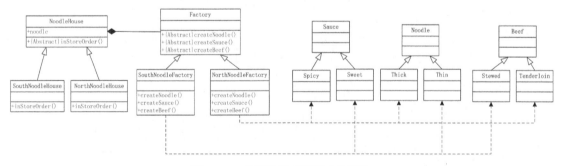

图 16.14 采用抽象工厂模式的面馆

NoodleHouse 的具体类对象拥有具体的 Factory 的对象，所以构造何种菜肴全根据该具体的 Factory 的种类而定，inStoreOrder 方法可以写成这样：

```
┌─── inStoreOrder ─────────────────────────────────────────────┐
│ function inStoreOrder(obj,type)                               │
│     switch type                                              │
│         case 'beef'                                          │
│             noodle = obj.factory.createNoodle(); % 不涉及具体的工厂 │
│             beef =   obj.factory.createBeef();              │
│         case 'sauce'                                         │
│             noodle = obj.factory.createNoodle();            │
│             sauce = obj.factory.createSauce();              │
│         end                                                 │
│ end                                                         │
└─────────────────────────────────────────────────────────────┘
```

注意：这段上层模块的代码因为没有涉及任何底层的具体的工厂和产品，所以该上层模块和产品细节是解耦合的，即使 NoodleHouse 更换了面条工厂，这部分代码也不需要修改。总的来说，NoodleHouse、Factory 和各种配料的关系构成了一个抽象工厂的模式。抽象工厂模式与工厂模式相比能够处理更加复杂的情况，具体的工厂的职责是构造多于一个的产品。

16.1.6 抽象工厂模式总结

《设计模式》一书中对抽象工厂模式的意图是这样叙述的：

> 提供一个创建一系列相关或者相互依赖的对象的接口，而无需指定它们具体的类。

1. 抽象工厂模式的结构

抽象工厂模式的结构如图 16.15 所示。

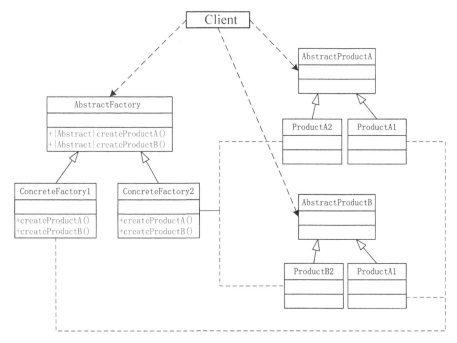

图 16.15 抽象工厂模式的结构

2. 类之间的协作

在运行时，Client 将负责创建一个 ConcreteFactory 类的实例，这个具体的工厂具有创建不同对象的代码。Client 可以更换具体的工厂以得到不同的具体的产品。

3. 何时使用抽象工厂模式

抽象工厂模式适用于以下情况：

□ 当一个系统要独立于它的产品创建、组合和表示时。
□ 当一个系统由多个产品系列中的一个来配置时。
□ 当需要强调一系列相关产品的设计，以便进行联合使用时。

16.2 单例模式：给工程计算添加一个 LOG 文件

16.2.1 如何控制对象的数量

用 MATLAB 进行工程科学计算时，常常需要在过程中输出一些中间结果，用来调试程序。一般地，我们把记录中间结果的文件叫作 LOG。对这个 LOG 文件的要求是，在整个程序运行期间的任何地方，都能往 LOG 中写入数据，并且整个程序运行期间，有且只有一个 LOG。下面我们就用单例模式（Singleton Pattern）来解决这个问题。单例模式是设计模式中最简单的一种，也是最常用的模式之一。该模式用来控制一个类所能产生的对象的数量，通常用来限制类只能产生一个对象。下面探讨其如何在 MATLAB 中实现。先观察如下一个简单的类 MyClass：

```
───────────────── MyClass ─────────────────
classdef MyClass < handle
    methods
        function obj = MyClass()
            disp('Constructor called') % 打印文字表示构造函数被调用
        end
    end
end
```

该类定义简单，但无法限制其能够产生的对象的数量，因为外部 Client 可以调用构造函数任意次。比如下面的脚本就连续生成了两个对象：

```
──────── Script ────────        ──────── Command Line ────────
obj1 = MyClass();               Constructor called
obj2 = MyClass();               Constructor called
```

之所以能够产生任意数目的对象，是因为 MyClass 的构造函数可以不加限制地被调用，所以自然就会想到，为了控制构造函数的访问，也许将构造函数声明成 private 方法就可以达到限制其在外部被调用的目的，如下：

```
───────────────── MyClass ─────────────────
classdef MyClass < handle
    methods(Access = private)        % 如果构造函数被声明成了 private，那么外部将无法访问
        function obj = MyClass()
```

```
            disp('constructor called');
        end
    end
end
```

但是，我们很快就意识到，这样似乎根本没有机会构造任何对象。所以这个问题到这里只解决了一半，剩下的一半是，我们还要提供一个中间层（方法）来间接地对构造函数进行访问。该方法除了必须是公共的方法之外，还必须满足如下条件：

□ 该方法被调用时，如果 MyClass 还没有产生一个对象，则该方法将产生一个对象。因为即使在 MyClass 没有被实例化之前，该方法也要允许被外部访问，所以这个方法必须是一个 Static 方法。

□ 该方法内部要有一个标记，用来记录是不是已经产生过一个对象。

□ 该方法被调用时，如果 MyClass 的对象已存在，则该方法返回上次产生的那个对象。

分析到这里，Singleton 的框架已经基本清晰了，其 UML 图如 16.16 所示。

图 16.16　MyClass 类含有一个 private 的构造函数和一个 public 的静态方法

下面的代码是其经典的实现。

```
── MyClass ──
1  classdef MyClass < handle
2      methods(Access = private)                      % 私有的构造函数
3          function obj = MyClass()
4              disp('construtor called');
5          end
6      end
7      methods(Static)
8          function obj = getInstance()               % 静态的接口方法
9              persistent localObj;                    % persistent local object
10             if isempty(localObj) || ~isvalid(localObj) % 如果 localObj 不存在则创建
11                 localObj = MyClass();
12             end
13             obj = localObj;                         % 如果 localObj 已存在则返回
14         end
15     end
16 end
```

说明：

□ 因为 MyClass 的构造函数是 private 的，所以外部程序无法直接调用该构造函数进行实例化；getInstance 是一个静态方法，即使不存在类实例，外部程序也可以调用该方法。

□ 第 9 行，getInstance 静态方法内部有一个 persistent 变量，利用这个 persistent 变量来保存这个类的唯一的实例对象，所以每次该方法被调用时都返回这个静态变量。

  – 如果 getInstance 第一次被调用，这时 localObj 还没有赋值，那么 getInstance 将产生一个对象，并且将它返回，这叫作实例化延迟，即仅在需要时产生对象。

  – 如果 getInstance 再次被调用，这时 localObj 中已经存放了第一次被调用时产生的实例，那么 getInstance 不是再创建新的对象，而是直接返回 localObj。

□ persistent 变量可以使用 clear all 来清除。一旦使用了 clear all 或者 clear classes，persistent 变量将不再存在，其中保存的数据也将消失。如果之后再次调用 getInstance，就相当于第一次调用，此时将重新构造 MyClass 对象。

现在我们来验证这个设计。在下面的代码中 MyClass.getInstance 被调用了 3 次，从命令行的输出可以看出，构造函数只被调用了一次。

```
———————————— Script ————————————          ———————————— Command Line ————————————
obj1 = MyClass.getInstance();              construtor called
obj2 = MyClass.getInstance();
obj3 = MyClass.getInstance();
```

因为 MyClass 是 Handle 类，所以上述脚本中构造出来的 obj1，obj2，obj3 实际指向的都是同一个实例。

《设计模式》一书中对单例模式的意图是这样叙述的：

> 保证类仅有一个实例，并提供一个访问它的全局访问点。

注意：Myclass 中的构造函数是私有的，这将导致 MyClass 类不能被继承，因为其子类对象初始化时必须要能够访问基类构造函数。

16.2.2　如何删除一个 Singleton 对象

如前所述，clear all 或者 clear classes 可以删除所有的变量，包括 persistent 变量，所以它们可以作为删除 Singleton 对象的一种手段。但是，clear all 同时也会删除 Workspace 中的所有已有的变量，因此这是一种比较简单粗糙地删除 Singleton 对象的手段。如果程序中有多个 Singleton 类，比如一个 Singleton 类用来管理 LOG，一个 Singleton 类用来管理和数据库的连接，如果只希望删除一个 Singleton 对象，而保留另一个，那么显然 clear all 无法满足该要求。

如果只想删除特定的 Singleton 变量，即清除 persistent 变量，则可以使用 delete，如下：

```
———————————————— Command Line ————————————————
1 >> o = MyClass.getInstance()
2 construtor called
3 o =
4   MyClass with no properties.
```

```
 5
 6 >> o.delete
 7
 8 >> o = MyClass.getInstance()
 9 construtor called
10 o =
11   MyClass with no properties.
```

第 6 行调用的 delete 彻底清除了 Singleton 对象和其 persistent 变量，当第 8 行再次调用 getInstance 时，输出显示构造函数被再次调用。

16.2.3　应用：如何包装一个对象供全局使用

前面已经介绍了单例模式的基本实现，下面来讲解如何具体实现 LOG 类。如果使用面向过程的方法，则需要在函数内部打开文件，写入数据，最后关闭文件。比如：

```
─────── 计算函数 1 ───────
1 function func1(filename)
2   fID = fopen(filename);  % 打开文件
3   fprintf(fID,'Hello from func 1\n')
4   fopen(fID);
5 end
```

```
─────── 计算函数 2 ───────
1 function func2(filename)
2   fID = fopen(filename);   % 再次打开
3   fprintf(fID,'Hello from func 2\n')
4   fopen(fID);
5 end
```

两个计算函数中第 2 行的代码重复了，而去除重复代码是改进程序最明显的一步。针对重复的 fopen，可以在这些函数的外部打开这个文件，然后把文件句柄传入，并且记得在程序结束处关闭这个文件句柄。

```
──────── 整个计算过程 ────────
......
fID = fopen(filenane);
......
func1(fID);
......
func2(fID);
......
fclose(fID);
......
```

如果需要记录许多函数的中间计算过程，那么给每个函数都添加一个额外的参数显然是很不方便的：

```
── 接受句柄作为参数的计算函数 1 ──
function func1(fID)
  fprintf(fID,'Hello from func 1\n')
end
```

```
── 接受句柄作为参数的计算函数 2 ──
function func2(fID)
  fprintf(fID,'Hello from func 2\n')
end
```

如果这个文件句柄 fID 确实被频繁地使用，那么还有一些常见的方法，比如，把这个句柄声明成全局变量，或者在主工作空间中声明这个变量，然后使用 assignin 在函数中获取主工作空间中的该变量。使用全局变量完成函数之间的数据共享是下策。下面将介绍如何用面向对象的方法来对全局变量进行封装，以达到数据共享的目的。

如果使用单例模式，则可以把打开、关闭和写文件的操作封装到一个 LogClass 中，只需要在各个函数内部调用 LogClass 的静态方法 getInstance，就可以得到统一的 Log 类对象，然后使用 print 完成输出。这样一来，就不需要再给每个函数添加参数，只要该类的定义在 MATLAB 的搜索路径上，Log 对象就可以在任何地方被使用。

```
———— 使用 LogClass 的计算函数 1 ————
function func1()
    log = LogClass.getInstance();
    log.print('Hello from func 1\n');
end
```

```
———— 使用 LogClass 的计算函数 2 ————
function func2()
    log = LogClass.getInstance();
    log.print('Hello from func 2\n');
end
```

LogClass 可以这样设计：

☐ 由私有构造函数负责打开 Log 文件，由 delete 方法负责关闭打开的文件。

☐ print 成员方法负责输出到外部。

☐ getInstance 是 Static 方法，控制外部程序对该类对象的创建和访问。

```
———————————— LogClass ————————————
classdef LogClass<handle
    properties
        fID
    end

    methods(Access = private)
        function obj = LogClass()     % 构造函数负责打开文件
            obj.fID = fopen('logfile.txt','a');
        end
    end

    methods
        function delete(obj)          % delete 方法负责关闭文件
            fclose(obj.fID);
        end
        function print(obj,string)    % print 方法封装 fprintf
            fprintf(obj.fID,string);
        end
    end

    methods(Static)
        function obj = getInstance() % Static 方法控制外部的访问
            persistent localobj;
            if isempty(localobj) || ~isvalid(localobj)
                localobj = LogClass();
            end
```

```
        obj = localobj;
      end
   end
end
```

单例模式的其他用例（Use Case）还有 7.9 节的 Context 类、18.6 节的 Caretaker 类。一般来说，单例模式可以用在计算中只需要一个对象的类上。在 GUI 编程中，单例模式还可以用来控制一个类能够产生的视图的数量。

16.3　建造者模式：如何用 MATLAB 构造一辆自行车

16.3.1　问题的提出

本小节通过 MATLAB 模拟一个对象自行车的建造过程来介绍建造者模式（Builder Pattern）。先对自行车做简化，假设自行车有 3 个主要部分——框架（Frame）、轮子（Wheel）和坐垫（Seat）；然后把这 3 个部件进行抽象，引入一个部件基类，叫作 Part 对象，自行车由 Part 对象组合而成。如果用类图来表示自行车和部件的关系，则如图 16.17 所示。

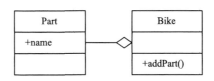

图 16.17　Bike 由 Part 对象构成

Bike 类和 Part 类定义如下，其中，Bike 的成员属性 parts 当作对象使用，用来盛放 Part 对象。Bike 类中还有一个装配方法，叫作 addPart 方法，为简单起见，其功能仅仅是把各个配件添加到对象数组 parts 中去。

```
——————— Bike ———————
classdef Bike < handle
 properties
   parts
 end

 methods
  function addPart(obj,partObj)
    obj.parts = [partObj, obj.parts];
  end
 end
end
```

```
——————— Part ———————
classdef Part < handle
   properties
     name
   end

   methods
     function obj = Part(name)
        obj.name = name ;
     end
   end
end
```

有了 Part 对象就可以开始装配自行车了。我们把装配过程放到一个叫作 constructBike 的方法中：

```
—————————— Script ——————————
function bikeobj = constructBike()
    bikeobj = Bike();
    bikeobj.addPart(Part('frame'));
    bikeobj.addPart(Part('wheels'));
    bikeobj.addPart(Part('seat'));
end
```

```
—————————— Command Line ——————————
>> constructBike()
ans =
    Bike handle
    Properties:
        parts: [1x3 Part]
    Methods, Events, Superclasses
```

该方法按照固定的顺序装配自行车：先添加框架，再添加轮子，最后添加坐垫。在命令行上调用 constructBike 方法，一辆普通的自行车就构造好了。

下面我们继续添加新的需求。新的需求是：程序不但要能够制造普通自行车，而且还要能构造山地自行车。这里假设：山地自行车配件的材料和普通自行车的材料不同，比如山地自行车的框架更坚硬，轮子更粗，坐垫更舒适，现在一个新的构造山地自行车的函数如下（它和 constructBike 没有太大的区别）：

```
function bikeobj = constructMountainBike()
    bikeobj = Bike();
    bikeobj.addPart(Part('sturdy frame'));
    bikeobj.addPart(Part('bigger wheels'));
    bikeobj.addPart(Part('comfy seat'));
end
```

如果我们再构造另一种新的自行车，比如公路自行车，则只需要把 constructMountain-Bike 方法稍加修改即可。观察这些 construct 方法容易发现，自行车的构造顺序是相对稳定的，都是先框架，再轮子，然后是坐垫，只是建造时配件各自不同。建造者模式正好适用于描述这样的过程。该模式用来构造一个复杂对象，在这里是构造一辆自行车。该模式把构成过程和构造的具体对象分离开来，让相同的构造过程创建出不同的产品。

建造者模式中包含以下几个重要的类：

首先，需要有一个类来指导对象的构建过程，这个类通常叫作 Director（指导者），由它来控制构建顺序。在构造自行车的例子中，我们给这个类起名叫作 BikeTechnician。

其次，还需要有具体的 Builder（建造者）类，用来制造不同的产品（Bike），这些类通常叫作 ConcreteBuilder。比如，构造山地自行车的类叫作 MountainBikeBuilder，构造公路自行车的类叫作 RoadBikeBuilder，这些类大致相似，但细节和具体的产品相关。而且我们还可以把它们的共性抽象出来，引入一个 BikeBuilder 的抽象类。

综上所述，整体的 UML 如图 16.18 所示。

接着再讨论一下各个类的从属关系：BikeTechnician 类的对象将拥有 builder 对象，也就是被其指挥的对象。Builder 所产生的产品是具体的自行车，Builder 类拥有产生的 Bike 对象。

该类的 MATLAB 代码如下（Bike 和 Part 仍是组合关系）：

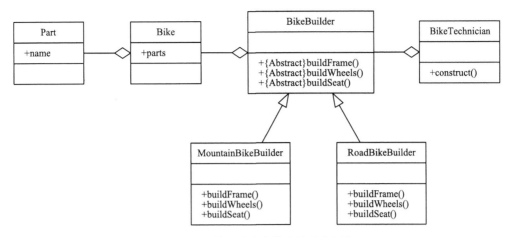

图 16.18 使用建造者模式构造自行车

```
—————————— Bike ——————————
classdef Bike < handle
    properties
        parts
    end
    methods
        function addPart(obj,part)
            obj.parts =[part,obj.parts];
        end
    end
end
```

```
—————————— Part ——————————
classdef Part
    properties
        name
    end
    methods
        function obj = Part(name)
            obj.name = name;
        end
    end
end
```

BikeTechnician 类负责指导自行车的构造。注意：该类对象拥有 builder 对象。

```
———————————————— BikeTechnician ————————————————
classdef BikeTechnician < handle
    properties
        builder                          % 该 builder 对象可以被更换
    end
    methods
        function set.builder(obj,builder)    % 该 set 方法指定 builder 对象
            if(isa(builder,'BikeBuilder'))
                obj.builder = builder ;
            else
                error('input must be an instance of BikBuilder')
            end
        end
        function construct(obj)              % 固定了构造的顺序
            obj.builder.buildFrame();
            obj.builder.buildWheels();
            obj.builder.buildSeat();
        end
```

```
        end
end
```

BikeBuilder 是一个抽象类,其中包含的抽象接口方法有 buildFrame,buildWheels,build-Seat,这些方法的具体实现将留给 BikeBuilder 的子类去完成。BikeBuilder 类中还有一个 showBike 方法,该方法用来把 product 中对象的内容输出到命令行,用来简单地验证 product 中的内容,代码如下:

────────── BikeBuilder ──────────
```
classdef BikeBuilder < handle
    properties
        product
    end
    methods(Abstract)
        buildFrame(obj);
        buildWheels(obj);
        buildSeat(obj);
    end
    methods
        function obj = BikeBuilder()
            obj.product = Bike();
        end
        function showBike(obj)
            disp(obj.product.parts.name)    % 输出名字到命令行
        end
    end
end
```

BikeBuilder 的子类分别是 MountainBikeBuilder 和 RoadBikeBuilder,用于实现各个具体配件的构造。为简单起见,仅用 name 这个属性的不同来区分各配件的不同。

────────── MountainBikeBuilder ──────────
```
classdef MountainBikeBuilder< BikeBuilder
    methods
        function buildFrame(obj)
            obj.product.addPart(Part('sturdy frame'))
        end
        function buildWheels(obj)
            obj.product.addPart(Part('wide wheels'))
        end
        function buildSeat(obj)
            obj.product.addPart(Part('comfy seat'))
        end
    end
end
```

```
_____ RoadBikeBuilder _____
classdef RoadBikeBuilder< BikeBuilder
    methods
        function buildFrame(obj)
            obj.product.addPart(Part('light frame'))
        end
        function buildWheels(obj)
            obj.product.addPart(Part('light wheels'))
        end
        function buildSeat(obj)
            obj.product.addPart(Part('light seat'))
        end
    end
end
```

下面进行测试：先声明一个 BikeTechnician 对象，再给其指定一个 builder 是 MontainBikeBuilder 对象，对 obj 发出 construct 的请求，一个 Bike 对象就被构造出来了。用来测试的脚本以及命令行输出如下：

_____ Script _____	_____ Command Line _____
`obj = BikeTechnician();`	`ans =`　　　% 验证这些是山地自行车配件
`obj.builder= MontainBikeBuilder();`	`comfy seat`
`obj.construct()`	`ans =`
`obj.builder.showBike()`	`wide wheels`
	`ans =`
	`sturdy frame`

BikeTechnician 对象所拥有的 builder 对象是可以替换的。下面把这个 builder 替换成 RoadBikeBuilder，再次调用 construct，就可以生产公路自行车了。

_____ Script _____	_____ Command Line _____
`obj = BikeTechnician();`	`ans =`　　　% 验证这些是公路自行车配件
`obj.builder = RoadBikeBuilder();`	`light seat`
`obj.construct()`	`ans =`
`obj.builder.showBike()`	`light wheels`
	`ans =`
	`light frame`

16.3.2　应用：建造者模式为大规模计算做准备工作

任何复杂产品的构造只要顺序固定，都可以考虑使用建造者模式。举一个实际计算的例子，比如，我们要对一个算法做一系列的大运算量的测试，就要先构造提供给算法的一系列的输入文件，如果计算量很大，那么还需要专门为这个系列的测试构造特殊的文件夹来存放计算结果。因为通常这样的运算是在集群上完成的，所以创建临时文件夹也是必要的一部分。如果算法还依赖一些其他数据文件，那么程序还要负责往这些临时文件夹中复制计算所必需的文件，计算结束之后还要有一个程序负责到这些临时文件夹中收集计算结果，并且做必要的清理工作。上述这个计算过程中每一步要做的工作都是固定的，也可以将其看作是产生一个复杂的产品。可以这样设计程序来指导整个过程，如图 16.19 所示。

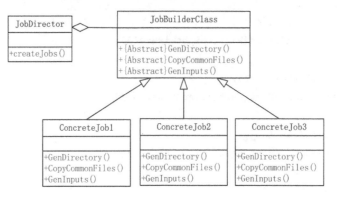

图 16.19　建造者模式为大规模计算做准备工作

JobBuilderClass 中有 3 个抽象方法需要用具体的子类实现，不同的子类实现代表对算法的一种大运算量的测试。ConcreteJob 子类中需要实现 3 个方法：GenDirectory 针对每次测试需要建立的临时文件夹，不同子类的位置可能不同，数量也可能不同；CopyCommonFiles 针对每次测试准备的不同的数据文件也要放到具体的子类中；GenInputs 针对每次测试使用的不同的运算参数。createJobs 方法则类似于之前的 construt 方法，按固定的顺序调用 GenDirectory，CopyCommonFiles，GenInputs。

16.3.3　建造者模式总结

《设计模式》一书中对建造者模式的意图是这样叙述的：

> 　　将一个复杂对象的构建与它的表示方法分离，使得同样的构建过程可以创建不同的表示。

1.　建造者模式的结构

建造者模式的结构如图 16.20 所示，Director 拥有 Builder，Builder 拥有 Product，Product 由 Part 组成。

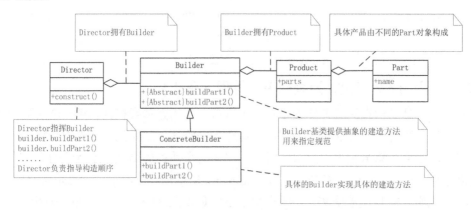

图 16.20　建造者模式的结构

在建造者模式中，Builder 接口提供给 Director 一个构造产品的抽象接口。该接口使得 Director 可以隐藏具体产品的表示和内部构造，同时对 Client 也隐藏了该产品是如何装配的。如果要产生新的产品，或者改进已有的产品，则只需要定义一个新的 ConcreteBuilder。

2.　类之间的协作

建造者模式结构中各个类之间的关系如下：

- □ Client（外部程序）负责构造 Director 对象，并且设定该 Director 所要指导的具体的 Builder。
- □ Director 拥有 Builder 对象，并且可以替换。
- □ Builder 对象拥有 Product 对象，Product 对象由 Part 对象组成。
- □ 构造产品的请求发自于 Director，Builder 接到请求之后按照 Director 所指导的顺序把 Part 对象添加到产品中去。

3.　建造者模式的序列图

图 16.21 所示为建造者模式的序列图，用于说明 Builder 和 Director 是如何协同工作的。

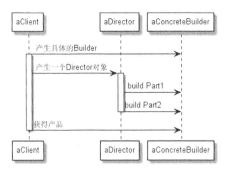

图 16.21　Client 控制 Director，Director 指导 Builder

4.　建造者模式框架的 MATLAB 实现

下面给出建造者模式框架的 MATLAB 实现。该实现以简洁为目的，仅用来说明类之间的重要的协作关系，并不一定是最完整的实现，其中，Product 泛指被构造的复杂对象。为简单起见，该类内部使用一个简单的对象数组来维护各个被构造出来的部件[①]。

```
———— Product ————
classdef Product < handle
    properties
        parts
    end
    methods
        function addPart(obj,part)
            obj.parts =[part,obj.parts];
        end
    end
end
```

```
———— Part ————
classdef Part
    properties
        name
    end
    methods
        function obj = Part(name)
            obj.name = name;
        end
    end
end
```

---

① 更复杂的对象数组的使用请参见第 11 章。

　　创建的过程被固化在 Director 类的 construct 方法中，但是产生的具体产品对象的表示方法却可能不同。

─────────────── Director ───────────────

```matlab
classdef Director < handle
    properties
        builder
    end
    methods
        function set.builder(obj,builder)
            if(isa(builder,...
                    'BikeBuilder'))
                obj.builder = builder ;
            else
                error('wrong input');
            end
        end
        function construct(obj)
            obj.builder.buildPart1();
            obj.builder.buildPart2();
        end
    end
end
```

─────────────── Builder ───────────────

```matlab
classdef Builder < handle
    properties
        product = Product()
    end
    methods(Abstract)
        buildPart1(obj);
        buildPart2(obj);
    end
    methods
        function showProduct(obj)
            for iter = 1:length(obj)
                obj(iter).product.parts.name
            end
        end
    end

end
```

每个 ConcreteBuilder 内部都包含创建一个特定产品的代码，不同的 Director 将调用这些代码来构造不同的 Product。

```
───────────────────────── ConcreteBuilder ─────────────────────────
classdef ConcreteBuilder< Builder
    methods
        function buildPart1(obj)
            obj.product.addPart(Part('I am part 1'))
        end
        function buildPart2(obj)
            obj.product.addPart(Part('I am part 2'))
        end

    end
end
```

5. 何时使用建造者模式

以下情况可以考虑使用建造者模式：

□ 当构造过程中允许被构造的对象有不同的表示时。

□ 当创建复杂对象的算法要独立于该对象的装配方式时。

第 17 章 装饰者模式

装饰者模式：动态地给对象添加额外的职责。

17.1 装饰者模式的引入

在 16.1 节的工厂模式中，我们介绍了利用工厂和抽象工厂模式解决各种面条和配料的生产问题。本节接着扩展这个面馆的程序，设计一个定价系统，以计算面条和配料的定价。假设表 17.1 所列的菜单是面馆能够提供的各种配料及其价格，该计价程序要求根据顾客所点的内容自动计算出其价格。

表 17.1　配料及其价格

面条种类	价　格	肉　类	价　格	酱　料	价　格	配料	价　格
挂面	2.00	牛肉	3.00	辣酱	0.50	卤蛋	1.00
拉面	3.00	猪排	2.00			香菇	1.00
炒面	2.00	鸡丁	2.50				
⋮	⋮	⋮					

最容易想到的做法是，给每一种可能搭配声明一个与其对应的类。与 16.1 节的处理方式相同，面条作为主食，顾客只能点挂面、拉面或者炒面中的一种，于是首先可以抽象出一个面条基类，如图 17.1 所示。

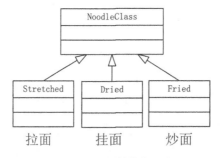

图 17.1　面条基类和子类

接下来要解决的问题是，把肉类、酱料和配料也加到这个面向对象的设计中来。最直接的办法是，有多少种搭配就定义多少种类，并且每个类都有一个 cost 方法，用来计算这碗面中所含原料的价格，如图 17.2 所示。

这种设计又回到使用继承解决一切问题的老套路上了：随着菜单的丰富，类的数量也会增加得很快。这种设计方法不利于扩展：因为每增加一种新的配料或者肉类，都会成倍地增加新的可能的搭配，所以会成倍地增加新的类。而且这种设计方法还无法应对修改，因为如果有一种配料或者肉类的价格发生变化，就会有许多类中的 cost 方法需要修改。

针对上述设计的缺点，可能的改进是：把肉类、酱料和配料都当作 NoodleClass 基类的属性，整合到 NoodlClass 基类中去，这样每种配料和酱料都对应 NoodleClass 中的一个属

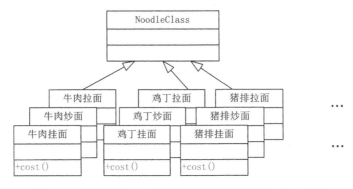

图 17.2　尝试设计 1：把每种可能的搭配都设计成一个类

性。比如 beef 属性，默认值为 false，如果值为 true 就表示顾客点的菜中有牛肉；每个属性还有 set 和 get 方法，用来赋值和查询。基类中的 cost 方法用来计算所有配料、酱料加到一起的价格。具体面条类中也有一个 cost 方法，用来计算面条本身的价格，扩展了基类的方法。类的设计如图 17.3 所示。

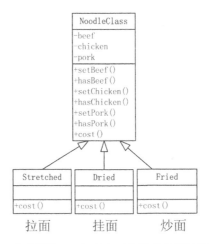

图 17.3　尝试设计 2：把所有可能的变化都放到基类中

对于这样的设计，类的总体数量确实减少了，但仍然不够灵活：每增加一个新的配料或者肉类品种，都需要给 NoodleClass 基类添加一个新属性相应的 get 和 set 方法，还要修改 cost 方法；而且每当一种配料的价格发生变化时，基类的 cost 方法就需要修改。如果顾客点一份牛肉面，但要求再多加一份牛肉，则还需要修改 NoodleClass 基类，使其能够记录牛肉的分量，并且在 cost 方法中用单价乘以数量。

我们期望的设计是让类容易扩展，在不修改现有代码的情况下，就可以搭配新的行为。如果设计能达到这样的目标，则其就是有弹性的。本节将借助这样一个计价例子来介绍一种设计模式：装饰者模式（Decorator Pattern）。基本的设计思想如图 17.4 和图 17.5 所示，我们以面条的种类为主体，然后运用调料或者配料来"装饰"（Decorate）面条。比如，客人如果想要麻辣牛肉卤蛋拉面，那么我们要做的是：

　　□ 先产生拉面对象。

　　□ 用牛肉装饰拉面，成为牛肉拉面。

□ 用卤蛋装饰牛肉拉面，成为牛肉卤蛋拉面。

□ 用辣酱装饰牛肉卤蛋拉面，成为麻辣牛肉卤蛋拉面。

图 17.4　拉面对象被层层装饰　　　　　　　图 17.5　cost 方法将被层层调用

在计算价格时，通过调用最外层的装饰者的 cost 方法，触发一连串的对各个对象的 cost 方法的调用，最终返回总的价格，如图 17.5 所示。

下面介绍如何具体实现这样的结构。

17.2　面馆菜单代码

我们先直接给出该菜单定价系统的 UML，如图 17.6 所示。

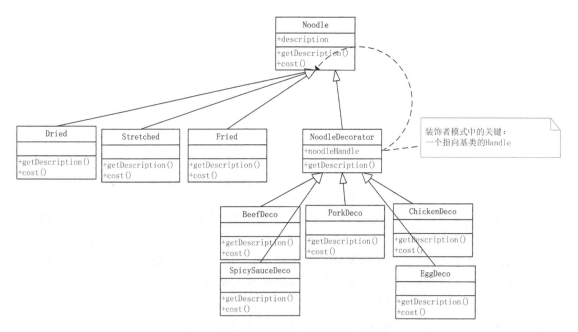

图 17.6　采用装饰者模式的面馆菜单程序

下面是 Noodle 基类和一个具体的 Noodle 类 Stretched 的定义。注意：该 Stretched 类中包含了拉面本身的价格，Fried 和 Dried 类与 Stetched 类相似，这里从略。

```
————— Noodle 基类 —————
classdef Noodle < handle
    properties
        description
    end
    methods(Abstract)
        showDescription(obj);
        cost(obj);
    end
end
```

```
————— Stretched 类 —————
classdef Stretched < Noodle
    methods
        function showDescription(obj)
            disp('Stretched');
        end
        function price = cost(obj)
            price = 3.00 ;  % 拉面的价格
        end
    end
end
```

下面是 NoodleDecorator 基类和一个具体的 Decorator 类——BeefDeco 具体类，PorkDeco，ChickenDeco 具体类与 BeefDeco 具体类相似，这里从略。

```
————— NoodleDecorator 基类 —————
1  classdef NoodleDecorator < Noodle
2      properties
3          noodleHandle % 指向被装饰对象
4      end
5      methods
6       function obj = NoodleDecorator(hin)
7           obj.noodleHandle = hin;
8       end
9       function showDescription(obj)
10          % 基类 showDescription 中不需要内容
11      end
12      end
13  end
14
```

```
————— BeefDeco 具体类 —————
1  classdef BeefDeco < NoodleDecorator
2  methods
3    function obj = BeefDeco(hin)
4     obj = obj@NoodleDecorator(hin);
5    end
6    function price = cost(obj)
7     price = obj.noodleHandle.cost()+3.00;
8    end
9    function showDescription(obj)
10     obj.noodleHandle.showDescription();
11     disp('Beef');
12    end
13  end
14  end
```

可以这样使用上段代码来计算最后的价格：

```
————————— Script —————————
1 noodle  = Stretched();
2 noodle  = BeefDeco(noodle);          % 装饰
3 noodle  = EggDeco(noodle);           % 装饰
4 noodle  = SpicySauceDeco(noodle);    % 装饰
5 disp(noodle.cost())
6 noodle.showDescription()
```

```
————————— Command Line —————————



    7.5000
Stretched Beef Egg SpicySauce
```

从对象的角度来看，每次装饰都是用新的装饰者指向被装饰的对象，如图 17.7 所示。

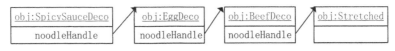

图 17.7　每个装饰者都有一个 Handle 指向被装饰的对象，这是一个对象链

说明：

□ 第 1 行产生了一个具体的拉面对象。

□ 第 2 行括号中的 noodle 是一个拉面对象，BeefDeco 是一个装饰者，每个装饰者对象中都有一个 noodleHandle 属性（继承自 NoodleDecorator 基类，见 NoodleDecorator

基类代码的第 3 行）。该 noodleHandle 将指向传进来的 noodle 对象（见 NoodleDecorator 基类代码的第 7 行），然后返回自己的 Handle。我们可以把这样的行为形象地理解成装饰或者包裹。

□ 第 3 行括号中的 noodle 其实是 BeefDeco 对象，该 BeefDeco 对象已经装饰了 Stretched 对象，现在 BeefDeco 对象又被 EggDeco 对象所装饰。

□ 第 5 行将首先触发 SpicySauceDeco 类的 cost 方法，该 cost 方法和 BeefDeco 具体类代码的第 7 行类似，把自身的价格计入总价中，并且向下递归调用 cost 方法，调用被自己装饰的对象的 cost 方法，继续累计价格。

□ 第 6 行中的 showDescription 方法的功能是显示这碗面的类的所有内容（主食和装饰者），其工作原理和 cost 方法相似。

容易看出，这种设计对修改是封闭的，假如要修改牛肉的价格，只需要修改 BeefDeco 类即可，程序的其他部分不会受到影响。这种设计还支持多次装饰，比如顾客需要在面中加入两份牛肉，只需要这样：

```
──────────────────── Script ────────────────────
>> noodle = BeefDeco(noodle);
>> noodle = BeefDeco(noodle);
```

这种设计对扩展是开放的，若要添加新的配料，则只需要添加新的 NoodleDecorator 子类。

17.3　装饰者模式总结

《设计模式》一书中对装饰者模式的意图是这样叙述的：

> 　动态地给一个对象添加一些额外的职责，就增加功能来说，装饰者模式相比生成子类更为灵活。

装饰者模式也叫作包装器（Wrapper）。

1.　装饰者模式的结构

图 17.8 所示为装饰者模式的 UML。

2.　类之间的协作

装饰者模式的关键是：ConcreteComp 和 ConcreteDeco 都有相同的基类，并且 Decorator 基类中的 compHandle 属性被用来指向 Component 对象，这使得一个 Componet 被装饰了之后，从外界看上去它仍然像是一个 Component 对象，并且可以继续被装饰下去。

3.　何时使用装饰者模式

《设计模式解析》一书中对装饰者模式的适用场合是这样描述的：装饰者模式可以避免通过创建子类来扩展类的功能，Decorator 以动态的方式给单个对象添加新的功能。当想要扩展类，而又想避免子类数量爆炸时，可以考虑使用装饰者模式。

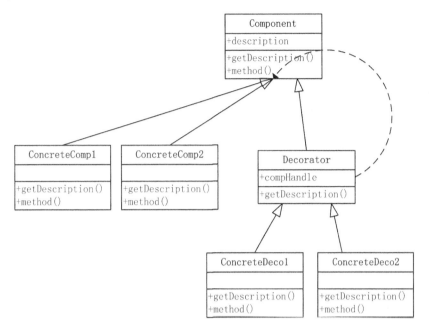

图 17.8 Decorator 维持一个指向 Component 对象的 Handle，并定义一个与 Component 一致的接口

第 18 章　行为模式

18.1　观察者模式：用 MATLAB 实现观察者模式

18.1.1　发布和订阅的基本模型

第 4 章介绍了用 event（事件）机制以及 addlistener 和 notify 两个类方法在对象之间传递信息，本小节将抛开 Handle 基类中这些现成的定义和方法来讨论如何用 MATLAB 实现类似功能。具有这些基本功能的模式叫作观察者模式（Observer Pattern）。这样的练习有助于更好地理解事件和响应机制。

假设我们要用 MATLAB 模拟这样一个问题：有一个网站，它的内容不定期地更新，浏览者希望网站每次更新时都会收到该网站的提醒，这意味着该网站要提供订阅功能；如果浏览者希望不再收到提醒，那么网站还要支持取消订阅。这个问题涉及网站和浏览者，在设计类的初步，通常的做法是先把实体抽象成类。于是，我们先定义出两个类，分别是 Website 类和 Subscriber 类，如图 18.1 所示。

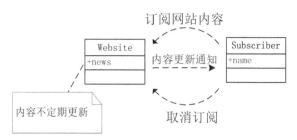

图 18.1　观察者模式：网站发布和读者订阅的初步设计

图 18.1 中的虚线分别代表网站的功能和订阅者的行为，反映到程序中，它们对应的是 Website 类和 Subscriber 类的方法。现在将讨论如何实现订阅、通知和取消订阅：

- □ Website 类如果要支持 Subscriber 订阅和取消的行为，就要维护一个列表用来记录订阅网站内容的对象。具体到程序上，这个列表可以是一个对象数组或者对象元胞数组，或者是非同类对象数组[①]。
- □ 订阅和取消功能对应的方法是 addSubscriber 和 removeSubscriber。订阅者对象订阅网站，就是调用 addSubscriber 方法向对象数组中添加一个对象；订阅者对象取消订阅，就是调用 removeSubscriber 方法在数组中找到该对象并删除。
- □ 通知订阅者也对应一个 Website 类的方法，把这个方法命名为 notifySubscriber：每当网站内容更新，就调用该方法通知订阅者。
- □ notifySubscriber 方法必须能够触发订阅者对象的实际动作[②]，这里假设该动作是登录网站并且浏览，给这个方法也起一个名字，叫作 visitWebsite 方法。

---

① 对象数组的介绍见第 11 章。

② 可以理解成回调函数。

综上所述，将类中的属性和方法添加到 UML 中，如图 18.2 所示。

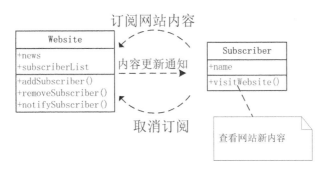

图 18.2　观察者模式：发布订阅模型的 UML

还可以用序列图（Sequence Diagram）来描述订阅和通知的过程，如图 18.3 所示。该序列图中有两个订阅者对象，分别是 a 和 b，它们先后通过调用 addSubscriber 方法，向 Website 对象提出订阅的请求（Request），Website 对象于是将 a 和 b 对象在内部登记下来，一段时间后，网站的内容发生更新，网站将调用 notifySubscriber 函数来通知内部登记的两个订阅者，随后将触发订阅者的行为，即 visitWebsite。

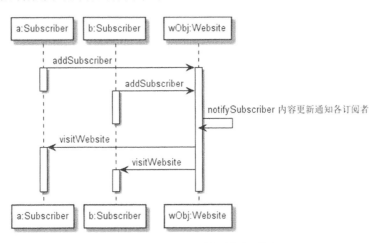

图 18.3　发布订阅模型的序列图

根据 UML（见图 18.2）和序列图（见图 18.3），网站和订阅者直接发布和订阅的初步模型可以实现为 Website 类和 Subscriber 类。

Website 类：

```matlab
───────── Website.m ─────────
classdef Website < handle
    properties
        subscriberList = [];                    % 订阅者列表
    end
    methods
        function addSubscriber(obj,sObj)        % 添加订阅者
            obj.subscriberList = [obj.subscriberList,sObj];
```

```
        end

        function removeSubscriber(obj,name)                % 删除订阅者
            index = ~strcmp(obj.subscriberList.name,name);
            obj.subscriberList = obj.subscriberList(index);
        end
        function notifySubscriber(obj)            % 触发订阅者的 visitWebsite
            for iter = 1:length(obj.subscriberList)        % 遍历订阅者
                obj.subscriberList(iter).visitWebsite();    % 调用回调函数
            end
        end
    end
end
```

Subscriber 类：

```
─────────────── Subscriber.m ───────────────
classdef Subscriber< handle
    properties
        name    % 假设 Subscriber 只有一个属性
    end
    methods
        function obj = Subscriber(name)
            obj.name = name;
        end
        function visitWebsite(obj)
                % 验证收到通知
            disp([obj.name,' notified,will visit the website']);
        end
    end
end
```

用来测试的脚本以及命令行输出如下：

```
─────── Script ───────        ─────── Command Line ───────
wObj = Website();
wObj.addSubscriber(Subscriber('a')); % 注册
wObj.addSubscriber(Subscriber('b'));
wObj.addSubscriber(Subscriber('c'));              a notified,will visit the website
wObj.notifySubscriber();          % 通知      b notified,will visit the website
                                              c notified,will visit the website
wObj.removeSubscriber('a');       % 注销
wObj.removeSubscriber('c');
wObj.notifySubscriber();          % 通知      b notified,will visit the website
```

18.1.2　订阅者查询发布者的状态

在 18.1.1 小节的实现中，visitWebsite 仅是一个空的函数，现在新的要求是：允许订阅者查询网站的内容，比如访问网站的内部属性 news。在订阅者被通知后，执行 visitWebsite 时要能够访问网站对象，获得 news 属性。为了实现 Subscriber 对象查询 Website 内部状态的功能：

□ 首先 news 应该是 private 属性，因为 news 是网站类中内部的数据，出于封装的目的，该属性不应该直接暴露给外部的类，所以 Website 类要提供一个 getNews 的 public 方法，用来提供访问 news 属性的公共渠道。

□ 订阅者必须知道该去哪里访问 news 属性，所以订阅者必须有 Website 对象的 Handle。这就要求在网站类的 notifySubscriber 方法中，网站对象自己必须也作为一个参数传递给订阅对象。

经过改进的 notifySubscriber 和 visitWebsite 类的 UML 如图 18.4 所示。

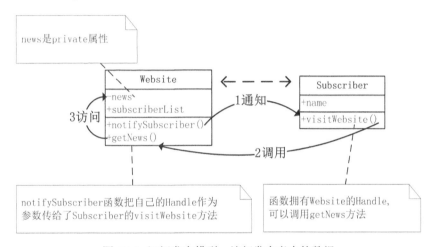

图 18.4　订阅发布模型：访问发布者中的数据

Subscriber 订阅网站内容，网站通知其内容更新，订阅者响应访问网站内容的流程如图 18.5 所示。

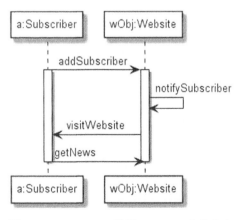

图 18.5　Subscriber 访问 Website 中的内容

以下是改进的 Website 和 Subscriber 类：

```
─────────────── Website.m ───────────────
classdef Website < handle
    properties(SetAccess = private )
        subscriberList = [];
        news = 'Headline ......';                        % 要访问的内容
    end
    methods
        ...... % 其他方法保持不变
        function notifySubscriber(obj)
            for iter = 1:length(obj.subscriberList)
                obj.subscriberList(iter).visitWebsite(obj);
            end
        end
        function news = get.news(obj)                    % public 方法提供访问接口
            news = obj.news;
        end
    end
end
```

```
─────────────── Subscriber.m ───────────────
classdef Subscriber< handle
    %...... 其余保持不变
        function visitWebsite(objp,websiteRef)
            disp([obj.name,' notified,will visit the website']);
            disp(['news= ',websiteRef.news()]);          % 调用 Public 方法
        end
end
```

用来测试的脚本以及命令行输出如下：

```
─────────── Script ───────────          ─────────── Command Line ───────────
wObj = Website();
wObj.addSubscriber(Subscriber('a'));
wObj.notifySubscriber();                 a notified,will visit the website
                                         news= Headline          % 得到内部状态
```

18.1.3   把发布者和订阅者抽象出来

可以预料，这种订阅和发布的关系应用范围很广，还可以用这种模式去形容其他类之间的关系。比如，用于形容猎头公司和求职者之间的关系。如图 18.6 所示，求职者在猎头公司注册，猎头公司有了新的职位信息就通知登记的求职者，求职者收到通知后查询新职位信息，并且递简历。从代码复用的角度来看，应该把 addListener、removeListener 和 notifySubscriber 这些基本的方法抽象出来，放到一个基类中去。发布者的基类叫作 Publisher，订阅者实际上是监听的角色，基类叫作 Observer。所以，发布订阅模式也叫作观察者模式。

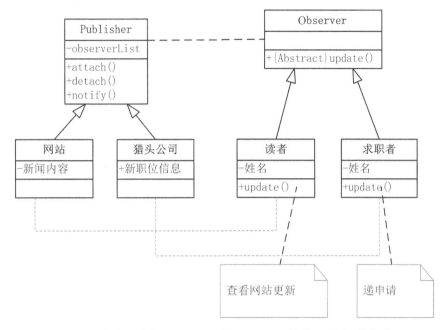

图 18.6　抽象出来的 Publisher 和 Observer 基类可以用于其他类

不同的模型中，订阅者被通知后，响应的行为显然是不同的。比如，读者响应的行为是：登录网站，查看更新；求职者响应的行为是：查看职位信息，递简历。为了统一接口，规定虽然这些响应的行为各有不同，但是它们的名字都必须叫作 update。该方法可以放到基类中去，并定义成 Abstract 方法，用来提供一个规范，规定其子类必须提供具体的实现，这个方法可以有不同的实现（Implementation），这代表具体对象有具体的行为，但这个方法的名字一定要叫作 update。

18.1.4　观察者模式总结

《设计模式》一书中对观察者模式的意图是这样叙述的：

> 定义对象间的一种一对多的依赖关系，当一个对象的状态发生改变时，所有依赖于它的对象都将得到通知，并且自动被更新。

1.　观察者模式结构

观察者模式结构的 UML 如图 18.7 所示。

2.　类之间的协作

□ 首先具体的观察者向 ConcreteSubject 对象发出订阅请求，该 ConcreteSubject 对象把具体观察者加到其内部的一个列表中。

□ 当 ConcreteSubject 内部发生改变，需要通知其观察者时，它将遍历其内部观察者的列表，依次调用这些观察者的 update 方法。

□ 观察者得到更新的通知后，可以向 ConcreteSubject 对象提出查询的要求。

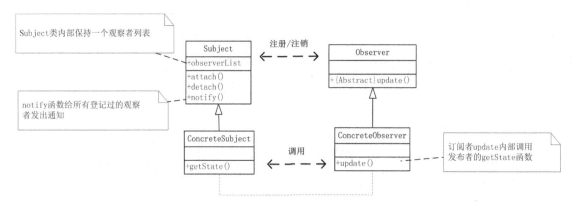

图 18.7 观察者模式结构的 UML

3. 观察者模式的序列图

如图 18.8 所示，发生的一系列动作说明了目标对象和观察者之间的协作。

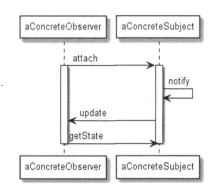

图 18.8 序列图说明了目标对象和观察者之间的协作

4. 观察者模式框架的 MATLAB 实现

下面给出观察者模式框架的 MATLAB 实现。该实现以简捷为目的，仅用来说明类之间重要的协作关系，并不一定是最完整的实现。首先是发布者的基类，提供基本的添加、注销和通知功能：

```
――――――――――― Subject.m ―――――――――――
classdef Subject < handle
    properties(Access = private )
        observerList = [];                          % 内部登记表
    end
    methods
        function attach(obj,observer)
            obj.observerList = [obj.observerList,observer];    % 添加
        end

        function detach(obj,observer)
            index = [obj.observerList] ~= observer;    % 查找
            obj.observerList = obj.observerList(index);    % 删除
```

```
            end
        function notify(obj)
            for iter = 1:length(obj.observerList)
                obj.observerList(iter).update(obj);              % 通知
            end
        end
    end
end
```

然后是发布者的具体类，包含一个私有属性，以及公有的 set 和 get 的接口：

```
                            ──── ConcreteSubject.m ────
classdef ConcreteSubject < Subject
    properties(Access = private)
        state                                                % 内部状态
    end
    methods
        function state = getState(obj)
            state = obj.state;
        end
        function setState(obj,val)                           % 公共接口
            obj.state = val ;
        end
    end
end
```

订阅者的基类是一个抽象类，规定 update 方法的接口：

```
                            ──── Observer.m ────
classdef Observer < handle
    methods(Abstract)
        update(obj,subject);
    end
end
```

订阅者的具体类继承自抽象基类 Observer，其中包括 update 方法的具体实现：

```
                            ──── ConcreteObserver.m ────
classdef ConcreteObserver < Observer
    properties
        name
    end
    methods
        function obj = ConcreteObserver(name)
            obj.name = name ;
        end
        function update(obj,subject)                         % 回调方法
```

```
            disp([obj.name,' notifyed! subject state = ',subject.getState]);
        end                                            % 访问 Subject 内部状态
    end
end
```

用来测试的脚本以及命令行输出如下：

```
————————— Script —————————          ————————— Command Line —————————
subObj = ConcreteSubject();      % 构造发布者
subObj.setState('smoking');      % 构造订阅者
a = ConcreteObserver('a');
b = ConcreteObserver('b');

subObj.attach(a);                % 注册
subObj.attach(b);                % 注册
subObj.notify()                  % 通知       a notifyed! subject state = smoking
                                             b notifyed! subject state = smoking
subObj.detach(a);                % 取消订阅
subObj.notify()                  % 通知       b notifyed! subject state = smoking
```

18.2　策略模式：分离图像数据和图像处理算法

18.2.1　问题的提出

假设小李是一个研究生，他的毕业设计项目是开发一种新的图像去模糊算法。因为已的图像去模糊算法很多，所以在研究开始，小李需要把现有的各种图像去模糊算法都试一下，再决定以哪一种具体的算法作为突破口加以改进。现在小李从最简单的脚本写起。

首先打开一个图像文件作为算法的输入：

```
I = imread('someImage.jpg');
```

比如有个算法叫作 deblurMethod，在脚本中调用这个函数，返回 J 结果，并且作图：

```
J = deblurMethod(I);
imshow(J);
```

接下来，小李再用同样的方式去调用其他的算法，依次类推。这个例子可以泛化到很一般的情况：给定数据，在不同的情况下使用不同的算法，把计算程序组织起来。

上述的例子是面向过程的，下面使用面向对象的方式对其进行改造。首先把数据（即图像）和对数据的处理方法（即图像处理方法）封装到一个类中（如下面左侧的代码 ImageClass 所示），在右侧的代码框中，原先函数对数据的操作变成了：先定义一个对象，再调用对象的成员方法 deblur。

```
┌─────────── ImageClass ──────────────┐
│ classdef ImageClass < handle        │
│   properties                        │
│         image                       │
│   end                               │
│   methods                           │
│    function obj = ImageClass(filename)│
│      obj.image = imread(filename) ; │
│    end                              │
│    img = deblur(obj); % 具体算法从略 │
│   end                               │
│ end                                 │
└─────────────────────────────────────┘
```

```
┌─────────── Command Line ──────────┐
│ obj = ImageClass('someImage.jpg');│
│ img = obj.deblur();               │
│ imshow(j);                        │
│                                   │
└───────────────────────────────────┘
```

在上述的改造中，小李用类封装了数据和算法：deblur 函数变成了 ImageClass 中的类方法。现在导师布置新任务，要小李把文献上的几种方法都试一下。当然，我们假设这些程序是现成的，小李只需构造若干成员方法，再把这些算法包装起来即可。小李首先想到的是，直接把这些方法都放到 ImageClass 中去，如右侧的代码所示，小李先声明一个对象，并且依次对其调用类方法。

```
┌─────────── ImageClass ──────────────┐
│ classdef ImageClass < handle        │
│     properties                      │
│         image                       │
│     end                             │
│     methods                         │
│         img = deblurWrapper1(obj);  │
│         img = deblurWrapper2(obj);  │
│         ...... % 具体算法从略        │
│         ......                      │
│         img = deblurWrapper10(obj); │
│     end                             │
│ end                                 │
└─────────────────────────────────────┘
```

```
┌─────────── Script ──────────────┐
│ i = ImageClass('someImage.jpg');│
│ j = i.deblurWrapper1();         │
│ figure; imshow(j);              │
│ j = i.deblurWrapper2();         │
│ figure; imshow(j);              │
│ j = i.deblurWrapper3();         │
│ figure; imshow(j);              │
│ j = i.deblurWrapper4();         │
│ figure; imshow(j);              │
│ ......                          │
└─────────────────────────────────┘
```

这种设计的缺点是，随着新算法的加入，类 ImageClass 的体积将不断增大，而且通常每种算法还会有一些对应参数，这些参数也不可避免地要存放在 ImageClass 中，所以最终 ImageClass 类会像下面的代码那样，类的定义将变得复杂且难以管理。

```
┌─────────────────────── ImageClass ──────────────────────┐
│ classdef ImageClass < handle                            │
│     properties                                          │
│         image                                           │
│         arg1                                            │
│         arg2                                            │
│         ......                                          │
│         arg10                                           │
│     end                                                 │
```

```
    methods
        img = deblurWrapper1(obj,arg1);    % 算法 1
        img = deblurWrapper2(obj,arg2);    % 算法 2
        ......
        ......
        img = deblurWrapper10(obj,arg10); % 算法 10
    end
end
```

测试时算法还可能遇到这样的要求：根据图像的大小内容或者格式，对不同的图像要求采取不同的算法。当算法简单时，可以通过 if 语句来选择算法，而当算法的选择变得很多时，if/switch 语句将造成程序僵化。而且算法并不是一成不变的，当要更换算法时，就要频繁地深入到这个底层的 if/switch 语句中修改细节。

```
——— 程序片段 ———
switch methods
    case 'method1'
        img = imgObj.deblurWrapper1();
    case 'method2'
        img = imgObj.deblurWrapper2();
    ......
end
```

更实际的图像处理问题是，一个数据（图像）要分好几步来处理，比如先预处理，再用算法找到要处理的区域，接着分隔出要处理的区域，然后做局部的图像处理，每一步的方法都有好几种选择，if/switch 语句就更是力不从心了。那么，该如何设计程序呢？

当存在一些通用算法，并且还有另一些算法要作用在不同的数据上时，直觉使我们想到使用继承，如图 18.9 所示。

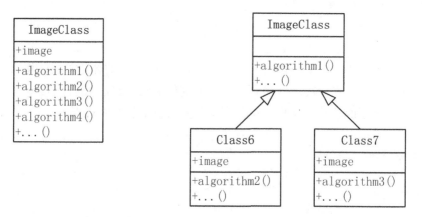

图 18.9　使用继承解决不同对象采用不同算法的问题

可是，这样使用继承的设计依然存在问题，ImageClass 类还是很僵化，而且不能动态地改变应用在数据上的算法[①]。下面将介绍使用策略模式（Strategy Pattern）来解决这种问题。

前面小李用的是成员方法包装数据和施加在数据上的算法。其实，类还可以用来只包装算法，这就是策略模式。对于各种 deblur 的方法，可以抽象出一个基类来表达它们的共性，如图 18.10 所示。

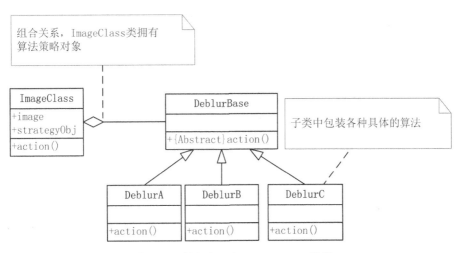

图 18.10　抽象出一个 DeblurBase 基类

ImageClass 和 DeblurBase 基类的定义如下：

```
                     ImageClass
1  classdef ImageClass < handle
2   properties
3     image
4     strategyObj    %  拥有策略对象
5   end
6   methods
7     function obj = ImageClass(name)
8       obj.image = imread(name);
9     end
10    function img = action(obj)
11      img = obj.strategyObj.action(obj);
12    end
13   end
14 end
```

```
                     DeblurBase
1  classdef DeblurBase < handle
2      properties
3          arg
4      end
5      methods(Abstract)
6          img = action(imgObj);  %  抽象方法
7      end
8  end
```

说明：

□ ImageClass 中的第 4 行：属性 strategyObj 将指向具体的 Strategy 类的对象，可以通过对该属性的重新赋值来自由地更换算法。

[①] algorithm2，algorithm3 是固定在子类中的，同时固定在子类中的还有数据。

- □ ImageClass 中的第 11 行：ImageClass 类中的 action 方法只是一个包装方法，将对图像做处理的请求转化到具体的 Strategy 对象中。
- □ 对图像数据到底采用何种算法取决于属性 strategyObj 到底指向哪个 Strategy 对象。
- □ ImageClass 对象把自己当作参数传给 Strategy 类对象（第 11 行）。这样，Strategy 类中的具体算法就可以直接访问 ImageClass 中的数据了。

具体的算法 DeblurA 和 DeblurB 看上去类似，都继承自抽象基类 DeblurBase，都要提供抽象方法的 action 的具体实现，这里省略。

```
——— DeblurA ———
classdef DeblurA < DeblurBase
   methods
       function img = action(obj,imgObj)
           % 具体操作略
       end
   end
end
```

```
——— DeblurB ———
classdef DeblurB < DeblurBase
   methods
       function img = action(obj,imgObj)
           % 具体操作略
       end
   end
end
```

在脚本中这样使用策略模式：

```
——— Script ———
imgObj = ImageClass('someImage.jpg');
imaObj.strategy = DeblurA();      % 首先使用算法 DeblurA
img = imaObj.action();

imaObj.strategy = DeblurB();      % 更换算法 DeblurB
imgObj.action();                  % 仍然调用 action 方法
```

从表面上来看，并没有简化很多，但是整个程序把数据和处理数据的方法分散到了不同的类中，各个类各司其职。

18.2.2 应用：更复杂的分离数据和算法的例子

下面讨论一个更实际的图像处理的情况，比如人脸特征识别。通常，含有人脸的图像来自不同的数据库。由于不同的数据库光照不同，所以计算过程中的第一步通常是对图像做预处理。不同数据库中图像的类型不同，有的是人脸库，有的是半身照，有的是全身照，通常还要先用算法在图像中找到感兴趣的区域，即人脸。找到感兴趣的图像区域之后使用算法更精准地分割出该区域，最后一步才是对该区域做特征提取。以上每一个步骤都有不止一种算法，于是每一个步骤都可以使用一个 Strategy 基类，再把具体算法放到其子类中去。整个过程如图 18.11 所示。

有了这样一个框架，可以把施加在数据上的算法根据计算的不同阶段分得更细，并且自由地组合算法可以达到最优的效果。比如，从预处理基类策略中可以实现平衡化算法子类、去噪子类、去模糊子类。在特征提取策略中，可以在子类中实现各种流行的特征提取算法，这些算法可以是已经用 MATLAB 面向对象语言写成的算法，也可以是对第三方图像处理库提供的算法的 MATLAB 包装类。在 18.5 节中将会介绍如何进一步抽象这个设计。

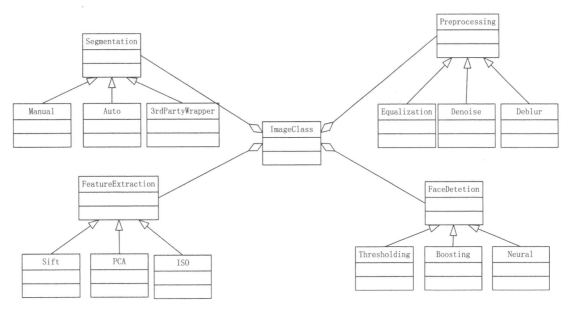

图 18.11　图像处理中不同的步骤有不同的算法，使用多个 Strategy

18.2.3　策略模式总结

《设计模式》一书中对策略模式的意图是这样叙述的：

> 　　策略模式的意图是定义一系列的算法，把它们一个个封装起来，并且使它们可以互相替换。该模式使得算法可以独立于使用它的用户而变化。

1.　策略模式结构

策略模式的结构如图 18.12 所示。

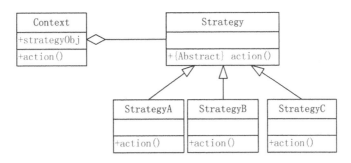

图 18.12　Context 类拥有 Strategy 对象，可以在 Context 对象上施加不同的策略

2.　类之间的协作

- □ 在 Context 类对象中存放数据，而在 Strategy 对象中存放算法，Context 类对象可以选择所需要的算法。
- □ Context 类对象把来自外界的计算请求转交给 Strategy 对象。

> □ 当转交计算请求时，Context 类对象把自己作为一个参数传递给 Strategy 对象，以提供 Strategy 对象计算所需的数据。

3.　何时使用策略模式

《设计模式解析》一书中对策略模式的适用场合是这样描述的：从技术角度来看，策略模式是用来封装算法的，但是在实践中，它可以用来封装几乎任何类型的规则。一般来说，如果在分析过程中，需要在不同的情况应用不同的算法，那么就可以考虑使用策略模式来处理这种变化。

4.　策略模式框架的 MATLAB 实现

下面给出策略模式框架的 MATLAB 实现。该实现以简洁为目的，仅用来说明类之间重要的协作关系，并不一定是最完整的实现。

―――――――――― Context ――――――――――
```matlab
classdef Context < handle
    properties
        data
        strategyHandle
    end
    methods
        function action(obj)
            obj.strategyHandle(obj);  % 把来自外界的请求转交给 Strategy 对象
        end
    end
end
```

算法基类：

―――――――――― Strategy ――――――――――
```matlab
classdef Strategy < handle
    methods(Abstract)
        action(contextObj);
    end
end
```

算法具体类：

―――――― StraA ――――――
```matlab
classdef StraA < Strategy
    methods
        function action(contextObj)
            ......
        end
    end
end
```

―――――― StraB ――――――
```matlab
classdef StraB < Strategy
    methods
        function action(contextObj)
            ......
        end
    end
end
```

18.3 遍历器模式：工程科学计算中如何遍历大量数据

18.3.1 问题的提出

在工程科学计算中，经常会碰到这样的问题：要遍历一个"集合"中所有的"元素"，这些元素可能是程序计算所需要的输入参数，也可能是要处理的数据、信号或图像，小到遍历一个数组，大到遍历一个目录中的所有文件（*.txt, *.jpeg, *.mat etc）。前面我们已经介绍过策略模式，知道可以利用策略模式对数据使用不同的算法。本小节将介绍当有很多数据时，如何更好地遍历这些数据。从集合中提取元素的操作如图 18.13 所示。

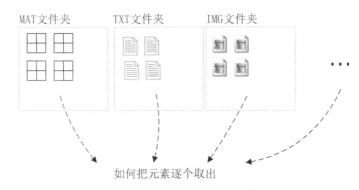

图 18.13 从集合中提取元素是一个常见的操作

从简单的面向过程的编程方式入手。如果所有的文件都是按序编号的，那么可以首先批量地产生文件名称，然后在一个循环中依次打开它们，逐个对每个图像采用特定的算法。比如，图像的命名规律是 a1.jpeg, a2.jpeg, ..., a100.jpeg，我们可以把这些文件都放到一个文件夹中，在循环中生成文件名、打开、计算，然后保存结果，代码如下：

```
for i=1:100
    inputname = strcat('a',num2str(i),'.jpeg');
    imgObj = Image(inputname) ;   % 假设已经有一个 Image 类，内部打开图像文件进行处理
    imgObj.doMethod();            % 处理数据
end
```

为简单起见，这里省略了给 Image 选择算法的部分，具体可以见 18.2 节。其中，Image 是一个类，接受文件名称构造一个图像对象 imgObj。对于这个任务，MATLAB 仅用 5 行代码就把问题解决了。

更实际的情况是，要处理的数据并不一定总是按规律命名的，假设有如下一批图像文件：

b1_Monday.jpeg,b2_Monday.jpeg,b3_Wednesday,...b20,c1.jpeg,......c5.jpeg

因为文件名中间的数字是不连续且没有规律的，所以动态地产生文件名的方式不是最有效的。这种情况下，我们想到可以利用 MATLAB 的一个内置函数 dir，该函数返回一个文件夹下所有文件的名称。由于 dir 函数除了返回目录中的文件外，还会返回目录中文件夹的名称，所以第 2 行取出了 dir 返回结果中的文件夹的名称。

```matlab
files = dir(c:\datafolder);
files = files(cell2mat({files(:).isdir})~=1)    % 去掉文件夹中的目录
for i = 1 : length(files)
        inputname = files(i).name;
        imgObj = Image(inputname);
        imgObj.doMethod();
end
```

无论如何，MATLAB 还是相对简洁地解决了这个问题。采用 OOP 能比这段程序做得更好吗？我们再进一步给这段程序添加要求。比如，每次计算都产生了一些计算结果，其中，一些结果是 LOG 形式的文本文件，一些结果是作为数据保存下来的，如 MAT 文件，在所有的计算完成之后，要求遍历这些文件以得到综合结果。那么，我们就要写出至少 3 段类似的代码：

□ 第一段代码遍历原始数据做计算，产生结果并把结果保存下来。

□ 第二段代码遍历 MAT 文件，作图。

□ 第三段代码遍历 LOG 文件，作图。

但是，这样会产生很多重复的代码。又如，如果数据的量很大，我们希望随机采样，而不是全部遍历，那么就要在循环中加一个随机函数。如果要求提供更多遍历的方式，比如按照时间顺序从后往前遍历，那么这些要求就不可避免地需要更多的集合的具体信息，因此，信息难免会暴露在外部程序中，使得程序过分依赖于具体实现，同时还会使程序变得不容易修改和扩展。所以，这些需求都关系到遍历元素集合的方式。在设计模式中有现成的解决方案，那就是遍历器模式（Iterator Pattern）。

18.3.2　聚集和遍历器

要了解遍历器模式，首先要了解聚集（Aggregator）。Aggregator 是集合的一种抽象，就是被遍历器（Iterator）遍历的对象。比如，一个文件夹中的所有文件就是一种 Aggregator。既然我们对遍历的方式可以用类抽象出来，那么被遍历的对象自然也可以用类抽象出来。下面直接给出遍历器模式的 UML，如图 18.14 所示。

下面是 Aggregator 的基类定义，其中定义了一个抽象方法 createIterator，所以基类是一个抽象类。在本小节的例子中，具体的 Aggregator 是图像文件（名称）的集合[①]，具体的 Aggregator 在 createIterator 方法中返回一个具体的遍历器对象，告诉外部，用什么方式来遍历自己，外部程序直接使用这个遍历器就可以按照指定的方式访问 Aggregator 中的图像文件了。

```matlab
──────────────── Aggregator ────────────────
classdef Aggregator < handle
    methods(Abstract)
        iterObj = createIterator(obj);
```

[①] 并不是一次性全部打开这些图像文件，而是遍历到哪个文件就打开哪个文件。

```
        end
end
```

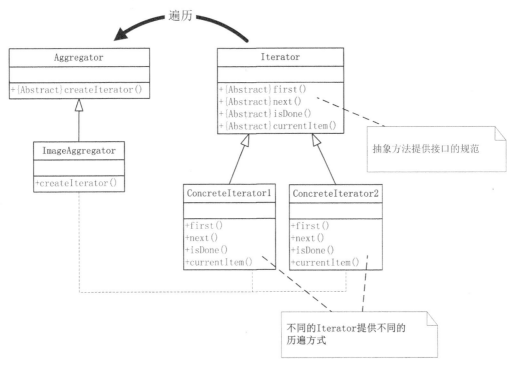

图 18.14 Aggregator 是集合的抽象，Iterator 遍历具体的 Aggregator 对象

───────────── **ImageAggregator** ─────────────

```
classdef ImageAggregator < Aggregator
    properties
        files          % 保持所有 Aggregator 对象所有的文件
        totalNum;
    end
    methods
        function obj = ImageAggregator(path)
            tmp = dir(path);
            structs = tmp(cell2mat({tmp(:).isdir})~=1);
            obj.files = {structs.name};
            obj.totalNum = length(obj.files);
        end
        function iterObj = createIterator(obj)
            iterObj = RegularIterator(obj);
        end
    end
end
```

在 ImageAggregator 子类中，createIterator 方法返回了一个 RegularIterator 对象，表示这是一个正常的顺序遍历器。

下面再设计 Iterator 类。我们还是从基类开始，先设置若干抽象方法。这些抽象方法用来规定一个 Iterator 的具体子类都必须具有哪些方法。

```matlab
─────────────────────── Iterator ───────────────────────
1  classdef Iterator < handle
2      methods(Abstract)
3          itemObj  = currentItem(obj);
4          nextItem(obj);
5          itemObj  = first(obj);
6          boolVal = isDone(obj);
7      end
8  end
```

说明：

□ 第 3 行的 currentItem 用于返回其当前所指向的元素。如果遍历的是图像文件，则返回一个图像文件 ImageClass 的对象。

□ 第 4 行的 nextItem 方法把内部指示器指向下一个元素。

□ first 返回 Aggregator 中的第一个图像对象，isDone 用于测试是否已经遍历所有的元素。

下面是一个具体的正常顺序遍历器的定义：

```matlab
─────────────────────── RegularIterator ───────────────────────
classdef RegularIterator < Iterator
    properties
        aggHandle    % 遍历器拥有要遍历的 Aggregator 的 Handle
        counter      % counter 用来标记遍历器在集合中的位置
    end
    methods
        function obj = RegularIterator(agg)
            obj.aggHandle = agg ;
            obj.counter = 1 ;
        end
        function itemObj = first(obj)
            name = obj.aggHandle.files(1).name;
            itemObj = imread(name);          % 取出单个的 image
        end
        function itemObj = currentItem(obj)
            itemName =  obj.aggHandle.files(obj.counter);
            itemObj = imread(itemName);
        end
        function  nextItem(obj)
            obj.counter = obj.counter +1 ;   % 遍历器指向下一个元素
        end
        function boolVal = isDone(obj)
```

```
            boolVal = (obj.counter == obj.aggHandle.totalNum+1);
        end
    end
end
```

这样的设计对扩展是开放的，如果需要后向前遍历的遍历，则只需要再添加一个类，叫作 ReverseIterator，并且对 first，currentItem，nextIte 做稍微的修改即可。当反向遍历时，容器中的第一个元素指向 Aggregator 中的最后一个元素，next 方法应该是每遍历一个元素就减 1，isDone 其实就是判断 Iterator 内部的 counter 是否等于零，代码如下：

```
─────────── ReverseIterator ───────────
classdef ReverseIterator < Iterator
    properties
        aggHandle
        counter
    end
    methods
        function obj = RegularIterator(agg)
            obj.aggHandle = agg ;
            obj.counter = agg.totalNum ;
        end
        function itemObj = first(obj)
            name = obj.aggHandle.files(end).name;
            itemObj = imread(name);
        end
        function itemObj = currentItem(obj)
            itemName = obj.aggHandle.files(obj.counter);
            itemObj = imread(itemName);
        end
        function  nextItem(obj)
            obj.counter = obj.counter  - 1 ;    % 遍历器指向下一个元素
        end
        function boolVal = isDone(obj)
            boolVal = (obj.counter == 0 );
        end
    end
end
```

上述的程序通过实现各种具体的遍历器来提供对一个复杂的、Aggregator 的、多种方式的、遍历的支持。Iterator 的存在简化了 Aggregator 的实现，Aggregator 内部不需要再提供遍历的机制，从而 Aggregator 内部的细节也就不会暴露在外部。一个简单的使用遍历器的脚本看上去是这样的：

```
─────────── Script ───────────
agg = ImageAggregator(path);
iter = agg.createIterator();
while ~iter.isDone()
```

```
image = iter.currentItem();            % 取出一个图像
% 这里对 Image 对象做实际的计算工作
iter.nextItem();                       % 遍历器移向下一个元素
end
```

　　回到前面的计算例子中，假设我们的工程计算需要遍历 3 种不同的数据库，而且每个数据库要求的遍历方式不同。比如：对于包含大量数据的数据库，我们可以抽样遍历；对于小型的数据库，我们可以按序全遍历；还有些数据库被分成训练集和测试集分开遍历。我们可以给每个数据库设计一个 Aggregator 子类，由这些 Aggregator 子类负责产生具体的 Iterator 对象，Iterator 负责从数据库中取出数据，传递给 DataClass 做计算，计算后产生结果。这些结果本身也是大量元素的聚集，若有需要，也可以为这些结果设计具体的 Aggregator 类，然后用 Iterator 去遍历。整个程序设计的 UML 如图 18.15 所示。

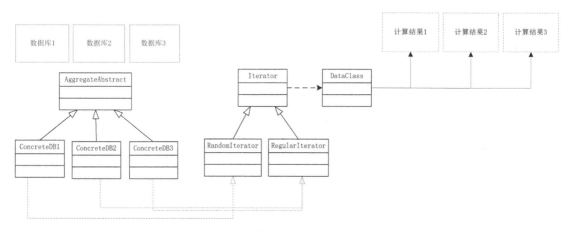

图 18.15　整个程序设计的 UML

18.3.3　遍历器模式总结

　　《设计模式》一书中对遍历器模式的意图是这样叙述的：

> 　　遍历器的意图是用一种方法顺序地访问一个聚集对象中的各个元素，而又不用暴露对象的内部表示。

1．遍历器模式的结构

　　遍历器模式的结构如图 18.16 所示。

2．类之间的协作

　　□ 因为遍历的方式和 Aggregator 自身的内部情况有关，只有 Aggregator 才有足够的信息来告诉外部类该如何遍历自己，所以具体的 Aggregator 负责产生具体的 Iterator。

　　□ 具体的 Iterator 类将拥有 Aggregator 的 Handle 用来从集合中取出元素。

　　□ 两个 Base 类用来提供接口，规定具体的 Aggregator 和具体的 Iterator 应该提供何种方法，以及方法的签名应该是什么样的。

□ ConcreteIterator 中提供具体的不同的遍历方式，比如 ConcreteIterator1 可能提供的遍历方式是从前往后遍历，而 ConcreteIterator2 提供的方式可能是随机遍历。

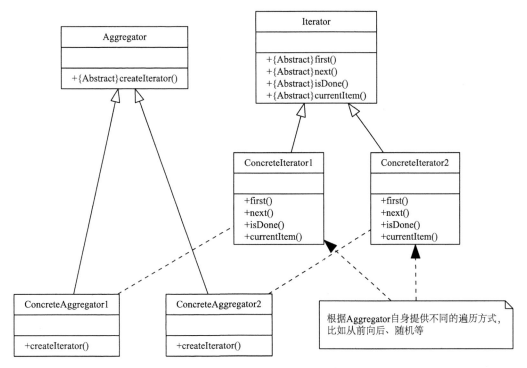

图 18.16 抽象的 Aggregator 和 Iterator 类提供接口，具体的 Iterator 类提供不同的遍历方式

18.4　状态模式：用 MATLAB 模拟自动贩卖机

本节以自动贩卖机为例，讲解如何用 MATLAB 模拟对象内部状态的转换。

18.4.1　使用 if 语句的自动贩卖机

大家对自动贩卖机应该都不陌生，其使用的过程是，用户投入钱币，选择饮料（比如可乐、果汁或者矿泉水），然后贩卖机为用户提供所选择的饮料。上述过程中，贩卖机大致经历了以下几种状态：

□ 没有接受任何用户的钱币。

□ 接受了用户的钱币。

□ 接受用户的选择。

□ 为用户提供所选择的饮料。

另外，贩卖机上除了选择键外，一般还有一个键，用于允许用户不选择任何饮料，把钱退回来，如果贩卖机中的饮料卖光了，还将提示用户饮料已售完。总结下来，贩卖机的状态变化可以用图 18.17 来表示，图中的圆角框表示贩卖机的状态，箭头表示状态转换的方向，箭头上的文字表示转换的条件。

观察其中的一个状态，如 NO_MONEY 状态，其指向自身的弧线表示：在这种条件下，

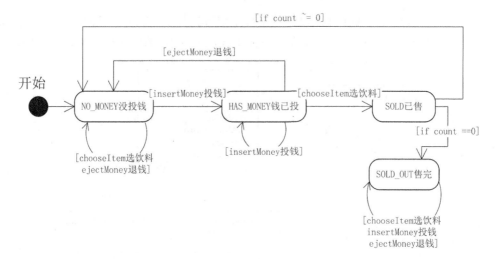

图 18.17　一个简化的自动贩卖机的状态转换图

贩卖机的状态不变，如图 18.18 所示。如果用户没有付钱，那么贩卖机的状态将一直停留在 NO_MONEY 状态，无论是按选择饮料按钮还是按退钱按钮，贩卖机都不会改变自身的状态。

图 18.18　指向自身的弧线表示：在该条件下，状态不改变

下面用 MATLAB 来实现这个贩卖机的逻辑。首先尝试把贩卖机的所有状态都集中在一个类中，为简单起见，该类的属性和方法都定义成 public：

─────────────── **VendingMachine** ───────────────

```
classdef VendingMachine < handle
    properties
        state      % 贩卖机内部的状态
        count      % 剩余商品的数量
    end
    properties(Constant)
        SOLD_OUT = 0;
        NO_MONEY = 1;
        HAS_MONEY =2;
        SOLD = 3;
    end
    methods
        function obj = VendingMachine(count)
            obj.count = count ;
            if count ==0
                obj.state = VendingMachine.SOLD_OUT;      % 商品数量为零显示没货
```

```
        else
            obj.state = VendingMachine.NO_MONEY;
        end
      end
    insertMoney(obj);
    ejectMoney(obj);
    chooseItem(obj);
    dispense(obj);
  end
end
```

该类内部使用了 4 个 Constant 变量来表示贩卖机的 4 种状态：

□ SOLD_OUT: 表示售完。

□ NO_MONEY: 表示用户还没付钱。

□ HAS_MONEY: 表示用户已付钱。

□ SOLD: 表示商品已售。

该类的构造方法接受一个参数 count，用来初始化对象中商品的数量。如果 count 是零，那么贩卖机对象被实例化之后的状态就是 SOLD_OUT。该类还有 4 个成员方法，分别对应 4 个简单的操作：

□ insertMoney: 表示用户提供钱币。

□ ejectMoney: 表示用户还没有选择商品，按键要求贩卖机退还。

□ chooseItem: 表示用户按键选择商品。

□ dispense: 表示贩卖机出货。该 dispense 操作将在用户选完商品之后自动被触发。

整个程序设计的 UML 如图 18.19 所示。

图 18.19 VendingMachine 类的初步设计：状态作为成员属性

下面我们使用 if 语句来实现这 4 种方法。首先是 insertMoney 成员方法，针对用户往贩卖机中付钱的动作：

```
function insertMoney(obj)
   if obj.state == VendingMachine.HAS_MONEY      % 如果状态是 "已经付过钱"
      disp('You have already paid');             % 提示用户钱已付
```

```
    elseif obj.state == VendingMachine.NO_MONEY        % 如果状态是“机器中没钱”
        obj.state = VendingMachine.HAS_MONEY ;         % 改变状态成为 HAS_MONEY
    elseif obj.state == VendingMachine.SOLD_OUT        % 如果状态是“机器中没有商品”
        disp('Machine is Sold out')                    % 提示没有商品，状态停留在 SOLD_OUT
    elseif obj.state == VendingMachine.SOLD
        % 假设程序不会执行到这里
    end
end
```

insertMoney 成员方法中实现的逻辑反映到状态图中是图 18.20 中的虚线部分。

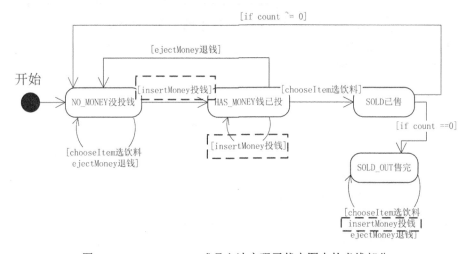

图 18.20 insertMoney 成员方法实现了状态图中的虚线部分

类似的，ejectMoney 成员方法针对用户要求机器退钱的动作，可以这样实现：

```
function ejectMoney(obj)
    if obj.state == VendingMachine.HAS_MONEY           % 如果状态是“已经付过钱”
        disp('Returning money');                       % 提示正在退钱
        obj.state = VendingMachine.NO_MONEY;           % 退钱后改变状态成为 NO_MONEY
    elseif obj.state == VendingMachine.NO_MONEY        % 如果状态是机器中没钱
        disp('Show me the money');                     % 提示没投钱
    elseif obj.state == VendingMachine.SOLD_OUT        % 如果状态是“机器中没有商品”
        disp('Machine is Sold out')                    % 提示没有商品
    elseif obj.state == VendingMachine.SOLD            % 如果状态是“已售”
        disp('Too late');                              % 提示商品已售，不能退钱
    end
end
```

chooseItem 成员方法是用户按键选择商品动作的响应：

```
function chooseItem(obj)
    if obj.state == VendingMachine.HAS_MONEY                % 如果状态是“已经付过钱”
```

```
            obj.state = VendingMachine.SOLD ;              % 改变状态为"已售"
            obj.dispense();                                 % 触发 dispense 方法
        elseif obj.state == VendingMachine.NO_MONEY
            disp('Show me the money');
        elseif obj.state == VendingMachine.SOLD_OUT
            disp('Machine is Sold out')
        elseif obj.state == VendingMachine.SOLD            % 如果状态是"已售"
            disp('You have already push the button')        % 提示已经选过了
        end
end
```

dispense 方法从贩卖机中取出饮料，饮料数量减 1，如果 count 变成零，则把机器的状态置为 SOLD_OUT：

```
function dispense(obj)
    if obj.state == VendingMachine.HAS_MONEY
        % do nothing
    elseif obj.state == VendingMachine.NO_MONEY
        % do nothing
    elseif obj.state == VendingMachine.SOLD_OUT
        % do nothing
    elseif obj.state == VendingMachine.SOLD
        disp('dispensing');
        obj.count = obj.count - 1;
        if obj.count ==0
            obj.state = VendingMachine.SOLD_OUT;   % 如果饮料售完，状态设成 SOLD_OUT
        else
            obj.state = VendingMachine.NO_MONEY;   % 如果还有饮料，状态设成 NO_MONEY
        end
    end
end
```

到目前为止，程序还不太长，各个成员方法中排比的 if 语句看上去还不是很烦琐。我们可以使用下面的脚本来验证程序的逻辑。

如果贩卖机是空的，一瓶饮料都没有：

———————— Script ————————	———————— Command Line ————————
colaMachine = VendingMachine(0);	
colaMachine.insertMoney();	Machine is Sold out
colaMachine.ejectMoney();	Machine is Sold out
colaMachine.chooseItem();	Machine is Sold out

如果用户投了钱，但是没有选择，按下退钱键，再按下选择键：

———————— Script ————————	———————— Command Line ————————
colaMachine = VendingMachine(1);	
colaMachine.insertMoney();	
colaMachine.ejectMoney();	Returning money
colaMachine.chooseItem();	Show me the money

販卖机中只有两瓶饮料,被两个用户买走了,之后的用户如果再投钱,则显示 SOLD_OUT:

───────── Script ─────────	───────── Command Line ─────────
`colaMachine = VendingMachine(2);`	
`colaMachine.insertMoney();`	
`colaMachine.chooseItem();`	`dispensing`
`colaMachine.insertMoney();`	
`colaMachine.chooseItem();`	`dispensing`
`colaMachine.insertMoney();`	`Machine is Sold out`
`colaMachine.insertMoney();`	`Machine is Sold out`

下面继续扩充这个模型,假设贩卖机只接受一元钱纸币,但是一瓶可乐是两元钱,这里就需要增加一个状态:当用户只投了一元钱时,机器的状态是 NOT_ENOUGH （钱不够）。这个新的状态对整个状态图的影响如图 18.21 所示。

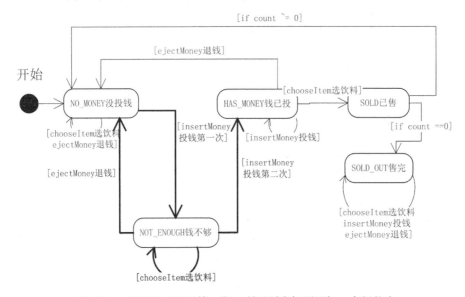

图 18.21　可乐改成两元钱一瓶,所以贩卖机要添加一个新状态

图 18.21 中新增加的逻辑是:

□ NO_MONEY 状态时投入一元钱,机器进入 NOT_ENOUGH 状态,再投入一元钱进入 HAS_MONEY 状态。

□ 在 NOT_ENOUGH 状态,如果用户要求退钱,则状态返回到 NO_MONEY 状态。

□ 在 NOT_ENOUGH 状态,如果用户按键选择饮料,则提示钱不够,并且贩卖机的状态仍然停留在 NOT_ENOUGH 状态。

为了增加这个新状态,需要修改下列部分代码（图 18.21 中粗线部分）:

□ 在 VendingMachine 中增加一个状态。

□ ejectMoney 成员方法。

□ chooseItem 成员方法。

□ insertMoney 成员方法。

这些改动意味着：每个成员方法中都要增加额外的 if 语句。我们又遇到这个老问题了，一个新的需求影响很多部分，牵一发而动全身，要把所有需要修改的地方都找出来，并且修改得一致。这个设计的缺陷是，关于各个状态的具体逻辑散布在各个类中，导致一旦需要对一个状态的逻辑加以修改就需要更新很多地方。而把一个状态的逻辑都集中在一个类中的模式，就是将要介绍的状态模式（State Pattern）。

18.4.2　使用状态模式的自动贩卖机

为了使设计容易维护和扩展，我们要做的事情是：

□ 首先定义一个 State 抽象类，在这个类中，每个贩卖机的动作都对应一种方法。

□ 为机器的每个状态都写一个具体的类，在这些类中实现对应状态下的行为。

□ 摆脱旧的 if 语句，取而代之的是将动作委托到 State 类中去，使用多态来代替相关逻辑条件。

图 18.22 所示为使用状态模式的贩卖机，其中每个状态都对应一个类。

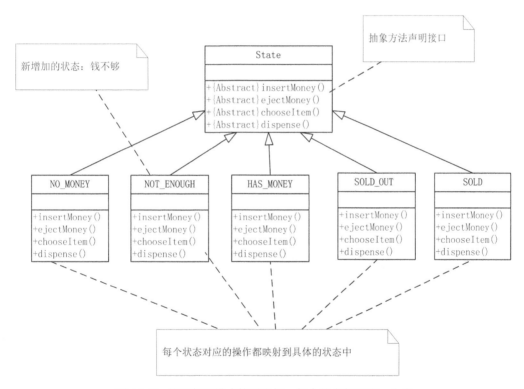

图 18.22　使用状态模式的贩卖机：每个状态都对应一个类

下面先直接给出整个设计的 UML，并且解释什么叫作"把动作委托到状态类中去，使用多态来代替逻辑条件"。图 18.23 所示为使用状态模式的贩卖机，VendingMachine 拥有 State 类对象。

从 VendingMachine 类开始讨论，贩卖机类中的一个属性是 State 类对象，而类中的方法仅仅是 State 类对象方法的包装方法（Wrapper），所以 VendingMachine 类的定义较之前简化了很多，如下：

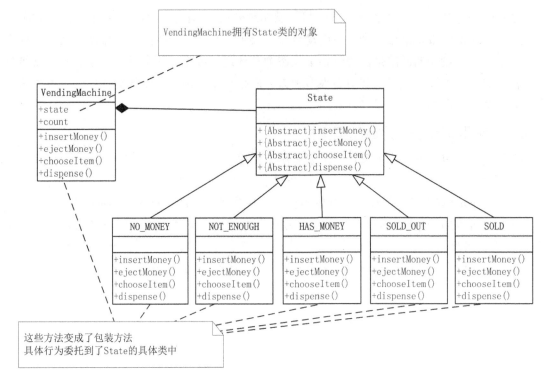

图 18.23 使用状态模式的贩卖机：VendingMachine 拥有 State 类对象

```matlab
                          ───────── VendingMachine ─────────
classdef VendingMachine < handle
    properties
        state
        count
    end
    properties(Constant)
        SOLD_OUT = 0;
        NO_MONEY = 1;
        HAS_MONEY =2;
        SOLD = 3;
        NOT_ENOUGH =4;
    end
    methods
        function obj = VendingMachine(count)
            obj.count = count ;
            if count ==0
                obj.state = SoldOut();
            else
                obj.state = NoMoney();
            end
        end
```

```
        insertMoney(obj);            % Wrapper Method
        ejectMoney(obj);
        chooseItem(obj);
        dispense(obj);
    end
end
```

其中的 4 个成员方法仅仅是包装方法，如下所示，具体工作委托到具体 State 中完成。

```
function insertMoney(obj)
    obj.state.insertMoney(obj);
end
```

```
function ejectMoney(obj)
    obj.state.ejectMoney(obj);
end
```

```
function chooseItem(obj)
    obj.state.chooseItem(obj);
end
```

```
function dispense(obj)
    obj.state.dispense(obj);
end
```

说明：

- 4 个成员方法不知道 obj.state 是哪个具体的状态，这并不重要，因为请求被传递给具体的 State 的成员方法了，对象的行为将取决于那个具体的状态。
- 在调用 State 的成员方法时，VendingMachine 还把自己的句柄传给了该 State 类对象，即 obj 参数，这是因为 State 的具体动作将涉及改变 VendingMachine 自身的状态，所以 VendingMachine 必须提供一个渠道给具体的 State 类对象，允许其帮自己来改变状态。

下面将实现具体的状态类。为简单起见，所有的属性和方法都定义成 public。首先是 NoMoney 类，最明显的不同是，if 语句被分散到成员方法中去了。

```
──────────────── NoMoney ────────────────
classdef NoMoney < State
    methods
        function insertMoney(obj,machineObj)
            machineObj.state = NotEnough();   % 改变 machine 对象内部的状态
        end
        function ejectMoney(obj,machineObj)
            disp('Show me the money');
        end
        function chooseItem(obj,machineObj)
            disp('Not enough Money');
        end
        function dispense(obj)
            % do nothing
        end
    end
end
```

NotEnough 类是一个新的状态类，在这个状态下，如果用户再次投入钱币（insertMoney），贩卖机的状态将变成 HAS_MONEY，如果用户再选择退钱（ejectMoney），则贩卖机的状态将退回到 NO_MONEY 状态。

```
──────── NotEnough ────────
classdef NotEnough < State
   methods
      function insertMoney(obj,machineObj)
          machineObj.state = HasMoney();      % 再投入一元钱后转成 HAS_MONEY 状态
      end
      function ejectMoney(obj,machineObj)
          disp('returning the money');
          machineObj.state = NoMoney();
      end
      function chooseItem(obj,machineObj)
          disp('Not enough Money');
      end
      function dispense(obj)
          % do nothing
      end
   end
end
```

HasMoney 类的逻辑和之前基本一样：

```
──────── HasMoney ────────
classdef HasMoney < State
   methods
      function insertMoney(obj,machineObj)
          disp('You have already paided');
      end
      function ejectMoney(obj,machineObj)
          disp('returning the money');
          machineObj.state = NoMoney();
      end
      function chooseItem(obj,machineObj)
          machineObj.state = Sold();
          machineObj.dispense()
      end
      function dispense(obj)
          % do nothing
      end
   end
end
```

Sold 类的逻辑和之前版本基本一样：

```
─────────────── Sold ───────────────
classdef Sold < State
    methods
        function insertMoney(obj,machineObj)
            % WILL NEVER ENTER HERE
        end
        function ejectMoney(obj,machineObj)
            disp('Too late');
        end
        function chooseItem(obj,machineObj)
             disp('You have already push the button')
        end
        function dispense(obj,machineObj)
            disp('dispensing');
            machineObj.count = machineObj.count - 1;
            if machineObj.count ==0
                machineObj.state = SoldOut();
            else
                machineObj.state = NoMoney();
            end
        end
    end
end
```

SoldOut 类的逻辑和之前基本一样：

```
─────────────── SoldOut ───────────────
classdef SoldOut < State
    methods
        function insertMoney(obj,machineObj)
            disp('Machine is Sold out')
        end
        function ejectMoney(obj,machineObj)
            disp('Machine is Sold out')
        end
        function chooseItem(obj,machineObj)
            disp('Machine is Sold out')
        end
        function dispense(obj,machineObj)
            % WILL NEVER ENTER HERE
        end
    end
end
```

我们通过下面的脚本来验证机器状态的变化。经过改进的贩卖机，可乐单价为 2 元钱，用户要调用 insertMoney 两次才能得到饮料：

——————— Script ———————	——————— Command Line ———————
`colaMachine = VendingMachine(2);`	
`colaMachine.insertMoney();`	
`colaMachine.insertMoney();`	
`colaMachine.chooseItem();`	`dispensing`
`colaMachine.insertMoney();`	
`colaMachine.chooseItem();`	`Not enough Money`
`colaMachine.ejectMoney();`	`returning the money`

18.4.3　状态模式总结

《设计模式》一书中对状态模式的意图是这样叙述的：

> 允许对象修改内部状态是改变它的行为，对象看起来好像是修改了它的类。

1.　状态模式的结构

状态模式的结构如图 18.24 所示。

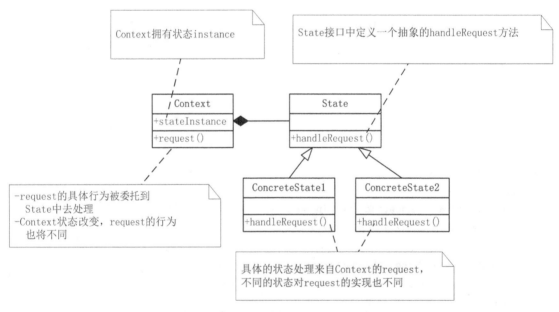

图 18.24　状态模式的结构：状态是具体的对象

2.　类之间的协作

- □ 对于来自外界的和自身状态有关的请求，Context 对象将这些请求委托给 ConcreteState 对象处理。
- □ ConcreteState 对象可以访问 Context 对象，也可以改变 Context 对象的内部状态。

这就要求：在 request 方法中，Context 对象必须把自己作为一个参数传递给 ConcreteState 对象。

- □ 使用 Context 类的 Client 不需要和 State 类的对象打交道。

3. 何时使用状态模式

《设计模式》一书中对状态模式的适用场合是这样描述的：

- □ 当对象的行为取决于它的状态，并且该对象在运行时，其会改变状态。也就是说，若对象的行为会在运行时改变，则可以考虑使用状态模式。
- □ 当一个操作中含有庞大的多分支条件语句，而且这些分支条件语句依赖于对象的状态时，可以考虑使用状态模式将每个条件分支语句放入一个独立的类中，而状态属性其实是一个 State 类对象。

4. 状态模式框架的 MATLAB 实现

下面给出状态模式框架的 MATLAB 实现。该实现以简捷为目的，仅用来说明类之间重要的协作关系，并不一定是最完整的实现。接口抽象类 Context 和 State 的定义如下：

```
────────── Context ──────────
classdef Context < handle
    properties
        state
    end
    methods
      function request(obj,state)
        obj.state.handleRequest(obj);
      end
    end
end
```

```
────────── State ──────────
classdef State < handle
    methods(Abstract)
        handleRequest(obj,context)
    end
end
```

两个 ConcreteState 的简单实现：

```
────────── ConcreteState1 ──────────
classdef ConcreteState1 < State
  methods
    function handleRequest(obj,context)
        % 做具体工作，改变 Context 状态
    end
  end
end
```

```
────────── ConcreteState2 ──────────
classdef ConcreteState2 < State
  methods
    function handleRequest(obj,context)
        % 做具体工作，改变 Context 状态
    end
  end
end
```

18.5　模板模式：下面条和煮水饺有什么共同之处

18.5.1　抽象下面条和煮水饺的过程

下面继续扩展面馆的程序。假设现在面馆不仅向顾客提供各种风味的面条，而且开始卖水饺了。下面条和煮水饺有什么共同之处，代码是否可以复用，这是模板模式（Template

Pattern）要解决的问题。首先，讨论下面条和煮水饺的过程。

简而言之，下面条需要如下步骤：

① 煮开水。

② 把面条放下去。

③ 煮上 10 min。

④ 把面条捞起来，加汤，加料。

煮饺子和下面条的过程类似：

① 煮开水。

② 把饺子放下去。

③ 煮上 15 min。

④ 把饺子捞起来，加汤。

先把上述每个步骤抽象成一个类的方法，并且把两个过程的类图表示出来，第一版的设计如图 18.25 所示。

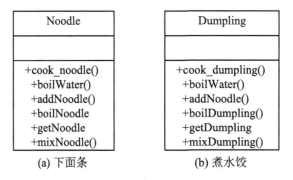

(a) 下面条   (b) 煮水饺

图 18.25 把下面条和煮水饺的过程用面向对象方法表示出来

另外，每个类还必须有一个方法负责按照正确的顺序调用 boilWater，add*，boil*，get*，mix* 这些方法。我们给这个方法起名为 cook。两个类的 cook 方法如下：

```
classdef Noodle < handle
......
    methods
        function cook(obj)
            obj.boilWater();
            obj.addNoodle();
            obj.boilNoodle();
            obj.getNoodle();
            obj.mixNoodle();
        end
    end
......
end
```

```
classdef Dumpling < handle
......
    methods
        function cook(obj)
            obj.boilWater();
            obj.addDumpling();
            obj.boilDumpling();
            obj.getDumpling();
            obj.mixDumpling();
        end
    end
......
end
```

完成这两个任务的步骤十分相似，但在细节上又不完全相同。比如，煮饺子要比煮面条的时间长一些，面条煮好之后还要加主料和酱料，而饺子和着饺子汤即可……总之，我们发现了一些貌似重复的代码，这是好事情，表示需要考虑一下设计了。既然这两个类如此相似，似乎应该把共同的部分抽取出来，放进一个 Product 基类中去。图 18.26 所示是第二版的设计。

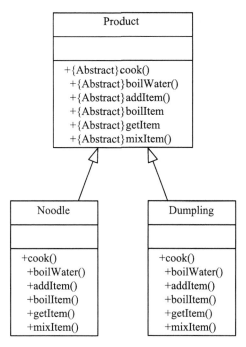

图 18.26　先把各个过程抽象到基类中

在这个设计中，把两个过程都需要有的方法综合出来起统一的名字——addItem，boilItem，getItem，mixItem，作为基类的方法。因为各个方法的细节各不相同，所以在基类中声明这些方法成为 Abstract，要求在子类中有具体的实现。在第二版的基础上，我们再仔细观察一下 cook 方法，可以发现，因为下面条和煮水饺的步骤是一模一样的，所以 cook 方法可以作为一个非抽象方法放到基类中去。其实，这种把做事情的步骤抽象出来的模式就是本节要介绍的模板模式。图 18.27 所示是第三版的设计。

和之前相比，我们还做了如下改进：

☐ 把 cook 方法设计成了 Sealed 的方法。这样做的目的是固定烹调的顺序，禁止子类重新实现自己的 cook 方法，即禁止 Noodle 和 Dumpling 类任意调换烹饪的顺序。

☐ 把 boilWater，addItem，boilItem，getItem，mixItem 设计成了 protected 方法，目的是只允许类的内部方法（cook）调用它们。

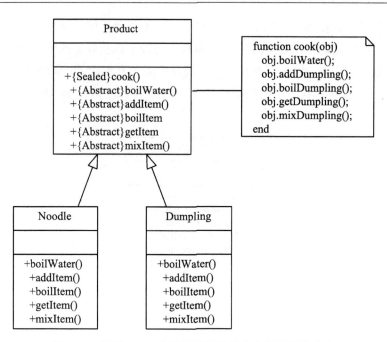

图 18.27　再把 cook 方法的过程抽象出来放到基类中去

下面是实现图 18.27 的代码，Product 是抽象基类，用来封装完成烹饪的步骤。

```matlab
                    ——————— Product.m ———————
classdef Product < handle
    methods(Sealed)
        function cook(obj)
            obj.boilWater();
            obj.addItem();
            obj.boilItem();
            obj.getItem();
            obj.mixItem();
        end
    end
    methods(Abstract,Access = protected)
        boilWater(obj);
        addItem(obj);
        boilItem(obj);
        getItem(obj);
        mixItem(obj);
    end
end
```

Noodle 类和 Dumpling 类继承自 Product 基类，为简单起见，在方法中，我们仅用 disp 语句的不同来表示方法在不同子类的细节上的不同，如下：

```
classdef Noodle < Product
    methods(Access = protected)
        function  boilWater(obj)
            disp('boil water noodle');
        end
        function  addItem(obj)
            disp('add noodle');
        end
        function boilItem(obj)
            disp('boil noodle');
        end
        function getItem(obj)
            disp('get noodle');
        end
        function mixItem(obj)
            disp('mix noodle');
        end
    end
end
```

```
classdef Dumpling < Product
    methods(Access = protected)
        function  boilWater(obj)
            disp('boil water dumpling');
        end
        function  addItem(obj)
            disp('add dumpling');
        end
        function boilItem(obj)
            disp('boil dumpling');
        end
        function getItem(obj)
            disp('get dumpling');
        end
        function mixItem(obj)
            disp('mix dumpling');
        end
    end
end
```

用来测试的脚本以及命令行输出如下：

```
———————————— Script ————————————
clear classes ; clc ;
op1  = Noodle();
op1.cook();




op2 = Dumpling();
op2.cook();
```

```
———————————— Command Line ————————————
boil water noodle
add noodle

boil noodle
get noodle
mix noodle


boil water dumpling
add dumpling
boil dumpling
get dumpling
mix dumpling
```

上述的脚本中先分别声明两个不同的对象 op1 和 op2，表示下面条和煮水饺两个不同的过程，虽然它们的过程细节不同，但是它们都调用了相同的基类方法 cook。该 cook 方法再转而调用具体的 boilWater，addItem 等方法，但是到底调用哪个子类方法，则取决于对象属于哪个类。比如 op1 是做面条的类，虽然 cook 方法的实现在基类中，但是 op1.cook() 方法中调用的步骤是下面条子类中方法的具体实现。说得更具体一些，比如 cook 方法中的 obj.boilWater() 命令，将根据 obj 所属类的不同调用不同的 boilWater 方法。

18.5.2　应用：把策略和模板模式结合起来

在 18.2.2 小节中我们举过一个比较复杂的图像处理的例子（见图 18.9），在这个例子中，我们假设对数据的处理有固定的一套步骤，但是每一套步骤的具体算法都有多种选择，那么解决这个问题的方法可以是把策略模式和模板模式结合起来。这也是面向对象编程的优势所在。每个具体的设计模式都可以解决一个独立的小问题，在实际计算中，可以把各种模式结合起来使用，去解决复杂的问题。

如果用模板模式来解决 18.2.2 小节中人脸特征提取的工作，则可以把固定的处理步骤封装在基类的 process 方法中，其 UML 如图 18.28 所示。

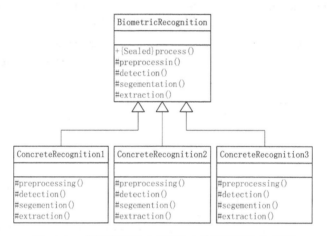

图 18.28　使用模板模式来解决人脸特征提取的问题

如果想让 ConcreteRecognition 子类能够更加灵活地选择不同的算法，则可以在该设计的基础上把具体的算法从子类中分离出来，利用组合，让 BiometricRecognition 基类拥有 Strategy 类的算法对象。如果以 preprocessing 算法为例，则其 UML 如图 18.29 所示。

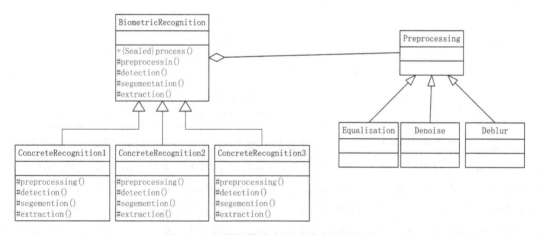

图 18.29　把模板模式和策略模式结合起来

当然，ConcreteRecognition 子类中的 preprocessing 方法只是一个包装方法，具体的实现被转移到 Processing 子类中去了。

18.5.3　模板模式总结

《设计模式》一书中对模板模式的意图是这样叙述的：

定义一个操作中的算法的骨架，将一些步骤的实现延迟到子类中。Template 方法使得子类可以不改变一个算法的结构就可以重新定义该算法的某些特殊的步骤。

1.　模板模式的结构

模板模式的结构如图 18.30 所示。

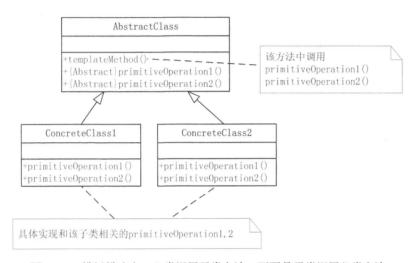

图 18.30　模板模式中，父类调用子类方法，而不是子类调用父类方法

模板模式中含有反向控制的结构，因为通常都是子类调用父类的操作，而在这个模式里，却是父类调用子类的操作。这种结构也被叫作"好莱坞模式"，即"不要给我打电话，我们会通知你"[①]。

2.　模板模式框架的 MATLAB 实现

模板模式框架的 MATLAB 实现如下：

```
━━━━━━━━━ AbstractClass.m ━━━━━━━━━
classdef AbstractClass < handle
    methods(Sealed)
        function templateMethod(obj)          % Template 方法封装完成工作的步骤
            obj.primitiveOperation1();
            obj.primitiveOperation2();
        end
    end
    methods(Abstract,Access = protected)
        primitiveOperation1(obj);
        primitiveOperation2(obj);
```

---

① Hollywood Principal: "don't call us, we'll call you".

```
        end
end
```

说明：

□ 基类中的 templateMethod 要声明成 Sealed，这样可以保证子类中不会有方法违反规定，可以重新定义 templateMethod 方法。因为按照约定，templateMethodtext 中的调用顺序是固定的，只是其中 primitiveOperation 的具体实现因子类而异。

□ 两个 primitiveOperation 的方法要声明成 Abstract，这样就强制任何继承 AbstractClass 的子类都必须提供这两个方法的具体实现，并且还把接口固定了下来。

```
———————————— ConcreteClass.m ————————————
classdef ConcreteClass < AbstractClass
    methods(Access = protected)
        function primitiveOperation1(obj)
            disp('Concrete implementation of OP1');
        end
        function primitiveOperation2(obj)
            disp('Concrete implementation of OP2');
        end
    end
end
```

□ 基本方法 primitiveOperation1 和 primitiveOperation2 要声明成 protected，这是为了保证这些方法只能被内部的方法（即 templateMethod）调用。

用来测试的脚本以及命令行输出如下：

```
———————— Script ————————          ———————— Command Line ————————
obj = ConcreteClass();
obj.templateMethod();             Concrete implemenation of OP1
                                  Concrete implemenation of OP2
```

18.6　备忘录模式：实现 GUI 的 undo 功能

18.6.1　如何记录对象的内部状态

有时程序在运行过程中有必要记录一个对象的内部状态，并且在某些情况下，把对象的状态恢复到之前的状态，如图 18.31 所示。要实现这种机制，就必须事先把对象的状态信息保存起来。

保存对象的状态信息不等同于直接保存对象本身，因为对象本身可能还包含状态以外的其他数据，程序也许不需要恢复那些数据，所以不能期望简单地仅使用 save 命令来完成任务。因此，有必要仅把对象中有用的信息单独提取出来加以保存，必要时加以恢复。在设计模式中有现成的解决方案，叫作备忘录模式（Memento Pattern）。

下面给出备忘录模式的简单实现：

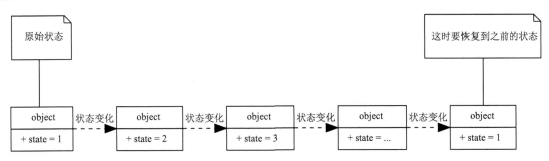

图 18.31　状态随时间变化，在某些情况下，需要将对象的状态恢复到之前的状态

```
──────────── Model ────────────
classdef Model<handle
    properties
        state
    end
    methods
        function mObj = createMemento(obj,ID)  % 构造备忘录对象
            mObj = memento(obj.state,ID);
        end
        function setMemento(obj,mObj)           % 恢复状态
            obj.state =  mObj.state;
        end
        function show(obj)
            sprintf('internal state = %s',obj.state)
        end
    end
end
```

说明：

□ creatMemento 方法负责提取自身的状态，封装到一个 Memento 对象中，并且返回
新产生的对象。

□ setMemento 方法接受一个 Memento 对象，从中提取出状态信息，用来给自身赋值，
以恢复到保存时的状态。

类之间的协作如图 18.32 所示。

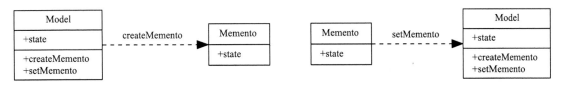

图 18.32　Model 负责构造 Memento 对象，还可以接受一个 Memento 对象来恢复自身的状态

```
──────────── Memento ────────────
classdef memento < handle
    properties
        state
```

```
        ID
    end
    methods
        function obj = memento(state,ID)
            obj.state = state;
            obj.ID = ID ;
        end
    end
end
```

该 Memento 类用来封装 Model 中的状态信息，其中的 ID 用来标识 state，该 ID 由 createMemento 方法提供。Model 对象可以创建多个 Memento 对象，或者说 Model 对象可以保存多个自身的状态。

如图 18.33 所示，Caretaker 类是一个用来存储 Memento 对象的容器，主要内部数据结构利用 MATLAB 容器 containers.Map 来实现，其 Key 是 ID，KeyValue 是 Memento 对象。具体如下：

```
─────────────────── Caretaker ───────────────────
classdef Caretaker < handle
    properties
        states = containers.Map
    end
    methods
        function addState(obj,mObj)
            obj.states(mObj.ID) = mObj;
        end
        function mObj = getState(obj,ID)
            mObj = obj.states(ID);
        end
    end
end
```

图 18.33　Caretaker 类是一个用来保存 Memento 对象的容器

下面的程序中，Model 对象把状态保存到 Caretaker 对象中，随后再从 Caretaker 中取出该状态，并把 Model 对象恢复如初。

```
————————— Script —————————          ————————— Command Line —————————
 1 modelObj = Model ;
 2 modelObj.state = 'untouched';
 3 modelObj.show()                                 internal state = untouched
 4 holder = Caretaker();
 5 mementoObj = modelObj.createMemento('original');
 6 holder.addState(mementoObj);                     internal state = touched
 7 modelObj.state = 'touched'; % 状态改变
 8 modelObj.show()
 9 modelObj.setMemento(holder.getState('original'))
10 modelObj.show()                                  internal state = untouched
```

说明：

□ 第 2 行设置对象的初始状态是"untouched"。

□ 第 6 行把这个状态记录到 Memento 对象中，并且设置状态 ID 为 original。

□ 第 7 行把 Memento 对象保存到 Caretaker 对象中。

□ 第 9 行首先从 Caretaker 处取出备忘录对象，再改变 modelObj 的状态。

18.6.2 应用：如何利用备忘录模式实现 GUI 的 do 和 undo 操作

本小节将举一个具体的例子，使用 18.6.1 小节中的 Memento 框架，简单地演示如何通过保持 GUI 对象的内部状态来实现简单的 do 和 undo 操作。GUI 设计如图 18.34 所示。

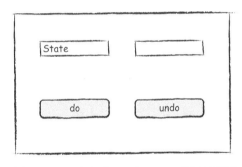

图 18.34 一个包含 do 和 undo 按钮的界面

该 GUI 中有一个文本框和两个按钮，用户可以在文本框中输入任意文本，表示一个状态。当用户按下 do 按钮时，GUI 将改变内部的状态值成为用户的输入；当用户按下 undo 按钮时，则可以恢复到之前的状态。为简单起见，状态容器 Caretaker 仅存放一个状态。

1. Memento 和 Caretaker

Memento 的设计最简单，可略去 ID 仅仅封装一个变量：

```
classdef memento < handle
    properties
        state
    end
    methods
```

```matlab
        function obj = memento(state)
            obj.state = state;
        end
    end
end
```

在实际的 GUI 编程中，Caretaker 可能需要保存多个界面上用户的输入，所以 Caretaker 应该是一个全局类，并且会被各个 GUI 反复使用。这里把 Caretaker 设计成一个 Singleton 类，以保证其在整个程序中只存在一个对象。

```matlab
classdef Caretaker < handle
    properties
        state
    end
    methods
        function addState(obj,mObj)
            obj.state = mObj;
        end
        function mObj = getState(obj)
            mObj = obj.state;
        end
    end
    methods(Access = private)
        function obj = Caretaker()
        end
    end
    methods(Static)
        function obj = getInstance()
            persistent localobj;
            if isempty(localobj) || ~isvalid(localobj)
                localobj = Caretaker();
            end
            obj = localobj;
        end
    end
end
```

2. Model

GUI 的设计沿用 MVC 模型，下面是 Model 类的代码：

```matlab
classdef Model<handle
    properties
        state
```

```
        end
        events
            stateChanged
        end
        methods
            function obj = Model()
                obj.state = 'initial' ;
            end
            function mObj = createMemento(obj)
                mObj = memento(obj.state);
            end
            function setMemento(obj,mObj)
                obj.state =  mObj.state;
            end
            function show(obj)
                sprintf('internal state = %s',obj.state)
            end

            function do(obj,inputState)
                % save current state into memento
                holder = Caretaker.getInstance();
                holder.addState(obj.createMemento())
                obj.state = inputState ;
            end

            function undo(obj)
                % retrieve state info from holder
                holder = Caretaker.getInstance();
                obj.setMemento(holder.getState());
                obj.notify('stateChanged');
            end
        end
end
```

说明：

□ do 方法是界面上 do 按钮的响应函数，其工作包括：
    – 使用 Caretaker 的静态方法得到单例 Caretaker 的全局对象句柄。
    – 把当前的状态保持到 Caretaker 对象中。
    – 更新自己的状态。

□ undo 所做的方法与 do 恰好相反：
    – 使用 Caretaker 的静态方法得到单例 Caretaker 的全局对象句柄。
    – 从 Caretaker 内部得到上一个状态，使用 setMemento 恢复之前的状态。

－ 通知视图更新。

3. View

View 类的结构沿用 MVC 模式中的 View 类的基本结构：

```
classdef View < handle
    properties
        viewSize      ;
        hfig          ;
        doButton      ;
        undoButton    ;
        stateBox      ;
        text          ;
        modelObj      ;
        controlObj    ;
    end
    properties(Dependent)
        state
    end
    methods
        function obj = View(modelObj)
            obj.viewSize  =  [100,100,300,200];
            obj.modelObj = modelObj ;
            obj.modelObj.addlistener('stateChanged',@obj.updateState);
            obj.buildUI();
            obj.controlObj = obj.makeController();
            obj.attachToController(obj.controlObj);
        end
        function input = get.state(obj)
            input = get(obj.stateBox,'string');
            input = str2double(input);
        end
        function buildUI(obj)
            obj.hfig =  figure('pos',obj.viewSize);
            obj.doButton    = uicontrol('parent',obj.hfig,'string','do',...
                                    'pos',[60 28 60 28]);
            obj.undoButton = uicontrol('parent',obj.hfig,'string','undo',...
                                    'pos',[180 28 60 28]);
            obj.text        = uicontrol('parent',obj.hfig,'style','text','string',...
                                    'State','pos',[60 142 60 28]);
            obj.stateBox    = uicontrol('parent',obj.hfig,'style','edit',...
                                    'pos',[180 142 60 28]);
            obj.updateState();
        end
```

```
        function updateState(obj,scr,data)
            set(obj.stateBox,'string',num2str(obj.modelObj.state));
        end

        function controlObj = makeController(obj)
            controlObj = Controller(obj,obj.modelObj);
        end

        function attachToController(obj,controller)
            funcH = @controller.callback_dobutton;
            set(obj.doButton,'callback',funcH);
            funcH = @controller.callback_undobutton;
            set(obj.undoButton,'callback',funcH);
        end
        function delete(obj)
            if ishandle(obj.hfig)
                close(obj.hfig);
            end
        end
    end
end
```

4. Controller

Controller 类沿用 MVC 模式中的 Controller 类的基本结构:

```
classdef Controller < handle
    properties
        viewObj  ;
        modelObj ;
    end
    methods
        function obj = Controller(viewObj,modelObj)
            obj.viewObj = viewObj;
            obj.modelObj = modelObj;
        end
        function callback_dobutton(obj,src,event)
            obj.modelObj.do(obj.viewObj.state);
        end
        function callback_undobutton(obj,src,event)
            obj.modelObj.undo();
        end
    end
```

```
end
```

5. 主脚本

下面的脚本启动 GUI 窗口，读者可以自己验证 do 和 undo 按钮的效果。

```
close all ; clear all;
modelObj = Model();
viewObj = View(modelObj);
```

18.6.3 备忘录模式总结

《设计模式》一书中对备忘录模式的意图是这样叙述的：

> 在不破坏封装性的前提下，捕获一个对象的内部状态，并在该对象之外保存这个状态。这样，以后就可以将该对象的状态复原到原先的状态。

1. 备忘录模式的结构

备忘录模式的结构如图 18.35 所示。

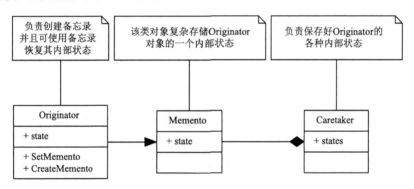

图 18.35 备忘录模式的结构

2. 类之间的协作

- ☐ Originator 是拥有状态的对象，外部的命令向 Originator 发出一个请求，要求保存备忘录。
- ☐ Originator 把自身状态数据封装到一个 Memento 对象中，并且提交给 Caretaker 保存。
- ☐ 只有 Originator 知道该如何利用 Memento 对象中的数据；Caretaker 的工作仅仅是保存各个 Memento 对象，不能对备忘录的内容进行操作。

第 4 部分

框架篇

第 19 章　MATLAB 单元测试框架

19.1　框架概述

本书 4 个部分是根据面向对象编程的复杂程度由浅入深来编排的，因此从逻辑上来说，框架 (Framework) 是一个比设计模式更加复杂的结构，但读者不用担心，虽然框架在结构上比模式要复杂，但是学习起来却比设计模式简单得多。进一步来说，读者要学习的并不是如何设计框架，而是如何利用现成的框架为工程计算服务。理解设计模式不是使用框架的前提，读者甚至不用理解面向对象，也可以享受框架给工程计算带来的便利。

设计模式教给我们的是编程的指导思想，没有现成的代码可以直接套用，模式每次的使用都要通过重新编程来实现；而框架，是包装好的即时可以使用的代码，可以直接地反复被使用。设计模式处理的是软件程序设计中的局部行为，而框架处理的是更大的系统。模式是组成框架的基石，框架的设计和实现又包含多种模式。设计模式的应用范围很广，而框架通常限定了应用范围，比如，单元测试框架在算法开发的同时能够保证已有的程序功能不会退化，而性能测试框架能够保证算法的性能不退化，方便比较不同算法的性能。

下面我们将学习 MATLAB 从 R2013a 开始提供的测试解决方案：MATLAB 单元测试 (MATLAB Unit Test) 框架。MATLAB 单元测试框架可以接受不同格式的测试文件，本章介绍两种：一种是基于函数的 (Function-Based)，另一种是基于类的 (Class-Based)，如图 19.1 所示。

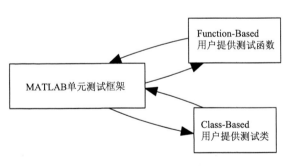

图 19.1　两种单元测试

19.2　基于函数的单元测试构造

在学习 inputParser 时，我们可以通过不断改进 getArea 函数对输入参数的处理方法，引入这样的观点："一个可靠的科学工程计算项目必须有一套测试系统，才能防止开发过程中算法的性能退化，工程项目的推进必须在算法开发和算法测试之间不断迭代完成"，还可根据经验提出一个测试系统所应具有的基本功能（详见附录 D）。

MATLAB 基于函数的单元测试构造很简单，用户通过一个主测试函数和若干个局部测试函数[①] (Local Function) 就可以组织各个测试，而测试的运行则交给 MATLAB 的单元测试框架去完成。

主测试函数和局部测试函数看上去和普通的 MATLAB 函数没有区别（见图 19.2），只是命名上有一些特殊的规定而已。这些特殊的规定是为了 Framework 可以和测试函数契合而制定的。

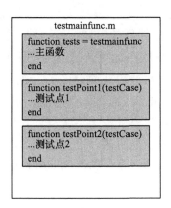

图 19.2 简单的主测试函数和若干个局部测试函数构成的一个单元测试

命名规则如下：主函数的名称由用户任意指定，和其他的 MATLAB 函数文件一样，该文件的名称需要和函数的名称相同 (如果主函数的名称是 testmainfunc，该文件名称则是 testmainfunc.m)。在主函数中，必须调用一个叫作 functiontests 的函数，搜集该函数中的所有局部函数，产生一个包含这些局部函数的函数局部的测试矩阵并且返回给 Framework，代码如下：

```
———————————————— testmainfunc.m ————————————————
 function tests = testmainfunc
   tests = functiontests(localfunctions);    % 主测试函数中必须要有这个命令
 end
 ......
```

其中，localfunctions 是一个 MATLAB 函数，用来返回所有局部函数的函数句柄。

局部函数的命名必须以 test 开头，局部函数只接受一个输入参数，即测试对象，即如下例子中的形参 testCase：

```
———————————————— testmainfunc.m ————————————————
 ......
 function testPoint1(testCase)      % 只接受一个输入参数
    testCase.verifyEqual(.....);
 end

 function testPoint2(testCase)      % 只接受一个输入参数
    testCase.verifyEqual(.....);
```

---

① 测试函数也叫作测试点。

```
end
......
```

其中，testCase 由单元测试框架提供，即 Framework 将自动调用该函数，并且提供 testCase 参数。

按照规定，要运行单元测试中的所有测试就必须调用 runtests 函数：

```
———————————————— command line ————————————————
>> runtests('testmainfunc.m')
```

下面将利用基于函数的单元测试来给 getArea 函数构造单元测试。

19.3　getArea 函数的单元测试：版本 I

首先，给主测试文件起个名字叫作 testGetArea。该名字是任意的，为了便于理解，名字里面通常包含 test，并包含要测试的主要函数的名字：

```
———————————————— testGetArea.m ————————————————
function tests = testGetArea
  tests = functiontests(localfunctions);
end
```

在该主函数中，localfunctions 将搜集所有的局部函数，构造函数句柄数组并返回测试矩阵。这里自然会有一个问题：这个 tests 句柄数组将返回给谁。这就要了解 Framework 是如何和测试相互作用的。如图 19.3 所示，整个测试从 runtests('testmainfunc.m') 命令开始，Framework 将首先调用 testGetArea 的主函数，得到所有局部函数的函数句柄，如图中空心箭头线段所示；然后 Framework 再负责调用每一个测试局部函数，并且把 testCase 当作参数提供给每个局部函数，如图中虚线线段所示。我们可以把 Framework 想象成一个流水线，用户只需要通过 runtests(testmainfunc.m) 把 testmainfunc.m 放到流水线上，并且"打开开关"就可以了。它是 MATLAB 的 matlab.unittest.FunctionTestCase 类的对象。

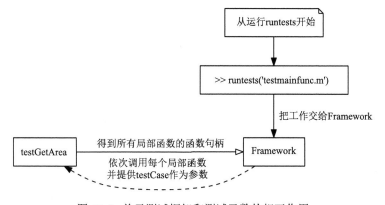

图 19.3　单元测试框架和测试函数的相互作用

返回的 testCase 是 matlab.unittest.FunctionTestCase 类的对象，有很多成员验证方法可以提供给用户调用。回忆 getArea 函数版本 I 如下，要求函数接受两个参数，并且都是数值类型：

—————— getArea 函数版本 I ——————

```
function a = getArea(wd,ht)

    p = inputParser;

    p.addRequired('width', @isnumeric);     % 检查输入必须是数值类型的
    p.addRequired('height',@isnumeric);

    p.parse(wd,ht);

    a = p.Results.width*p.Results.height;  % 从 Results 处取结果
end
```

我们先给这个 getArea 函数写第一个测试点，确保测试 getArea 函数在接受两个参数时能给出正确答案：

—————— testGetArea.m ——————

```
function tests = testGetArea
    tests = functiontests(localfunctions);
end
% 添加了第一个测试点
function testTwoInputs(testCase)
    testCase.verifyTrue(getArea(10,22)==220,'!=220');
    testCase.verifyTrue(getArea(3,4)==12,'!=12');
end
```

我们给 testGetArea.m 添加一个局部函数，叫作 testTwoInputs。按照规定，该局部函数的名字以 test 开头，后面的名字能够反映该测试点的实际测试内容。verifyTrue 是一个 testCase 对象所支持的方法，用来验证其第一个参数，作为一个表达式是否为真。verifyTrue 的第二个参数接受字符串，在测试失败时提供诊断提示。

一个很常见的问题是：getArea 是一个极其简单的函数，内部的工作就是把两个输入相乘，在这里验证 getArea(10,22) == 220 真的有必要吗？请读者记住这个问题，它是单元测试的精要之一。

下面来运行这个测试：

—————— command line ——————

```
>> results =runtests('testGetArea')
Running testGetArea
.
Done testGetArea

----------
results =      % 测试返回 matlab.unittest.TestResult 对象
  TestResult with properties:
        Name: 'testGetArea/testTwoInputs'
      Passed: 1
```

```
      Failed: 0
  Incomplete: 0
    Duration: 0.0018
Totals:
  1 Passed, 0 Failed, 0 Incomplete.
  0.0018203 seconds testing time.
```

测试返回一个 matlab.unittest.TestResult 对象，其中包括运行测试的结果。不出意料，我们的函数通过了这轮简单的测试。

如果函数没有通过测试，比如故意要验证一个错误的结果：getArea(10,22) == 0，那么

```
━━━━━━━━━━━━━━━━ testGetArea.m ━━━━━━━━━━━━━━━━
function tests = testGetArea
    tests = functiontests(localfunctions);
end
function testTwoInputs(testCase)
    testCase.verifyTrue(getArea(10,22)==0,'Just A Test'); % 故意让验证失败
end
```

Framework 将给出详尽的错误报告，其中，Test Diagnostic 栏目中报告的就是 verifyTrue 函数中的第二个参数所提供的诊断信息。具体如下：

```
━━━━━━━━━━━━━━━━ command line ━━━━━━━━━━━━━━━━
>> results =runtests('testGetArea')
Running testGetArea
================================================================================
Verification failed in testGetArea/testTwoInputs.   % 验证失败
    ---------------
    Test Diagnostic:            % 诊断信息
    ---------------
    Just A Test


    --------------------
    Framework Diagnostic:
    --------------------
    verifyTrue failed.          % 验证函数 verifyTrue 出错
    --> The value must evaluate to "true".
                                % 验证表达式 getArea(10,22)==0 的值应该为 true
    Actual logical:
            0                   % 表达式的实际值为 false
    ------------------
    Stack Information:
    ------------------
    In testGetArea.m (testTwoInputs) at 6    % 测试点 testTwoInputs 出错
================================================================================
```

```
Done testGetArea

---------
Failure Summary:                    % 测试简报
     Name                    Failed  Incomplete  Reason(s)
     ======================================================================
     testGetArea/testTwoInputs    X                Failed by verification.
                              % 出错的测试点名称
results =
  TestResult with properties:


          Name: 'testGetArea/testTwoInputs'
        Passed: 0              % 零个测试点通过
        Failed: 1              % 一个测试点出错
    Incomplete: 0
      Duration: 0.0342
Totals:
   0 Passed, 1 Failed, 0 Incomplete.
   0.03422 seconds testing time.
```

再添加一个负面测试，回忆 getArea 函数版本 I 不支持单个参数，如下：

```
———————————————————————————— command line ————————————————————————————
>> getArea(10)          % 如预期报错，调用少一个参数
Error using getArea
Not enough input arguments.
>> [a b] = lasterr      % 调用 lasterr 函数得到 ErrorID
a =
Error using getArea1 (line 6)
Not enough input arguments.
b =
MATLAB:minrhs
```

我们还利用 lasterr 函数得到这个错误的 ErrorID，该 ErrorID 将在负面测试中用到。

下面就是这个负面测试，验证在只有一个输入的情况下，getArea 函数能够如预期报错。我们给测试添加一个新的测试点，叫作 testTwoInputsInvalid。具体如下：

```
———————————————————————————— testGetArea.m ————————————————————————————
function tests = testGetArea
    tests = functiontests(localfunctions);
end


function testTwoInputs(testCase)
    testCase.verifyTrue(getArea1(10,22)==220,'!=220');
    testCase.verifyTrue(getArea1(3,4)==12,'!=12');
end
% 添加了第 2 个测试点
function testTwoInputsInvalid(testCase)
```

```
        testCase.verifyError(@()getArea1(10),'MATLAB:minrhs');
end
```

在 testTwoInputsInvalid 中，我们使用了测试对象的 verifyError 成员函数，它的第一个参数是函数句柄，即要执行的语言（会出错的语句）；第二个参数是要验证的 MATLAB 错误的 ErrorID，就是前面用 lasterr 函数得到的信息。verifyError 内部还有 try 和 catch，可以运行函数句柄，捕捉到错误，并且把 ErrorID 和第二个参数进行比较。

再举一个例子，先在 getArea 函数中规定所有的输入必须是数值类型，如果输入的是字符串，则 getArea 函数报错。先在命令行中试验一下，以便得到 ErrorID：

———————————— 在命令行中得到 ErrorID ————————————
```
>> getArea1('10',22)
Error using getArea1 (line 6)
The value of 'width' is invalid. It must satisfy the function: isnumeric.
>> [a b] = lasterr
a =
Error using getArea1 (line 6)
The value of 'width' is invalid. It must satisfy the function: isnumeric.
b =
MATLAB:InputParser:ArgumentFailedValidation      % 这个 ErrorID 是我们需要的
```

然后再把这个负面测试添加到 testGetArea 中去：

———————————— testGetArea.m ————————————
```
function tests = testGetArea
tests = functiontests(localfunctions);
end

function testTwoInputs(testCase)
    testCase.verifyTrue(getArea1(10,22)==220,'!=220');
    testCase.verifyTrue(getArea1(3,4)==12,'!=12');
end

function testTwoInputsInvalid(testCase)
    testCase.verifyError(@()getArea1(10),'MATLAB:minrhs');
    testCase.verifyError(@()getArea1('10',22),......      % 新增的 test
                    'MATLAB:InputParser:ArgumentFailedValidation')
end
```

运行上述代码，一个正向测试、一个负向测试全部通过，如下：

———————————— command line ————————————
```
>> runtests('testGetArea')
Running testGetArea
......
Done testGetArea

---------
```

```
ans =
  1x2 TestResult array with properties:
    Name
    Passed
    Failed
    Incomplete
    Duration
Totals:
  2 Passed, 0 Failed, 0 Incomplete.
  0.0094501 seconds testing time.
```

19.4　getArea 函数的单元测试：版本 II 和版本 III

回忆 getArea 函数的开发[①]，我们给 getArea 函数版本 II 添加了可以处理单个参数的功能，并且把 inputParser 和 validateAttributes 联合起来使用。新的函数在原来的基础上可以处理如下的新情况：

```
────────────────── command line ──────────────────
>> getArea(10)     % 正确处理了单个参数的情况
ans =
   100

>> getArea(10,0)   % 如预期检查出第二个参数的错误，并给出提示
Error using getArea (line 37)
The value of 'height' is invalid. Expected input number 2, height, to be nonzero.

>> getArea(0,22)   % 如预期检查出第一个参数的错误，并给出提示
Error using getArea (line 37)
The value of 'width' is invalid. Expected input number 1, width, to be nonzero.
```

在开发完版本 II 的函数之后，我们首先运行已有的 testGetArea 测试，发现之前添加的一个测试点对于验证函数在接受一个参数时会报错的情况已不再适用，因为此时已经开始支持单参数的功能了，所以要去掉它。随着程序算法的不断开发，修改或删除已有的测试是很常见的：

```
────────────────── testGetArea.m ──────────────────
  ......
  % testCase.verifyError(@()getArea1(10),'MATLAB:minrhs');  % 需要去掉这个测试
  ......
```

去掉不再适用的测试之后，我们继续给单元测试添加新的测试点。首先添加一个 Postive 测试点，确保 getArea 函数接受单一参数计算时结果正确：

---

① 参见附录 D。

```
—————————————————— 确保单一参数计算正确 ——————————————————
function tests = testGetArea
    ......

function testOneInput(testCase)
    testCase.verifyTrue(getArea2(10) ==100,'!=100');
    testCase.verifyTrue(getArea2(22) ==484,'!=484');
end
```

再添加一个 Negative 测试点，确保 getArea 函数会处理输入是零的情况：

```
——————————————————— 保证不接受零输入 ———————————————————
function tests = testGetArea
    ......

function testTwoInputsZero(testCase)
    testCase.verifyError(@()getArea(10,0),'MATLAB:expectedNonZero');
    testCase.verifyError(@()getArea(0,22),'MATLAB:expectedNonZero');
end
```

然后调用 runtests 函数：

```
————————————————————————— command line —————————————————————————
>> runtests('testGetArea')
......
```

每次运行这个命令都会运行之前所有的测试点和新的测试点，这就保证了新添加的算法没有破坏以前已有的功能。前面曾提出一个问题：验证 getArea(10,22) == 220 真的有必要吗？其必要性之一，也是单元测试功能之一，即这个验证其实是对 getArea 函数能正确处理两个参数的能力的一个历史记录。因为我们在不停地开发算法的过程中，所以很难保证不会偶然破坏一些以前的功能，但是只要有这条测试在，无论我们对 getArea 函数做怎样翻天复地的修改，只要一运行测试，都会验证这条历史记录，确保没有损坏已有的功能。换句话说，新的函数是向后兼容的。对于一个科学工程计算系统来说，一个函数会被用在很多不同的地方，向后兼容可以让我们放心地继续开发新的功能，而不用担心是否要去检查所有其他使用该函数的地方。所以从这个角度来说，单元测试是算法开发的堡垒，算法的开发应以单元测试步步为营，在确保算法没有退化的基础上开发新的内容。同时，为了让这个版本的 getArea 函数能够顺利运行，我们确实去掉了一个对单一参数报错的测试，因为该函数开始支持接受单一参数的功能。这种做法和"以单元测试步步为营"并不矛盾，这是因为如果新的算法导致旧的测试失败，那么我们要根据实际情况，酌情考虑是修改算法还是修改测试。

在 getArea 函数版本 III 中，我们给该函数添加了两个可选的参数——shape 和 units，并且它们的顺序是可以相互颠倒的。新的函数可以应付以下情况：

```
————————————————————————— command line —————————————————————————
>> getArea(10,22,'shape','square','units','m') % 接受两对 name-value pair
ans =              %--name  value  --name   value
    area: 220
    shape: 'square'
```

```
    units: 'm'

>> getArea(10,22,'units','m','shape','square')   % 变化了参数的位置
ans =
     area: 220
    shape: 'square'
    units: 'm'


>> getArea(10,22,'units','m')                    % 仅仅提供 units 参数
ans =
     area: 220
    shape: 'rectangle'
    units: 'm'
```

为其添加的新的测试点如下：

```
 ──────────────── testGetArea ────────────────
function tests = testGetArea
  ......

 function testFourInputs(testCase) % 记录可以支持 4 个参数的情况
    actStruct = getArea5(10,22,'shape','square','unit','m');
    expStruct = struct('area',220,'shape','square','units','m');
    testCase.verifyEqual(actStruct,expStruct,'structs not equal');

    actStruct = getArea5(10,22,'unit','m','shape','square');
    expStruct = struct('area',220,'shape','square','units','m');
    testCase.verifyEqual(actStruct,expStruct,'structs not equal');
 end


 function testThreeInputs(testCase) % 记录可以支持 3 个参数的情况
    actStruct = getArea5(10,22,'units','m');
    expStruct = struct('area',220,'shape','rectangle','units','m');
    testCase.verifyEqual(actStruct,expStruct,'structs not equal');
 end
```

在 testFourInputs 中，我们从 getArea 函数那里先得到一个结构体，命名为 actStruct（实际值），接着准备了一个结构体 expStruct（期望值），然后用 verifyEqual 方法进行比较。在 testFourInputs 中，我们调换了参数 units 和 shape 的位置，以确保结果依然是我们预期的。

19.5　测试的准备和清理工作: Test Fixture

本节介绍单元测试框架中另一个很重要的概念——Test Fixture。所谓 Fixture,就是“固定的装置”,而 Test Fixture 指的是每次测试中固定的要做的工作。假设要给图形处理的一系列算法写测试,这些算法需要图像数据作为输入,所以在测试之前,需要先载入图像数据。按照 19.4 节中的例子,单元测试看上去是这样的:

```
                      ── testImgProcess ──
 function tests = testImgProcess(   )
     tests = functiontests(localfunctions);
 end



 function testOp1(testCase)
     img = imread('testimg.tif');      % 载入图像
     Op1(img);
     % ... rest of the work
 end

 function testOp2(testCase)
     img = imread('testimg.tif');      % 载入图像
     Op2(img);
     % ... rest of the work
 end
```

由上述代码可以观察到,在每个测试点的开始都有同样的准备工作,就是打开一个图像。在单元测试中,这叫作 Test Fixture,即每个测试的固定的共同准备工作。如果这个测试函数中有很多这样的测试点,则每次都要重复地调用 imread,这样操作很麻烦。对于这样的准备工作,我们可以把它们放在一个叫作 setup 的局部函数中,该函数统一地在每个测试点的开始之前被调用,这样就不用在每个测试点中都包括一个 imread 的调用了。新的测试看上去是这样的:

```
                  ── 使用 setup 和 teardown ──
function tests = testImgProcess(   )
    tests = functiontests(localfunctions);
end

function setup(testCase)
    testCase.TestData.img = imread('corn.tif');
   % 其他的准备工作
end
function teardown(testCase)
   % 其他的清理工作
end
function testOp1(testCase)
```

```
    newImg = Op1(testCase.TestData.img);    % 直接使用对象 testCase 的属性 TestData
    % ... rest of the work
end

function testOp2(testCase)
    newImg = Op2(testCase.TestData.img);
    % ... rest of the work
end
```

这里需要注意 img 在各个测试点中的传递方式。在 setup 方法中打开一个文件，并把数据动态地添加到 testCase 对象的 TestData 结构体上，testCase 对象是一个 Handle 类对象，在之后的每个局部测试点中，可以通过 testCase.TestData.img 来访问这个数据。setup 方法中还可以放其他的准备工作，比如创建一个临时的文件夹放置临时的数据等。对应的 teardown 方法中用来存放每个局部测试点运行完后的清理工作，比如清除临时文件夹。

setup 和 teardown 方法在每个局部测试点的开始和结束后运行，所以如果该主测试文件有两个测试点，那么 setup 和 teardown 将各被运行两次，流程如图 19.4 所示。

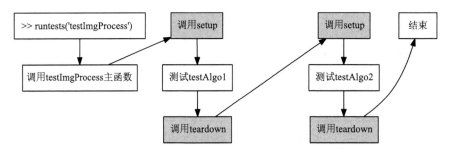

图 19.4　setup 和 teardown 方法在每个局部测试点的开始和结束时运行

如果还有一些准备和清理工作只需要在开始和结束时各运行一次，那么可以把它们放到 setupOnce 和 teardownOnce 中去。比如，要验证一些算法，而给该算法提供的数据来自数据库，在运行算法测试之前要先连接数据库，在测试结束之后要关闭和数据库的连接，这样的工作就属于 setupOnce 和 teardownOnce 的范畴，代码如下：

──────── 使用 setupOnce 和 teardownOnce 来管理对数据库的连接 ────────

```
function tests = testAlgo( )
    tests = functiontests(localfunctions);
end

function setupOnce(testCase)
    testCase.TestData.conn = connect_DB('testdb'); % 一个假想的连接数据库的函数
end
function teardownOnce(testCase)
    disconnect_DB();
end
function testAlgo1(testCase)
```

```
    % retrieve data and do testing
end

function testAlgo2(testCase)
    % retrieve data and do testing

end
```

setupOnce 和 teardownOnce 方法仅在整个测试开始和结束时各运行一次，流程如图 19.5 所示。

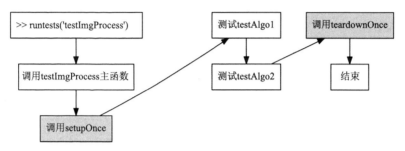

图 19.5　setupOnce 和 teardownOnce 方法仅在整个测试开始和结束时各运行一次

setupOnce 和 teardownOnce，以及 setup 和 teardown 也可以联合起来使用，如图 19.6 所示。

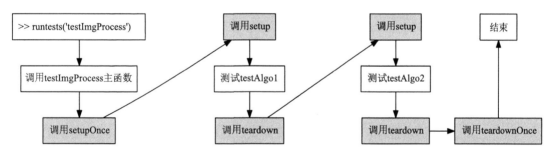

图 19.6　setupOnce 和 teardownOnce，以及 setup 和 teardown 联合起来使用

19.6　验证方法: Types of Qualification

在 19.3 节中提到，如下的测试点中：

```
─────────── testGetArea.m ───────────
function tests = testGetArea
    tests = functiontests(localfunctions);
end
% 添加了第一个测试点
function testTwoInputs(testCase)
    testCase.verifyTrue(getArea(10,22)==220,'!=220');
```

```
    testCase.verifyTrue(getArea(3,4)==12,'!=12');
end
```

参数 testCase 是 matlab.unittest.FunctionTestCase 类的对象，由 Framework 提供。该类有很多成员验证方法可以提供给用户调用，比如前面用到的 verifyTrue 和 verifyError，这两个验证方法最常见。全部的验证方法如表 19.1 所列。

表 19.1　Type of Qualification 验证函数

验证方法	验　证	典型使用
verifyTrue	表达式值为真	testCase.verifyTrue(expr,msg)
verifyFalse	表达式值为假	testCase.verifyFalse(expr,msg)
verifyEqual	两个输入的表达式相同	testCase.verifyEqual(expr1,expr2,msg)
verifyNotEqual	两个输入的表达式不同	testCase.verifyNotEqual(expr1,expr2,msg)
verifySameHandle	两个 Handle 指向同一个对象	testCase.verifySameHandle(h1,h2,msg)
verifyNotSameHandle	两个 Handle 指向不同对象	testCase.verifyNotSameHandle(h1,h2,msg)
verifyReturnsTrue	函数句柄执行返回结果为真	testCase.verifyReturnsTrue(fh,msg)
verifyFail	无条件产生一个错误	testCase.verifyFail(msg)
verifyThat	表达式值满足某条件	testCase.verifyThat(5, IsEqualTo(5), '')
verifyGreaterThan	大于	testCase.verifyGreaterThan(3,2)
verifyGreaterThanOrEqual	大于或等于	testCase.verifyGreaterThanOrEqual(3,2)
verifyLessThan	小于	testCase.verifyLessThan(2,3)
verifyLessThanOrEqual	小于或等于	testCase.verifyLessThanOrEqual(2,3)
verifyClass	表达式的类型	testCase.verifyClass(value,className)
verifyInstanceOf	对象类型	testCase.verifyInstanceOf(derive,?Base)
verifyEmpty	表达式为空	testCase.verifyEmpty(expr,msg)
verifyNotEmpty	表达式非空	testCase.verifyNotEmpty(expr,msg)
verifySize	表达式尺寸	testCase.verifySize(expr,dims)
verifyLength	表达式长度	testCase.verifyLength(expr,len)
verifyNumElements	表达式中元素的总数	testCase.verifyNumElements(expr,value)
verifySubstring	表达式中含有字串	testCase.verifySubstring('thing','th')
verifyMatches	字串匹配	testCase.verifyMatches('Another', 'An')
verifyError	句柄的执行抛出指定错误	testCase.verifyError(fh,id,msg)
verifyWarning	句柄的执行抛出指定警告	testCase.verifyWarning(fh,id,msg)
verifyWarningFree	句柄的执行没有警告	testCase.verifyWarningFree(fh)

除了 verify 系列的函数外，MATLAB 单元测试还提供 assume 系列、assert 系列和 fatalAssert 系列的验证函数，也就是说，上面每一个 verify 函数，都有一个对应的 assume、assert 和 fatalAssert 函数。比如除了 verifyTrue 外，还有 assumeTrue、assertTrue 和 fatalAssertTrue 三种验证方法。

assume 系列的验证方法一般用来验证一些测试是否满足某些先决条件，如果满足，则测试继续；如果不满足，则过滤掉这个测试，但是不产生错误。比如下面的测试点，测试者的意图是，在 Windows 平台下才执行，没有必要在其他平台下执行：

```
═══════════════════════ tFoo.m ═══════════════════════
function tests = tFoo
    tests = functiontests(localfunctions);
end


function testSomething_PC(testCase)
    testCase.assumeTrue(ispc,'only run in PC');    % 如果这个测试点在其他平台运行
```

```
                                          % 则显示 Incomplete
    % ......
end
```

如果我们在 MAC 下运行这个测试，则显示：

```
>> runtests('tFoo')
Running tFoo
================================================================================
tFoo/testSomething_PC was filtered.
    Test Diagnostic: only run in PC
    Details
================================================================================
.

Done tFoo

----------


Failure Summary:

    Name                    Failed  Incomplete  Reason(s)

    ================================================================
    tFoo/testSomething_PC           X           Filtered by assumption.
                                                % 该测试被过滤掉了
ans =
  TestResult with properties:

        Name: 'tFoo/testSomething_PC'
      Passed: 0
      Failed: 0
  Incomplete: 1
    Duration: 0.0466


Totals:
    0 Passed, 0 Failed, 1 Incomplete.
    0.046577 seconds testing time.
```

　　assert 系列的验证方法也是用来验证一些测试是否满足某些先决条件，如果满足，则测试继续；如果不满足，则过滤掉这个测试，并且产生错误。但是，它不会影响其余的测试点。比如下面这个例子，在 testSomething 测试点中，我们要求该测试的先决条件是数据库必须先被连接，如果没有连接，则没有必要进行余下的测试，并且 testA 测试点的测试结果显示失败，但是这个失败不会影响 testB 测试点的运行。

```
function tests = tFoo
    tests = functiontests(localfunctions);
```

```
end

function testA(testCase)
    testCase.assertTrue(isConnected(),'database must be connected!')
    % 其他测试内容
end

function testB(testCase)
    testCase.verifyTrue(1==1,'');
end
```

运行上述测试后显示如下：

```
——————————————————————————————————— command line ———————————————————————————————————
 >> runtests('tFoo')
Running tFoo
================================================================================
Assertion failed in tFoo/testA and it did not run to completion.
    ----------------
    Test Diagnostic:
    ----------------
    database must be connected!
    ---------------------
    Framework Diagnostic:
    ---------------------
    assertTrue failed.
    --> The value must evaluate to "true".

    Actual logical:
          0
    ------------------
    Stack Information:
    ------------------
    In /Users/iamxuxiao/Documents/MATLAB/tFoo.m (testA) at 6
================================================================================
..
Done tFoo

----------

Failure Summary:

    Name         Failed  Incomplete  Reason(s)
    =================================================
    tFoo/testA     X         X       Failed by assertion.
```

```
Totals:
   1 Passed, 1 Failed, 1 Incomplete.
   0.036008 seconds testing time.
```

fatalAssert 系列的验证方法，顾名思义，就是如果失败，则立即结束所有的测试；如果还有未运行的测试点，则不再运行它们。例子从略。

19.7　测试方法论和用测试驱动开发

19.7.1　开发流程概述

在 19.6 节的基础上，本小节将抽象地讨论 MATLAB 常见的开发流程，引入用测试驱动开发（Test-Driven Development）的思想。首先介绍常见的开发流程。最简单也是最常见的开发流程是：先用代码实现一个功能，接着在命令行测试该代码是否达到预期目的，如果达到了，则将该函数放到更大的工程项目中去使用，然后不再更新，如图 19.7 所示。

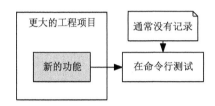

图 19.7　最简单最常见的开发流程

对于比较复杂的功能，在代码放入更大的工程项目之前，通常需要在命令行中反复测试已写好代码的各个方面的功能。为方便起见，通常还会写一个专门测试的脚本，比如新的函数叫作 op1，通常还会写一个 script1.m 来一次性测试 op1 的所有功能，如图 19.8 所示。测试完后，把 op1 函数放入工程项目中，而该 script1.m 脚本通常因为没有很好的管理方式而被遗忘在某个文件夹中，或遗忘在工程项目的最上层目录中，最终被清理掉。

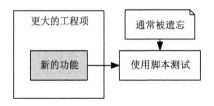

图 19.8　用脚本测试

本小节引入的开发流程是：开发一个复杂的功能，从开发最简单的部分开始，循序渐进地完成复杂的需求，并且同时引入该功能配套的单元测试文件，测试和开发同步进行，测试和要测试的代码共生在同一个目录下。即使要测试的内容被加入到更大的项目中，我们还是要保留这个测试，因为单元测试本身也是工程项目中的一部分，如图 19.9 所示。

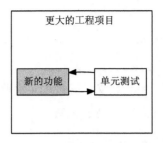

图 19.9　单元测试是工程项目的一部分

另外，测试还是多人合作项目中不可缺少的环节。比如 A 和 B 共同开发一个项目，两人分别负责该项目中的不同部分，他们的工作项目依赖相互调用，甚至有少量的重叠，即有可能要修改对方的代码。那么如何保证 A 在修改 B 的代码时不会破坏其已有的功能呢？这就要依靠 B 写的测试代码了。在 A 修改完代码之后，提交修改后的代码到 Repository 之前，A 必须在本地的工程项目中运行所有的测试，以确保 A 不会意外地破坏 B 的代码的已有功能，如图 19.10 所示。所以，B 的测试起到了保护自己代码的作用，因为该测试起到了对他人的约束作用。

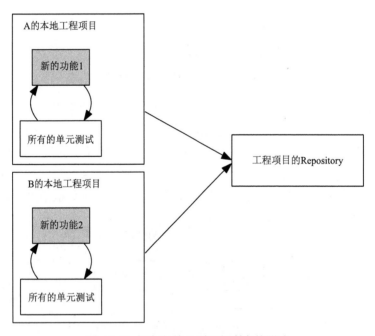

图 19.10　提交之前必须运行所有的测试

前面曾提出一个问题：如下测试点中验证显而易见的 getArea(10,22) == 220 真的有必要吗？

```
─────────── testGetArea.m ───────────
......
function testTwoInputs(testCase)
    testCase.verifyTrue(getArea(10,22)==220,'!=220');
......
```

```
end
......
```

答案是肯定的：有必要，因为单元测试其实是程序最好的文档。我们不可能给每一个函数都写文档，或者在函数中都写详细的注释，并且即使有注释也可能会因为遗忘而很难看懂。当回忆一个函数、一个功能如何使用时，最快的办法不是去读它的实现代码或者注释，而是去查找工程项目中其他的地方是如何使用这个功能的。但是，如果工程项目过于复杂，那么这也不会是一件容易的事情。然而如果有了这个函数的单元测试，因为这个单元测试是仅仅关于这一个功能的，那么就会很容易地通过单元测试了解到这个函数的功能是什么。所以，getArea(10,22)==220 不仅是一个历史的记录，记录这个函数要实现的功能，而且是该函数最好的说明文档。为了让这个说明文档在以后阅读起来更加清晰，就必须把错误的提示信息写得更加详细一些。比如，上面的测试点可以这样改写：

———————————— 错误的提示信息其实是 **getArea** 文档的一部分 ————————————
```
......
function testTwoInputs(testCase)
    testCase.verifyTrue(getArea(10,22)==220,'given width and height, ...
                                        should return 10*22=220');
    ......
end
......
```

前面所讨论的开发模式中，测试总是作为主要功能的辅助。还有一种流行的开发模式，其中测试的地位和要测试代码的地位是不相上下的，这种测试和开发的工作流程叫作用测试驱动开发，也值得我们了解一下。我们先前的这些开发流程无一例外都是先写算法再补上测试代码，读者有没有想过，可不可以先写测试再写函数的实现呢？为什么要这样开发？这样开发有什么好处？下面将举例说明。

19.7.2　用测试驱动开发：fibonacci 例

假设一个教编程的老师给学生布置了一项 MATLAB 程序编写任务，要求写一个计算 fibonacci 数列的函数。已知，fibonacci 函数定义如下：

$$F_n = F_{n-1} + F_{n-2} \tag{19.1}$$

其中，当 $n = 1$，2 时 $F_1 = F_2 = 1$，并且规定当 $n = 0$ 时 $F_0 = 0$。要求除了正确计算以外，还必须能正确地处理各种非法的输入，比如输入是非整数、负数或者字符串的情况。

所谓由测试驱动开发就是，得到程序的需求之后，先写测试的代码，再写程序。比如根据老师的要求，很容易写出该函数要满足的一个条件清单：

☐ fibonacci(0) = 0;

☐ fibonacci(1) = 1;

☐ fibonacci(2) = 1;

☐ fibonacci(3) = 2，fibonacci(4) = 3;

  □ fibonacci(1.5) 报错；

  □ fibonacci(−1) 报错；

  □ fibonacci('a') 报错。

  根据上述条件，可以很容易地写出两个测试点：一个是正向测试，一个负向测试。具体如下：

```
─────────────────────────── testFib.m ───────────────────────────
function tests = testFib(  )
    tests = functiontests(localfunctions);
end

function testValidInputs(testCase)
    % fibonacci function only accepts integer
    testCase.verifyTrue(fibonacci(int8(0))  ==0, 'f(0) Error');
    testCase.verifyTrue(fibonacci(int16(1)) ==1, 'f(1) Error');
    testCase.verifyTrue(fibonacci(int32(2)) ==1, 'f(2) Error');
    testCase.verifyTrue(fibonacci(uint8(3)) ==2, 'f(3) Error');
    testCase.verifyTrue(fibonacci(uint16(4))==3, 'f(4) Error');
    testCase.verifyTrue(fibonacci(uint32(5))==5, 'f(4) Error');
end

function testInvalidInputs(testCase)
    testCase.verifyError(@()fibonacci(1.5),'MATLAB:invalidType');
    testCase.verifyError(@()fibonacci(-1), 'MATLAB:invalidType');
    testCase.verifyError(@()fibonacci('a'),'MATLAB:invalidType');
end
```

  其中，第一个测试点尝试了不同的整数类型；第二个测试点确保在输入非法的情况下，函数能够给出错误提示[①]。

  在讨论如何实现函数 fibonacci 之前，先讨论先写测试所带来的好处：

  □ 先写测试有助于我们对函数进行设计，即使用和行为。在这些测试中，其实罗列了函数的各种使用情况，甚至还包括出错的 ErrorID。我们先设计函数的"外观"，即它接受什么样的输入，如何返回结果，这在使用中是很重要的。程序的开发者站在使用者的角度设计该函数，将更加有利于我们设计出友好的函数。

  □ 每个测试点中的测试都是极其简单的，仅仅测试函数的一个小的方面，这样很容易看懂。该测试文件是 fibonacci 函数的极好的说明文件。

  该 fibonacci 函数的计算有两种方法——递归和非递归，这里先设计递归的版本，如下：

```
─────────────────────────── fibonacci.m ───────────────────────────
function result = fibonacci( n )
    validateattributes(n,{'int8', 'int16', 'int32', 'int64', 'uint8',...
        'uint16', 'uint32', 'uint64'},{'>=',0});
```

[①] 第二个参数是输入非法报错时使用的 ErrorID。

```
    if n==0
        result = 0;
    elseif n <= 1
        result = 1;
    else
        result = fibonacci(n-1) + fibonacci(n-2);
    end
end
```

此时运行 runtests 无误，说明我们完成了清单中的所有内容：

☑ fibonacci(0) = 0；

☑ fibonacci(1) = 1；

☑ fibonacci(2) = 1；

☑ fibonacci(3) = 2，fibonacci(4) = 3；

☑ fibonacci(1.5) 报错；

☑ fibonacci(−1) 报错；

☑ fibonacci('a') 报错。

有了测试，即函数需要满足的需求，就可以放心地改进这个函数了。现在假设老师第二天布置了一项新的任务，要求用非递归的方式实现这个函数[①]，于是我们可以在原函数的基础上将其修改成：

```
——————————————————— fibonacci.m ———————————————————
function result = fibonacci( n )
    validateattributes(n,{'int8', 'int16', 'int32', 'int64', 'uint8',...
        'uint16', 'uint32', 'uint64'},{'>=',0});

    if  n==1 || n==2
        result =1;
    else
        y1 = 1;
        y2 = 1;
        for iter = 3: n       % 这里用累加的方式代替递归
            result = y1 + y2;
            y2=y1;
            y1=result;
        end
    end
end
```

写完这个新的程序后，我们首先运行一遍已有的测试，用于检查新的改动有没有破坏以前的功能：

———————————

① 这里不是改进，而是设计一个新的算法。

```
————————————————————————————— command line ——————————————————————————
1 >> runtests('testFib')
2 Running testFib
3 ================================================================================
4 Error occurred in testFib/testValidInputs and it did not run to completion.
5    --------------
6    Error Details:    % 错误
7    --------------
8    Output argument "result" (and maybe others) not assigned during call to
9    "fibonacci".
10    Error in testFib>testValidInputs (line 6)
11        testCase.verifyTrue(fibonacci(uint8(0))==0,'f(0) Error');
12 ================================================================================
13 ..
14 Done testFib
15 _____
16 Failure Summary:
17    Name                       Failed   Incomplete   Reason(s)
18    ====================================================
19    testFib/testValidInputs    X          X          Errored.
20 ans =
21   1x2 TestResult array with properties:
22     Name
23     Passed
24     Failed
25     Incomplete
26     Duration
27 Totals:
28    1 Passed, 1 Failed, 1 Incomplete.
29    0.024965 seconds testing time.
```

　　已有测试中有一个没有通过，第 11 行提示 f(0) 的结果错了，这就是单元测试最重要的作用之一，防止算法性能的退化。检查发现，原来是因为函数在 n=0 时没有返回值，于是添加一个 result=0 作为默认返回，新函数如下：

```
————————————————————————————— fibonacci ——————————————————————————
function result = fibonacci( n )
    validateattributes(n,{'int8', 'int16', 'int32', 'int64', 'uint8',...
        'uint16', 'uint32', 'uint64'},{'>=',0});

    result =0 ;        % 默认的返回值
    if  n==1 || n==2
        result =1;
    else
        y1 = 1;
```

```
        y2 = 1;
        for iter = 3: n        % 这里用累加的方式代替递归
            result = y1 + y2;
            y2=y1;
            y1=result;
        end
    end
end
```

再次运行 runtests('testFib')，此时所有测试都通过。回顾用测试驱动开发的这种模式，关键是在编写函数之前，先列出函数要满足的条件，再写测试，最后写实现的代码。先编写测试的好处是，有利于一开始就站在用户的角度去使用这个 API。总的来说，开发流程如图 19.11 所示。

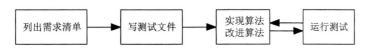

图 19.11　测试在算法的重构和改进过程中提供保障

19.7.3　用测试驱动开发：运算符重载和量纲分析

本小节重用 12.10 节中量纲的例子来介绍用测试驱动开发，但这里的重点不是如何设计量纲系统[①]，而是说明如何在工作中从需求出发，先完成测试代码，再编写实际的生产代码，并且如此循环往复地开发。

众所周知，在工程科学计算中，一般的物理量都是有单位的，比如：速度的单位是 m/s，其量纲是 LT^{-1}，由长度基本量纲和时间基本量纲构成；加速度的单位是 m/s^2，其量纲是 LT^{-2}。加速度乘以质量得到力，单位为 N，其量纲是 MLT^{-2}：

$$F = ma$$

单位和量纲的运算遵从量纲法则：只有量纲相同的物理量才能彼此相加、相减。也就是说，我们不可以把速度和加速度相加：

$$? = v + a$$

在工程科学计算中，如果不小心对不同单位的物理量做了加减运算，那么不但结果是错误的，而且应用到实际中也可能会带来危险。所以有必要建立这样一个单位和量纲系统，在计算的过程中可以携带单位，计算得到的结果也是有单位的物理量，并且在不小心对不同单位的物理量做了加减运算时，该系统能够终止计算并且提示错误。

国际标准量纲制规定物理量的基本量纲是：质量、长度、时间、电荷、温度、密度和物质的量。为了构造一个量纲系统，首先需要一个量纲类，该类的构造函数要能接受 1×7 的

---

　①　本小节中会省略一些设计细节，完整例子请参考 12.10 节。

数组作为输入，并且我们规定，该构造函数只接受 1×7 的行向量，不接受元胞，不接受列向量：

- □ Dimension([1,0,0,0,0,0,0]) 表示质量基本量纲；
- □ Dimension([0,1,0,0,0,0,0]) 表示长度基本量纲；
- □ Dimension([0,0,1,0,0,0,0]) 表示时间基本量纲；
- □ Dimension(1,2) 报错；
- □ Dimension([2,2,2,2,2,2,2,2,2]) 报错；
- □ Dimension([0;0;1;0;0;0;0]) 报错。

根据这些条件，我们构造一个测试文件，叫作 tDimensionExample，很容易写出两个关于构造函数的测试点，一个正向测试[①]，一个负向测试，具体如下：

```
──────── tDimensionExample ────────
function tests = tDimensionExample()
tests = functiontests(localfunctions);
end

function testConstructor(testCase)
 Dimension([1,0,0,0,0,0,0]);    % 确保构造质量量纲对象无误
 Dimension([0,1,0,0,0,0,0]);    % 确保构造长度量纲对象无误
 Dimension([0,0,1,0,0,0,0]);    % 确保构造时间量纲对象无误
end

function testCtor_negative(testCase)
 testCase.verifyError(@() Dimension({1,2}), 'MATLAB:invalidType');
 testCase.verifyError(@() Dimension([2,2,2,2,2,2,2,2,2]), 'MATLAB:incorrectSize');
 testCase.verifyError(@() Dimension([0;0;1;0;0;0;0]), 'MATLAB:incorrectSize');
end
```

注意：在这里写完测试时，我们甚至还没有开始写 Dimension 类的具体实现。其实这里已经完成了基本的 Dimension 类的构造函数的设计，包括有非法输入时该抛出什么错误。该方法的好处是，迫使我们先从使用者的角度考虑，有助于设计出友好的函数。

满足上述条件的 Dimension 类如下，在 12.10 节中已有详细介绍，这里不再赘述：

```
──────── Dimension.m ────────
1 classdef Dimension
2     properties
3         value
4     end
5     methods
6         function obj = Dimension(input)
7             validateattributes(input,{'numeric'},{'size',[1 7]});
8             obj.value = input;
9         end
```

[①] 简单起见，没有使用 verify 系列函数，只要可以构造基本量纲对象，MATLAB 不出错，就算通过测试。

```
10    end
11 end
```

该设计很容易就通过了两个测试点的测试：

```
———————————————————————— command line ————————————————————————
>> runtests('tDimensionExample.m')
Running tDimensionExample
..
Done tDimensionExample
_____

ans =

  1x2 TestResult array with properties:

    Name
    Passed
    Failed
    Incomplete
    Duration
Totals:
  2 Passed, 0 Failed, 0 Incomplete.
  0.014111 seconds testing time.
```

这是 Dimension 类实现的一个阶段性的成就，现在我们可以放心地继续开发这个类了。Dimension 类的重要功能就是对算术运算进行单位检查：比如加减运算只能在相同量纲的物理量之间进行，那么加减法要满足的需求清单如下：

□ 加减运算的正向测试：

```
t1 = Dimension([0,0,1,0,0,0,0]) ;
t2 = Dimension([0,0,1,0,0,0,0]) ;
t3  = t1 + t2; % 结果量纲是 [0,0,1,0,0,0,0]
```

□ 加减运算的负向测试：

```
t1 = Dimension([0,0,0,0,0,0,0]) ;
l1 = Dimension([0,1,0,0,0,0,0]) ;
x  = t1 - l1;  % 应该报错
```

根据这些需求，我们给已有的测试文件 tDimensionExample 添加两个测试点，如下：

```
———————————————————————— tDimensionExample ————————————————————————
function tests = tDimensionExample()
tests = functiontests(localfunctions);
end


......    % 省略 testConstructor 和 testCtor_negative 测试点


function testplus(testCase)
```

```
 t1=Dimension([0,0,1,0,0,0,0]) ;
 t2=Dimension([0,0,1,0,0,0,0]) ;
 t3=t1+t2;
 testCase.verifyTrue(t3.unit==[0,0,1,0,0,0,0],......
                     'dimension changed for addition');
end

function testInvalidDimOp(testCase)
 t1=Dimension([0,0,0,0,0,0,0]) ;
 t2=Dimension([0,1,0,0,0,0,0]) ;
 testCase.verifyError(@()t1+t2,'Dimension:DimensionMustBeTheSame');
end
```

具体的来说，必须重载 Dimension 类的 plus 和 minus 运算符：

———————————— Dimension.m ————————————
```
 1  classdef Dimension
 2      % value object, can do compare directly
 3      properties
 4          value      % dimension  value
 5      end
 6      methods
 7          ......    % 其余略
 8          function newunit = plus(o1,o2)
 9              isequalassert(o1,o2);
10              newunit = o1;     % 结果的量纲等于 o1 的量纲或者 o2 的量纲
11          end
12
13          function newunit = minus(o1,o2)
14              isequalassert(o1,o2);
15              newunit = o1;     % 结果的量纲等于 o1 的量纲或者 o2 的量纲
16          end
17  end
18
19  % Dimension 类的局部函数
20  function isequalassert(v1,v2)
21      if isequal(v1,v2)
22      else
23          error('Dimension:DimensionMustBeTheSame','');
24      end
25  end
```

说明：

□ 第 1 行中，我们把该 Dimension 类设计成了 Value 类，这是为了方便第 21 行直接对两个输入的量纲进行比较①。

- □ 第 9 和 14 行中，我们调用了类的局部函数 isequalassert，在每次进行计算之前，检查运算的量纲是否相同，如果不同，则报错。
- □ 量纲的加减运算，其结果量纲不变，所以第 10 和 15 行直接构造一个新的 Dimension 对象，等于原来的量纲值，并作为结果返回。

再运行一遍所有的测试，确保新添的函数没有破坏已有的功能：

```
———————————————————— command line ————————————————————
>> runtests('tDimensionExample.m')
Running tDimensionExample

......    % 部分输出从略

Totals:
   4 Passed, 0 Failed, 0 Incomplete.
   0.020766 seconds testing time.
```

到目前为止，Dimension 的功能是一点一点地加入到类的定义中的，通过逐步提出需求，设计 API 并写出测试，来指导我们稳扎稳打地逐步实现这个 Dimension 类。下面将继续考虑新的功能：Dimension 类只是一个表示单位的类，不包括物理量的实际值。上面设计的加法和减法也仅限于单位之间的加减法。为了表示物理量的实际值，我们还需要一个 Quantity 类，该类既包括物理量的值，也包括物理量的单位。该类需要满足如下简单构造：提供实际值和量纲对象作为构造函数的输入，返回 Quantity 对象：

- □ 2 kg 的质量物理量表示成：

```
m1 = Quantity(2,Dimension([1,0,0,0,0,0,0]));
```

- □ 加速度为 3 m/s² 的物理量表示成：

```
a1 = Quantity(3,Dimension([0,1,-2,0,0,0,0])) ;
```

- □ 应该可以对 Quantity 对象进行加减运算，如下计算应得到 6 kg 的质量：

```
m1 = Quantity(2,Dimension([1,0,0,0,0,0,0]));
m2 = Quantity(4,Dimension([1,0,0,0,0,0,0]));
m3 = m1 + m2 ;                    % 结果 m3 表示 6 kg 的质量
```

这里篇幅有限，只提出几个最有代表性的需求，然后构造测试点。在实际应用中，需求越详细，测试点越多，最后得到的生产代码也就越健壮。新添加一个 Quantity 的构造函数的测试点，代码如下：

```
———————————————————— tDimensionExample.m ————————————————————
......
function testQuantityCtor(testCase)
    m1 = Quantity(2,Dimension([1,0,0,0,0,0,0]));
```

① Handle 类对象之间的比较具有不同的意义。

```
m2 = Quantity(4,Dimension([1,0,0,0,0,0,0]));
a1 = Quantity(3,Dimension([0,1,-2,0,0,0,0]));
m3 = m1 + m2;
testCase.verifyTrue(m3.unit ==[1,0,0,0,0,0,0],'unit unchanged for addition');
testCase.verifyTrue(m3.value==6,'2kg + 4kg = 6kg');
end
```

和以往一样，在没有写 Quantity 类的代码之前，就先设计了它的构造函数所接受的输入形式，并且设计它有两个属性，一个叫作 unit，另一个叫作 value。在 Dimension 类的设计的基础上，容易写出 Quantity 类的代码：

```
—————— Quantity.m ——————
1  classdef Quantity
2      properties
3          value
4          unit
5      end
6      methods
7          function obj = Quantity(value,unit)
8              obj.value = value;
9              obj.unit = unit;
10         end
11         function results = plus(o1,o2)
12             results = Quantity(o1.value+o2.value,o1.unit+o2.unit);
13         end
14         function results = minus(o1,o2)
15             results = Quantity(o1.value-o2.value,o1.unit-o2.unit);
16         end
17     end
18 end
```

其中，第 12 行和 15 行的第 2 个参数把对 Quantity 单位的加减计算转到了 Dimension 类的加减计算函数上。最后再运行一次测试文件以确保无误，结果从略。

上述内容已完成对加法和减法的设计，并且通过了所有加法和减法的测试点。这些测试点是对已有功能的描述和锁定，在这个基础上，我们再讨论乘法和除法的需求。量纲运算法则对乘除法的规定是：复合量纲是其他量纲的幂积。具体需求表示如下：

□ Dimension 对象之间的除法：

```
s1 = Dimension([0,1,0,0,0,0,0]); % length
t1 = Dimension([0,0,1,0,0,0,0]); % time
v1  = s1/t1   ;                   % 结果是速度，其量纲是 [0,1,-1,0,0,0,0]
s2  = v1 * t1 ;                   % 结果是长度，其量纲是 [0,1,0,0,0,0,0]
```

□ Dimension 对象之间的乘法：

```
m1 = Dimension([1,0,0,0,0,0,0]) ; % mass
a1 = Dimension([0,1,-2,0,0,0,0]); % acceleration
f1 = m1 * a1 ;   % 结果是力, 其量纲是 [1,1,-2,0,0,0,0]
```

□ Quantity 对象之间的除法:

```
s1 = Quantity(2, Dimension([0,1,0,0,0,0,0])) ;  % 2 m
t1 = Quantity(4, Dimension([0,0,1,0,0,0,0])) ;  % 4 s
v1 = s1/t1 ;   % 结果值为 0.5, 单位是 m/s, 其量纲是 [0,1,-1,0,0,0,0]
```

□ Quantity 对象之间的乘法:

```
m1 = Quantity(3,Dimension([1,0,0,0,0,0,0]))  ;  % 3 kg
a1 = Quantity(5,Dimension([0,1,-2,0,0,0,0])) ;  % 5 m/s²
f1 = m1 * a1 ;   % 结果值为 15, 单位是 N, 其量纲是 [1,1,-2,0,0,0,0]
```

添加两个测试点, 分别对应 Dimension 类和 Quantity 类的乘除操作:

```
──────── tDimensionExample.m ────────
......
function testQuantityMultiplyDivide(testCase)
s1 = Quantity(2,Dimension([0,1,0,0,0,0,0]));
t1=  Quantity(4,Dimension([0,0,1,0,0,0,0]));

v1 = s1/t1;
testCase.verifyEqual(v1.value,0.5);
testCase.verifyEqual(v1.unit,Dimension([0,1,-1,0,0,0,0]));

s2 = v1 * t1;
testCase.verifyEqual(s1.value,2);
testCase.verifyEqual(s2.unit,Dimension([0,1,0,0,0,0,0]));

m1 = Quantity(3,Dimension([1,0,0,0,0,0,0]));
a1=  Quantity(5,Dimension([0,1,-2,0,0,0,0]));
f1 = m1 * a1;
testCase.verifyEqual(f1.value,15);
testCase.verifyEqual(f1.unit,Dimension([1,1,-2,0,0,0,0]));
end

function testDimensionMultiplyDivide(testCase)
s1 = Dimension([0,1,0,0,0,0,0]);
t1=  Dimension([0,0,1,0,0,0,0]);
v1 = s1/t1;
testCase.verifyEqual(v1,Dimension([0,1,-1,0,0,0,0]));

m1 = Dimension([1,0,0,0,0,0,0]);
```

```
a1=  Dimension([0,1,-2,0,0,0,0]);
f1=m1 * a1;
testCase.verifyEqual(f1,Dimension([1,1,-2,0,0,0,0]));
end
......
```

除了可以用 Quantity 类的构造函数来生产 Quantity 对象外，根据我们计算的书写习惯，还期望 Quantity 类支持其他的构造对象的方法。比如 8 s 这个物理量，可以用 Quantity 类的构造函数来构造：

```
t1 = Quantity(8, Dimension([0,0,1,0,0,0,0]))
```

当然，8 s 还可以通过 4 s × 2，或者 8 × 1 s 来表示，这里的 2 和 8 都是标量，或者普通的数字。该需求反映在代码上就是要求下面的计算都能返回 value 为 8，unit 是 Dimension([0,0,1,0,0,0,0]) 的 Quantity 对象，需求如下：

Quantity 类还支持其他对象的方法：

```
% Quantity 类对象和 scalar 的乘法得到 Qunatity 对象
t1 = Quantity(2,Dimension([0,0,1,0,0,0,0])) * 4
t2 = 4 * Quantity(2,Dimension([0,0,1,0,0,0,0]))

% Dimension 类对象和 scalar 的乘法得到 Qunatity 对象
t3 = 8 * Dimension([0,0,1,0,0,0,0]
t4 = Dimension([0,0,1,0,0,0,0] * 8
```

和 scalar 乘除法对应的单元测试可以写作：

```
──────── tDimensionExample.m ────────
......
function testMixProduct(testCase)
t1 = Quantity(2,Dimension([0,0,1,0,0,0,0]))*4;
t2=  4 * Quantity(2,Dimension([0,0,1,0,0,0,0]));

testCase.verifyEqual(t1.value,t2.value);
testCase.verifyEqual(t1.unit,t2.unit);

t3 = Dimension([0,0,1,0,0,0,0])*8;
t4=  8 * Dimension([0,0,1,0,0,0,0]);

testCase.verifyEqual(t2.value,t3.value);
testCase.verifyEqual(t1.unit,t4.unit);

end
```

到目前为止，我们对这个量纲系统的需求描述已结束，根据这些需求，给 Dimension 类新添了第 21~48 行，其完整设计如下：

```matlab
                          ———— Dimension.m ————
 1  classdef Dimension
 2      % value object, can do compare directly
 3      properties
 4          value     % dimension  value
 5      end
 6      methods
 7          function obj = Dimension(input)
 8              validateattributes(input,{'numeric'},{'size',[1 7]});
 9              obj.value = input;
10          end
11
12          function newunit = plus(o1,o2)
13              isequalassert(o1,o2);
14              newunit = o1;
15          end
16
17          function newunit = minus(o1,o2)
18              isequalassert(o1,o2);
19              newunit = o1;
20          end
21          function newObj = mtimes(o1,o2)
22              validateattributes(o1,{'numeric','Dimension'},{});
23              validateattributes(o2,{'numeric','Dimension'},{});
24              if isnumeric(o1)  && isa(o2,'Dimension')
25                  newObj = Quantity(o1,o2);
26              elseif isnumeric(o2)  && isa(o1,'Dimension')
27                  newObj = Quantity(o2,o1) ;
28              elseif isa(o1,'Dimension') && isa(o2,'Dimension')
29                  newObj = Dimension(o1.value + o2.value);
30              else
31                  % will not reach here, due to dispatch rules
32              end
33          end
34
35          function newObj = mrdivide(o1,o2)
36              validateattributes(o1,{'numeric','Dimension'},{});
37              validateattributes(o2,{'numeric','Dimension'},{});
38              if isnumeric(o1)  && isa(o2,'Dimension')
39                  newObj = Quantity(o1,Dimension(-o2.value));
40              elseif isnumeric(o2)  && isa(o1,'Dimension')
41                  newObj = Quantity(1/o2,o1) ;
42              elseif isa(o1,'Dimension') && isa(o2,'Dimension')
```

```
43          newObj = Dimension(o1.value - o2.value);
44      else
45          % will not reach here, due to dispatch rules
46      end
47
48      end
49  end
50  end
51
52  function isequalassert(v1,v2)
53      if isequal(v1,v2)
54      else
55          error('Dimension:DimensionMustBeTheSame','');
56      end
57  end
```

说明：

☐ 第 22，23，36，37 行确保做乘除运算时，运算符要么是两个 Dimension 对象：

```
v1  = s1/t1    ;
s2  = v1 * t1  ;
```

要么是 Dimension 对象和简单的标量：

```
t3 = 8 * Dimension([0,0,1,0,0,0,0]
t4 = Dimension([0,0,1,0,0,0,0] * 8
```

☐ mtimes 从第 24 行起，根据运算符 o1 或者 o2 是否是 scalar 而区别对待。规定，只有在两个运算符都是 Dimension 对象时，返回的结果才是 Dimension 对象，Dimension 对象和 scalar 的计算结果是 Quantity 对象。

☐ mrdivide 的设计原理和 mtimes 类似。

根据上述需求，我们对 Quantity 类新添了第 17~45 行，其完整设计如下：

―――――――――――――――――― Dimension.m ――――――――――――――――――

```
1   classdef Quantity
2       properties
3           value
4           unit
5       end
6       methods
7           function obj = Quantity(value,unit)
8               obj.value = value;
9               obj.unit = unit;
10          end
11          function results = plus(o1,o2)
```

```
12            results = Quantity(o1.value+o2.value,o1.unit+o2.unit);
13        end
14        function results = minus(o1,o2)
15            results = Quantity(o1.value-o2.value,o1.unit-o2.unit);
16        end
17        function newObj = mtimes(o1,o2)
18            [o1,o2] = converter_helper(o1,o2);
19            newObj = Quantity(o1.value*o2.value,o1.unit*o2.unit);
20        end
21        function newObj = mrdivide(o1,o2)
22            [o1,o2] = converter_helper(o1,o2);
23            newObj = Quantity(o1.value/o2.value,o1.unit/o2.unit);
24        end
25    end
26 end
27
28 % convert input into Quantity object
29 function [o1,o2] = converter_helper(o1,o2)
30 validateattributes(o1,{'numeric','Quantity','Dimension'},{});
31 validateattributes(o2,{'numeric','Quantity','Dimension'},{});
32
33 % convert numeric input into Quantity object
34 if isnumeric(o1)
35     o1 = Quantity(o1,Dimension([0,0,0,0,0,0,0]));
36 elseif isnumeric(o2)
37     o2= Quantity(o2,Dimension([0,0,0,0,0,0,0]));
38 end
39
40 % convert dimension input into Quantity object
41 if isa(o1,'Dimension')
42     o1 = Quantity(1,o1);
43 elseif isa(o2,'Dimension')
44     o2= Quantity(1,o2);
45 end
46 end
```

说明：

□ 第 18，22 行对输入进行预处理，调用局部函数 converter_helper 确保两个参数均是 Quantity 对象，再分别对其 value 和 unit 部分做计算。第 19，23 行返回新的 Quantity 对象。

□ 局部函数 converter_helper 从第 29 行开始，第 30，31 行 validateattributes 限制操作数只能是简单的数字，Quantity 或者 Dimension 对象。如果有任何一个输入是简单的数字，那么第 34~38 行就会把它转成 Quantity 对象，量纲为 scalar；如果有任何一个输入是 Dimension 对象，那么第 41~45 行就会把它转成 Quantity 对象，其值是 1，其 Dimension 不变。

最后验证所有的测试点都通过了测试：

```
━━━━━━━━━━━━━━━━━━━━━━━━━ command line ━━━━━━━━━━━━━━━━━━━━━━━━━
>> runtests('tDimensionExample.m')
Running tDimensionExample
......
Done tDimensionExample
----------

ans =
  1x8 TestResult array with properties:
    Name
    Passed
    Failed
    Incomplete
    Duration

Totals:
  8 Passed, 0 Failed, 0 Incomplete.
  0.068013 seconds testing time.
```

本小节中量纲系统的例子较 fibonacci 的例子更加复杂，Dimension 和 Quantity 类的设计有许多细节，很难想象设计者能从一开始就对类的各个方面的设计成竹在胸。在实际工程项目中，工程的复杂度要高得多，要求实现者一开始就要有一个完整的设计也是不现实的。由测试驱动开发本质上提供了一种从局部开始，步步为营、稳扎稳打解决问题的流程。先写单个测试点迫使设计者从小处着手，把大的问题分解成小的问题，把每个小的问题解决好，并且每个解决的小问题都能在测试点中记录下来，以此来锁定已有的成绩。流程如图 19.12 所示。

图 19.12　测试在开发之间的不断迭代和往复

需要说明的是，这并不代表已有的测试点必须是一成不变的。在实际应用中，如果一个新的功能不得已会造成已有测试的失败，则要在权衡之后再决定是修改生产代码还是修改测试。由测试驱动开发是一种开发风格，这种风格注重从局部 API 的测试开始设计和完成，这和我们对工程项目进行高屋建瓴的框架设计不冲突。从局部 API 的测试入手，有助于设计出更简单的框架。而且，单元测试能够保证大系统中的每一个小系统都能健壮地、准确无误地工作，这样我们才能更有信心地对大的系统进行改良和重构。

19.8　基于类的单元测试

单元测试框架除了可以运行基于函数的（Function-Based）单元测试，还可以运行基于类的（Class-Based）单元测试。如图 19.13 所示，和基于函数的单元测试相比，基于类的单元测试只是把测试点用类的格式写了出来，其实内容都一样，都交给同一个 Framework 处理。使用基于函数的单元测试的好处是：书写迅速简单，不需要面向对象的基础。使用基于类的单元测试的好处是：可以使用单元测试框架中的包括面向对象的更多高级的功能。

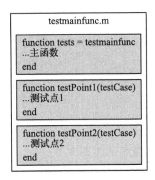
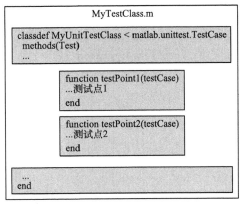

(a) 基于函数的单元测试　　　　　　　　(b) 基于类的单元测试

图 19.13　两种风格的单元测试在格式上的比较

19.8.1　getArea 函数的基于类的单元测试

假设我们要测试的函数是附录 D.4.3 小节中包含 inputParser 的 getArea 函数，代码如下：

```
—————————————— getArea ——————————————
function a = getArea(width,varargin)

  p = inputParser;
  p.addRequired('width',@(x)validateattributes(x,{'numeric'},...
                                  {'nonzero'},'getArea','width',1));



  defaultheight = width;
  p.addOptional('height',defaultheight,@(x)validateattributes(x,{'numeric'},...
                                  {'nonzero'},'getArea','height',2));


  p.parse(width,varargin{:});


  a = p.Results.width*p.Results.height;
end
```

一个简单的基于类的单元测试类如下，其中第一个测试点验证两个输入的面积的计算；第二个测试点验证当一个参数默认时，算法返回的是正方形的面积：

—————————————————— MyUnitTestClass 最初的定义 ——————————————————

```
classdef MyUnitTestClass < matlab.unittest.TestCase
    methods(Test)
        function testTwoInputs(testCase)
            testCase.verifyTrue(getArea(10,22)==220,'Must return area of 10 X 22');
        end
        function testOneInput(testCase)
            testCase.verifyTrue(getArea(10)==100,'Must return area of a square');
            testCase.verifyTrue(getArea(22)==484,'Must return area of a square');
        end
    end
end
```

基于类的单元测试本身是一个类，所以可以声明一个该测试类的对象：

—————————————————————————— Command Line ——————————————————————————

```
>> o = MyUnitTestClass
o =
  MyUnitTestClass with no properties.
```

通过 methods 函数可以查询单元测试框架提供的验证方法，详见 19.6 节。

—————————————————————————— Command Line ——————————————————————————

```
>> methods(o)
Methods for class MyUnitTestClass:

MyUnitTestClass              fatalAssertEmpty
addTeardown                  fatalAssertEqual
applyFixture                 fatalAssertError
assertClass                  fatalAssertFail
assertEmpty                  fatalAssertFalse
assertEqual                  fatalAssertGreaterThan
assertError                  fatalAssertGreaterThanOrEqual
assertFail                   fatalAssertInstanceOf
assertFalse                  fatalAssertLength
assertGreaterThan            fatalAssertLessThan
assertGreaterThanOrEqual     fatalAssertLessThanOrEqual
......
```

调用 run 方法就可以运行所有的测试点，下面的结果表示 testTwoInputs 和 testOneInput 都通过了测试。

—————————————————————————— Command Line ——————————————————————————

```
>> o.run()
Running MyUnitTestClass
......
Done MyUnitTestClass
```

```
----------
ans =
  1x2 TestResult array with properties:

    Name
    Passed
    Failed
    Incomplete
    Duration
    Details

Totals:
  2 Passed, 0 Failed, 0 Incomplete.
  0.0044918 seconds testing time.
```

runtests 函数也可以用来运行所有的测试点：

——————————————— Command Line ———————————————
```
>> runtests('MyUnitTestClass');
Running MyUnitTestClass
......
Done MyUnitTestClass
```

19.8.2　MVC GUI 的基于类的单元测试

回顾 7.4~7.6 节中 GUI 程序的开发过程，程序写完后，为了验证，需要手动单击 GUI 上的按钮，然后观察 GUI 上的显示，来判断工作是否正常。这显然不是一个可靠持久的验证方法。本小节将举例介绍如何用基于类的单元测试来程序化地验证 7.4~7.6 节中的 MVC 代码和其产生的界面。

基于类的单元测试让我们能够写出面向对象风格的单元测试，比如可以把 MVC 的 3 个对象作为测试类的属性，那么所有的测试点都可以共享同一个 GUI 的界面，这样也就自然解决了数据和图形 Handle 在测试点之间传递的问题。

——————————————— 添加了 Fixture ———————————————
```matlab
classdef MVCUnitTest < matlab.unittest.TestCase
    properties
        view                    % MVC 对象是整个测试的属性
        model
        controller
    end
    methods(TestClassSetup)     % 整个测试开始时运行一次
        function createMVC(testCase)
            testCase.model = Model(500);              % 初始化 Model 类对象
            testCase.view = View(testCase.model;)     % 初始化 View 类对象
            testCase.view.hfig.Visible = 'off';       % 图像设置为不可见
            testCase.controller = testCase.view.controlObj;
```

```
            end
        end
        methods(TestClassTeardown)    % 整个测试结束时运行一次
            function closeFigure(testCase)
                close(testCase.view.hfig);
            end
        end
    end
```

在运行测试之前，需要构造 MVC 对象，这就是 createMVC 方法中的内容。该方法位于 methods(TestClassSetup) 的 block 中，表示该方法仅在整个测试的开始时执行一次。在 createMVC 方法中，账户初值设置为 500，并且把图像设置为不可见，让其仅存在于后台①。在测试结束之后，需要做清理工作，即 closeFigure 函数负责把隐藏的图像关闭，它放在 methods(TestClassTeardown) 的 block 中，该 block 中的方法只在整个测试结束时运行一次。TestClassSetup 和 TestClassTeardown 用来标记测试中的 Test Fixture，其和 19.5 节中提到的 setupOnce 和 teardownOnce 功能类似。

第一个测试点用于验证 MVC 中的 Model，测试点以类方法的形式存在，要放在 methods(Test) 的 block 中。首先调用 Model 对象的 deposit 方法，存入 50 元，然后验证账户余额是 550，再在 550 的基础上取出 100 元，验证账户余额为 450。具体如下：

―――――――――― 加入了第一个测试点 testModel ――――――――――

```
classdef MVCUnitTest < matlab.unittest.TestCase
    properties
        view
        model
        controller
    end
    methods(TestClassSetup)
        function createMVC(testCase)
            testCase.model = Model(500);
            testCase.view = View(testCase.model);
            testCase.view.hfig.Visible = 'off';
            testCase.controller = testCase.view.controlObj;
        end
    end
    methods(TestClassTeardown)
        function closeFigure(testCase)
            close(testCase.view.hfig);
        end
    end
```

---

① 这样做的原因是，通常测试都是在后台自动运行的，如果自动运行的程序总是弹出窗口，则会影响用户其他的工作流程，所以测试时最好把 GUI 要产生的 figure 设置为隐藏。

```
    methods(Test)
        function testModel(testCase)                        % 测试 Model 的工作
            testCase.model.deposit(50);                     % 存入 50 元
            testCase.verifyEqual(testCase.model.balance,550); % 验证账户余额为 550 元
            testCase.model.withdraw(100);                   % 取出 100 元
            testCase.verifyEqual(testCase.model.balance,450); % 验证账户余额为 450 元
        end
    end
end
```

声明一个测试类对象，运行测试，结果通过。具体如下：

```
———————————— Command Line ————————————
>> o = MVCUnitTest ;
>> o.run
Running MVCUnitTest
.
Done MVCUnitTest
_____

ans =

  TestResult with properties:

        Name: 'MVCUnitTest/testModel'
      Passed: 1
      Failed: 0
  Incomplete: 0
    Duration: 0.8636
     Details: [1x1 struct]


Totals:
  1 Passed, 0 Failed, 0 Incomplete.
  0.86362 seconds testing time.
```

　　增加第二个测试点，用于验证 View 的更新正常。这里需要考虑一个问题，该测试要不要接着上一个测试点的账户余额继续。比如 testModel 测试结束之后账户余额是 450 元，如果该测试点再存入 10 元，那么我们可以检查 View 上的显示是 460 元。但其实这不是一个好方法，设计各个测试点的一个基本原则是各个测试点之间没有相关性，因为我们无法始终保证各个测试点之间有固定的运行顺序，或者有时只希望运行个别的测试点。此时，我们可以通过加入一个 Test Fixture，叫作 TestMethodSetup，来保证在每个测试点运行之前，账户余额都被恢复到初始状态，即 500 元。和 TestMethodSetup 对称的 Test Fixture 叫作 TestMethodTeardown，它在每个测试点完成之后运行一次。在这个例子中，没有什么工作需要放到 TestMethodTeardown 中。具体如下：

—————— 加入了 TestMethodSetup Fixture ——————

```matlab
classdef MVCUnitTest < matlab.unittest.TestCase
    properties
        view
        model
        controller
    end
    methods(TestClassSetup)
        function createMVC(testCase)
            testCase.model = Model(500);
            testCase.view = View(testCase.model);
            testCase.view.hfig.Visible = 'off';
            testCase.controller = testCase.view.controlObj;
        end
    end
    methods(TestClassTeardown)
        function closeFigure(testCase)
            close(testCase.view.hfig);
        end
    end
    methods(TestMethodSetup)
        function resetBalance(testCase)        % 每次测试开始前运行
            testCase.model.balance = 500;      % 账户余额复位为 500 元
        end
    end
    methods(TestMethodTeardown)
        function some_cleaning_up(testCase)  % 每次测试结束之后运行
                                             % 如果有必要则做清理工作
        end
    end
    methods(Test)
        function testModel(testCase)
            testCase.model.deposit(50);
            testCase.verifyEqual(testCase.model.balance,550);
            testCase.model.withdraw(100);
            testCase.verifyEqual(testCase.model.balance,450);
        end
        function testView(testCase)              % 测试 View 的显示
            testCase.model.deposit(10);          % 存入 10 元
            % 验证 GUI 上的显示为 510
            testCase.verifyEqual(testCase.view.balanceBox.String,'510');
            testCase.model.withdraw(30);         % 取出 30 元
            % 验证 GUI 上的显示为 480
```

```
            testCase.verifyEqual(testCase.view.balanceBox.String,'480');
        end

    end
end
```

在 testView 测试点中，首先在 Model 处存入 10 元，在第 7 章 MVC 模型中，由于 View 类对象监听了 Model 类对象的 balanceChanged 事件，所以它会自动地把显示更新成账户中的余额，通过检查编辑框对象的 String 属性来验证。然后再从 Model 处取出 30 元以验证 GUI 界面上做出相应的变化，再次运行①，测试通过。

```
——————————————————————————— Command Line ———————————————————————————
>> o.run
Running MVCUnitTest
......
Done MVCUnitTest
----------

ans =

  1x2 TestResult array with properties:

    Name
    Passed
    Failed
    Incomplete
    Duration
    Details

Totals:
   2 Passed, 0 Failed, 0 Incomplete.
   0.94354 seconds testing time.
```

添加第三个测试点，用于验证 controller 的功能。通过设置编辑框中的 String 属性，模拟用户在输入框内输入数字，然后在测试中调用 button 的回调函数——drawbutton 和 depositbutton，最后验证 View 处的更新正常。

```
————————————————— 在类中添加新的测试点 testController —————————————————
classdef MVCUnitTest < matlab.unittest.TestCase
......
        function testController(testCase)
            testCase.view.numBox.String = '30';                    % 模拟用户输入
            testCase.controller.callback_drawbutton();             % 直接调用回调函数
```

① 如果 MATLAB 支持 Auto Update (见 2.11 节)，那么更新过类定义后（这里添加了类方法）无须 clear classes，可以直接运行 o.run，低于 R2014b 版本的 MATLAB 则需要 clear classes 让类的定义更新。

```
        testCase.verifyEqual(testCase.view.balanceBox.String,'470'); % 验证 GUI 显示

        testCase.view.numBox.String = '50';
        testCase.controller.callback_depositbutton();
        testCase.verifyEqual(testCase.view.balanceBox.String,'520');
    end
......
```

添加第四个测试点，用于验证 View 类对象中的控件上确实存在回调函数，并且工作正常。在这个测试中，通过 get 函数直接获得 button 对象的 callback 函数，然后直接执行它们，这相当于用户单击 button，然后验证 view 中显示正常。

————— 在类中添加新的测试点 testCallBack —————

```
classdef MVCUnitTest < matlab.unittest.TestCase
......
    function testCallBack(testCase)
        testCase.view.numBox.String = '10';                          % 模拟用户输入
        callback = get(testCase.view.drawButton,'callback');         % 获得回调函数
        callback();                                                  % 调用回调函数
        testCase.verifyEqual(testCase.view.balanceBox.String,'490'); % 验证 GUI 显示

        testCase.view.numBox.String = '20';
        callback = get(testCase.view.depositButton,'callback');
        callback();
        testCase.verifyEqual(testCase.view.balanceBox.String,'510');
    end
......
```

到目前为止，一共给该基于类的单元测试添加了 4 个测试点和一个 Test Fixture，它们的运行顺序是：在整个测试开始时，先运行 TestClassSetup，在每个测试点开始和结束时分别运行 TestMethodSetup 和 TestMethodTeardown，在整个测试结束后运行 TestClassTeardown，如图 19.14 所示。

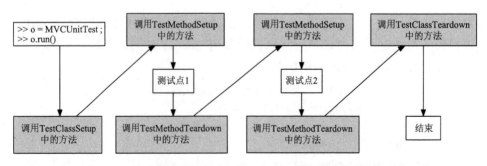

图 19.14　基于类的单元测试中 TestFixture 和测试点的运行顺序

总结：本小节通过一个基于类的单元测试，介绍了程序化测试 GUI 界面的基本思路，即通过程序的方式模拟用户的输入单击，最后通过验证对象内部的状态来检测结果。

第 20 章　MATLAB 性能测试框架

20.1　为什么需要 MATLAB 性能测试框架

MATLAB 性能测试（MATLAB Performance Test）框架是 MathWorks 在 MATLAB R2016a 中推出的一个新的框架，该框架用来获得代码性能在统计意义上的数据，还可以用来比较算法的性能，并且给出详细完整的报告。

如果只需要粗糙的定性的结果，则 tic 和 toc 是快速简单获得代码运行耗时的方法。比如下面的代码，比较对数组的不同赋值方式，衡量预先分配和不预先分配的耗时差别。

———————————————— 使用 tic 和 toc 测量代码的性能 ————————————————
```
% alloc_tictoc.m
rows = 1000;
cols = 1000;
X=[];
Y=[];

% 对不预先分配的数组 X 赋值计时
tic
for r = 1:cols
    for c = 1:rows
        X(r,c) = 1;
    end
end
toc

% 对预先分配的数组 Y 赋值计时
tic
Y = zeros(rows,cols);
for r = 1:cols
    for c = 1:rows
        Y(r,c) = 1;
    end
end
toc
```
———

运行结果可以预料，对预先分配数组赋值比不预先分配要快：

———————————————————————— Command Line ————————————————————————
```
>> alloc_tictoc
Elapsed time is 0.449438 seconds.    % 不预先分配
Elapsed time is 0.016257 seconds.    % 预先分配
```
———

　　tic 和 toc 可以快速简单地获得定性的结果，但是有时在工程计算中需要代码耗时的定量结果，比如对 $1\,000 \times 1\,000$ 的数组赋值，想确切知道预先分配比不预先分配究竟快多少，再使用 tic 和 toc 就显得捉襟见肘了。多次运行上述脚本可以发现，得到的其实是一些随机分布的结果，如下：

```
>> alloc_tictoc
Elapsed time is 0.472567 seconds.
Elapsed time is 0.014476 seconds.
>> alloc_tictoc
Elapsed time is 0.434714 seconds.
Elapsed time is 0.016879 seconds.
>> alloc_tictoc
Elapsed time is 0.448822 seconds.
Elapsed time is 0.012684 seconds.
>> alloc_tictoc
Elapsed time is 0.474179 seconds.
Elapsed time is 0.013808 seconds.
>> alloc_tictoc
Elapsed time is 0.467369 seconds.
Elapsed time is 0.014176 seconds.
```

　　定性地说，可以肯定预先分配数组的方法要快得多，但是每次测量得到的结果其实是符合一定分布规律的随机变量[①]，测量结果在一定的范围内波动给获得定量结果造成困难。当两个算法的差别不是很大时，这样的波动就可能会影响定性的结果。如何得到可靠的性能测量的数据就是本章要解决的问题。最容易想到的一个改进方法就是多次运行，把每次的结果都收集起来，然后求平均，比如：

```
tic
for iter = 1: 100
  for r = 1:cols
    for c = 1:rows
        X(r,c) = 1;
    end
  end
end
toc
% 把得到的结果求平均，略
```

　　但是循环的次数很难有一个统一的标准，到底循环多少次的结果求平均才可靠呢？次数太少结果不可靠，次数太多又浪费时间。另外，理论上能否保证增加循环次数就一定可以得到统计意义上可靠的结果呢？一个严谨的性能测试不但需要一套规范的标准，还需要统计理

[①] MATLAB 的每一步计算都要经过确定的函数和优化，从这个角度来说，每次测量都应该得到精确唯一的结果。实际上，由于 MATLAB 工作在操作系统中，而操作系统会统筹分配系统的计算资源，不同的时刻资源的分配也不一定相同，所以带来了一定的随机性。

论的支持。

　　另一个测量性能时要注意的问题是：如下述代码所示，测量结果可能对 algorithm1 不公平，因为 MATLAB 的代码在第一次运行时会伴随编译和优化，比如 JIT (Just In Time Compilation) 和最新的 LXE (Language eXecution Engine) 的加速。也就是说，前几次运行的代码会有一些编译和优化带来的耗时，可以把它们想象成运动之前的热身。如果 algorithm1 和 algorithm2 共用一些代码，那么当 algorithm1 运行时，可能已经帮助 algorithm2 进行了部分的热身，此时带来的额外时间就会算作 algorithm1 的耗时。

—————————————————— 代码优化可能带来额外的耗时 ——————————————————
```
% 计时算法 1
tic
algorithm1();
toc

% 计时算法 2
tic
algorithm2();
toc
```
——

　　所以更公平的测试方法是，剔除前几次的运行，使需要比较的代码都热身完后再计时，具体如下：

—————————————————— 剔除代码优化可能带来的额外耗时 ——————————————————
```
% 算法 1 热身 4 次
for iter = 1:4
 algorithm1()
end
% 计时算法 1
tic
algorithm1();
toc
% 算法 2 热身 4 次
for iter = 1:4
 algorithm2()
end
% 计时算法 2
tic
algorithm2();
toc
```
——

20.2　基于类的性能测试框架

20.2.1　构造测试类

　　构造一个基于类的性能测试很简单，只需要把 20.1 节中的各个测试点转成性能测试中的方法即可。任何基于类的 Performance 测试类都要继承自 matlab.perftest.TestCase 父类，

也就是框架的提供者。下面的类定义中，把 rows 和 cols 两个变量放到了类的属性中，这样
test1 和 test2 就可以共享这两个变量。具体如下：

```
───────────────────────── AllocTest ─────────────────────────
classdef AllocTest < matlab.perftest.TestCase    % 性能测试的公共父类
    properties
        rows = 1000
        cols = 1000
    end
    methods(Test)
        % 不预先分配赋值测试点
        function test1(testCase)
            for r = 1:testCase.cols
                for c = 1:testCase.rows
                    X(r,c) = 1;
                end
            end
        end
        % 预先分配赋值测试点
        function test2(testCase)
            X = zeros(testCase.rows,testCase.cols);
            for r = 1:testCase.cols
                for c = 1:testCase.rows
                    X(r,c) = 1;
                end
            end
        end
    end
end
```

运行 runperf 开始性能测试：

```
───────────────────────── Command Line ─────────────────────────
>> r = runperf('AllocTest')
Running AllocTest
......
......
Done AllocTest

----------
r =

  1x2 MeasurementResult array with properties:

    Name
    Valid
    Samples
```

```
TestActivity

Totals:
  2 Valid, 0 Invalid
```

runperf 返回一个 1×2 的结果对象数组，两个测试点都是合格的测试。

20.2.2　测试结果解析

在命令行中检查对象数组中的一个元素，即 test1 的测试结果：

```
—————————————————————————— Command Line ——————————————————————————
>> r(1)
ans =
  MeasurementResult with properties:

            Name: 'AllocTest/test1'
           Valid: 1
         Samples: [5x7 table]      % 简报
    TestActivity: [9x12 table]     % 原始数据
Totals:
  1 Valid, 0 Invalid.
```

其中，属性 TestActivity 中是所有的原始数据，原始 Samples 是有用数据的简报。这里解析 TestActivity 中的原始数据：

```
—————————————————————————— Command Line ——————————————————————————
>> r(1).TestActivity

ans =

      Name            Passed    Failed    Incomplete    MeasuredTime    Objective
    ---------------   ------    ------    ----------    ------------    ---------

    AllocTest/test1    true     false      false          0.52387        warmup
    AllocTest/test1    true     false      false          0.44674        warmup
    AllocTest/test1    true     false      false          0.50816        warmup
    AllocTest/test1    true     false      false          0.38104        warmup
    AllocTest/test1    true     false      false          0.38372        sample
    AllocTest/test1    true     false      false          0.4197         sample
    AllocTest/test1    true     false      false          0.38647        sample
    AllocTest/test1    true     false      false          0.38489        sample
    AllocTest/test1    true     false      false          0.37503        sample
```

测量的结果是一个 table 对象[①]。从结果中可以看出，测试一共进行了 9 次，前 4 次是 20.1 节提到的对代码的热身，这 4 次的结果在 Objective 中标记为 warmup，从数值上也可

——————————————

① table 对象的使用请参考附录 C。

以大致看出它们和后 5 次测量有着不同的分布，计算均值时需要把它们剔除，正式的测试标记为 sample，test1 的 sample 测试一共运行了 5 次。检查 r(2) 得到类似的结果：

```
————————————————————————— Command Line —————————————————————————
>> r(2)

ans =

  MeasurementResult with properties:

           Name: 'AllocTest/test2'
          Valid: 1
        Samples: [4x7 table]      % 简报
   TestActivity: [8x12 table]      % 原始数据

Totals:
   1 Valid, 0 Invalid.
>>
>> r(2).TestActivity

ans =

     Name            Passed   Failed   Incomplete   MeasuredTime   Objective

  ---------------    ------   ------   ----------   ------------   ---------

  AllocTest/test2    true     false    false        0.018707       warmup
  AllocTest/test2    true     false    false        0.028393       warmup
  AllocTest/test2    true     false    false        0.013336       warmup
  AllocTest/test2    true     false    false        0.012915       warmup
  AllocTest/test2    true     false    false        0.013543       sample
  AllocTest/test2    true     false    false        0.012904       sample
  AllocTest/test2    true     false    false        0.012778       sample
  AllocTest/test2    true     false    false        0.01312        sample
```

　　test2 有 4 次 warmup、4 次 sample 测试。按照默认设置，每个测试点都要先对代码热身 4 次，再进入正式的 sample 测试。有 4 个 sample 测试意味着 test2 测试点一共被运行了 4 次。test2 的测试次数和 test1 的测试次数不同，每个测试点运行几次是由测量数据集合是否到达统计目标决定的，这将在 20.3 节中详细介绍。

　　有了多次测量的结果后，我们就可以利用一个帮助函数，从 table 中取出 sample 的数据。帮助函数如下：

```
————————————————————————— 帮助函数 —————————————————————————
function dispMean(result)
 fullTable = vertcat(result.Samples);
 varfun(@mean,fullTable,'InputVariables','MeasuredTime','GroupingVariables',
```

```
'Name')
end
```

　　然后对数据求均值，此时得到的结果才是统计意义上的测量结果。

```
>> dispMean(r)

ans =

        Name            GroupCount      mean_MeasuredTime
    ---------------     ----------      ------------------

    AllocTest/test1     5               0.38996
    AllocTest/test2     4               0.013086
```

　　如果算法还在不断地变化，那么上述测量结果也可以保存起来，从而追踪一段时间内算法性能的变化。

20.3　误差范围和置信区间

　　性能测试框架规定，一个测试点被热身 4 次之后，将再运行 4~32 不等的次数，直到测量数据达到 0.05 的误差范围、0.95 的置信区间为止。一旦已有的测量值达到了上述的统计目标，就停止计算。如果超过 32 次还没有达到 0.05 的误差范围，则框架仍然停止计算，但会抛出一个警告。这就是为什么 20.2.2 小节中的 test1 运行了 5 次，而 test2 只运行了 4 次，因为它更快地达到了统计目标。

　　在每获得一次新的测量数据时，已有数据的误差范围都将被重新计算，以决定是否需要再次运行测试点。下面的函数[①]可以帮助计算误差范围，用它来计算 test1 的数据可知相对误差在得到第 4 次测量结果时仍然大于 0.05，直到第 5 次测量结果才小于 0.05，于是停止继续测量。具体如下：

```
────────────────── 计算误差范围的函数 ──────────────────
function er = relMarOfEr(data)
 L = length(data);
 er = tinv(0.95,L-1)*std(data)/mean(data)/sqrt(L);
end
```

```
────────────────── Command Line ──────────────────
>> relMoE(r(1).Samples.MeasuredTime(1:end-1))    % 取 test1 的第 1~4 次的测量结果
ans =
    0.0519

>> relMoE(r(1).Samples.MeasuredTime)             % 取 test1 所有的测量结果
ans =
    0.0421
```

────────────────

① 需要统计工具箱。

test2 的测量结果类似，到第 4 次测量时整体数据达到了统计目标：

```
——————————————————————— Command Line ———————————————————————
>> relMoE(r(2).Samples.MeasuredTime(1:end-1))
ans =

    0.0529


>> relMoE(r(2).Samples.MeasuredTime)
ans =


    0.0302
```

所谓 0.95 的置信区间，就是说该系列的测量将确定一个区间，实际的真实值落在该区间的概率为 95%。调用函数 fitdist 得到置信区间[1]：

```
——————————————————————— Command Line ———————————————————————
>> fitdist(r(1).Samples.MeasuredTime,'Normal')
ans =
  NormalDistribution

  Normal distribution
      mu = 0.389962   [0.368598, 0.411326]   % 0.95 的置信区间
    sigma = 0.0172059   [0.0103086, 0.049442]
```

0.05 的误差范围并不是所有的测试都能达到，事实上如果多次运行上述的同一个测试，则 test2 的结果中很有可能会有几次含有警告。

```
>> r = runperf('AllocTest')
Running AllocTest
......
......Warning: The target Relative Margin of Error was not met after running the
MaxSamples for AllocTest/test2.
% 测试点运行超过 32 次但没有达到统计目标
Done AllocTest

----------

r =

  1x2 MeasurementResult array with properties:

    Name
    Valid
    Samples
    TestActivity


Totals:
```

---

[1] 需要统计工具箱。

```
2 Valid, 0 Invalid.
>>
>> r(2)

ans =

  MeasurementResult with properties:

           Name: 'AllocTest/test2'
          Valid: 1
        Samples: [32x7 table]
   TestActivity: [36x12 table]      % test2 运行了一共 4+32=36 次

Totals:
   1 Valid, 0 Invalid.
```

　　警告说明测量的操作过于轻量，噪声影响过大。我们可以通过增大计算量，或者放松统计目标来避免这个警告，比如修改默认的误差范围：

———————————————— 增大误差范围 ————————————————
```
>> import matlab.perftest.TimeExperiment
>> experiment = TimeExperiment.limitingSamplingError('RelativeMarginOfError',0.10);
>> suite = testsuite('AllocTest');
>> run(experiment,suite)
Running AllocTest
......
......
Done AllocTest

----------


ans =

  1x2 MeasurementResult array with properties:

    Name
    Valid
    Samples
    TestActivity

Totals:
   2 Valid, 0 Invalid.
```

20.4　性能测试的适用范围讨论

性能测试框架最初是 MathWorks 内部使用的一个框架，使用范围和单元测试一致，单元测试保证在算法的进化过程中算法的功能不退化，而性能测试则保证算法的性能不退化。这样一个框架对 MATLAB 用户的算法开发显然会带来价值，但是我们要分清什么样的测量才是有价值的。20.2.1 小节中的例子简单易懂，但作为 MATLAB 的用户，我们其实没有必要去测量和记录这些简单的 MATLAB 操作性能[①]，我们只需要记住它们定性的结果（比如，给数组赋值之前要先分配，运算尽量向量化等）就可以了。性能测试框架真正能给我们带来的价值如下，测试实际算法性能的情况，在用户算法 myAlgorithm 的开发过程中可以定期地运行该测试文件，以保证性能不退化。

```
classdef AlgoTest1 < matlab.perftest.TestCase
    methods(Test)
        function test1(testCase)
                myAlgorithm();
        end
    end
end
```

或者比较两个算法，algorithm1 代表一个旧算法，algorithm2 代表一个新的改进的算法，依靠性能测试框架，我们可以精确地测量出 algorithm2 到底改进了多少，如下：

```
classdef AlgoTest1 < matlab.perftest.TestCase
    methods(Test)
        function test1(testCase)
                algorithm1();
        end

        function test2(testCase)
                algorithm2();
        end
    end
end
```

[①] 这是 MathWorks 内部性能测试的主要工作。

附　录

附录 A 综合实例：如何把面向过程的程序 转成面向对象的程序

使用面向对象编程的好处是，从长远的角度来看，扩展和维护程序更方便。但是，如何处理已经写好的面向过程的程序呢？这是一个常见的问题。这些已有的程序，可能是用户自己的，也可能是从网上下载的，如果把所有的面向过程的程序重新写一遍，显然是不实际的，好在把面向过程的 MATLAB 程序改写成为面向对象的程序并不是一件麻烦的事情。这里，我们利用一个实例介绍如何使一个面向过程的 MATLAB 程序通过简单修改变成面向对象的程序。假设，通过前面介绍的语法，把一个函数和数据包装成一个类，对读者来说已经易如反掌，为了突出重点，我们仅使用 UML 来表示如何从大体上组织程序。

我们要改进的例子是一个图像处理程序，叫作 SIFT（图像局部特征描述算子），其大致算法是对输入的图像进行局部特征提取，然后对每一个局部特征进行编码，这些编码可以用来进行图像匹配、拼接和识别。SIFT 算法是一个流行的图像处理算法，在众多的 MATLAB 图像处理书籍中都被提到过，也是比较典型的混合编程的例子。程序的作者用 MATLAB 作为主要的驱动，并且计算结果可视化的工具，在遇到计算量大的图像运算时，如果恰好 Base MATLAB[①] 中没有提供内置的函数，那么就把该运算用 C 语言实现，然后编译成 .mex 文件，直接在 MATLAB 中调用。当然，读者并不需要太多图像处理的背景，只需要记住面向过程的基本特征，就像 1.1 节介绍的那样，以函数为中心，用函数操纵数据，通过数据在多个过程直接传递共享来完成过程的模拟，函数和数据是分开的。而面向对象的特征是封装数据和算法，把任务分解成一个个相互独立的对象，通过各对象之间的组合和通信来完成任务。有兴趣的读者可以在如下地址下载到该程序：http://www.vlfeat.org/~vedaldi/code/sift.html。

这里将集中讨论 demo 脚本文件及其主算法 SIFT 函数，以及如何把它们转换成面向对象的风格。当然，类的设计不是固定的，这里只提供一个大概的思路，希望能对读者有所启发。

1. demo 脚本

代码如下：

```
————————————————————— siftdemo.m —————————————————————
1  I1=imreadbw('data/img3.jpg') ;
2  I2=imreadbw('data/img5.jpg') ;
3
4  I1=I1-min(I1(:)) ;
5  I1=I1/max(I1(:)) ;
6  I2=I2-min(I2(:)) ;
7  I2=I2/max(I2(:)) ;
```

---

① MATLAB 各种专门的工具箱一般提供更广泛的内置函数。

我们从 demo 脚本文件开始，第 1~7 行是简单地读入两个需要匹配的图像文件，并且做归一化的处理。这里的图像文件就是在函数之间传递的数据，所以首先设计一个 ImageClass 类，用来封装图像数据。该类还应该包括打开图像的功能。另外，第 4~7 行的归一化操作可以放到一个 normalize 方法中，并且该方法可以在该图像的 Constructor 中被调用。综上所述，最初的 UML 如图 A.1 所示。

图 A.1 先用一个 ImageClass 来包装图像数据

可以预料，在实际的图像匹配时，一定会遍历大量这样的图像文件。所以，可以采用 18.3 节提到的 Aggregator 和遍历器模式来对 SIFT 程序提供用于处理的图像文件，其 UML 如图 A.2 所示。

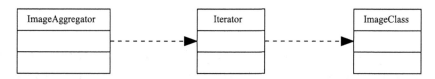

图 A.2 可以使用 Aggregator 和遍历器模式来对算法提供图像数据

下面继续分析 demo 脚本文件：

```matlab
                              ─ siftdemo.m ─
9  fprintf('Computing frames and descriptors.\n') ;
10 [frames1,descr1,gss1,dogss1] = sift( I1, 'Verbosity', 1 ) ;
11 [frames2,descr2,gss2,dogss2] = sift( I2, 'Verbosity', 1 ) ;
12
13 figure(11) ; clf ; plotss(dogss1) ; colormap gray ;
14 figure(12) ; clf ; plotss(dogss2) ; colormap gray ;
15 drawnow ;
16
17 figure(2) ; clf ;
18 subplot(1,2,1) ; imagesc(I1) ; colormap gray ;
19 hold on ;
20 h=plotsiftframe( frames1 ) ; set(h,'LineWidth',2,'Color','g') ;
21 h=plotsiftframe( frames1 ) ; set(h,'LineWidth',1,'Color','k') ;
22
23 subplot(1,2,2) ; imagesc(I2) ; colormap gray ;
24 hold on ;
25 h=plotsiftframe( frames2 ) ; set(h,'LineWidth',2,'Color','g') ;
26 h=plotsiftframe( frames2 ) ; set(h,'LineWidth',1,'Color','k') ;
```

第 10 和 11 行调用的是该算法的核心函数 SIFT，但如何改成面向对象的风格，将在"2. SIFT 函数"中详述。这里，该函数接收图像矩阵 I 作为输入，如果改成面向对象的设计，那么该方法将接收一个 ImageClass 的对象作为输入之一。函数的另一个参数是 PV 对，该函数左边返回一系列计算结果 frames，descr，gss，dogss，根据 18.2 节中的分离数据和算法的设计模式①，把图像数据和处理图像的算法分到两个类中去。而这些计算结果显然和算法有更紧密的联系，它们应该都作为 SIFT 类中的属性（而不是 ImageClass 类中的属性）。对于形如"'Verbosity', 1"的 PV 对，我们将在后面讨论如何处理。初步的 UML 如图 A.3 所示。我们把和 SIFT 函数相对应的类方法叫作 action。

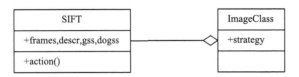

图 A.3 使用策略模式把算法和数据分离

如果将来还要添加其他（见图 A.4）的特征匹配算法，则可以抽象出一个基类，而这个 action 方法在基类中就变成了 Abstract 方法。

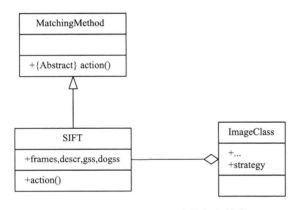

图 A.4 算法还可以进一步抽象出基类

在 demo 脚本文件的第 13~26 行，用计算结果作图。显然，这些作图函数和 SIFT 算法相关，所以连同第 20 行的 plotsiftframe 函数一起封装到 SIFT 类中去，如图 A.5 所示。

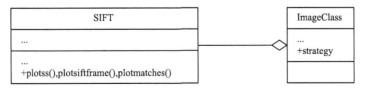

图 A.5 进一步把函数封装到类方法中去

```
———— siftdemo.m ————
28  fprintf('Computing matches.\n') ;
29  % By passing to integers we greatly enhance the matching speed (we use
```

① 这区别于简单地把数据和数据相关的算法封装到一个类中的方法，原因见 18.2 节。

```
30 % the scale factor 512 as Lowe's, but it could be greater without
31 % overflow)
32 descr1=uint8(512*descr1) ;
33 descr2=uint8(512*descr2) ;
34 tic ;
35 matches=siftmatch( descr1, descr2 ) ;
36 fprintf('Matched in %.3f s\n', toc) ;
37
38 figure(3) ; clf ;
39 plotmatches(I1,I2,frames1(1:2,:),frames2(1:2,:),matches) ;
40 drawnow ;
```

第 32 和 33 行中的 descr 是图像的局部特征编码，该编码是重要的计算结果。如前所述，可以预料，如果是对一个图像库中的所有图像做遍历，那么将会得到大量的这样的编码，所以应该有一个方法能够保存这样的编码，以供以后的图像匹配所用（这样就不用每次都做重复计算了）。所以，可以给 SIFT 算法提供一个 saveobj 和 loadobj 的方法，以保存计算结果，如图 A.6 所示。

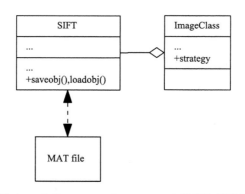

图 A.6　定义 saveobj 和 loadobj 来保存计算结果

从使程序便于扩展的角度来看，进行大规模的图像匹配肯定需要比 descr 更多的信息，如图像的名称、采用的算法的参数等。所以，还可以仿照 18.6 节中的图 18.35 所示的方法，构造一个特殊的类 Description 来封装这些信息和计算结果，如图 A.7 所示。

第 35 行是对两个图像的特征码做匹配，第 39 行作图，siftmatch 做的是一个二元比较的操作，返回两者的比较结果 matches，可以把该函数用类方法进行包装，放到 SIFT 类中去。如果考虑特征提取是针对一个图像的操作，而特征匹配是针对两个 descr 的操作，那么还可以专门用类来包装这样的操作。设计一个类，叫作 Compare，该类用来比较两个 Description 对象，并且 siftmatch 是其中的一个方法。该方法的返回结果 matches 可以作为该类的一个属性，plotmatches 也可以归到该类中，且 plotmatches 利用 descr 中的信息以及 matches 属性来作图，其 UML 如图 A.8 所示。

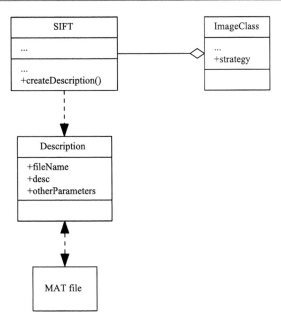

图 A.7　扩展出一个 Description 类来封装计算结果

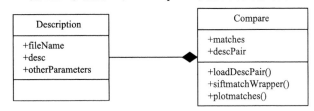

图 A.8　Compare 类用来封装二元操作

2.　SIFT 函数

下面讨论核心算法 SIFT 函数。下面代码中的第 1～19 行是该函数的计算参数，这些参数可以作为 SIFT 类的属性，如图 A.9 所示。其中，数值可以在 property block 中设置成默认值 Value。

```matlab
                                            ─ sift.m ─
 1  function [frames,descriptors,gss,dogss]=sift(I,varargin)

 2
 3  if(nargin < 1)
 4    error('At least one argument is required.') ;
 5  end

 6
 7  [M,N,C] = size(I) ;

 8
 9  % Lowe's equivalents choices
10  S      = 3 ;
11  omin   = -1 ;
12  O      = floor(log2(min(M,N)))-omin-3 ; % up to 8×8 images
13  sigma0 = 1.6*2^(1/S) ;                  % smooth lev. -1 at 1.6
```

```matlab
14  sigman = 0.5 ;
15  thresh = 0.04 / S / 2 ;
16  r       = 10 ;
17  NBP     = 4 ;
18  NBO     = 8 ;
19  magnif = 3.0 ;
20
21  % Parese input
22  compute_descriptor = 0 ;
23  discard_boundary_points = 1 ;
24  verb = 0 ;
25
26  for k=1:2:length(varargin)
27    switch lower(varargin{k})
28
29      case 'numoctaves'
30        O = varargin{k+1} ;
31
32      case 'firstoctave'
33        omin = varargin{k+1} ;
34
35      case 'numlevels'
36        S = varargin{k+1} ;
37
38      case 'sigma0'
39        sigma0 = varargin{k+1} ;
40
41      case 'sigman'
42        sigmaN = varargin{k+1} ;
43
44      case 'threshold'
45        thresh = varargin{k+1} ;
46
47      case 'edgethreshold'
48        r = varargin{k+1} ;
49
50      case 'boundarypoint'
51        discard_boundary_points = varargin{k+1} ;
52
53      case 'numspatialbins'
54        NBP = varargin{k+1} ;
55
56      case 'numorientbins'
```

```
57      NBO = varargin{k+1} ;
58
59    case 'magnif'
60      magnif = varargin{k+1} ;
61
62    case 'verbosity'
63      verb = varargin{k+1} ;
64
65    otherwise
66      error(['Unknown parameter ''' varargin{k} '''.']) ;
67  end
68 end
69
70 % Arguments sanity check
71 if C > 1
72   error('I should be a grayscale image') ;
73 end
74
75 frames      = [] ;
76 descriptors = [] ;
```

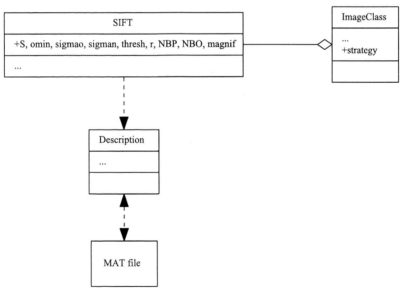

图 A.9 算法的参数作为类的属性

第 26～68 行用来接收外部提供的 PV 对作为算法的控制。可以预料的是，不同类型的图像所用的算法参数也不一样。在实际工程计算中会有这样的需要，向程序提供各种不同的 PV 对来找到最优的参数，MATLAB 内部恰好提供了一个内置的 InputParser 类来负责参数的输入和验证，这样就可以把参数的输入和验证从 SIFT 函数中分离出来。从扩展的角度来看，考虑到将来还可能对 SIFT 算法提出改进，我们可能会添加更多的计算参数，所以为了方便输入，可以统一地把参数用 .txt 文件或者 .xml 文件组织起来。因此，我们还要设计一个读文档的 reader 类，其 UML 如图 A.10 所示。

```
———————————————— sift.m ————————————————
78 % ------------------------------------------------------------------
79 %                                    SIFT Detector and Descriptor
80 % ------------------------------------------------------------------
81
82 % Compute scale spaces
83 if verb>0, fprintf('SIFT: computing scale space...') ; tic ; end
84
85 gss = gaussianss(I,sigman,0,S,omin,-1,S+1,sigma0) ;
86
87 if verb>0, fprintf('(%.3f s gss; ',toc) ; tic ; end
88
89 dogss = diffss(gss) ;
```

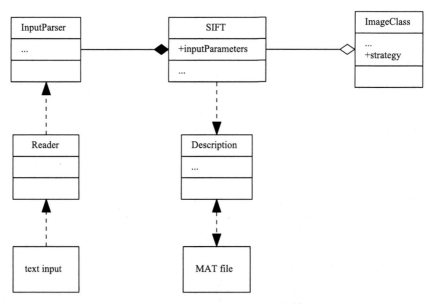

图 A.10 扩展程序的参数输入模块

第 85 和 89 行调用的函数都是 MEX 函数，其参数是固定的。对于这样的函数，可以设计一个 Wrapper 方法来包装它们，比如第 85 行对 MEX 函数的调用：

```
———————————————— sift.m ————————————————
1 gss = gaussianss(I,sigman,0,S,omin,-1,S+1,sigma0) ;
```

可以改写成对象方法 obj.gaussianssWrapper() 的调用：

```
———————————————— sift.m ————————————————
1 function  gaussianssWrapper(obj)    % 在类的方法内部调用 MEX 函数
2        obj.gss = gaussianss(obj.image,obj.sigman,obj.0,...
```

```
 3            obj.S,obj.omin,-1,obj.S+1,obj.sigma0) ;
 4  end
```

第 89 行对 MEX 函数的调用：

```
────────────────── sift.m ──────────────────
 1  dogss = diffss(gss) ;
```

可以改写成对象方法 diffsWrapper() 的调用（其中，gss 是类中的属性）：

```
────────────────── sift.m ──────────────────
 1  function diffsWrapper(obj)
 2          obj.dogss = diffs(obj.gss);
 3  end
```

```
────────────────── sift.m ──────────────────
 91  if verb > 0, fprintf('%.3f s dogss) done\n',toc) ; end
 92  if verb > 0
 93    fprintf('SIFT scale space parameters [PropertyName in brackets]\n');
 94    fprintf('  sigman [SigmaN]        : %f\n', sigman) ;
 95    fprintf('  sigma0 [Sigma0]        : %f\n', dogss.sigma0) ;
 96    fprintf('       O [NumOctaves]     : %d\n', dogss.O) ;
 97    fprintf('       S [NumLevels]      : %d\n', dogss.S) ;
 98    fprintf('    omin [FirstOctave]    : %d\n', dogss.omin) ;
 99    fprintf('    smin                  : %d\n', dogss.smin) ;
100    fprintf('    smax                  : %d\n', dogss.smax) ;
101    fprintf('SIFT detector parameters\n')
102    fprintf('  thersh [Threshold]     : %e\n', thresh) ;
103    fprintf('       r [EdgeThreshold] : %.3f\n', r) ;
104    fprintf('SIFT descriptor parameters\n')
105    fprintf('  magnif [Magnif]        : %.3f\n', magnif) ;
106    fprintf('     NBP [NumSpatialBins]: %d\n', NBP) ;
107    fprintf('     NBO [NumOrientBins] : %d\n', NBO) ;
108  end
```

第 91~108 行是对计算中间结果的输出，可以设计一个 report 方法来向命令行输出这些结果。当然，如果是大批量的计算，则希望这些结果可以被计算在 LOG 中，其设计模式可以参见 16.2 节，其 UML 如图 A.11 所示。

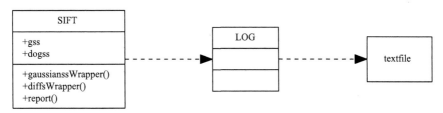

图 A.11　扩展出 LOG 类保存计算的中间输出

这样，SIFT 类中又增加了 3 个方法，如下：

```
                         —— sift.m ——
110  for o=1:gss.O
111    if verb > 0
112      fprintf('SIFT: processing octave %d\n', o-1+omin) ;
113                tic ;
114    end
115
116    % Local maxima of the DOG octave
117    % The 80% tricks discards early very weak points before refinement.
118    idx = siftlocalmax(  dogss.octave{o}, 0.8*thresh  ) ;
119    idx = [idx , siftlocalmax( - dogss.octave{o}, 0.8*thresh)] ;
```

第 110~119 行还是调用 MEX 函数，即还是用 Wrapper 方法包装它们，其 UML 略。

```
                         —— sift.m ——
121    K=length(idx) ;
122    [i,j,s] = ind2sub( size( dogss.octave{o} ), idx  ) ;
123    y=i-1 ;
124    x=j-1 ;
125    s=s-1+dogss.smin ;
126    oframes = [x(:)';y(:)';s(:)'] ;
127
128    if verb > 0
129      fprintf('SIFT: %d initial points (%.3f s)\n', ...
130        size(oframes, 2), toc) ;
131      tic ;
132    end
133
134    % Remove points too close to the boundary
135    if discard_boundary_points
136      % radius = maginf * sigma * NBP / 2
137      % sigma = sigma0 * 2^s/S
138
139      rad = magnif * gss.sigma0 * 2.^(oframes(3,:)/gss.S) * NBP / 2 ;
140      sel=find(...
141        oframes(1,:)-rad >= 1                    & ...
142        oframes(1,:)+rad <= size(gss.octave{o},2) & ...
143        oframes(2,:)-rad >= 1                    & ...
144        oframes(2,:)+rad <= size(gss.octave{o},1)     ) ;
145      oframes=oframes(:,sel) ;
146
147      if verb > 0
148        fprintf('SIFT: %d away from boundary\n', size(oframes,2)) ;
149        tic ;
150      end
```

```
151   end
152
153   % Refine the location, threshold strength and remove points on edges
154   oframes = siftrefinemx(...
155     oframes, ...
156     dogss.octave{o}, ...
157     dogss.smin, ...
158     thresh, ...
159     r) ;
160
161   if verb > 0
162     fprintf('SIFT: %d refined (%.3f s)\n', ...
163             size(oframes,2),toc) ;
164     tic ;
165   end
166
167   % Compute the oritentations
168   oframes = siftormx(...
169     oframes, ...
170     gss.octave{o}, ...
171     gss.S, ...
172     gss.smin, ...
173     gss.sigma0 ) ;
174
175   % Store frames
176   x     = 2^(o-1+gss.omin) * oframes(1,:) ;
177   y     = 2^(o-1+gss.omin) * oframes(2,:) ;
178   sigma = 2^(o-1+gss.omin) * gss.sigma0 * 2.^(oframes(3,:)/gss.S) ;
179   frames = [frames, [x(:)' ; y(:)' ; sigma(:)' ; oframes(4,:)] ] ;
180
181
182   % Descriptors
183   if nargout > 1
184     if verb > 0
185       fprintf('SIFT: computing descriptors...') ;
186       tic ;
187     end
188
189     sh = siftdescriptor(...
190       gss.octave{o}, ...
191       oframes, ...
192       gss.sigma0, ...
193       gss.S, ...
```

```
194        gss.smin, ...
195        'Magnif', magnif, ...
196        'NumSpatialBins', NBP, ...
197        'NumOrientBins', NBO) ;
198
199     descriptors = [descriptors, sh] ;
200
201     if verb > 0, fprintf('done (%.3f s)\n',toc) ; end
202   end
203 end
```

第 121～203 行是中间计算过程，类似地，我们对 MEX 函数使用 Wrapper 方法包装，输出使用 LOG 类把函数内部的重要数据定义成类的属性，以方便数据在函数之间的传递，此处不再赘述。

附录 B   MATLAB 高级数据结构：containers.Map

MATLAB 常用基本数据类型有：整型、浮点型、字符型、函数句柄、元胞数组和结构体数组。除了这些基本数据类型外，MATLAB 还有很多其他的数据结构，这些数据结构在编程中也非常有用。MATLAB 高级数据结构系列旨在向大家介绍：containers.Map、tables、enumeration 和 time series 等，以及它们的作用，可以解决的问题，在科学工程计算中的使用。这里首先介绍 containers.Map 数据结构。

B.1   containers.Map 简介

containers.Map 是一个 MATLAB 的内置类，所谓内置，就是 MATLAB 内部实现的。通常，这种类的性能更加优秀。containers.Map 其中的 containers 是 Package 的名称，Map 是该 Package 中的一个类，Map 是它的类名。用 UML 的语法把该类表示出来，它的属性包括 Count、KeyType 和 ValueType，它的常用方法包括 keys、values、isKey 和 remove，如图 B.1 所示。

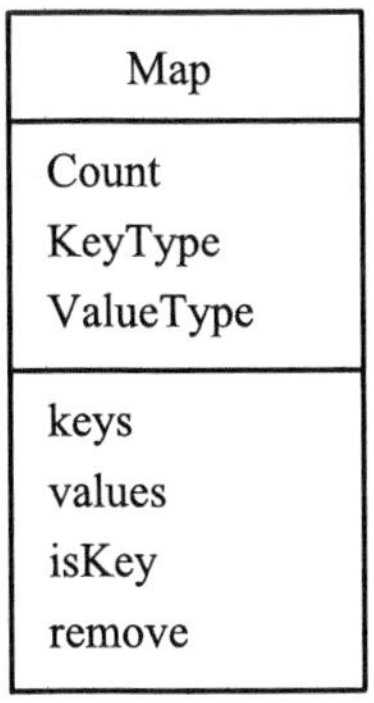

图 B.1 Map 类的 UML

containers.Map 是 MATLAB 中最具代表性的高级数据结构，我们可以把它叫作映射表。它和函数映射有些类似，比如函数映射的定义是

$$F(x) = Y$$

针对每一个 x，都有唯一的 Y 与之对应，反之不一定，如图 B.2 所示。和函数映射相似，映射表用来形容键（Key）和键值（Key Value）之间的一一对应关系。每个键都是独一无二的，且只能对应一个键值，如图 B.3 所示。

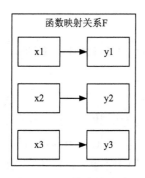

图 B.2 函数映射关系

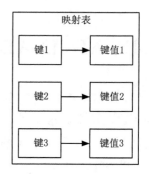

图 B.3 containers.Map 类的映射示意图

B.2 数组、元胞数组和结构体的局限性

本节介绍数组、元胞数组和结构体的局限性，也就是，为什么有时这些基本的数据类型无法满足程序的要求？换句话说，我们为什么需要 containers.Map 数据结构？假设要用 MATLAB 来记录电话号码簿中的数据，如表 B.1 所列。

表 B.1 电话号码簿

姓　名	电话号码
Abby	5086470001
Bob	5086470002
Charlie	5086470003

先讨论数组。因为电话号码簿中既含有数字又含有字符串，而数组中又只能存放 Double 类型的数据，所以没有办法用数组直接记录电话号码簿中的内容。

再试试元胞数组。在第 1 行预先声明一个 3×1 的元胞数组，然后在第 2~4 行按顺序填写电话号码簿的内容，如下：

```
———————————————————————— 元胞数组初始化 ————————————————————————
1 addressBook = cell(3,1);                    % 预分配大小是 MATLAB 编程的好习惯
2 addressBook{1} = {'Abby' , '5086470001'};
3 addressBook{2} = {'Bob', '5086470002'};
4 addressBook{3} = {'Charlie' , '5086470003'};
```

需要时，可以通过 for 循环来访问其中的内容，比如：

```
———————————————————————— 元胞数组的遍历 ————————————————————————
1 for iter = 1:length(addressBook)
2     addressBook{iter}                       % 通过 Index 访问元胞数组中的内容
3 end
```

但是，按照顺序遍历电话号码簿没有什么实际用处，因为电话号码簿主要是提供查找的功能。比如要想查询 Charlie 的电话号码，我们希望程序最好可以写成如下形式：

```
———————————————————————— sift.m ————————————————————————
1     CharlieNum = addressBook{'Charlie'}     % 提示：这是错误的写法
```

或者

```
──────────────────────────── sift.m ────────────────────────────
1    CharlieNum = addressBook.Charlie        % 提示：这是错误的写法
```

但是，元胞数组的值只能通过 Index 来访问，不支持上述的访问方式。所以为了找到 Charlie 的电话号码，程序不得不遍历元胞数组中的所有内容，取出每一个元胞数组元素第一列的字符串进行比较，如果名字等于 Charlie，则输出电话号码：

```
──────────────────────── 使用 for 循环查找 ────────────────────────
1 for iter = 1:length(addressBook)
2    if strcmp(addressBook{iter}{1},'Charlie')
3        addressBook{iter}{2}                % 如果找到则输出电话号码
4            break;
5    end
6 end
```

当然还有其他的方式来存放电话号码簿，比如把电话和名字分别存到两个元胞数组中：

```
──────────────────────── 使用 find 函数查找 ────────────────────────
1 names   = {'Abby','Bob','Charlie'};          % 用元胞数组存放号码
2 numbers = {'5086470001','5086470002','5086470001'}; % 用元胞数组存放名字
3 ind = find(strcmp(names,'Charlie'));    % strcmp 接受向量的输入，返回 Logical 数组
4                                          % find 紧接着找出逻辑数组中非零元素的 Index
5 numbers{ind}
```

其中，第 3 行 strcmp 接受元胞数组作为输入，在其中寻找 Charlie，find 函数将返回 Charlie 所在的位置。这样的方式比使用 for 循环要快，但无一例外的是，两种方法都要从头开始遍历一个数组，终究来说是慢的。

除查找速度慢外，使用元胞数组存放电话号码簿类型的数据还有其他缺点：

□ 无法方便地验证重复数据。电话号码簿要求每个人的名字都是独一无二的，所以在数据录入时要防止姓名重复。但是，我们没有其他办法知道某名字是否已经被使用过了，除非在每次输入时都对整个元胞数组中的内容做遍历比较。

□ 无法方便地添加内容。如果电话号码簿中的记录需要不断地增长，而我们又没有办法在一开始就估计出其大概的数量，那么就无法有效预先分配内存。所以在添加数据时，一旦超过预先分配的量，MATLAB 就会重新分配内存。

□ 无法方便地删除内容。如果要从元胞数组中去掉某一记录，则可以找到该记录，并把该位置的元胞内容置空。但是，这并不会自动减小元胞数组的长度，而且如果这样的删减操作多了，元胞数组中还会留下很多没有利用的空余位置。

□ 不方便作为函数的参数，具体原因见 struct 的局限性。

最后再尝试一下用结构体存放电话号码簿数据类型。struct 的赋值很简单，比如可以直接赋值：

```
──────────────────────────── 赋值方法 1 ────────────────────────────
1 addressBook.Abby    = '5086470001';
2 addressBook.Bob     = '5086470002';
3 addressBook.Charlie = '5086470003';
```

或者

─────────────── 赋值方法 2 ───────────────
```
1 addressBook = struct('Abby','5086470001','Bob','5086470002','Charlie','5086470003')
```

其中，方法 1 和方法 2 是等价的。

　　struct 数据类型的查找很方便，比如要查找 Charlie 的电话号码，就直接访问 struct 中的同名 field 即可。具体如下：

─────────────── sift.m ───────────────
```
1 num = addressBook.Charlie
```

　　如果要查询的人名是一个变量，则可以使用 getfield 函数：

─────────────── sift.m ───────────────
```
1 num = getfield(addressBook,name)  % 其中 name 是变量
```

　　利用 struct 存放电话号码簿类型的数据，查询起来确实比元胞数组进步了不少，但还是有些不方便的地方。因为 struct 的 field 的名字要求必须是以字母开头的，这是一个很大的局限性，并不是所有类似电话号码簿的结构都可以用人名作为索引，比如账户号码簿、股票代码等，其通常是用数字开头的，如表 B.2 所列。

表 B.2　深圳证券股票代码

股票代码	股票名称
000001	深发展
000002	万科
000004	ST 国农

　　如果要求通过股票的代码来查找股票的具体信息，那么 struct 就无法简单地直接做到。

　　使用 struct 的另一个不方便之处在于，当把 struct 作为函数参数，并且在函数内部需要对该 struct 做一定的修改时，为了要把修改后的结果返回，就需要对原来的 struct 做完全的复制。显然，如果 struct 中的数据很多，那么这样做是低效的。比如下面的函数中，addressBook 被当作变量输入 modifystruct 函数，在函数中添加了一个新的 field，为了返回更新后的结构，函数内部必须重新构造一个新的 struct，也就是将 s 返回给该函数的调用者。

─────────────── 把 struct 当作函数的参数 ───────────────
```
1 function s = modifystruct(s)
2     s.Dave = '5086470004';
3 end
```

B.3　用 containers.Map 来记录电话号码簿

　　B.2 节介绍了数组、元胞数组和结构体在模拟电话号码簿这种数据结构时的局限性，本节将介绍如何用 containers.Map 来存放电话号码簿中的内容：

─────────────── sift.m ───────────────
```
1 addressMap = containers.Map;          % 首先声明一个映射表对象变量
2 addressMap('Abby') = '5086470001';
3 addressMap('Bob') = '5086470002';
4 addressMap('Charlie') = '5086470003';
```

第 1 行声明了一个 containers.Map 的变量[①]，叫作 addressMap，第 2~4 行通过提供键和键值的方式来给对象赋值，其中单引号内部的值叫作键，等式右边的叫作键值。通过这个结构，我们在 MATLAB 内存中建立了如图 B.4 所示的映射关系数据结构。

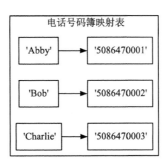

图 B.4　电话号码簿映射表

查找 addressMap 对象中的内容极其方便，比如查 Charlie 的电话号码，只需：

――――――――――――――――― 查找 ―――――――――――――――――

```
1 num  = addressMap('Charlie')
```

如果要修改 Charlie 的电话号码，只需：

――――――――――――――――― 赋值 ―――――――――――――――――

```
1 addressMap('Charlie') = newNum;
```

B.4　containers.Map 的属性和成员方法

本节将介绍 containers.Map 的属性和成员方法，假设这样初始化一个 containers.Map 对象：

―――――――――――――――― 初始化一个 Map 对象 ――――――――――――――――

```
1 addressMap = containers.Map;
2 addressMap('Abby') = '5086470001';
3 addressMap('Bob') = '5086470002';
4 addressMap('Charlie') = '5086470003';
```

在命令行中输入该对象的名称，MATLAB 会显示该对象属性的基本信息：

――――――――――――――――― command line ―――――――――――――――――

```
1 >> addressMap
2 addressMap =
3   Map with properties:
4       Count: 3           % Map 中映射对的数目
5     KeyType: char         % Map 中键的类型
6   ValueType: any          % Map 中键值的类型
```

其中，Count 表示 Map 对象中映射对的数目。按照规定，键的类型一定要是字符类型，不能是其他数据类型，而键值的类型可以是 MATLAB 中的任意类型——数组、元胞数组、结

――――――――――――――――――――――――――――

① 其实是 containers.Map 类的对象。

构体、MATLAB 对象，甚至 Java 对象等。因为键值的类型可以是任何 MATLAB 类型，所以 containers.Map 是 MATLAB 中极其灵活的数据类型。

成员方法 keys 用来返回对象中所有的键：

```
―――――――――――――――――――――――――― sift.m ――――――――――――――――――――――――――
1 >> addressMap.keys
2 ans =
3     'Charlie'    'Abby'    'Bob'
```

成员方法 values 用来返回对象中的所有键值：

```
―――――――――――――――――――――――――― sift.m ――――――――――――――――――――――――――
1 >> addressMap.values
2 ans =
3     '5086470003'    '5086470001'    '5086470002'
```

remove 用来移除对象中的一个键–键值对，经过下面的操作之后，该对象中 Count 的值就变成了 2：

```
―――――――――――――――――――――――――― sift.m ――――――――――――――――――――――――――
1 >> addressMap.remove('Charlie')
2 ans =
3   Map with properties:
4         Count: 2              % 映射对数目减少
5       KeyType: char
6     ValueType: any
```

isKey 成员方法用来判断一个 Map 对象中是否已经含有一个键值，比如：

```
―――――――――――――――――――――――――― sift.m ――――――――――――――――――――――――――
1 >> addressMap.isKey('Abby')
2 ans =
3     1
4 >> addressMap.isKey('abby')      % 键是大小写敏感的
5 ans =
6     0
```

isKey 的功能是查询，类似之前提到的 find 和 strcmp 函数合起来使用的例子。

B.5　containers.Map 的特点

B.5.1　containers.Map 可以不断地扩张且不需要预分配

使用数组和元胞数组作为数据容器，通常要预先分配容器的大小，否则每次扩充容器时 MATLAB 都会重新分配内存，并且将原来数组中的数据复制到新分配的内存中去。映射表是一个可以灵活扩充的容器，并且不需要预分配，每次往里面添加内容都不会使 MATLAB 重新分配内存。

我们可以通过提供两个元胞数组来构造映射表对象。比如构造一个机票簿数据结构：

```
―――――――――――――――――――――― 映射表的初始化方法 1 ――――――――――――――――――――――
1 ticketMap = containers.Map( {'2R175', 'B7398', 'A479GY'}, ...
```

```
2                              {'Abby', 'Bob, 'Charlie'});
```

也可以在程序的开始先声明一个对象：

———————————— 映射表的初始化方法 1 ————————————
```
1 >> ticketMap = containers.Map
```

然后在计算的过程中慢慢地向表中插入数据：

———————————— 映射表的初始化方法 2 ————————————
```
1 >> ticketMap['2R175'] = 'Abby';
2 ......
3 >> ticketMap['A479GY'] = 'Charlie;
```

B.5.2　containers.Map 可以作为参数在函数内部直接修改

因为 containers.Map 是 Handle 类[①]，我们还可以方便地将这个对象传给任何 MATLAB 的函数，并且在函数内部直接修改对象内部的数据，而不用把它当作返回值输出，比如：

———————————————— Command Line ————————————————
```
1 >> modifyMap(ticketMap);
```

modifyMap 函数可以写成：

———————————————— 函数 modifyMap ————————————————
```
1 function modifyMap(ticketMap)    % 该函数没有返回值
2    ......
3    ticketMap(NewKey) = newID
4 end
```

注意：这里没有把修改的 ticketMap 当作返回值。在函数中我们直接修改了 Map 中的数据，这是 MATLAB 面向对象语言中 Handle 类的特性。

B.5.3　containers.Map 可以增强程序的可读性

映射表内部可以存储各种类型的数据，并且可以给它们起一些有意义的名字。具体的例子请参见 B.6.1 小节。访问和修改这些数据时，可以直接使用这些有意义的名字，从而增加程序的可读性。而如果用元胞数组存储这些数据，则在访问和修改这些数据时需要使用整数的 Index，程序的可读性不够好。

B.5.4　containers.Map 提供对数据的快速查找

映射表查找的复杂度是常数 $O(C)$ 的，而传统的数组和元胞数组查找的复杂度是线性 $O(N)$ 的。如果不熟悉算法中复杂度的概念，则可以这样理解：如果使用数组或者元胞数组来存储数据，当在该数据结构中搜索一个值时，只能做线性搜索，平均下来，搜索的时间和该数据结构中元素的数目 N 成正比，即元胞数组和数组中的元素越多，找到一个值所用的时间就越长，这叫作线性的复杂度 $O(N)$。而映射表采取的底层实现是哈希表（Hash Map），搜索时间是常数 C，理论上来说搜索速度和集合中元素的个数没有关系。所以当容器中元素数量众多时，要想查找得快，可以使用 containers.Map 数据结构。具体例子见 B.6.2 小节。

———————————
[①] Handle 类的介绍请参见第 3 章。

下面通过对假想的数据集合进行查找，来比较一下数组和 container.Map 的性能。第 1 行先构造一个含有 1 000 000(10^7) 个整数的数组[1]，按顺序填充从 $1 \sim 10^7$ 的整数。作为比较，第 2 行再构造一个 containers.Map 对象，往内部填充从 $1 \sim 10^7$ 的整数，键和键值都相同。具体如下：

```
———————————————————————— sift.m ————————————————————————
1 a = 1:1000000;
2 m = containers.Map(1:1000000,ones(1,1000000));
```

数组使用 find 函数依次查找从 $1 \sim 10^7$ 的整数，在笔者的机器上耗时 28.331 901 s。具体如下：

```
———————— array 的查找 ————————
1 tic
2 for i=1:100000,
3     find(b==i);
4 end;
5 toc
```

```
———————————— command line 结果 ————————————
1
2
3
4
5 Elapsed time is 28.331901 seconds.
```

containers.Map 数据结构使用键值 $1 \sim 10^7$ 进行访问，在笔者的机器上耗时只需 1.323 007 s。结论是：如果有大量的数据，并且要频繁地进行查找操作，则可以考虑使用 containers.Map 数据结构[2]。具体如下：

```
———————— 映射表的查找 ————————
1 tic
2 for i=1:100000,
3     m(i);
4 end;
5 toc
```

```
———————————— command line 结果 ————————————
1
2
3
4
5 Elapsed time is 1.323007 seconds.
```

谈到在 MATLAB 中使用高级数据结构，另一种常见的做法是直接使用 Java 和 Python 对象，这里顺便比较一下在 MATLAB 中使用 Java 的哈希表的效率，在笔者的机器上耗时 3.072 889 s。具体如下：

```
———————— Java 哈希表的查找 ————————
1 s = java.util.HashSet();
2 for i=1:100000, s.add(i); end
3 tic;
4 for i=1:100000,
5     s.contains(i);
6 end;
7 toc
```

```
———————————— command line 结果 ————————————
1
2
3
4
5
6
7 Elapsed time is 3.072889 seconds.
```

---

① 这个数组中元素的个数很多，如果只有少量元素，线性查找的效率会高一些。
② 读者可以试试减少容器中元素的个数，观察一下什么情况下数组的查找会更快一些。

B.6   containers.Map 的使用实例

B.6.1   用来存放元素周期表

工程计算中可以使用这种键–键值的例子有很多，比如，在物理、化学计算中可以用映射表来存放元素周期表中的内容：

```
———————————————————— sift.m ————————————————————
1 >> ptable = containers.Map;
2 >> ptable('H')  = 1 ;
3 >> ptable('He') = 2 ;
```

其中，键是原子符号，键值是原子量。因为键值的类型不限，所以键值本身还可以是对象，比如 Atom 类对象，其中包含更多有用的内容：

```
———————————————————— Atom.m ————————————————————
1  classdef Atom < handle
2    properties
3        atomicNumber
4        fullName
5    end
6    methods
7      function obj = Atom(num,name)
8          obj.atomicNumber = num ;
9          obj.fullName = name
10     end
11   end
12 end
```

于是：

```
———————————————— 键值可以是 Atom 类对象 ————————————————
1 >> ptable('H') = Atom(1,'hydrogen');
2 >> ptable('H') = Atom(2,'helium');
```

B.6.2   用来实现快速检索

这个问题来自 ilovematlab 一个网友的提问：

> 大家好，最近遇到一个问题，要构建 20 000 次以上的三元素向量，且保证每次不重复构建，该向量元素值在 2 000~3 000 不定。目前采用的方法是建立一历史档案矩阵 A，构建一个存储一行，A 大小行数持续增加。每次构建出一个新的向量时就将该向量与历史档案矩阵的每行进行对比，最终确定是否构建过，若没构建过，则重新构建。算法显示，该检查执行 20 000 次以上时，程序运算时间会超过 200 s。想尽量减小该时间，求方法。多谢！

这位网友的问题不在于如何构建这些向量，而是如何保证每次不重复的构建。他一开始想出的解决方法是，用矩阵 A 来存储历史档案，每建立一个新的向量，就与该历史档案中已有的内容做比较，如果在档案中没有存档，则构建。这样设计的问题如他所述，当 A 中存储的向量变多时，每次检查该向量之前是否被创建过的时间就会加长。这是一个典型的可以用映射表来解决的问题，把线性的复杂度转成常数的复杂度。他可以给每个向量设计一个独一无二的 ID，比如直接把数字改成 ID：num2str(vector)，具体如下：

```
──────────────────── sift.m ────────────────────
1 % 构建
2 mydictionary = containers.Map
3
4 % 插入数据
5 id = num2str(vector) ; % 比如 vector = [1 2 3];
6 mydictionary('some_id') = vector ;
```

之后的检索也是通过 vector 得到独一无二的 ID，然后通过 isKey 来判断该键值是否已经被加入到 Map 中。

```
──────────────────── sift.m ────────────────────
1 some_otherID = some_other_vector ;
2 % 验证是否已经构建过
3 if mydictinary.isKey('some_otherID')
4      % 做要做的工作
5 end
```

附录 C MATLAB 高级数据结构：table

C.1 table 简介

C.1.1 为什么需要 table 数据结构

MathWorks 在 MATLAB R2013b 中引入了一种新的数据结构，叫作 table。table 类似 Statistic 工具箱中的 dataset，其引入的目的就是用来取代 dataset 的数据类型。因为表状的 数据在工程计算中越来越常见，有了 table 类型，MATLAB 用户就可以不用购买 Statistic 工具箱，也能使用表状的数据结构了。table 本质上来说是一种可以存放各种数据类型的容 器，比如表 C.1 所列的数据，既有字符型，又有数值类型，其中，第 1 行作为表头，Symbol、 Name、Market Cap 和 IPO Year 分别是各列的名字。

表 C.1 NASDAQ 股票名称表

Symbol	Name	Market Cap	IPO Year
AAPL	Apple Inc	$742.63B	1980
AMZN	Amazon.com Inc	$173.33B	1997
MSFT	Microsoft Corporation	$346.9B	1986

MATLAB 的基本数据类型（比如数组、元胞数组和结构体）在表达某些复杂数据类型 时的局限性就不再一一赘述，读者只需要认识到：数组的局限性在于不能用来存放数值以外 的数据，而使用元胞数组读取和索引内容时有种种不方便，比如，无法区分该数据中的表头 和其余的行数据。事实上，如果数据存放在如下的 CSV 文件中，并且用 importdata 直接读 取该 CSV 文件：

```
────────────────── nasdaq.csv ──────────────────
1  "Symbol","Name","Market Cap","IPO Year"
2  "AAPL","Apple Inc","$742.63B",1980
3  "AMZN","Amazon.com Inc","$173.33B",1997
4  "MSFT","Microsoft Corporation","$346.9B",1986
```

那么读入之后的数据将被分成数值和非数值部分：

```
──────────────── 用 importdata 直接读取 CSV 文件 ────────────────
1 >> nasdaq = importdata('nasdaq.csv')
2 nasdaq =                          % 结果存在 struct 中
3         data: [3x1 double]
4      textdata: {4x4 cell}
5 >> nasdaq.data                    % CSV 中的数值部分
6 ans =
7         1980
8         1997
9         1986
```

```
10 >> nasdaq.textdata                    % CSV 中的字符部分
11 ans =
12    '"Symbol"'      '"Name"'                   '"Market Cap"'      '"IPO Year"'
13    'AAPL'          'Apple Inc'                '$742.63B'          ' '
14    'AMZN'          'Amazon.com Inc'           '$173.33B'          ' '
15    'MSFT'          'Microsoft Corporation'    '$346.9B'           ' '
```

显然，这不是我们所期待的导入格式。

C.1.2 通过导入数据构造 table 对象

沿用上述的 nasdaq.csv 文件，我们可以使用 readtable 函数构造一个新的 table 对象，把 CSV 文件中的数据导入到该对象中。readtable 函数接受文件名称作为输入，返回一个 table 对象。具体如下：

```
───────────── 通过 readtable 函数来构造 table 对象 ─────────────
1 >> nasdaq = readtable('nasdaq.csv')
2 Warning: Variable names were modified to make them valid MATLAB identifiers.
3 nasdaq =
4     Symbol          Name              MarketCap      IPOYear
5     ------      ---------------       ---------      -------
6    'AAPL'      'Apple Inc'            '$742.63B'      1980
7    'AMZN'      'Amazon.com Inc'       '$173.33B'      1997
8    'MSFT'      'Microsoft Corporation' '$346.9B'      1986
```

注意：第 2 行的警告，因为 readtable 函数把 nasdaq.csv 中的第 1 行自动变成了这个 table 的表头，在创建 table 对象时，MATLAB 会对表头文字进行处理。这里把 Market Cap 和 IPO Year 两个词中的空格去掉了，缩成了一个词，这样做是为了方便将来使用 Dot 语法来访问表中的数据。因为 MATLAB 修改了原来的表头，所以这里给出了警告。

C.1.3 调用 table 构造函数来构造 table 对象

我们还可以通过直接调用 table 类的构造函数来创建 table 对象[①]。在 containers.Map 的介绍中，我们举了电话号码簿的例子，如表 C.2 所列，它是本小节要构造的 table 对象的原始数据。

表 C.2 电话号码簿

Name	Number
Abby	5086470001
Bob	5086470002
Charlie	5086470003

下面程序中的第 1 和 2 行用元胞数组来表示表 C.2 中每一列的数据，第 3 行规定了表头的名称，第 4 行调用 table 类的构造函数来创建 table 对象，先输入数据，再输入表头的名称。表头通过 table 对象的 VariableNames 属性来设置。

---

① 什么是类的构造函数请参见 2.5 节。

```sift.m
1 name={'Abby';'Bob';'Charlie'};                    % 3×1 列向量
2 number={'5086470001';'5086470002';'5086470003'};  % 3×1 列向量
3 colName={'Name','Number'};
4 phonetable=table(name,number,'VariableNames',colName)
```

命令行显示如下：

```phonetable 在命令行中 disp 的结果
1 phonetable =
2      Name          Number
3    ---------    ------------
4
5    'Abby'       '5086470001'
6    'Bob'        '5086470002'
7    'Charlie'    '5086470003'
```

第 4 行把 Name 和 Number 作为 table 对象的 VariableNames，这里可以这样理解 VariableNames，把 table 看成由一个个列数据组成的数据结构，并且每列都是矢量，其中存放相同类型的数据。如果一个 table 有两列，那么它就有两个列矢量，每个列矢量都是 table 的一个变量（Variable），变量的名字就是 VariableNames。

C.1.4   通过转换函数构造 table 对象

除了使用 table 类的构造函数来创建 table 对象外，还可以使用转换函数把其他数据类型转成 table。下面通过数组数据类型来构造 table。下面程序的第 1 和 2 行利用 financial 工具箱中的 fetch 函数，从雅虎财经处得到雅虎从 2015 年 3 月 1 日到 2015 年 3 月 10 日的股票价格，fetch 函数将返回一个数组；第 3 行利用 array2table 转换函数把得到的数组转成 table。

```通过 array2table 创建 table 对象
1 conn = yahoo;
2 array = fetch(conn,'YHOO','3/1/2015','3/10/2015');
3 yhoo = array2table(array,...
4    'VariableNames', {'date','open','high','low','closing','volumn','adjusted'})
```

第 4 行通过 VariableNames 来指定表头的内容，结果显示如下：

```雅虎的 table 在命令行的显示
1 yhoo =
2    date         open     high     low     closing      volumn       adjusted
3    ----------   -----    -----    -----   -------    ----------    --------
4    7.3603e+05   42.57    42.92    42.18    42.68     1.0601e+07     42.68
5    7.3603e+05   43.6     43.93    42.67    42.98     1.1802e+07     42.98
6    7.3603e+05   43.98    44.24    43.4     43.44     1.1888e+07     43.44
7    7.3603e+05   44.18    44.31    43.5     44.16     1.1868e+07     44.16
8    7.3603e+05   42.08    44.38    41.97    43.99     3.0099e+07     43.99
9    7.3603e+05   43.7     43.95    42.42    42.62     2.2392e+07     42.62
10   7.3603e+05   44.06    44.43    43.7     44.11     1.1027e+07     44.11
```

C.2　访问 table 中的数据

通过表 C.1 所建立的 table 对象在命令行中的显示如下：

```
──────────────── nasdaq table 在命令行中的显示 ────────────────
1 nasdaq =
2    Symbol          Name              MarketCap    IPOYear
3    ──────     ────────────────       ──────────   ───────
4
5    'AAPL'     'Apple Inc'            '$742.63B'   1980
6    'AMZN'     'Amazon.com Inc'       '$173.33B'   1997
7    'MSFT'     'Microsoft Corporation' '$346.9B'   1986
```

我们可以使用 Dot+Variablenames 的语法来直接访问 table 中的列，返回的结果是元胞数组格式的数据：

```
──────────────── 使用 Dot 语法访问 table 中的数据 ────────────────
1 >> nasdaq.Symbol          % Dot+Variablenames 的访问方式
2 ans =
3    'AAPL'
4    'AMZN'
5    'MSFT'
6 >> class(nasdaq)          % 返回元胞数组格式的数据
7 ans =
8 cell
```

table 类重载了 subsref 函数[①]，于是支持 MATLAB 传统的圆括号下标访问，如果要访问第一行，则：

```
──────────────── 使用下标语法访问 table 中的数据 ────────────────
1 >> nasdaq(1,:)
2 ans =
3    Symbol       Name         MarketCap    IPOYear
4    ──────     ──────────     ──────────   ───────
5
6    'AAPL'     'Apple Inc'    '$742.63B'   1980
```

使用圆括号，返回的结果仍然是 table，如果要访问第 2 和 3 行，则：

```
──────────────────────── label ────────────────────────
1 >> nasdaq(2:3,:)
2 ans =
3    Symbol          Name              MarketCap    IPOYear
4    ──────     ────────────────       ──────────   ───────
5
6    'AMZN'     'Amazon.com Inc'       '$173.33B'   1997
7    'MSFT'     'Microsoft Corporation' '$346.9B'   1986
```

返回的结果仍然是 table。

---

① 运算符的重载请参见第 12 章。

table 数据结构支持 MATLAB 传统的花括号下标访问，返回的结果是 cell 格式的数据：

———————————————————————— 花括号下标访问 ————————————————————————

```
1 >> nasdaq{:,1}    % 花括号下标访问，返回第一列中的数据
2 ans =
3     'AAPL'
4     'AMZN'
5     'MSFT'
```

还可以把 Dot 语法和下标语法结合起来获取数据。下例代码访问 table 第 1 列的第 3 行，返回的结果是元胞数组：

———————————————————————— Dot 语法和圆括号下标访问结合 ————————————————————————

```
1 >> nasdaq.Symbol(3)
2 ans =
3     'MSFT'
4 >> class(ans)      % 圆括号下标访问，返回结果是元胞数组
5 ans =
6 cell
```

图 C.1 以表 C.1 中的数据为例，总结了几种访问 table 中不同区域数据的方法。

图 C.1　访问 table 中的数据

C.3　table 的操作

C.3.1　删除行列

删除一个 table 中的某行只需要对该行置空：

———————————————————————— 删除行 ————————————————————————

```
1 >> nasdaq(3,:) =[]
2 nasdaq =
3     Symbol          Name            MarketCap       IPOYear
4     _____          _____  _____     _____
5
```

6	'AAPL'	'Apple Inc'	'$742.63B'	1980
7	'AMZN'	'Amazon.com Inc'	'$173.33B'	1997

以上是 nasdaq 中的第 3 行 MSFT 被删除后的结果。

同理，删除一个 table 中的某列也只需要对该列置空。在上面删除了第 3 行之后，下面的代码继续删除第 2 列，于是 nasdaq 变成一个 2 行 3 列的 table。

—————————————————— 删除列 ——————————————————

```
1 >> nasdaq(:,2) =[]
2 nasdaq =
3    Symbol    MarketCap    IPOYear
4    ------    ----------   -------
5
6    'AAPL'    '$742.63B'   1980
7    'AMZN'    '$173.33B'   1997
```

删除列还可以通过 Dot 的语法，只需对表的 Variablenames 置空：

—————————————————— 删除行 ——————————————————

```
1 >> nasdaq.IPOYear=[]
2 nasdaq =
3    Symbol    MarketCap
4    ------    ----------
5
6    'AAPL'    '$742.63B'
7    'AMZN'    '$173.33B'
```

C.3.2 添加行列

沿用表 C.1 中的数据，假设要给该表添加一列，名字叫作 Sector，该列是关于公司文字的描述，可以通过 Dot 语法来完成，具体如下：

—————————————————— 添加列 ——————————————————

```
1 nasdaq.Sector={'Computer Manufacturing';...
2               'Consumer Services';...
3               'Computer Software'}
```

注意：这里等式的右边是一个列向量元胞数组，结果显示如下：

————————————— nasdaq table 新增了 Sector 列 —————————————

Symbol	Name	MarketCap	IPOYear	Sector
------	--------------------	----------	-------	-----------------------
'AAPL'	'Apple Inc'	'$742.63B'	1980	'Computer Manufacturing'
'AMZN'	'Amazon.com Inc'	'$173.33B'	1997	'Consumer Services'
'MSFT'	'Microsoft Corporation'	'$346.9B'	1986	'Computer Software'

C.2 节提到，把 table 中的行数据取出来，该行的数据类型仍然是 table。同理，如果想要给 table 添加一行，则该行也必须是一个 table。可以通过下面的方法给 table 添加行：

```
———————————————— 给 table 添加行 ————————————————
1 newCell={ 'FB','Facebook Inc.','$ 231.62B',2012,'Computer Software'}
2 newTable = cell2table(newCell)
3 newTable.Properties.VariableNames = {'Symbol','Name','MarketCap','IPOYear','Sector'};
4 newNasdaq =[nasdaq;newTable]
```

其中，第 1 行先构造一个包含数据的元胞数组；第 2 行把该元胞数组转成一个 table，但是尚未指定表头；第 3 行指定表头；第 4 行把 nasdaq 和新建的 table 进行串接构成新的 table。

C.3.3　合并 table

合并 table 可以理解成给已有的 table 添加多个行或者列，如图 C.2 和图 C.3 所示。

图 C.2　横向合并 table

图 C.3　纵向合并 table

图 C.2 示例如下，已有两个电话号码簿 table，分别是 t1 和 t2。

```
—————————————— t1 ——————————————
1 t1 =
2     Name          Number
3   ---------     -----------
4
5   'Abby'       '5086470001'
6   'Bob'        '5086470002'
7   'Charlie'    '5086470003'
```

```
—————————————— t2 ——————————————
1 t2 =
2     Name          Number
3   -------       -----------
4
5   'Dave'       '5086470004'
6   'Eric'       '5086470005'
7   'Frank'      '5086470006'
```

纵向合并 table 可以使用 MATLAB 的数组串接语法，如"直接串接 table"的代码所示；或者直接调用 vertcat 函数[1]，如"使用 vertcat"的代码所示。

```
————————————— 直接串接 table —————————————
1 >> new_t =[t1 ; t2]
2 new_t =
3     Name          Number
4   ---------     -----------
5
6   'Abby'       '5086470001'
7   'Bob'        '5086470002'
8   'Charlie'    '5086470003'
9   'Dave'       '5086470004'
10  'Eric'       '5086470005'
11  'Frank'      '5086470006'
```

```
————————————— 使用 vertcat —————————————
1 >> new_t = vertcat(t1,t2)
2 new_t =
3     Name          Number
4   ---------     -----------
5
6   'Abby'       '5086470001'
7   'Bob'        '5086470002'
8   'Charlie'    '5086470003'
9   'Dave'       '5086470004'
10  'Eric'       '5086470005'
11  'Frank'      '5086470006'
```

图 C.3 的示例代码如下，已有电话号码簿 t1，以及另一个关于办公室和楼号的 table(t3)：

---

[1] table 类重载了 vertcat 函数，左侧的代码将触发对 vertcat 的调用。

```
──────────────── t1 ────────────────    ──────────────── t3 ────────────────
1 t1 =                                    1 t3 =
2     Name          Number                2     Office    Building
3     ---------     ------------          3     ------    --------
4                                         4
5     'Abby'        '5086470001'          5     '331'     'A1'
6     'Bob'         '5086470002'          6     '201'     'A2'
7     'Charlie'     '5086470003'          7     '328'     'A4'
```

　　横向合并 table 可以使用 MATLAB 的数组串接语法[1]，如"直接串接 table"的代码所示；或者直接调用 horzcat 函数，如"使用 horzcat"的代码所示：

```
────────────────── 直接串接 table ──────────────────
1 >> new_t = [t1,t3]
2 new_t =
3     Name          Number          Office    Building
4     ---------     ------------     ------    --------
5
6     'Abby'        '5086470001'     '331'     'A1'
7     'Bob'         '5086470002'     '201'     'A2'
8     'Charlie'     '5086470003'     '328'     'A4'
```

```
────────────────── 使用 horzcat ──────────────────
1 >> new_t = horzcat(t1,t3)
2 new_t =
3     Name          Number          Office    Building
4     ---------     ------------     ------    --------
5
6     'Abby'        '5086470001'     '331'     'A1'
7     'Bob'         '5086470002'     '201'     'A2'
8     'Charlie'     '5086470003'     '328'     'A4'
```

C.3.4　操作列数据

　　沿用表 C.1 所导入的 table：

```
────────────────── nasdaq table 原始数据 ──────────────────
1 nasdaq =
2     Symbol          Name                        MarketCap      IPOYear
3     ------     ----------------------          ----------      -------
4
5     'AAPL'     'Apple Inc'                      '$742.63B'      1980
6     'AMZN'     'Amazon.com Inc'                 '$173.33B'      1997
7     'MSFT'     'Microsoft Corporation'          '$346.9B'      1986
```

　　其中，第 3 列"Marketcap"一项中的内容是字符串，本小节通过去掉 MarketCap 列数据中的"$"和"B"符号，把该列转成 Numerical 类型，来演示如何对整列的数据进行操作。

---

[1] 这样的直接连接似乎有些不符合逻辑，Abby 不一定正好对应"331""A1"这一行，在 C.5 节将完善这个例子。

　　C.2 节提到使用 Dot+Variablenames 的方式访问 table 数据返回的将是一个元胞数组，所以最简单的对该 table 的 MarketCap 列的操作方法是使用 cellfun。我们定义如下 helper 函数，帮助去掉字符串开始的 $ 和结尾的 B：

```
                          ── helper 函数 ──
1 function out_num = marketcap_helper(in_string)
2   out_num = str2num(in_string(2:end-1));
3 end
```

然后直接调用 cellfun，并且把得到的结果再赋给 nasdaq.MarketCap，结果如下：

```
                  ── 调用 cellfun 对 table 列数据进行操作 ──
1 >> nasdaq.MarketCap = cellfun(@ marketcap_helper,nasdaq.MarketCap)
2 nasdaq =
3
4    Symbol            Name                 MarketCap    IPOYear
5    ------    ----------------------       ---------    -------
6
7    'AAPL'    'Apple Inc'                   742.63       1980
8    'AMZN'    'Amazon.com Inc'              173.33       1997
9    'MSFT'    'Microsoft Corporation'       346.9        1986
```

　　table 类还提供了 varfun 方法来进行列操作，和使用 cellfun 的区别是，cellfun 的处理对象是 table 中的一部分，即元胞数组，而 varfun 处理的对象直接是 table 对象。下例中对雅虎股票 table 的第二列 7 天的开盘价求均值：

```
                  ── 雅虎股票的 table 在命令行的显示 ──
1 yhoo =
2    date        open    high    low    closing    volumn      adjusted
3    ----------  -----   -----   -----  -------    ----------  --------
4    7.3603e+05  42.57   42.92   42.18   42.68     1.0601e+07   42.68
5    7.3603e+05  43.6    43.93   42.67   42.98     1.1802e+07   42.98
6    7.3603e+05  43.98   44.24   43.4    43.44     1.1888e+07   43.44
7    7.3603e+05  44.18   44.31   43.5    44.16     1.1868e+07   44.16
8    7.3603e+05  42.08   44.38   41.97   43.99     3.0099e+07   43.99
9    7.3603e+05  43.7    43.95   42.42   42.62     2.2392e+07   42.62
10   7.3603e+05  44.06   44.43   43.7    44.11     1.1027e+07   44.11
```

　　直接把 table 的第 3 列提供给 varfun 即可。注意：varfun 的第一个参数是函数句柄，该函数必须能够处理向量的输入：

```
                  ── varfun 对 table 中的列数据进行操作 ──
1 >> varfun(@mean,yhoo(:,3))
2 ans =
3    mean_high
4    ---------
5
6    44.023
```

再举一个例子，观察"雅虎股票的 table 在命令行的显示"代码中的第 1 列，其中日期使用整数形式输出，难以阅读，我们可以通过 datestr 函数对该列进行操作，使其转化成易读的字符形式：

```
―――――――――――――― 变换 date 列的数据格式 ――――――――――――――
1 >> formatOut = 'dd-mm-yy';
2 >> yhoo.date = datestr(yhoo.date,formatOut)  % datestr 接受 table 输入
3 yhoo =
4     date        open       high        low       closing      volumn       adjusted
5    --------     -----      -----      -----      -------     ----------     --------
6
7    10-03-15     42.57      42.92      42.18       42.68      1.0601e+07      42.68
8    09-03-15     43.6       43.93      42.67       42.98      1.1802e+07      42.98
9    06-03-15     43.98      44.24       43.4       43.44      1.1888e+07      43.44
10   05-03-15     44.18      44.31       43.5       44.16      1.1868e+07      44.16
11   04-03-15     42.08      44.38      41.97       43.99      3.0099e+07      43.99
12   03-03-15     43.7       43.95      42.42       42.62      2.2392e+07      42.62
13   02-03-15     44.06      44.43       43.7       44.11      1.1027e+07      44.11
```

有时，我们还需要计算一天的股价相对于收盘价的变换范围。下面的程序用最高价减去最低价，再除以收盘价，并且把得到的结果放到一个新建的列 range 中，具体如下：

```
―――――――― range 列的数据来自于 high、low 和 closing 列数据 ――――――――
1 >>yhoo.range = (yhoo.high - yhoo.low)./yhoo.closing
2 yhoo =
3     date        open       high        low       closing      volumn       adjusted      range
4    --------     -----      -----      -----      -------     ----------     --------     --------
5
6    10-03-15     42.57      42.92      42.18       42.68      1.0601e+07      42.68      0.017338
7    09-03-15     43.6       43.93      42.67       42.98      1.1802e+07      42.98      0.029316
8    06-03-15     43.98      44.24       43.4       43.44      1.1888e+07      43.44      0.019337
9    05-03-15     44.18      44.31       43.5       44.16      1.1868e+07      44.16      0.018342
10   04-03-15     42.08      44.38      41.97       43.99      3.0099e+07      43.99      0.054785
11   03-03-15     43.7       43.95      42.42       42.62      2.2392e+07      42.62      0.035899
12   02-03-15     44.06      44.43       43.7       44.11      1.1027e+07      44.11       0.01655
```

C.3.5　排　序

在 C.3.4 小节中通过调用 cellfun 函数对 table 的 MarketCap 列数据进行操作，使该列数据类型变为 Numerical 数据类型。现在我们通过调用 sortrows 函数对 3 支股票的市值进行从大到小的排序，结果如下：

```
―――――――――――――― 根据 MarketCap 列数据进行排序 ――――――――――――――
1 >> sorted = sortrows(nasdaq,'MarketCap','descend')
2 sorted  =
3    Symbol              Name                    MarketCap     IPOYear
4    ------     ----------------------           ---------     -------
5
```

6	'AAPL'	'Apple Inc'	742.63	1980
7	'MSFT'	'Microsoft Corporation'	346.9	1986
8	'AMZN'	'Amazon.com Inc'	173.33	1997

C.3.6　筛选和查找

table 的下标也接受 logical index。下例选出所有股票中市值大于 200 的股票：

```
                                    ——— 筛选 ———
1 >> nasdaq(nasdaq.MarketCap>200,:)
2 ans =
3     Symbol            Name              MarketCap    IPOYear
4     ------    ----------------------    ---------    -------
5
6     'AAPL'    'Apple Inc'                 742.63      1980
7     'MSFT'    'Microsoft Corporation'     346.9       1986
```

选出所有股票中市值大于 200 的股票且在 1985 年之后 IPO（Initial Public Offerings，首次公开募股）的股票：

```
                                    ——— 筛选 ———
1 >> nasdaq( (nasdaq.MarketCap>200) & (nasdaq.IPOYear > 1985),:)
2 ans =
3     Symbol            Name              MarketCap    IPOYear
4     ------    ----------------------    ---------    -------
5
6     'MSFT'    'Microsoft Corporation'     346.9       1986
```

logical index 还可以提供查找功能。下例查找所有行中 Symbol='AMZN' 的数据：

```
                                    ——— 查找 ———
1 >> nasdaq(strcmp(nasdaq.Symbol,'AMZN'),:)
2 ans =
3     Symbol        Name          MarketCap     IPOYear
4     ------    ----------------  ----------    -------
5     'AMZN'    'Amazon.com Inc'  '$173.33B'     1997
```

C.3.7　输出到文件

和 readtable 对应，把一个工作空间中的 table 写到文件中去可以使用 writetable：

```
                                    ——— writetable ———
1 >> nasdaq = readtable('nasdaq.csv')
2 >> writetable(nasdaq,'mydata.csv')
```

writetable 默认的分割符是逗号，它还可以通过 Delimiter 来设置分割符，下例空格代替逗号：

```
                                    ——— 指定分隔符 ———
1 writetable(T,'mydata.txt','Delimiter',' ')
```

结果如下：

```
                          ─── mydata.txt ───
1│ Symbol Name MarketCap IPOYear
2│ AAPL Apple Inc $742.63B 1980
3│ AMZN Amazon.com Inc $173.33B 1997
4│ MSFT Microsoft Corporation $346.9B 1986
```

C.4　其他数据类型之间和 table 相互转换

MATLAB 支持 table 与 struct、cell 和 array 之间的相互转换，如图 C.4 所示。下面将一一介绍。

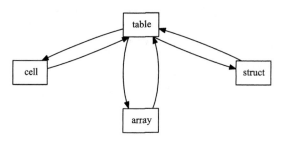

图 C.4　table 和其他数据的转换

本节使用的数据如表 C.3 所列，内容是美元与人民币的货币换算关系。

表 C.3　美元与人民币的换算表

USD	CNY
1	6.21
5	31.03
10	62.06

先讨论 array 和 table 之间的转换。下例第 1 行用数组 a 表示表 C.3 中的内容，第 6 行把 a 转成 table，表头的信息需要通过 Variablenames 来设置：

```
                          ─── array2table ───
1 >> a = [1  6.21;5 31.03 ;10 62.06 ]
2 a =
3     1.0000     6.2100
4     5.0000    31.0300
5    10.0000    62.0600
6 >> t = array2table(a,'Variablenames',{'USD' 'CNY'})    % 通过 Variablenames 提供表头信息
7 t =
8    USD     CNY
9    ---    -----
10    1      6.21
11    5     31.03
12   10     62.06
```

如果把 table 再转成 array，那么表头的信息将会被剥去：

```
                          ─── table2array ───
1 >> ap = table2array(t)
```

```
2 ap =
3     1.0000     6.2100
4     5.0000    31.0300
5    10.0000    62.0600
```

具体操作如图 C.5 所示。

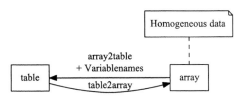

图 C.5　table 和 array 之间的转换

接着讨论 struct 和 table 之间的转换。下例第 1 和 2 行给 struct 的 field 赋向量来表示表 C.3 中的内容，第 3 行把它转成 table，如下：

```
————————— struct2table —————————
1 >> s.USD = [1 ; 5 ;10];
2 >> s.CNY = [6.21 ;31.03; 62.06];
3 >> t = struct2table(s)      % 输入 s 是标量
4 t =
5     USD     CNY
6     ---     -----
7      1      6.21
8      5     31.03
9     10     62.06
```

struct2table 还接受 struct 是非标量的输入：

```
————— struct2table 矢量 —————          ————————— cmd —————————
 1 s(1).USD = 1;                        1
 2 s(1).CNY = 6.21;                     2
 3 s(2).USD = 5;                        3
 4 s(2).CNY = 31.03;                    4
 5 s(3).USD = 10 ;                      5
 6 s(3).CNY = 62.06                     6 s =
 7                                      7 1x3 struct array with fields:
 8                                      8    USD
 9 % 输入 s 是矢量                      9    CNY
10 t = struct2table(s)                 10 t =
11                                     11    USD     CNY
12                                     12    ---     -----
13                                     13     1      6.21
14                                     14     5     31.03
15                                     15    10     62.06
```

把 table 转成 struct，table 的表头将自动变成 struct 的 field 的名称，得到的结果是结构体数组，如下：

```
──────────────────── table2struct ────────────────────
1 >> sp = table2struct(t)  % non-scalar struct
2 sp =
3 3x1 struct array with fields:
4     USD
5     CNY
```

具体操作如图 C.6 所示。

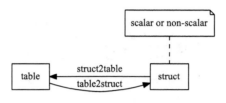

图 C.6　table 和 struct 的转换

最后讨论 cell 和 table 之间的转换。下例用 cell 表示表 C.2 中的内容，并且把它转成 table，如下：

```
──────── script ────────          ──────── command line ────────
1 c = {'Abby', '508647001';...      1
2     'Bob','5086470002';...        2
3     'Charlie','5086470003'};      3
4 t = cell2table(c,...              4 t =
5     'VariableNames',{'Name','Number'})   5     Name          Number
6                                    6     ---------     ------------
7                                    7     'Abby'        '508647001'
8                                    8     'Bob'         '5086470002'
9                                    9     'Charlie'     '5086470003'
```

若把 table 再转成 cell，则 table 的表头将自动被剥去：

```
──────────────────── table2cell ────────────────────
1 >> c = table2cell(t)
2 c =
3     'Abby'          '508647001'
4     'Bob'           '5086470002'
5     'Charlie'       '5086470003'
```

具体操作如图 C.7 所示。

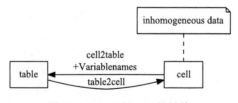

图 C.7　table 和 cell 的转换

C.5　table 之间的操作

熟悉 SQL 语言的读者对连接的概念应该不陌生，连接就是把两个或者多个表按照一定的逻辑组合起来。MATLAB 的 table 对象也支持 table 之间的连接运算，包括连接（Join）、内连接（Inner Join）、左右连接、全连接。为了节省篇幅，本节将略去 table 对象的构造过程，直接介绍各种连接函数和连接的结果。表 C.4 和表 C.5[①] 所列是要使用的原始数据。

表 C.4　Employee 表 A

LastName	DepartmentID
Rafferty	31
Jones	33
Steinberg	33
Robinson	34
Smith	34
Jasper	35

表 C.5　Department 表 B

DepartmentID	DepartmentName
31	Sales
32	Foundation
33	Engineering
34	HR
35	Marketing

表 C.4 中有员工的 LastName 和所在部门的号码，而表 C.5 中有部门号码对应的名字，如果想知道每个员工所在部门的名字，则要查两次表：首先从表 C.4 中得到某员工所在部门的号码，再通过这个号码去表 C.5 中找到对应的名字，这样做不是很方便。如果能把表 C.4 和表 C.5 中的 DepartmentID "对上"，从而构造出一个有 3 列数据的新表，并且 3 列分别是 LastName、DepartmentID 和 DepartmentName，那么就只用查一次表，这个操作其实就是 table 的连接操作。具体如下：

```
───────────────────────────── join ─────────────────────────────
1 >> t1 = join(A,B)      % join 的第一个参数叫作左表，第二个参数叫作右表
2 t1 =

3     LastName        DepartmentID        DepartmentName

4    -----------      ------------        --------------

5    'Rafferty'       31                  'Sales'

6    'Jones'          33                  'Engineering'

7    'Steinberg'      33                  'Engineering'

8    'Robinson'       34                  'HR'

9    'Smith'          34                  'HR'

10   'Jasper'         35                  'Marketing'
```

其中，join 函数的第一个参数叫作左表，第二个参数叫作右表。t1 用表格形式表示，如表 C.6 所列，请读者自行核对。为了说明左连接、右连接和全连接，我们把表 C.4 稍作修改，把最后一行 Jasper 的 DepartmentID 改成 36，如表 C.7 所列。

[①] 本节 Employee 和 Department 的例子参考了维基 SQL 条目。

表 C.6 t1 = join(A,B)

LastName	DepartmentID	DepartmentName
Rafferty	31	Sales
Jones	33	Engineering
Steinberg	33	Engineering
Robinson	34	HR
Smith	34	HR
Jasper	35	Marketing

表 C.7 Employee 表 C

LastName	DepartmentID
Rafferty	31
Jones	33
Steinberg	33
Robinson	34
Smith	34
Jasper	36

所谓左连接，就是连接结果表中将包含"左表"的所有记录，即使那些记录在"右表"中没有符合连接条件的匹配。

```
————————————————————— 左连接 —————————————————————
>> t3 = outerjoin(C,B,'Type','left','MergeKeys',true)
t3 =

    LastName      DepartmentID    DepartmentName

    ----------    ------------    --------------


    'Rafferty'    31              'Sales'
    'Jones'       33              'Engineering'
    'Steinberg'   33              'Engineering'
    'Robinson'    34              'HR'
    'Smith'       34              'HR'
    'Jasper'      36              ''              %<-----
```

观察 t3 的结果，其中表 C.7（"左表"）中 Jasper 的 DepartmentID 是 36，在表 C.5 中没有任何对应的行，但是左连接的结果 t3 中仍然保存了 Japser 项，并且其对应的 DepartmentName 为默认空值。

所谓右外连接，与左外连接完全类似，只不过是做连接的表的顺序相反而已。如果"左表"又连接"右表"，那么"右表"中的每一行在连接表中至少会出现一次；如果"右表"的记录在"左表"中未找到匹配行，则连接表中来源于"左表"列的值设为默认空值。表 C.5（"右表"）中的 DepartmentID 35 在表 C.7 中都没有任何员工与之对应，但是右连接的结果 t4 却保留了这些没有员工对应的 Department。

```
————————————————————— 右连接 —————————————————————
>> t4 = outerjoin(C,B,'Type','right','MergeKeys',true)
t4 =

    LastName      DepartmentID    DepartmentName

    ----------    ------------    --------------


    'Rafferty'    31              'Sales'
    ''            32              'Foundation'    %<-----
    'Jones'       33              'Engineering'
    'Steinberg'   33              'Engineering'
    'Robinson'    34              'HR'
    'Smith'       34              'HR'
```

| 12 | '' | 35 | 'Marketing' | %<----- |

全连接是左右外连接的并集，连接表包含被连接的表的所有记录，如果缺少匹配的记录，则以默认值填充。这允许我们查看每一个在部门里的员工和每一个拥有员工的部门，同时，还能看到不在任何部门的员工以及没有任何员工的部门，如下：

```
————————————————— 全连接 —————————————————
1 t5 = outerjoin(C,B,'MergeKeys',true)
2 t5 =
3   LastName      DepartmentID    DepartmentName
4   ----------    ------------    --------------
5
6   'Rafferty'    31              'Sales'
7   ''            32              'Foundation'    %<-----
8   'Jones'       33              'Engineering'
9   'Steinberg'   33              'Engineering'
10  'Robinson'    34              'HR'
11  'Smith'       34              'HR'
12  ''            35              'Marketing'     %<-----
13  'Jasper'      36              ''              %<-----
```

内连接是应用程序中使用普遍的"连接"操作，它一般都是默认连接类型。内连接基于连接谓词，即 DepartmentID，将两张表的列组合在一起，产生新的结果表。查询会将表 C.4 的每一行和表 C.5 的每一行进行比较，并找出满足连接谓词的组合，如下：

```
————————————————— 内连接 —————————————————
1 >> t5 = innerjoin(C,B)
2 t5 =
3   LastName      DepartmentID    DepartmentName
4   ----------    ------------    --------------
5
6   'Rafferty'    31              'Sales'
7   'Jones'       33              'Engineering'
8   'Steinberg'   33              'Engineering'
9   'Robinson'    34              'HR'
10  'Smith'       34              'HR'
```

t1 和 t5 的结果类似，join 和 innerjoin 的区别在于，join 对两个表的契合度要求较高，表 C.4 中的 Key 一定要在表 C.5 中也出现，如果尝试连接表 C.6 和表 C.5，由于表 C.6 中 Jasper 的 DepartmentID 变成了 36，而 36 在表 C.5 中不存在，则 MATLAB 报错，如下：

```
————————————————— join 报错 —————————————————
1 >> join(C,B)
2 Error using table/join (line 130)
3 The key variable for B must contain all values in the key variable for A.
4 >> [a b] = lasterr
5 a =
6 Error using table/join (line 130)
```

```
7 The key variable for B must contain all values in the key variable for A.
8 b =
9 MATLAB:table:join:LeftKeyValueNotFound
```

C.6　table 的属性和支持的操作

table 是 MATLAB 从 R2013b 开始新引入的一个类（数据类型），其 UML 如图 C.8 所示。

图 C.8　table 的 UML

图 C.8 中的属性除 Properties 外都是私有属性，即不可以用 Dot 语法直接访问：

————————— 通过 Properties 这个中间属性来访问 table 的其他属性 —————————
```
1 >> t1.VariableNames
2 You can not access the 'VariableNames' property directly.  Access it using Dot
3 subscripting via .Properties.VariableNames.
```

按照错误信息的提示，可以通过 Properties 来访问这些属性，表 C.2 对应的 table 中的 Properties 将返回如下内容：

————————— Properties 作为访问 table 其他属性的中间层 —————————
```
1 >> t1.Properties
2 ans =
3              Description: ''
4     VariableDescriptions: {}
5            VariableUnits: {}
6           DimensionNames: {'Row'  'Variable'}
7                 UserData: []
8                 RowNames: {}
9            VariableNames: {'Name'  'Number'}
10 >> t1.Properties.VariableNames
11 ans =
12     'Name'     'Number'
```

图 C.8 中的 Import and export、Size and Shape、set 和 Data Organization 代表可以 施加在 table 上的方法。可以通过 help 命令来得到该类的帮助信息：

```
―――――――――――――――― sift.m ――――――――――――――――
1 >> help table
```

其中，这些方法的介绍如下，以方便读者查阅：

- □ Import and export 的操作：
    - readtable 读入一个文件，创建 table 对象；
    - writetable 普通函数，把 table 写入一个文件，内部调用 write；
    - write 类方法，把 table 写入一个文件。
- □ Size and Shape 的操作：
    - istable 判断一个变量是否是 table 类型；
    - size 返回 table 的高和宽，表头不计；
    - width 返回 table 的宽；
    - height 返回 table 的高；
    - ndims 返回 table 的维度；
    - numel 返回 table 高和宽的乘积；
    - horzcat 横向串接 table；
    - vertcat 纵向串接 table；
- □ set 的操作：
    - intersect 返回两表中相同的行；
    - ismember 查询表中的行是否在另一表中也出现；
    - setdiff 查询两表之间的差异；
    - unique 返回的表中没有相同的行；
    - sextor 两个集合交集的非；
    - union 两个集合的并；
    - join 自然连接；
    - innerjoin 内连接；
    - outerjoin 外连接。
- □ Data Organization 的操作：
    - summary 返回 table 的基本信息；
    - sortrows 给 table 按照制定的 row 排序；
    - stack 把 table 的各列摞成一列；
    - unstack 把 table 的某一列展开成为若干列；
    - ismissing 找到 table 中那些没有赋值的项，返回 logical index；
    - standizeMissing 给未赋值项赋默认值。
- □ varfun 把函数作用在 table 中选定的变量上。
- □ rowfun 把函数作用在 table 的每列上。

附录 D　对函数的输入进行检查和解析

D.1　为什么要对函数的输入进行检查

在工程计算中，如果一个函数的输入有错误，我们总是希望能够尽早地通过对输入的检查捕捉到这些错误，并及时终止程序。这样做的原因是，如果等到程序运行时出错或者运行结束后计算结果出错再查找原因，那就迟了，而且 debug 的成本通常很高。在多人合作的项目中，如果一个开发人员提供了一个公用的 API（应用程序接口）给其他人使用，除了要提供说明文档规定输入的格式之外，API 内部通常还需要对输入进行彻底地检查，因为开发人员不能保证每个使用者都会仔细地阅读文档，并且每次都能提供符合规定的数据。作为一个友好的 API，一旦输入出错，其应能及时提示用户，并且帮助用户诊断错误原因。这样做的原因是，如果要等到程序运行时出错或者运行结束后计算结果出错再查找原因，不但成本高，而且使用者也许根本无法查出错误的原因。

在 MATLAB 中，可以使用 MATLAB 提供的专门的函数 validateattributes，validatestring，inputParser 来对输入进行检查，它们提供全面的检查功能和清晰的错误提示，是全套的参数检查解析方案。

D.2　validateattributes

D.2.1　validateattributes 的基本使用

假设在图像处理计算中设计了一个函数，叫作 processImg，用来对一张大小是 500×500 的灰值图像进行处理。计算之前，我们需要检查输入是否符合规定，这可以使用 validateattributes 函数来完成：

```
———————— 函数一开始检查输入变量的类型和尺寸 ————————
1 function processImg(img)
2   ......
3   validateattributes(img,{'numeric'},{'size',[500,500]});
4   ......  % 函数继续
5 end
```

其中，validateattributes 的第一个参数 img 是输入的图像，即要检查的变量；第二个参数是要检查的类型，这里规定 img 必须是数值类型 (numeric)；第三个参数是对变量要检查的属性，这里的属性是对 img 规定的尺寸。

validateattributes 最基本的调用格式是：

```
———————— sift.m ————————
1   validateattributes(A,classes,attributes)
```

其中，classes 和 attributes 通过元胞数组来指定，并且元胞数组中可以包括多个要检查的类型和属性，比如除了要检查图像的尺寸外，还要检查该图像矩阵的值都在 0~255 之间，代码如下：

——————————————— 元胞数组中可以放置多个要检查的属性 ———————————————
```
1  ......
2  validateattributes(img,{'numeric'},{'size',[500,500],'>=',0,'<=',255});
3  ......
```

在这个例子中，要验证的类型是 numeric，它是一个各种数值类型的集合，包括 int8、int16、int32、int64、uint8、uint16、uint32、uint64、single 和 double 类型。当然我们可以让类型检查再具体一点，比如在做数值积分时，我们通常要提供一个积分的网格，比如一维积分中的 x 轴，而且通常需要保证该 x 轴格点值的类型是 double，并且是单调递增的，此时可以用 validateattributes 这样检查：

——————————————— 检查数据的类型是 double 且单调递增 ———————————————
```
1  ......
2  validateattributes(xgrid,{'double'},{'increasing'})
3  ......
```

validateattributes 最少需要 3 个参数，如果只需要检查变量的类型，则第三个参数可以用空的元胞数组来代替。比如写一个阶乘的函数，其输入必须是无符号的整数，除此之外不做其他检查，代码如下：

——————————————— 第三个属性参数为空 ———————————————
```
1  ......
2  validateattributes(iA,{'uint8'},{});
```

数据类型还可以是自定义的 MATLAB 类，比如下面的一个简单的类 MyClass：

——————————————— MyClass ———————————————
```
1  classdef MyClass
2    properties
3      myprop
4    end
5  end
```

如果要规定一个函数的输入是该类的对象，则可以这样写：

——————————————— 要求变量 obj 是 MyClass 类的对象且非空 ———————————————
```
1  ......
2  validateattributes(obj,{'MyClass'},{nonempty});
3  ......
```

D.2.2　validateattributes 的额外提示信息

在 D.1 节中提到，一个友好的 API 在用户输入出错时，应该提供清晰的诊断信息。以计算面积的 API 为例，它接受两个输入，分别是宽和高，计算就是把两者相乘返回：

——————————————— 一个简化的计算面积的函数 ———————————————
```
1  funciton A = getArea(width,height)
2    A = width*height;
3  end
```

显然，输入 width 和 height 必须是大于零的数值，所以在函数中添加 validateattributes 的基本调用形式：

———————————————————— sift.m ————————————————————
```
1 function A = getArea(width,height)
2   validateattributes(width,{'numeric'},{'positive'});
3   validateattributes(height,{'numeric'},{'positive'});
4   A = width*height;
5 end
```

作为测试，首先要验证该函数的各种合法输入（正向测试（Positive Test）），并且观察结果是否正确；然后还要测试非法的输入（负向测试（Negative Test）），验证函数确实能捕捉到错误，并且给出正确的诊断信息：

———————————————————— 命令行测试函数功能 ————————————————————
```
1 >> getArea(10,22)
2 ans =
3    220
4
5 >> getArea(10,0)                    % 如预期捕捉到了错误
6 Error using getArea (line 3)
7 Expected input to be positive.
8
9 >> getArea(0,22)
10 Error using getArea (line 2)      % 两个错误信息除了行号外都是一样的
11 Expected input to be positive.
```

到这里我们发现，当第一个参数或者第二个参数不符合规定时，函数确实可以捕捉到错误，但是提示的错误信息除了行号外几乎是一样的[①]，检查错误还是有些不方便。这里可以使用 validateattributes，其能够提示更清晰的诊断信息，如下：

———————————————————— validateattributes 支持额外的诊断信息 ————————————————————
```
1 function A = getArea(width,height)
2   validateattributes(width, {'numeric'},{'positive'},'getArea','width' ,1);
3   validateattributes(height,{'numeric'},{'positive'},'getArea','height',2);
4   A = width*height;                            % 参数 4、参数 5、参数 6
5 end
```

其中，第 4 个参数通常提供 validateattributes 所在函数的名称，第 5 个参数通常是输入参数的名称，第 6 个参数表示该参数在整个参数列表中的位置，这样错误的诊断信息就清晰了：

———————————————————— sift.m ————————————————————
```
1 >> getArea(10,0)
2 Error using getArea
3 Expected input number 2, height, to be positive.    % 清楚地说明 getArea 函数的
4 Error in getArea (line 3)                            % 第二个参数不符合规定
5 validateattributes(height,{'numeric'},{'positive'},'getArea','height',2);
6
```

————————————————————

① 当然可以利用行号检查 getArea 函数内部，然后找到到底是哪一个参数输入错误。

```
7 >> getArea(0,22)
8 Error using getArea
9 Expected input number 1, width, to be positive.
10 Error in getArea (line 2)
11 validateattributes(width,{'numeric'},{'positive'},'getArea','width',1);
```

　　总结：validateattributes 一共支持 5 种格式，其中，后 4 种支持输出额外的错误诊断信息。本小节演示的是第 5 种格式，一共有 6 个参数。

—————————————————————— 一共 5 种调用方式 ——————————————————————

```
1 validateattributes(A,classes,attributes)
2 validateattributes(A,classes,attributes,argIndex)
3 validateattributes(A,classes,attributes,funcName)
4 validateattributes(A,classes,attributes,funcName,varName)
5 validateattributes(A,classes,attributes,funcName,varName,argIndex)
```

D.2.3　validateattributes 支持的检查类型和属性

　　validateattributes 可以检查的数据类型：single、double、int8、int16、int32、int64、uint8、uint16、uint32、uint64、logical、char、struct、cell、function_handle、numeric 和 class_name。

　　validateattributes 可以检查的数据维度属性如表 D.1 所列。

表 D.1　validateattributes 支持检查的数据维度属性

数据维度属性	说　明
'2d'	维度为 2 的数组，包括标量、矢量、矩阵和空矩阵
'3d'	维度为 3 的数组
'column'	列向量，即 N × 1 的向量
'row'	行向量，即 1 × N 的向量
'scalar'	标量
'vector'	行向量或者列向量
'size', [d1,...,dN]	维度为 [d1,$\cdots$,dN] 的数组
'numel', N	数组中含有的元素个数为 numel
'ncols', N	数组有 N 列
'nrows', N	数组有 N 行
'ndims', N	数组有 N 个维度
'square'	方阵
'diag'	对角矩阵
'nonempty'	数组任意维度不为零
'nonsparse'	非稀疏矩阵

　　validateattributes 支持检查的数据的大小范围属性如表 D.2 所列。

表 D.2　validateattributes 支持检查的数据的大小范围属性

数据的大小范围属性	说　明
'>', N	所有值大于 N
'>=', N	所有值大于或等于 N
'<', N	所有值小于 N
'<=', N	所有值小于或等于 N

　　validateattributes 还支持检查的数据的其他属性如表 D.3 所列。

表 D.3 validateattributes 还支持检查的数据的其他属性

数据的其他属性	说　明
binary	数组中元素只包括 0 和 1
even	数组中元素都是偶数
odd	数组中元素都是奇数
integer	数组中元素都是整数
real	数组中元素都是实数
finite	数组中没有元素为 Inf
nonnan	数组中没有元素为 NaN
nonnegative	数组中没有元素为负
nonzero	数组中没有元素为零
positive	数组中每个元素都大于或等于零
decreasing	单调递减
increasing	单调递增
nondescreasing	非递减
nonincreasing	非递增

D.3　validatestring

如果要检查的变量恰好是字符串类型，则可以使用专门进行字符串检查的 validatestring 函数。它接受一个字符串，然后检查该字符串的值是给定的几个可取的值之一。

比如在分析化学计算中，给浓度变量赋值时，除了要指定浓度的大小外，还要指定单位，我们暂时用字符 concentrationUnit 来代表浓度[①]。如果要限制字符串变量 concentrationUnit 只取 ppm (parts per million) 或者 ppb (parts per billion)，则可以这样使用 validatestring：

```
———————————————————— validatestring 基本用法 ————————————————————
1  ......
2  str = validatestring(concentrationUnit,{'ppm','ppb'});
3  ......
```

其中，第一个参数 concentrationUnit 是要检查的字符串变量，第二个参数是由所有可取的值构成的元胞字符数组。如果变量 concentrationUnit 满足条件，则该调用返回的 str 是匹配到的字符串，如下：

```
———————————————————————— command line ————————————————————————
1 >> concentrationUnit= 'ppm';
2 >> str = validatestring(concentrationUnit,{'ppm','ppb'});
3  str =
4      ppm    % concentrationUnit 匹配了 ppm
```

如果输入的字符变量不匹配元胞字符数组中的任何一个，则 validatestring 将报错，比如：

```
———————————————————————— command line ————————————————————————
1 >> concentrationUnit= 'pp';
2 >> str = validatestring(concentrationUnit,{'ppm','ppb'});
3 Error
4 Expected input to match one of these strings:
```

---

① 利用面向对象编程时，我们还有其他的方式来模拟数值计算中的单位甚至量纲。

```
5 'ppm', 'ppb'
6 The input, pp, matched more than one valid string.
```

　　和许多 MATLAB 函数一样，validatestring 也支持部分名称 (Inexact Name)①。比如要验证 colorValue 字符串只能取 red，green，blue，cyan，yellow，magenta 这几个值，validatestring 除了接受全名外，比如：

───────────────── 输入是全名 ─────────────────
```
1 >> colorValue = 'green';
2 >> str = validatestring(colorValue,{'red','green','blue','cyan','yellow','magenta'})
3 str =
4     green
```

还可以接受不会模棱两可的部分名字，比如：

───────────────── 输入的名字是 Inexact Name ─────────────────
```
1 >> colorValue = 'G';
2 >> str = validatestring(colorValue,{'red','green','blue','cyan','yellow','magenta'})
3 str =
4     green       % G 匹配了 green
```

　　如果给出的部分名字有多于一个的匹配，则 validatestring 报错，如下：

───────────────── 匹配必须是独一无二的 ─────────────────
```
1 >> in = 'color';
2 >> str = validatestring(in,{'ColorMap','ColorSpace'})
3 Expected input to match one of these strings:
4 'ColorMap', 'ColorSpace'    % color 两个都可以匹配
5 The input, color, matched more than one valid string.
```

D.4　inputParser

D.4.1　inputParser 的基本使用

　　validateattributes 和 validatestring 是用来验证单个参数的。当一个函数有多个参数，并且允许取默认值时，各种情况的组合就变得复杂了，我们可以使用 inputParser 的基本形式来对输入进行解析和检查。本小节将通过不断改进一个求面积的 getArea 函数来讲解 inputParser 的用法。首先，该函数的基本形式是接受宽、长两个参数，返回两者的乘积：

───────────────── getArea 函数的基本形式 ─────────────────
```
1 function a = getArea(wd,ht)
2   a = wd*ht;
3 end
```

　　先用 inputParser 的基本形式来对函数的两个输入进行解析和检查，如下：

───────────────── getArea 函数版本 1 ─────────────────
```
1 function a = getArea(wd,ht)
2
```

────────────────────────
① 不分大小写的部分名称。

```
3    p = inputParser;
4
5    p.addRequired('width', @isnumeric);     % 检查输入必须是数值型的
6    p.addRequired('height',@isnumeric);
7
8    p.parse(wd,ht);
9
10   a = p.Results.width*p.Results.height;  % 从 Results 处取结果
11 end
```

然后在命令行中尝试该函数的各种输入，并且检查结果，如下：

———————————————— 命令行验证 ————————————————
```
1 >> getArea(10,22)
2 ans =
3     220
4
5 >> getArea(10)                % 如预期报错则调用少一个参数
6 Error using getArea
7 Not enough input arguments.
8
9 >> getArea('10',22)          % 如预期报错则参数 width 类型错误
10 Error using getArea (line 8)
11 The value of 'width' is invalid. It must satisfy the function: isnumeric.
```

下面解释 getArea 函数中的代码，使用 inputParser 分成 4 步：

① 首先第 3 行声明一个 inputParser 的对象，等式右边是 inputParser 的类名称，也是该类的构造函数。

② 第 5 和 6 行给 Parser 对象添加要解析的参数，其中，addRequired 是 inputParser 的一个成员函数。这里添加了两个要解析的参数，分别是 width 和 height。这些名称和 getArea 函数输入的实参有顺序上的对应关系，但是名称并不一定要完全一样。

③ 第 8 行把函数的实参 wd 和 ht 提供给 inputParser 对象，并且进行解析，解析的内容将存放在 p.Results 中。

④ 第 10 行从 p.Results 中取出解析的结果，计算面积并返回。

inputParser 是一个 MATLAB 类，其 UML 如图 D.1 所示。

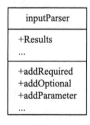

图 D.1 inputParser 的 UML

本小节介绍了 addRequired 成员方法，下面将介绍另外两个成员函数——addOptional

和 addParameter。

D.4.2 inputParser 的可选参数和默认参数值设置

在 getArea 函数版本 1 中，宽和长都是必要的参数，如果只输入一个值，inputParser 将提示输入的数目不够，如下：

```
————————————————————————————— sift.m —————————————————————————————
1 >> getArea(10)
2 Error using getArea (line 8)
3 Not enough input arguments.
```

现在我们希望 getArea 函数能够处理单个参数的情况，比如计算一个正方形的面积时，只需要输入一个边长值就可以了，不需要重复输入另一个边的数值。也就是说，如果只有一个输入，那么函数应该默认要计算的是一个正方形的面积，并且把长度取默认的值，即输入的宽度。这要用到 inputParser 的另一个成员函数——addOptional，示例如下：

```
——————————————————————— getArea 函数版本 2 ———————————————————————
1  function a = getArea(width,varargin)
2
3    p = inputParser;
4    p.addRequired('width',@isnumeric);
5
6
7    defaultheight = width;                      % 取默认值为输入的 width
8    p.addOptional('height',defaultheight,@isnumeric) % 添加 height 作为可选参数
9
10   p.parse(width,varargin{:});
11
12   a = p.Results.width*p.Results.height;
13 end
```

getArea 函数版本 2 的语法要点如下：

① 第 1 行中的参数被分成了两个部分：第一个输入 width 和其余的部分，其余部分的参数被包装在了元胞数组中，后面还会看到更多这样的例子。

② 第 7 行指定了可选参数的默认值。

③ 第 8 行给 inputParser 添加了 height 作为可选参数。

下面在命令行中尝试该函数的各种输入，并且检查结果：

```
——————————————————————— 命令行测试函数功能 ———————————————————————
1 >> getArea(10)     % 正确处理单个参数的情况
2 ans =
3     100
4
5 >> getArea(10,22) % 确保仍然可以处理两个参数的情况
6 ans =
7     220
```

D.4.3   inputParser 和 validateattributes 联合使用

inputParser 的主要功能是对多个输入参数进行解析，其对每个参数值的检查可以使用匿名函数，而检查参数的值正是前面介绍的 validateattributes 和 validatestring 函数的强项。本小节将把 inputParser 和 validateattributes 联合起来使用。

```
————————————————————— getArea 函数版本 3 —————————————————————
1 function a = getArea(width,varargin)
2
3   p = inputParser;
4   p.addRequired('width',@(x)validateattributes(x,{'numeric'},...
5                                   {'nonzero'},'getArea','width',1));
6
7
8   defaultheight = width;
9   p.addOptional('height',defaultheight,@(x)validateattributes(x,{'numeric'},...
10                                  {'nonzero'},'getArea','height',2));
11
12  p.parse(width,varargin{:});   % 注意要把 varargin 元胞数组中的内容解开提供给 parse 函数
13
14  a = p.Results.width*p.Results.height;
15 end
```

其中，validateattributes 使用了带额外参数的调用格式。如果调用出错，则会提示额外诊断信息。

下面在命令行中尝试该函数的各种输入，并且检查结果：

```
————————————————————— 命令行测试函数功能 —————————————————————
1 >> getArea(10,0)   % 如预期检查出第二个参数的错误则给出提示
2 Error using getArea (line 37)
3 The value of 'height' is invalid. Expected input number 2, height, to be nonzero.
4
5 >> getArea(0,22)   % 如预期检查出第一个参数的错误则给出提示
6 Error using getArea (line 37)
7 The value of 'width' is invalid. Expected input number 1, width, to be nonzero.
```

D.4.4   inputParser 的参数名–参数值对的设置

假设还要再给 getArea 函数添加两个可默认的参数，其将作为结果的一部分返回。这两个可默认的参数一个叫作 shape，用来表示形状，可取的值是 rectangle、square 和 paralelogram，其默认值是 rectangle；另一个叫作 units，用来表示输入的单位，可取的值是 cm、m 和 inches，其默认值是 inches。

在 D.4.3 小节的基础上，可以再加入两个 addOptional 的调用，如下：

```
————————————————————— getArea 版本 4 —————————————————————
1 function r = getArea(width,varargin)
2
3   p = inputParser;
```

```
4    p.addRequired('width',@(x)validateattributes(x,{'numeric'},...
5                                         {'nonzero'}));
6
7
8    defaultheight = width;
9    p.addOptional('height',defaultheight,@(x)validateattributes(x,{'numeric'},...
10                                         {'nonzero'}));
11
12   defaultshape = 'rectangle';
13   p.addOptional('shape',defaultshape,...
14                 @(x)any(validatestring(x,{'square','rectangle','paralelogram'})));
15
16   defaultunit = 'inches';
17   p.addOptional('units',defaultunit,...
18                 @(x)any(validatestring(x,{'inches','cm','m'})));
19
20   p.parse(width,varargin{:});
21
22   r.area = p.Results.width*p.Results.height;
23   r.shape = p.Results.shape;   % 简单起见，shape 和 units 作为结构体中的一部分返回
24   r.units = p.Results.units;
25 end
```

该函数接受如下几种输入，函数的返回值是一个结构体。

—————————— 命令行测试函数功能 ——————————
```
1 >> getArea(10,22,'square')   % 只提供 shape
2 ans =
3
4     area: 220
5     units: 'inches'              % units 取默认值
6     shape: 'square'
7
8 >> getArea(10,22,'square','cm')
9 ans =
10
11    area: 220
12    units: 'cm'
13    shape: 'square'
```

这样的设计有两个缺点：① 必须得记住第三个和第四个参数的顺序，即第三个参数必须是 shape，第四个参数必须是 units，如果颠倒了则 inputParser 会报错，如下：

—————————— sift.m ——————————
```
1 >> getArea(10,22,'cm','square') % 颠倒了第三个和第四个参数
2 Error using getArea
3 The value of 'shape' is invalid. Expected input to match one of these strings:
```

```
4 'square', 'rectangle', 'paralelogram'
5 The input, 'cm', did not match any of the valid strings
```

② 如要想给第四个参数提供任何值，则必须指定第三个参数的值，尽管第三个参数的值有可能是默认值，如下：

```
──────────────────────── sift.m ────────────────────────
1 >> getArea(10,22,'rectangle','inches')
2 ans =                   % 该值等于默认值
3
4      area: 220
5     units: 'inches'
6     shape: 'rectangle'
```

这里第三个参数其实没有必要提供，因为它等于默认值。归根结底，这是因为两个参数的顺序相对固定，无法更换。

MATLAB 的许多函数都不需要记住参数的输入顺序，比如 plot 函数：

```
──────────────────────── sift.m ────────────────────────
1 x = 0:pi/10:pi;
2 y = sin(x) ;
3 plot(x,y,'color','g', 'LineWidth',2,'MarkerSize',10);
```

我们可以按以下代码随意打乱 plot 的 x, y 后面的 3 组参数的顺序，仍然可以产生同样的图像。

```
──────────────────────── sift.m ────────────────────────
1 plot(x,y,'LineWidth',2,'MarkerSize',10,'color','g');
```

inputParser 中的 addParameter 成员方法就是用来提供这种功能的，其使用方法与 addOptional 几乎是一致的。

```
─────── getArea 函数版本 4: 把之前的 addOptional 都换成 addParameter ───────
1 function a = getArea(width,varargin)
2
3 ......
4   p.addParameter('shape',defaultshape,...
5               @(x)any(validatestring(x,{'square','rectangle','paralelogram'})));
6
7 ......
8   p.addParameter('units',defaultunit,...
9               @(x)any(validatestring(x,{'inches','cm','m'})));
10 ......
11 end
```

addParameter 和 addOptional 的区别是，输入时，通过 addParameter 指定的参数必须通过参数名–参数值（name-value）对的形式来赋值。正是因为必须指定参数的名称，所以才能自由地变换参数的位置：

```
──────────────────────── 命令行测试函数功能 ────────────────────────
1 >> getArea(10,22,'shape','square','units','m')
```

```
 2 ans =                %--name   value   --name    value
 3      area: 220
 4     shape: 'square'
 5     units: 'm'
 6
 7 >> getArea(10,22,'units','m','shape','square')  % 变化了参数的位置
 8 ans =
 9      area: 220
10     shape: 'square'
11     units: 'm'
12
13
14 >> getArea(10,22,'units','m')                    % 仅仅提供 units 参数
15 ans =
16      area: 220
17     shape: 'rectangle'
18     units: 'm'
```

D.4.5　inputParser 解析结构体的输入

inputParser 还可以对结构体的输入进行解析和检查。比如给一个优化函数提供一些运行参数，这些信息可以通过一个 configStruct 结构体变量传给函数，该结构中包括 MaxIter、Tol 和 StepSize。在优化函数中，这些计算参数都有各自的默认值，但也可以通过外部指定来重置，该函数可以这样设计：

—————————————— inputParser 也可以用来解析结构体输入 ——————————————

```
 1 function runProgram(configStruct)
 2
 3 p = inputParser;
 4
 5 DefaultMaxIter  = 100   ;  % 计算参数的默认值
 6 DefaultTol      = 0.001;
 7 DefaultStepSize = 0.01 ;
 8
 9
10 p.addParameter('MaxIter',DefaultMaxIter,
11               @(x)validateattributes(x,{'numeric'},{'>',0,'real'}));
12                                                  % 迭代次数下限
13 p.addParameter('Tol',DefaultTol,
14               @(x)validateattributes(x,{'numeric'},{'<=',0.01,'real'}));
15                                                  % 收敛上限
16 p.addParameter('StepSize',DefaultStepSize,
17               @(x)validateattributes(x,{'numeric'},{'<=',0.01,'real'}));
18                                                  % 步长上限
19 p.parse(configStruct);
```

```
20
21 ......
22 end
```

在命令行中验证：

——————————————— 命令行测试函数功能 ———————————————

```
1 >> configStruct.MaxIter = 10;
2 >> configStruct.Tol = 0.001;
3 >> configStruct.StepSize = 0.01;
4 >> runProgram(configStruct);
5
6
7 >> configStruct.MaxIter = 10;
8 >> configStruct.Tol = 0.001;
9 >>runProgram(configStruct);
```

D.5 引子：为什么需要 MATLAB 的单元测试系统

D.4 节在介绍 inputParser 类时，通过不断地改进 getArea 函数，使其变得更加友好和完善，之前的工作流程大致可以概括如下：

在这个工作流程中，除了改进算法外，还在设计完成之后，在命令行中利用几种典型的调用方式来验证新的函数，这也是实际开发中常见的流程——一边开发一边验证结果。但是，随着函数支持越来越多的功能，在命令行中不但要测试新的调用语法 (包括正向和负向测试)，还要验证以前的调用是否仍然可以使用，保证新功能的加入没有破坏已有的功能。这是一个很重要的过程，它保证新的函数或算法是可靠的向后兼容的。所以图 D.2 还需要修改，需要添加对新函数进行旧的测试，所以更完善可靠的工作流程如图 D.3 所示，每次都要把已有的测试检验一遍。

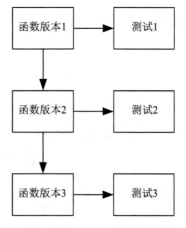

图 D.2 函数更新开发的工作流程 (1)

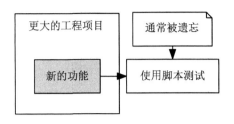

图 D.3 函数更新开发的工作流程 (2)

综上所述，实际上在改进函数和增加新功能，添加逆向新的测试的同时，需要不断地重复已有测试，这些测试包括正向测试，也包括负向测试。显然，在命令行中不停地重复这样的测试会使工作效率变得很低，那该如何组织这些测试呢？非常直觉的方法是，把这些测试放到一个测试脚本文件中，每次给函数或者计算增加新的功能时就运行一次这个脚本，以保证结果没有变化。如果结果有变化，则按实际情况修改函数或者修改测试。添加新功能时也要在这个脚本中添加新的测试。基本的工作流程应该如图 D.4 所示。

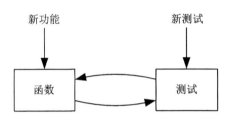

图 D.4 函数和函数的测试共生的模式

在图 D.4 所示的测试模块中，不但要包括正向测试，而且还要包括负向测试，即要保证函数能够如预期地处理非法输入，抛出错误，一个简单的原始的方法就是使用 try catch。

测试模块还应该具有这样的功能：比如测试脚本中有 10 个测试点，如果第二个测试错误就退出，那么这个脚本的运行也就结束了，直到解决了第二个测试点的问题，脚本才能继续向下运行。最好有这样一个功能，使得一个测试点的错误不影响其他测试点的运行，等到测试结束后生成一个报告，告诉用户哪几个测试通过了，哪几个测试没有通过，这样方便用户一次性地解决所有的问题。

本节阐释了在一个可靠的科学工程计算中为什么需要一个测试模块，并且一个测试模块该满足哪些基本的要求。其实，这里讨论的功能和工作流程，正是 MATLAB 的单元测试所提供的解决方案。MATLAB 的单元测试系统是任何一个大型的 MATLAB 工程项目都不可缺少的组成部分。

参 考 文 献

[1] Gamma E, Helm R, Johnson R, et al. 设计模式: 可复用面向对象软件的基础 [M]. 李英军, 马晓星, 蔡敏, 等译. 北京: 机械工业出版社, 2000.

[2] MathWorks. MATLAB Object-Oriented Programming. 2016.

[3] 程杰. 大话设计模式 [M]. 北京: 清华大学出版社, 2007.

[4] Shalloway A, Trott J R. 设计模式解析 [M]. 2 版. 徐言声, 译. 北京: 人民邮电出版社, 2010.

[5] Freeman E, Freeman E, Sierra K, et al. Head First 设计模式 [M]. O'Reilly Taiwan 公司, 译. 北京: 中国电力出版社, 2007.

[6] Eckel B, Allison C. C++ 编程思想 第 2 卷: 实用编程技术 [M]. 刁成嘉, 等译. 北京: 机械工业出版社, 2010.

[7] Lippman S. 深度探索 C++ 对象模型 [M]. 侯捷, 译. 武汉: 华中科技大学出版社, 2001.

[8] Beck K. 以测试驱动的开发 [M]. Boston: Addison-Wesley, 2001.

[9] Barton J, Nackman L. Scientific and Engineering C++: An introduction with advance Techniques and Examples [M]. Boston: Addison-Wesley, 1994.

写在最后

感谢读者耐心地读到最后一页，希望本书能够对您的工作和学习有所帮助。MATLAB 提供的是围绕科学数值计算的生态系统，无数的工程师使用 MATLAB 解决了他们的工程问题，上至 NASA 的猎户座 (Orion) 飞船，下至 Boston 36 所初中生的 STEM 课程。MATLAB 提供了大多数工程师所需要的编程环境、语言特色、性能和框架，能够了解并使用这些特色需要保持一定的好奇心，善于探索，并且还需要一定的耐心，希望本书能够帮您开一个好头。只要有好的编程思想指导和数据结构，加上扎实的学习，都可以使 MATLAB 达到工业级的应用。如果有问题，欢迎到 ilovematlab 论坛提问。

作　者

2016 年 10 月